Lambacher Schweizer 7

Mathematik für Gymnasien

Nordrhein-Westfalen

Serviceband

bearbeitet von

Dieter Greulich
Thomas Jörgens
Thorsten Jürgensen-Engl
Wolfgang Riemer
Reinhard Schmitt-Hartmann

Ernst Klett Verlag
Stuttgart · Leipzig

Lambacher Schweizer 7 Serviceband, Mathematik für Gymnasien, Nordrhein-Westfalen

Begleitmaterial:
Zu diesem Buch gibt es eine Service-CD (ISBN 978-3-12-734434-9).
Das Lösungsheft (ISBN 978-3-12-734433-2) beinhaltet den Lösungsteil dieses Servicebandes.

Bildquellen:
U1.1 plainpicture GmbH & Co. KG RF (Johner), Hamburg; U1.2 Masterfile Deutschland GmbH, Düsseldorf; 30.1; 30.2; 30.3 MEV Verlag GmbH, Augsburg; 43.1 Klett-Archiv (Reinhard Schmitt-Hartmann), Stuttgart; 44.1; 44.2 Klett-Archiv (Reinhard Schmitt-Hartmann), Stuttgart; 45.1 Klett-Archiv (Reinhard Schmitt-Hartmann), Stuttgart; 47.1; 47.2; 47.3; 47.5; 47.6 Fotolia LLC (AJ), New York; 47.4 Spielkartenfabrik Altenburg GmbH, Altenburg; 70.1 Okapia (Richard Ellis), Frankfurt; 72.1 © Falk Verlag, Ostfildern; 92.1 Mauritius Images (Mallaun), Mittenwald; 94.1 Fotosearch Stock Photography (Maps Resources), Waukesha, WI; 95.1 Fotolia LLC (Niceshot), New York; 97.1; 97.2; 97.3 terre des hommes Deutschland e.V., Osnabrück; 98.1 Deutsches Aussätzigen-Hilfswerk e.V., Würzburg; 98.2 DZI, Berlin; 100.1 Mauritius Images (Mallaun), Mittenwald; K036.1 Corbis (PARROT PASCAL), Düsseldorf; K036.2 Fotosearch Stock Photography (Digital Vision), Waukesha, WI; K042.1 Corbis (PARROT PASCAL), Düsseldorf; K042.2 Fotosearch Stock Photography (Digital Vision), Waukesha, WI; K051.1 Corbis (Yamashita), Düsseldorf; K058.1 Corbis (Yamashita), Düsseldorf

Textquellen:
K3/7 Artikel „Schüler machen Zeitung" © Hamburger Abendblatt vom 14.4.2004; S104 Geschäftsbericht der GEMA 2003. © GEMA 2003

Nicht in allen Fällen war es uns möglich, den Rechteinhaber ausfindig zu machen. Berechtigte Ansprüche werden selbstverständlich im Rahmen der üblichen Vereinbarungen abgegolten.

– – – – – Online-Link Online-Links führen zu ergänzenden Materialien im Internet.
734432-0341 Einfach auf die Website www.klett.de gehen und die entsprechende
Nummer in das Feld „Suche" (oben auf der Seite) eingeben.

1. Auflage

1 6 5 4 3 2 | 2017 16 15 14 13

Alle Drucke dieser Auflage sind unverändert und können im Unterricht nebeneinander verwendet werden.
Die letzte Zahl bezeichnet das Jahr des Druckes.

Autoren: Matthias Blank, Stefan Böckling, Dr. Dieter Brandt, Dieter Greulich, Heike Jacoby-Schäfer, Thomas Jörgens, Thorsten Jürgen-sen-Engl, Rebea Keller, Markus Krieg, Prof. Detlef Lind, Dr. Rolf Reimer, Dr. Wolfgang Riemer, Reinhard Schmitt-Hartmann, Dr. Heike Tomaschek, Dr. Peter Zimmermann

Redaktion: Eva Göhner, Dorothe Landwehr, Herbert Rauck

Illustrationen: Rudolf Hungreder, Leinfelden-Echterdingen; imprint, Zusmarshausen; media office gmbh, Kornwestheim; Dorothee Wolters, Köln
Bildkonzept Umschlag: SoldanKommunikation, Stuttgart
Umschlagfotografie: Getty Images, Digital Vision; Photonica Amana, Steven Pützer
Reproduktion: Meyle + Müller GmbH + Co. KG, Pforzheim
Satz: imprint, Zusmarshausen; media office GmbH, Kornwestheim
Druck: Medienhaus Plump, Rheinbreitbach

Printed in Germany
ISBN 978-3-12-734432-5

Inhaltsverzeichnis

Die Seiten-Nummerierung entspricht den drei Teilen des Servicebands: K (Kommentare), S (Serviceblätter), L (Lösungen zum Schülerbuch).

1. Kommentare: Erläuterungen und Hinweise zum Schülerbuch

2. Serviceblätter: Materialien für den Unterricht

3. Lösungen zum Schülerbuch

Vorwort

Der Serviceband als Teil des Fachwerks

Auf Grund der vielfältigen Anforderungen an den modernen Mathematikunterricht erschien es notwendig und sinnvoll, die Lehrerinnen und Lehrer zukünftig durch passende Lehrmaterialien noch mehr zu unterstützen. Das für den neuen Kernlehrplan entwickelte Schülerbuch des Lambacher Schweizer wurde deshalb durch weitere Materialien ergänzt. Für jede Jahrgangsstufe gibt es nun neben dem **Schülerbuch**, einen **Serviceband**, eine **Service-CD** und ein **Lösungsheft**. Alle Materialien sind aufeinander abgestimmt und bilden somit ein Gesamtgebäude an Materialien für das Schulfach Mathematik, das **Fachwerk des Lambacher Schweizer**.

Dem Schülerbuch kommt dabei nach wie vor die zentrale Rolle zu, es ist die tragende Säule, die auch ohne Begleitmaterial den Unterricht vollständig bedient. Das Lösungsheft enthält wie gehabt alle Lösungen zum Schülerbuch und kann von Lehrern und Schülern gleichermaßen verwendet werden. Serviceband und Service-CD sind als Service für die Lehrerhand konzipiert.

Der Serviceband des Lambacher Schweizer entstand aus der Idee, Lehrerinnen und Lehrer rund um den Mathematikunterricht zu begleiten und zu entlasten. Deshalb finden sich in diesem Band Kommentare für die Unterrichtsvorbereitung (1. Teil) in Form von Erläuterungen und Hinweisen zum Schülerbuch, Serviceblätter für die Unterrichtsdurchführung (2. Teil) in Form von Kopiervorlagen oder Anleitungen für alternative Unterrichtskonzepte in Abstimmung zum Schülerbuch und die kompletten Lösungen zu den Aufgaben des Schülerbuches zur Unterrichtsnachbereitung (3. Teil) oder gegebenenfalls auch zum schnellen Nachschlagen. Der dritte Teil stimmt vollständig mit den Inhalten des Lösungsheftes überein, sodass die Entscheidung für den Serviceband den Kauf des Lösungsheftes erübrigt.

Auf der Service-CD befinden sich Serviceblätter des Servicebandes in editierbarer Form. Darüber hinaus enthält die CD aber auch noch zahlreiche interaktive Arbeitsblätter, Animationen und digitale Materialien, die für den Einsatz im Unterricht geeignet sind.

Der Serviceband im Detail

1. Der Kommentar: Erläuterungen und Hinweise zum Schülerbuch

Im ersten Teil des Bandes, im Kommentarteil, wird auf das Schülerbuch Bezug genommen. Für jedes Kapitel werden Zielrichtungen, Schwerpunktsetzung und Aufbau kurz erläutert. Darüber hinaus wird ausführlich auf die Erkundung zu Beginn eines jeden Kapitels des Schülerbuchs eingegangen. Neben der Zielsetzung der Erkundungen und der Einbindung in die mathematische Abfolge der Kapitel werden insbesondere Hilfestellungen zum Einsatz im Unterricht gegeben sowie mögliche Schülerwege aufgezeigt.

Die Kennzeichnung der angesprochenen Kompetenzen auf den Auftaktseiten des jeweiligen Kapitels bietet die Möglichkeit, die Zusammenhänge der Kapitel von den Schülerinnen und Schülern in Reflexionsphasen herausstellen zu lassen.

In den Kommentaren wird aufgezeigt, ob und wie die Lerneinheiten aufeinander aufbauen, welche Zielrichtung sie verfolgen, welche Kompetenzen eingefordert werden und an welchen Stellen auf Grund des neuen Lehrplanes deutliche Änderungen gegenüber dem bisher üblichen Unterrichtsgang auftreten. Außerdem wird auf bestimmte didaktische Richtlinien verwiesen, die für einen modernen Mathematikunterricht unentbehrlich sind und durchgehend im Buch zu finden sind. Konkret betrifft das die folgenden Aspekte:
- Der Lehrgang ist am Verständnisniveau der Siebtklässler ausgerichtet, d.h., die Kinder sollen nicht mechanisch auswendig lernen, sondern die Inhalte nachvollziehen und verstehen können. Im Vergleich zu Klasse 5 und 6 werden die dabei behandelten Inhalte zunehmend komplexer. Gleichwohl wird der notwendige Formalismus weiterhin möglichst niedrig gehalten; Begrifflichkeiten werden nur eingeführt, wenn sie dem Verständnis dienen.
- Dem Lehrgang liegt die Idee des spiralförmigen Lernens zugrunde. Inhalte der Klassen 5 und 6 werden aufgegriffen und auf einem altersgerechten Niveau vertieft. Dabei wird darauf geachtet, kein Wissen auf Vorrat einzuführen, d.h. kein Wissen, das danach jahrelang brachliegt. Insbesondere werden die Vorkenntnisse von Schülerinnen und Schülern in den Erkundungen zu Anfang jedes Kapitels abgerufen, bzw. der Erfahrungshorizont wird erweitert.

– Der Lehrgang bietet die Möglichkeit, einen vielseitigen Unterricht zu gestalten, die verschiedenen Kompetenzen der Schülerinnen und Schüler anzusprechen und einzufordern, Methoden zu erlernen und unterschiedliche Unterrichtsformen anzuwenden. Wichtig ist allerdings, dass die Wahl einer alternativen Unterrichtsform immer in der Hand der Lehrperson liegt, um selbst über die günstigste Form entscheiden zu können. Das Schulbuch macht zahlreiche und flexible Angebote, aber keine zwingenden Vorgaben.

Im Anschluss an diese trotz der verschiedenen Aspekte kurz und knapp gehaltenen Ausführungen zum gesamten Kapitel folgen in den Kommentaren unterrichtspraktische Hinweise und Ergänzungen zu einzelnen Lerneinheiten. Zu jeder Lerneinheit werden alternative Einstiegsaufgaben angeboten, die in einer konkreten Aufgabenstellung münden. Sie können für den Einsatz im Unterricht auf Folie kopiert werden. (Im Anschluss der Kommentare zu einem Kapitel sind die Einstiegsaufgaben auf Kopiervorlagen nochmals zusammengestellt.) Die Lehrperson hat damit die Möglichkeit, zwischen einem diskussionsanregenden Impuls im Schülerbuch oder einer konkreten Aufgabenstellung im Serviceband zu wählen.

Danach werden Erläuterungen zu den Aufgaben im Buch gegeben, allerdings nur zu den Aufgaben, bei denen dies sinnvoll und hilfreich erscheint. So wird darauf hingewiesen, wenn sich besondere Unterrichtsformen anbieten, wenn die Problemstellung unvorhergesehene Schwierigkeiten birgt oder die Aufgaben eine besondere Schwerpunktsetzung haben. Zum Abschluss der Hinweise wird auf die zu der Lerneinheit jeweils passenden Serviceblätter im zweiten Teil des Bandes verwiesen.

2. Serviceblätter: Materialien für den Unterricht

Im zweiten Teil des Servicebandes werden zunächst für die Altersstufe besonders geeignete Schülermethoden praxisbezogen vorgestellt. In der 7. Klasse handelt es sich dabei im Rahmen der Textreduktion um das Erstellen von Mind-Maps sowie die Anfertigung einer wachsenden Formelsammlung, die die Schülerinnen und Schüler auch für die weiteren Jahre nutzen können. Für die Einführung und Einübung der Methoden stellt der Serviceband geeignete Arbeitsblätter mit didaktischen Hinweisen für die Lehrerin oder den Lehrer bereit.
Damit die Schülerinnen und Schüler die erworbenen Methoden auch in den folgenden Jahren wach halten und vertiefen können, bietet jeder Serviceband hierzu geeignete Materialien an, die an die jeweilige Altersstufe angepasst wurden.

Alle weiteren Serviceblätter sind so gestaltet, dass sie keiner zusätzlichen Erläuterung bedürfen und direkt im Unterricht einsetzbar sind. Sie sind nach Kapiteln geordnet und gegebenenfalls auch einzelnen Lerneinheiten zugeordnet, sodass eine schnelle Orientierung für den Einsatz im Unterricht möglich ist. In den meisten Fällen handelt es sich um Kopiervorlagen. Bei einigen Materialien lohnt es sich, diese zu laminieren, um sie für einen wiederholten Einsatz (z.B. Planarbeit) nutzbar zu machen. Im Anschluss an die Serviceblätter finden sich die Lösungen derselben, sofern sie sich nicht aus der Bearbeitung des Serviceblattes heraus ergeben (z.B. durch ein Lösungswort, ein Puzzle etc.). Auch hierbei handelt es sich um Kopiervorlagen, um sie, falls gewünscht, den Schülerinnen und Schülern zum eigenständigen Arbeiten überlassen zu können.

Das Lerntagebuch
Die Schülerinnen und Schüler können zur Dokumentation ihrer Lernprozesse ein Lerntagebuch, Forschungsheft, Logbuch o.Ä. anfertigen. Dabei sollte die Lehrperson einige Hilfestellungen geben, wie man ein solches Heft führt. Wichtig ist dabei, dass solche Hinweise genau mit den Schülerinnen und Schülern im Vorfeld durchgesprochen werden, da das Verfassen auch kleinerer Texte im Mathematikunterricht erfahrungsgemäß Schwierigkeiten bereitet. Eventuell bietet es sich sogar an, zunächst gemeinsam mit den Schülerinnen und Schülern eine solche Seite auszufüllen oder ihnen den Auszug aus einem Forschungsheft darzubieten. Eine Kopiervorlage für ein Forschungsheft befindet sich unter S131. Dort sind auch Erläuterungen zum Ausfüllen angegeben (S132).

3. Lösungen zum Schülerbuch

Der dritte Teil enthält, wie erwähnt, die kompletten Lösungen zu den Aufgaben im Schülerbuch, sowie kurz gefasste Hilfestellungen bzw. beispielhafte, mögliche Schülerlösungen zu den Erkundungen und ist damit identisch mit dem Inhalt des Lösungsheftes. Bei offenen Aufgaben wird je nach Fragestellung erwogen, ob es sinnvoll ist, eine (individuelle) Lösung anzugeben oder nicht. Um das selbstständige Arbeiten mit dem Lehrbuch für die Schülerinnen und Schüler zu erleichtern, ist das Lösungsheft ohne Schulstempel für jeden käuflich zu erhalten.

Übersicht über die Symbole

 Basteln

 Sachthema

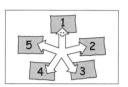 Lernzirkel

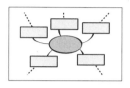 Mind-Mapping

 Spiel

 Planarbeit

 Heftführung

 Gruppenpuzzle

 Präsentationsmethoden

Inhaltsmatrix

I Prozente und Zinsen

Überblick und Schwerpunkt

In Klasse 7 wird der verständnisorientierte Umgang der Schülerinnen und Schüler mit der Mathematik entsprechend den Kompetenzanforderungen weitergeführt. Im Vergleich zu Klasse 5 und 6 werden die dabei behandelten Inhalte zunehmend komplexer; neben den Problemstellungen aus der unmittelbaren Erfahrungswelt der Lernenden gewinnen innermathematische Überlegungen an Gewicht. Die Schülerinnen und Schüler lernen verstärkt, mathematische Sachverhalte sachgerecht und unter Verwendung der richtigen Fachsprache zu kommunizieren bzw. zu begründen. Die Problemlösefähigkeiten werden in Klasse 7 aufgegriffen, vertieft und durch die Verwendung der neuen Hilfsmittel wie z. B. Tabellenkalkulationsprogrammen, Geometriesoftware und andere Softwareprogrammen ergänzt.
Um den Schülerinnen und Schülern den Übergang möglichst einfach zu gestalten, wird – wo immer dies möglich ist – an das Vorwissen der Lernenden angeknüpft. Durch die Verdeutlichung der vertikalen Vernetzung gewinnen sie einerseits ein besseres Verständnis der Mathematik und erwerben andererseits die Fähigkeit, bei der Lösung von Problemen selbst innerhalb der Mathematik Querbezüge zu finden und zu nutzen.

Der Lambacher Schweizer 7 beginnt mit dem Kapitel „Prozente und Zinsen". Hier lassen sich bei vielen Überlegungen Vorkenntnisse aus der Bruchrechnung im Sinne der vertikalen Vernetzung verwenden und weiterentwickeln.
Die Prozentrechnung wird von vielen Schülerinnen und Schülern als ein isoliertes und vergleichsweise anspruchsvolles Teilgebiet der Mathematik angesehen. Das vorliegende Kapitel versucht dem zu begegnen, indem so weit wie möglich die Vernetzung mit der aus Klasse 6 bekannten Bruchrechnung aufgezeigt und verwendet wird. Schülerinnen und Schüler erfahren, dass die Prozentschreibweise wie die Dezimaldarstellung lediglich eine neue Schreib- und Sichtweise der Bruchdarstellung von Zahlen ist. Hierdurch wird eine Vernetzung verschiedener mathematischer Darstellungs- und Ausdrucksweisen erreicht.
Neben der inhaltlichen Kompetenz *Arithmetik/Algebra* werden in diesem Kapitel auch die Kernkompetenzen *Modellieren* und *Problemlösen* bedient. In vielen Aufgabenanwendungen und insbesondere in einer gesonderten Lerneinheit werden die Schülerinnen und Schüler dazu angehalten, komplexere Sachverhalte mithilfe der Prozentrechnung zu be-

schreiben und mit geeigneten Problemlösestrategien zu lösen. So entwickeln die Schülerinnen und Schüler Problemlösefähigkeiten, die nach dem Spiralprinzip in den späteren Kapiteln immer wieder aufgegriffen und ausgebaut werden (Problemlösekreislauf).

Beim Aufgabenangebot wurde darauf geachtet, dass einerseits ausreichend Übungsmaterial im herkömmlichen Stil vorhanden ist, dass aber andererseits auch genügend Angebote für den Einsatz neuer Methoden vorliegen. So sind z. B. viele Aufgaben mit Gruppen- oder Partnersymbolen gekennzeichnet, damit das Arbeiten im Team geübt werden kann.

In der Lerneinheit **1 Prozente – Vergleiche werden einfacher** wird über den Vergleich von Anteilen die Normierung des Nenners auf 100 eingeführt. Die Schülerinnen und Schüler erfahren, dass die Prozentangabe z. B. 15 % nur eine neue Schreibweise für $\frac{15}{100}$ ist, mit der sich Anteile leicht vergleichen lassen.

Lerneinheit **2 Prozentsatz – Prozentwert – Grundwert** dient vorrangig der Begriffsbildung für die in der Prozentrechnung wichtigen Begriffe Prozentsatz, Prozentwert und Grundwert. Diese Begriffe werden als andere Bezeichnungen von bereits aus der Bruchrechnung bekannten Objekten eingeführt. Die Schülerinnen und Schüler erfahren, dass sich mit diesen Bezeichnungen die Zuordnung bekannter bzw. gegebener Größen bei Aufgaben der Prozentrechnung erleichtert. Die Begriffseinführung erfolgt über den in Lerneinheit 1 definierten Prozentsatz.

In Lerneinheit **3 Grundaufgaben der Prozentrechnung** werden die in der Prozentrechnung üblichen drei Grundaufgaben sowie die dazugehörigen Lösungswege vorgestellt. Da die Berechnung des Prozentsatzes bereits in den ersten beiden Lerneinheiten vorbereitet und geübt wurde, wird in dieser Lerneinheit ein Schwerpunkt auf die Berechnung des Prozentwertes und des Grundwertes gelegt. Wie bei der Berechnung des Prozentsatzes wird auch hier die Vernetzung mit Bekanntem aus der 6. Klasse genutzt: Das Berechnen des Prozent- und des Grundwerts wird zunächst auf eine Dreisatzaufgabe zurückgeführt. Im weiteren Verlauf können zur Berechnung allerdings auch die mithilfe des Dreisatzes hergeleiteten Formeln für W und G verwendet werden, ohne jedes Mal den Dreisatz zu bemühen. Merkregeln für diese Formeln findet man auf der Randspalte und in der Info-Box auf Seite 19 (Bauernregeln).

Das Aufgabenangebot von Lerneinheit 3 ist so umfangreich, da das Lösen der Grundaufgaben fundamental wichtig ist.

Die Lerneinheiten **4 Zinsen** und **5 Zinseszinsen** sind dem Prozentrechnen im Bereich des Bankwesens gewidmet. Dabei sind zwei Aspekte wichtig: Einerseits wird aufgezeigt, dass das Rechnen mit Zinsen nur Prozentrechnen mit anderen Bezeichnungen ist. Andererseits wurde darauf geachtet, nicht zu viele abstrakte Begriffe des Bankwesens zu verwenden. So wurde z. B. bewusst auf die Behandlung von Aktien verzichtet, weil diese die Welt des Siebtklässlers nicht betreffen. Die Berechnung von Zinseszinsen kann leicht mit einem Taschenrechner durchgeführt werden (vgl. Info-Box auf Seite 29).

Lerneinheit **6 Überall Prozente** macht das Problemlösen zum Thema. Es werden Strategien zum Lösen von komplexeren Aufgaben der Prozentrechnung („Textaufgaben") angeboten. Das angebotene Konzept wird in späteren Kapiteln wieder aufgegriffen, erweitert und vertieft.

Zu den Erkundungen

Bei den Erkundungen des ersten Kapitels können sich die Schülerinnen und Schüler mithilfe ihres Vorwissens aus der 6. Klasse bzw. von Vorkenntnissen aus dem Alltag die Grundlagen der Prozentrechnung altersgemäß und in einer gegenüber der 6. Klasse umfassenderen Form erarbeiten.

In der ersten Erkundung **Schnäppchen gesucht** vergleichen die Schülerinnen und Schüler verschiedene Einkaufsangebote. Die Lernenden können hierbei auf vorhandene Vorkenntnisse aus dem Alltag zurückgreifen. In der zweiten Erkundung **Prozentgummi** wird die Prozentrechnung über den Anteilsgedanken behandelt. Die dritte Erkundung **Prozente im Straßenverkehr** greift erneut Prozentangaben aus dem Alltag auf. Auch in dieser Erkundung steht das Experiment im Zentrum. In der vierten Erkundung **Zinsen** sollen die Schülerinnen und Schüler drei Bankangebote für Jugendliche vergleichen.

1. Schnäppchen gesucht

Bei der ersten Erkundung sollen die Schülerinnen und Schüler unterschiedliche Angebote miteinander vergleichen. Da die aufgeführten Anteile sowohl in der Bruchschreibweise als auch in der Prozentschreibweise dargestellt sind, wiederholen sie dabei die bereits bekannten Umrechnungen der beiden Darstellungen. Beim Vergleich der Angebote können die Schülerinnen und Schüler den Vorteil der Prozentdarstellung entdecken.

Anstelle der zur Verfügung gestellten Angebote können sich die Schülerinnen und Schüler auch selbst unterschiedliche Angebote aus Zeitungen und Zeitschriften besorgen.

2. Prozentgummi

Bei der zweiten Erkundung können sich die Schülerinnen und Schüler handlungsorientiert ein Verständnis von prozentualen Anteilen von Längen erarbeiten. Es bietet sich an, die Funktionsweise des Prozentgummis im Plenum mit einem größeren Gummiband (wie sie beispielsweise im Sportunterricht verwendet werden) zu demonstrieren. Statt eines Haushaltsgummibandes lassen sich für längere Strecken auch gut weiße Textilgummibänder verwenden.

3. Prozente im Straßenverkehr

Die dritte Erkundung erläutert zunächst einen für die meisten Schülerinnen und Schüler grundsätzlich bekannten (aber mathematisch nicht reflektierten) Sachverhalt: Die Steigungsangabe von Straßen mithilfe von Prozenten. Insbesondere werden auch Steigungen von 100 % thematisiert.

4. Zinsen

In der letzten Erkundung des Kapitels sollen Anlageangebote für Jugendliche verglichen werden. Neben den dargestellten bietet es sich auch an, nach aktuellen Angeboten im Internet zu recherchieren. Hierbei lernen die Schülerinnen und Schüler, Angebote mithilfe der Mathematik kritisch zu bewerten.

1 Prozente – Vergleiche werden einfacher

Einstiegsaufgaben

E1 Suche aus einer Zeitung einen weiteren Bericht heraus, in dem eine Prozentangabe vorkommt. Was bedeuten die Angaben jeweils?
Tipp: Die Aufgabe kann als vorbereitende Hausaufgabe gestellt werden. (Alternativ kann die Lehrperson einige Zeitungsausschnitte mitbringen und verteilen.)

Schüler machen Zeitung:

Die meisten fanden es toll

Die Zustimmung war überwältigend: "Es hat Spaß gemacht", urteilten die meisten der 1340 Schüler aus 52 Klassen, die bei "Schüler machen Zeitung", einer Aktion von Hamburger Abendblatt, Vereins- und Westbank, Behörde für Bildung und Sport sowie des medienpädagogischen Instituts Promedia, dabei waren. Sechs Wochen lang, vom 27. Oktober bis zum 5. Dezember 2003, hatten sie täglich das Hambur-

Zeitung" durch Promedi erfreulich: Vor dem Pro Prozent der Schüler regelm gaben immerhin 68,7 Proz dieser Gewohnheit auch in

Die Hitliste der beliebt diesem Jahr vom Sport (49 Es folgen Aus aller Welt (4 tende Elemente (47,2 Proz (44,4 Prozent).

Ob Schüler oder Lehre diesem Punkt: Sie empfel

(► Kopiervorlage auf Seite K7)

E2 Beim Würfeln erzielt Sina bei 50 Versuchen 6 Sechser, Tim erzielt bei 20 Versuchen 3 Sechser und Adrian bei 40 Versuchen 5 Sechser.
Wer ist der erfolgreichste Sechsen-Würfler?
Für eine übersichtliche Berechnung kannst du die Tabelle benutzen:

	Sina	Tim	Adrian
Sechser			
Versuche			
Anteil			

(► Kopiervorlage auf Seite K7)

Hinweise zu den Aufgaben

1, 2, 3 und **6** Einfache Aufgaben zur Verdeutlichung, dass Prozent-, Bruch- und Dezimalschreibweise nur verschiedene Darstellungsformen von Zahlen sind.

5 Einfaches Vergleichen bei geometrischen Figuren.

7 Hier kann die andere Sprechweise „von Hundert" für Prozent thematisiert werden.

8 bis 12 Hier kommt der zentrale Aspekt „Vergleichen" der Lerneinheit zum Tragen.

Serviceblätter

– Anteile und Prozente (Seite S10)
– Achtung: Gesichtskontrolle! (Seite S17)

2 Prozentsatz – Prozentwert – Grundwert

Einstiegsaufgaben

Hinweis: Man stellt eine Aufgabe, die mit den Kenntnissen aus Lerneinheit 1 gelöst werden kann, und nennt die Begriffe wie im Lehrtext. Es kann dann diskutiert werden, wie man auf diese Bezeichnungen kommt.

E3 500g Kirschen enthalten etwa 65g Kohlenhydrate.
a) Wie viel Prozent sind das?
b) Man nennt das Ergebnis von Teil a) Prozentsatz. Die Angabe 500g nennt man Grundwert, die Angabe 65g nennt man Prozentwert. Wie kommt man auf diese Bezeichnungen?
Tipp: Anschließend können die Schülerinnen und Schüler z.B. in Gruppen eine Formel erarbeiten, mit der man den Prozentsatz berechnen kann, wenn man Prozentwert und Grundwert kennt.
Man kann die Formel groß auf ein Plakat schreiben, grafisch ausgestalten und am schwarzen Brett fixieren.
(► Kopiervorlage auf Seite K7)

E4 Stimmen in der Abbildung die Angaben? Wie kann man sie nachrechnen?
Tipp: Das Nachrechnen kann wie in Lerneinheit 1 erfolgen. (Alle Angaben sind richtig.) Die Verwendung der Begriffe Prozentsatz, Prozentwert und Grundwert wird dann mitgeteilt.
(► Kopiervorlage auf Seite K7)

Hinweise zu den Aufgaben

1 bis 5 Im Schwierigkeitsgrad ansteigende Aufgaben zur Grundaufgabe „Berechnen des Prozentsatzes".

8 Hier kann erkannt werden, dass sich gleiche Prozentsätze beim Erweitern von Brüchen ergeben. Dabei haben jetzt Zähler und Nenner die Bedeutung Prozent- bzw. Grundwert.

9 Hier – wie bei allen folgenden Aufgaben – sollten die Schülerinnen und Schüler die Begriffe Prozentsatz, Prozentwert und Grundwert bei der Lösung verwenden.

10 und **11** Das Zuordnen der Begriffe soll hier ohne Rechnung geübt werden.

Serviceblätter

– Wachsende Formelsammlung (Seite S8)
– Prozentsätze bestimmen (Seite S11)

3 Grundaufgaben der Prozentrechnung

Einstiegsaufgaben

Man teilt den Schülerinnen und Schülern verschiedene Aufgabentexte aus, bei denen immer zwei der Größen Prozentsatz, Prozentwert und Grundwert

gegeben sind und eine gesucht ist (s. u.). Es soll dann herausgefunden werden, was gegeben und was gesucht ist. Außerdem sollen die Schülerinnen und Schüler versuchen, einen Lösungsweg zu finden. Der Lösungsweg kann an der Tafel präsentiert werden.
Geeignete Aufgaben sollten elementar sein, z. B.:

E5 a) Ein Pkw verliert im ersten Jahr etwa 20 % seines Wertes. Wie viel verliert ein 15 000 € teurer Wagen an Wert?
b) Im September 2009 hat es an 6 Tagen geregnet. Wie groß ist der Anteil der Regentage in Prozent?
c) Bei einer Umfrage sprachen sich 20 % für Neuwahlen aus. Das waren 250 aller Befragten. Wie viele Personen wurden befragt?
(► Kopiervorlage auf Seite K 8)

E6 Valerie möchte ein neues Mountainbike kaufen. Im Herbst bieten viele Händler die Räder etwas billiger an. Wie viel kosteten die Fahrräder vorher und wie viel kosten sie jetzt?
(► Kopiervorlage auf Seite K 8)

Hinweise zu den Aufgaben

1 bis **5** Im Schwierigkeitsgrad ansteigende Aufgaben zu den Grundaufgaben. Ab Aufgabe 2 können die Schülerinnen und Schüler wählen, ob sie die Aufgaben mit dem Dreisatz oder mit den Formeln lösen.

6 bis **9** Einfache Textaufgaben zu den Grundaufgaben. Die Schülerinnen und Schüler sollten wie in den Beispielen des Lehrtextes aufschreiben, was gegeben und was gesucht ist.

16 Zu Teilaufgabe c) gibt es sehr viele Lösungen. Es gibt allerdings keine Lösung, bei der der Bedarf aller Nährstoffe exakt gedeckt wird.

18 Spiel, das die sichere Beherrschung der Prozentrechnung voraussetzt.

19 und **21** Eine weitere Festigung der Kenntnisse wird durch kleine Projekte in Partner- und Gruppenarbeit erreicht.

20 Die Schülerinnen und Schüler festigen durch das Erfinden von eigenen Aufgaben den Blick für die wesentlichen Zusammenhänge.

Serviceblätter

– Wachsende Formelsammlung (Seite S 8)
– Prozentwerte bestimmen (Seite S 12)
– Grundwerte bestimmen (Seite S 13)

– Vermischtes – Kreuzworträtsel (Seite S 14)
– Der Mensch (Seite S 18)
– Prozent – Puzzle (Seite S 19)

4 Zinsen

Einstiegsaufgaben

E7 Die Aufgabe (Sparbuch) in der Kopiervorlage auf Seite K 8 kann auch als vorbereitende Hausaufgabe gestellt werden.
Alternativ kann die Aufgabe auch anhand eines „realen" Sparbuches behandelt werden. Dabei können die wesentlichen Begriffe und Berechnungen erläutert werden.
(► Kopiervorlage auf Seite K 8)

E8 Aus einem Lexikon:
Die Hauptaufgabe der Banken, nämlich die sichere Aufbewahrung von Geld und anderen Einlagen, wird durch den Einsatz von Tresoren, Safes und anderen Sicherungseinrichtungen erfüllt. Diese gegenständlichen Einlagen sind in den meisten Fällen gegen Diebstahl versichert, zum Teil auch für den Fall, dass die Bank die Einlagen nicht zurückzahlen kann. Einige Banken bieten auch Depots für Wertgegenstände an. Zinsen auf Spareinlagen sind ein zusätzlicher Anreiz zum Sparen. Sie werden als prozentualer Anteil an Gewinnen der Bank mit den Geldeinlagen gewährt. Die Geldeinlagen verwendet die Bank zur Vergabe von Krediten an ihre Bankkunden. Dafür erhält die Bank Zinsen. Diese wiederum stellen, nach Abzug der auf die Einlagen gezahlten Zinsen, ihren Gewinn dar.
a) Welche Vor- und Nachteile hat es, wenn man sein Geld bei der Bank auf ein Sparkonto bringt?
b) Schreibe Begriffe heraus, die du noch nicht kennst.
c) Beschreibe mit eigenen Worten, was Zinsen sind und warum die Bank dir Zinsen gibt, wenn du dein Geld auf ein Sparkonto anlegst.
d) Wie kann die Bank ihre Angestellten bezahlen, wo sie dir doch Zinsen für dein Sparkonto zahlt?
(► Kopiervorlage auf Seite K 8)

Hinweise zu den Aufgaben

1 und **2** Übungsaufgaben, die auch die drei Grundaufgaben nochmals thematisieren.

3 Hier ist auch die durch die Variation der Zahlenwerte bewirkte Auswirkung auf die Ergebnisse interessant.

4 Eine etwas schwierigere Aufgabe, die durch passendes Probieren gelöst werden kann.

5 bis 7 Bei diesen Aufgaben werden zum ersten Mal Sollzinsen thematisiert. Der Hinweis auf der Randspalte sollte als Erklärung genügen, da genauso wie bei Habenzinsen gerechnet wird.

8 Hier können die Schülerinnen und Schüler auch ihre eigenen Zinsen nachrechnen.

Serviceblätter

- Wachsende Formelsammlung (Seite S 8)
- Silbenrätsel: Was hast du beim Prozentrechnen gelernt? (Seite S 20)
- Arbeitsplan zum Thema „Zinsen" (Seite S 21)

5 Zinseszinsen

Einstiegsaufgaben

E 9 Es werden 1000 € für drei Jahre zu einem Zinssatz von 5 % bei einer Bank angelegt. Wie viel Geld wird nach drei Jahren ausbezahlt?
Hinweis: Diese Aufgabe ist (bewusst) nicht präzise gestellt. Man kann verschiedene Lösungen diskutieren: Sind 5 % von 1000 € die Lösung oder 3-mal 5 % von 1000 € oder die übliche Zinseszinsberechnung? Man kann dann mitteilen, wie die Bank hier verfährt.
(► Kopiervorlage auf Seite K 9)

E 10 Man erhält bei der SparHier-Bank einen gleich bleibenden Zinssatz von 4 %, wenn man für vier Jahre dort mindestens 1000 € anlegt. Bei der VV-Bank bekommt man im ersten Jahr 3 %, im zweiten Jahr 3,5 %, im dritten Jahr 4,5 % und im vierten Jahr 5 %, wenn man dort für vier Jahre mindestens 1000 € anlegt. Beide Banken addieren am Ende jedes Jahres die Zinsen zum Guthaben.
Wo bekommt man nach vier Jahren mehr für den gleichen Anfangsbetrag ausgezahlt?
(► Kopiervorlage auf Seite K 9)

Hinweise zu den Aufgaben

1 Bei dieser Aufgabe sollen die Zinsen zunächst gesondert berechnet werden. Eine solche Tabelle kann man z. B. auch mit Excel erstellen.

2 Hier kann wie im Beispiel auf Seite 27 des Schülerbuchs gerechnet werden.

5 bis 7 Diese Aufgabe können mit den vorhandenen Kenntnissen nicht exakt, sondern nur durch Probieren mit dem Rechner näherungsweise gelöst wer-

den. Es kann auch erläutert werden, dass ein solches Vorgehen in der Praxis eine wichtige Rolle spielt. Die „Bist du sicher?"-Aufgabe **2** thematisiert das Vorgehen bei Zinseszins und unterjähriger Verzinsung.

9 Hier kann man auf den durchschnittlichen Zinssatz (die Rendite) eingehen, bei dem ein Kapital auf denselben Wert anwächst wie bei den Zinsen im Schatzbrief. Dies lässt sich mit Excel übersichtlich darstellen: Die rechte Spalte mit gleich bleibendem Zinssatz zeigt, dass bei etwa 2,56 % durchschnittlichem Zins etwa dasselbe Endkapital erreicht wird.

Jahr	Zinssatz	Kapital	2,56 %
0. Jahr		5000,00 €	5000,00 €
1. Jahr	0,50 %	5025,00 €	5128,00 €
2. Jahr	1,25 %	5087,81 €	5259,28 €
3. Jahr	2,00 %	5189,57 €	5393,92 €
4. Jahr	2,75 %	5332,28 €	5532,00 €
5. Jahr	3,50 %	5518,91 €	5673,62 €
6. Jahr	4,00 %	5739,67 €	5818,86 €
7. Jahr	4,00 %	5969,26 €	5967,82 €

Serviceblatt

- Zinsen und Zinseszinsen (Seite S 15)

6 Überall Prozente

Einstiegsaufgaben

E 11 Die Tabelle zeigt die Daten eines Fahrzeugbestandes. Stelle mithilfe des Zahlenmaterials eine Aufgabe zur Prozentrechnung und schreibe die Lösung auf. Tausche die Aufgabe – ohne Lösung – mit deinem Banknachbarn aus. Vergleicht eure Lösungen.

Gegenstand	Einheit	Neuzulassungen von Pkws
		Deutschland
Neuzulassungen von Pkws	Anzahl in 1000	
Bestand an Verkehrsmitteln		
Kraftfahrzeuge	Anzahl in 1000	
darunter:		
– Personenkraftwagen	Anzahl in 1000	
– Lastkraftwagen	Anzahl in 1000	
– Triebfahrzeuge[1]	Anzahl	
– Reisezugwagen	Anzahl	
– Güterwagen (bahneigen)	Anzahl	
– eingestellte Güterwagen	Anzahl	

[1] Lokomotiven und Triebwagen

(► Kopiervorlage auf Seite K 9)

E12 Ein Auto verliert im ersten Jahr 20%, im zweiten Jahr 15%, im dritten Jahr 12%, im vierten Jahr 10% und im fünften Jahr 8% an Wert. Es hat anfangs einen Wert von 20 000 €. Wie viel Wert hat es nach fünf Jahren noch?

Jonathan rechnet so: 20% von 20 000 € sind 4000 €, 15% von 20 000 € sind 3000 €, 12% von 20 000 € sind 2400 €, 10% von 20 000 € sind 2000 € und 8% von 20 000 € sind 1600 €. Also beträgt der Wertverlust

4000 € + 3000 € + 2400 € + 2000 € + 1600 € = 13 000 €.

Daher hat das Auto nach fünf Jahren noch einen Wert von 7000 €.

Anna rechnet so:

20% + 15% + 12% + 10% + 8% = 65%.

Der Restwert des Autos beträgt daher 35% von 20 000 €, also 7000 €.

Constantin meint: 20% von 20 000 € sind 4000 €, Restwert nach einem Jahr: 16 000 €. 15% von 16 000 € sind 2400 €, Restwert nach zwei Jahren: 13 600 €. 12% von 13 600 € sind 1632 €, Restwert nach drei Jahren: 11 968 €. 10% von 11 968 € sind 1196,80 €, Restwert nach vier Jahren: 10 771,20 €. 8% von 10 771,20 € sind etwa 861,70 €. Also beträgt der Restwert noch 9909,50 €.

Wie kommen die unterschiedlichen Ergebnisse zu Stande? Wessen Rechnung hältst du für richtig? (► Kopiervorlage auf Seite K 10)

Hinweise zu den Aufgaben

Grundsätzlich empfiehlt sich ein Vorgehen wie im Lehrtext. Die Schülerinnen und Schüler haben damit ein Schema an der Hand, das sie bei den notwendigen Übungen unterstützt. Für die Lehrperson wird es darüber hinaus leichter, bei etwaigen Problemen zu helfen.

1 bis **9** sind Aufgaben mit wachsendem Schwierigkeitsgrad. Weitere Aufgaben findet man auf den „Wiederholen – Vertiefen – Vernetzen"-Seiten.

10 bis **14** sind Aufgaben zu besonderen Begriffen wie Rabatt und Promille. Es sind aber alles Anwendungen, die vor allem Textverständnis und teilweise auch Modellbildung erfordern.

Serviceblätter

- Überall Prozente (Seite S 16)
- Phantasie gefragt (Seite S 22)
- Mind-Map zum Thema „Prozente und Zinsen" (Seite S 23)

Wiederholen – Vertiefen – Vernetzen

Hinweise zu den Aufgaben

1 bis **3** sowie **10** sind Wiederholungsaufgaben.

4 Vernetzt das Prozentrechnen mit geometrischen Aspekten.

5, **11** und **12** als vertiefende Aufgaben.

6 bis **9** Die Aufgaben schließen an die Info-Box an, in der die bereits in Klasse 6 eingeführten Kreisdiagramme aufgegriffen werden.

Einstiegsaufgaben

E1 Suche aus einer Zeitung einen weiteren Bericht heraus, in dem eine Prozentangabe vorkommt.
Was bedeuten diese Angaben jeweils?

Schüler machen Zeitung:

Die meisten fanden es toll

Die Zustimmung war überwältigend: "Es hat Spaß gemacht", urteilten die meisten der 1340 Schüler aus 52 Klassen, die bei "Schüler machen Zeitung", einer Aktion von Hamburger Abendblatt, Vereins- und Westbank, Behörde für Bildung und Sport sowie des medienpädagogischen Instituts Promedia, dabei waren. Sechs Wochen lang, vom 27. Oktober bis zum 5. Dezember 2003, hatten sie täglich das Hamburger Abendblatt gelesen, stand das Thema Tageszeitung und Journalismus auf dem Unterrichtsplan. Insgesamt 18 Seiten ausschließlich mit Schülertexten druckte das Abendblatt zwischen Dezember 2003 und März 2004.

Druckfrisch liegt jetzt das Ergebnis der abschließenden Befragung aller Teilnehmer dieses neunten Durchgangs von "Schüler machen Zeitung" durch Promedia vor. Wieder sehr erfreulich: Vor dem Projekt lasen nur 43,9 Prozent der Schüler regelmäßig Zeitung. Danach gaben immerhin 68,7 Prozent an, sie wollten an dieser Gewohnheit auch in Zukunft festhalten.

Die Hitliste der beliebtesten Ressorts wird in diesem Jahr vom Sport (49,8 Prozent) angeführt. Es folgen Aus aller Welt (48,4 Prozent), unterhaltende Elemente (47,2 Prozent) und der Lokalteil (44,4 Prozent).

Ob Schüler oder Lehrer, Einigkeit besteht in diesem Punkt: Sie empfehlen anderen Klassen dringend die Teilnahme an dem Projekt. Die Klasse R 9 der Schule Leuschnerstraße nennt dafür einen triftigen Grund: "Damit die Menschen nicht irgendwann verblöden, denn in der Zeitung stehen wichtige Informationen, die man unbedingt wissen sollte."   kg

(aus Hamburgs Abendblatt, 14.04.04)

E2 Beim Würfeln erzielt Sina bei 50 Versuchen 6 Sechser, Tim erzielt bei 20 Versuchen 3 Sechser und Adrian bei 40 Versuchen 5 Sechser.
Wer ist der erfolgreichste Sechsen-Würfler?
Für eine übersichtliche Berechnung kannst du die Tabelle benutzen:

	Sina	Tim	Adrian
Sechser			
Versuche			
Anteil			

E3 500 g Kirschen enthalten etwa 65 g Kohlenhydrate.
a) Wie viel Prozent sind das?
b) Man nennt das Ergebnis von Teil a) Prozentsatz. Die Angabe 500 g nennt man Grundwert, die Angabe 65 g nennt man Prozentwert.
Wie kommt man auf diese Bezeichnungen?

E4 Stimmen in den Abbildungen die Angaben? Wie kann man sie nachrechnen?

I Prozente und Zinsen   K7

E5 a) Ein Pkw verliert im ersten Jahr etwa 20% seines Wertes. Wie viel verliert ein 15 000 € teurer Wagen an Wert?

b) Im September 2009 hat es an 6 Tagen geregnet. Wie groß ist der Anteil der Regentage in Prozent?

c) Bei einer Umfrage sprachen sich 20% für Neuwahlen aus. Das waren 250 aller Befragten. Wie viele Personen wurden befragt?

E6 Valerie möchte ein neues Mountainbike kaufen. Im Herbst bieten viele Händler die Räder etwas billiger an. Wie viel kosteten die Fahrräder vorher und wie viel kosten sie jetzt?

E 7 Schreibe aus dem abgebildeten Ausschnitt des Sparbuchs Begriffe ab, die dort auftreten. Versuche jeden Eintrag im Sparbuch zu erklären.

Datum	Einzahlung	Rückzahlung	Guthaben	Bemerkung
25.05.09	200,00 €	–	300,00 €	
30.10.09	400,00 €	–	700,00 €	Überweisung
15.12.09	–	300,00 €	400,00 €	
30.12.09	6,20 €	–	406,20 €	Zinsen 2009

E8 Aus einem Lexikon:

Die Hauptaufgabe der Banken, nämlich die sichere Aufbewahrung von Geld und anderen Einlagen, wird durch den Einsatz von Tresoren, Safes und anderen Sicherungseinrichtungen erfüllt. Diese gegenständlichen Einlagen sind in den meisten Fällen gegen Diebstahl versichert, zum Teil auch für den Fall, dass die Bank die Einlagen nicht zurückzahlen kann. Einige Banken bieten auch Depots für Wertgegenstände an. Zinsen auf Spareinlagen sind ein zusätzlicher Anreiz zum Sparen. Sie werden als prozentualer Anteil an Gewinnen der Bank mit den Geldeinlagen gewährt. Die Geldeinlagen verwendet die Bank zur Vergabe von Krediten an ihre Bankkunden. Dafür erhält die Bank Zinsen. Diese wiederum stellen, nach Abzug der auf die Einlagen gezahlten Zinsen, ihren Gewinn dar.

a) Welche Vor- und Nachteile hat es, wenn man sein Geld bei der Bank auf ein Sparkonto bringt?

b) Schreibe Begriffe heraus, die du noch nicht kennst.

c) Beschreibe mit eigenen Worten, was Zinsen sind und warum die Bank dir Zinsen gibt, wenn du dein Geld auf ein Sparkonto anlegst.

d) Wie kann die Bank ihre Angestellten bezahlen, wo sie dir doch Zinsen für dein Sparkonto zahlt?

978-3-12-734432-5 Lambacher Schweizer 7 NRW, Serviceband

E 9 Es werden 1000 € für drei Jahre zu einem Zinssatz von 5 % bei einer Bank angelegt. Wie viel Geld werden nach drei Jahren ausbezahlt?

E 10 Man erhält bei der SparHier-Bank einen gleich bleibenden Zinssatz von 4 %, wenn man für vier Jahre dort mindestens 1000 € anlegt. Bei der VV-Bank bekommt man im ersten Jahr 3 %, im zweiten Jahr 3,5 %, im dritten Jahr 4,5 % und im vierten Jahr 5 %, wenn man dort für vier Jahre mindestens 1000 € anlegt. Beide Banken addieren am Ende jedes Jahres die Zinsen zum Guthaben.
Wo bekommt man nach vier Jahren mehr für den gleichen Anfangsbetrag ausgezahlt?

E 11 Die Tabelle zeigt die Daten eines Fahrzeugbestandes. Stelle mithilfe des Zahlenmaterials eine Aufgabe zur Prozentrechnung und schreibe die Lösung auf. Tausche die Aufgabe – ohne Lösung – mit deinem Banknachbarn aus. Vergleicht eure Lösungen.

Neuzulassungen von Pkws				
Gegenstand	Einheit	2000	2001	2002
Deutschland				
Neuzulassungen von Pkws	Anzahl in 1000	3 378,3	3 341,7	...
Bestand an Verkehrsmitteln				
Kraftfahrzeuge	Anzahl in 1000	50 726,5	52 487,3	53 305,9
darunter:				
– Personenkraftwagen	Anzahl in 1000	42 423,3	43 772,3	44 383,3
– Lastkraftwagen	Anzahl in 1000	2 491,1	2 610,9	2 649,1
– Triebfahrzeuge[1]	Anzahl	13 731	13 314	...
– Reisezugwagen	Anzahl	13 872	12 941	...
– Güterwagen (bahneigen)	Anzahl	131 372	128 384	...
– eingestellte Güterwagen	Anzahl	59 074	58 260	...

[1] Lokomotiven und Triebwagen

Stand: November 2002

978-3-12-734432-5 Lambacher Schweizer 7 NRW, Serviceband

E 12 Ein Auto verliert im ersten Jahr 20 %, im zweiten Jahr 15 %, im dritten Jahr 12 %, im vierten Jahr 10 % und im fünften Jahr 8 % an Wert. Es hat anfangs einen Wert von 20 000 €. Wie viel Wert hat es nach fünf Jahren noch?

Jonathan rechnet so: 20 % von 20 000 € sind 4000 €, 15 % von 20 000 € sind 3000 €, 12 % von 20 000 € sind 2400 €, 10 % von 20 000 € sind 2000 € und 8 % von 20 000 € sind 1600 €. Also beträgt der Wertverlust 4000 € + 3000 € + 2400 € + 2000 € + 1600 € = 13 000 €. Daher hat das Auto nach fünf Jahren noch einen Wert von 7000 €.

Anna rechnet so: 20 % + 15 % + 12 % + 10 % + 8 % = 65 %. Der Restwert des Autos beträgt daher 35 % von 20 000 €, also 7000 €.

Constantin meint: 20 % von 20 000 € sind 4000 €, Restwert nach einem Jahr: 16 000 €. 15 % von 16 000 € sind 2400 €, Restwert nach zwei Jahren: 13 600 €. 12 % von 13 600 € sind 1632 €, Restwert nach drei Jahren: 11 968 €. 10 % von 11 968 € sind 1196,80 €, Restwert nach vier Jahren: 10 771,20 €. 8 % von 10 771,20 € sind etwa 861,70 €. Also beträgt der Restwert noch 9909,50 €.

Wie kommen die unterschiedlichen Ergebnisse zu Stande? Wessen Rechnung hältst du für richtig?

978-3-12-734432-5 Lambacher Schweizer 7 NRW, Serviceband
© Als Kopiervorlage freigegeben. Ernst Klett Verlag GmbH, Stuttgart 2010

II Relative Häufigkeiten und Wahrscheinlichkeiten

Überblick und Schwerpunkt

Schülerinnen und Schüler bringen vielfältige Alltagsvorstellungen über Wahrscheinlichkeiten mit in den Mathematikunterricht: Intuitiv drücken Wahrscheinlichkeiten („die Chancen") aus, „wie sehr" man bei einem Zufallsversuch ein bestimmtes Ergebnis „erwartet". Ziel des Kapitels ist es, diese subjektivistisch geprägten Alltagsvorstellungen aufzugreifen und zu einem für die Mathematik tragfähigen „hypothetisch-prognostischen" Wahrscheinlichkeitsbegriff auszubauen, der

- Wahrscheinlichkeiten als Vorhersagen (Prognosen) relativer Häufigkeiten auf lange Sicht auffasst und
- den Laplace'schen Wahrscheinlichkeitsaspekt als Spezialfall umfasst. (Vgl. den Lehrtext zu Lerneinheit 2).

Im Kern steht dabei der Zusammenhang zwischen Wahrscheinlichkeiten und relativen Häufigkeiten, der sich wie folgt umreißen lässt:

- Wahrscheinlichkeiten machen Voraussagen über – in großen Versuchsserien – zu erwartende relative Häufigkeiten.
- Man kann Wahrscheinlichkeiten – insbesondere in Situationen, in denen Symmetrien vorliegen – auch ohne Versuche schätzen (Quader, Legosteine, Schraubenmuttern).
- Bei Laplace-Situationen geht das Schätzen aufgrund der vollständigen Symmetrien besonders gut (Würfel, Münzen, Bleistift mit 3, 4 oder 6 Seiten).
- Häufig müssen die Schätzungen der Wahrscheinlichkeiten aber nach längeren Versuchsserien verworfen bzw. verbessert werden. Das gilt oft auch für Laplace-Annahmen (Die Seiten eines Bleistiftes mit 6 Seiten haben beim Rollen selten gleiche Wahrscheinlichkeiten, Glücksräder „eiern" oft …).

An keiner Stelle der Schulmathematik kann dieser Modellbildungsprozess
- mit Wahrscheinlichkeiten als Modell der Wirklichkeit,
- mit der Notwendigkeit, diese Wahrscheinlichkeiten durch den Vergleich mit relativen Häufigkeiten überprüfen und verbessern (Modelle verwerfen) zu müssen,
so transparent und griffig erfahrbar werden wie in der Stochastik.

Aus diesem Grunde wird das Experimentieren in Lerneinheit **1 Wahrscheinlichkeiten** mit *teilweise* symmetrischen Objekten, wie Quadern oder Schraubenmuttern, an den Anfang gestellt.
- Beginnt man nämlich mit Laplace'schen (völlig symmetrischen) Zufallsobjekten, so verschwindet die „fundamentale Idee", dass Wahrscheinlichkeiten nur Annahmen (Modelle) sind, die manchmal auch verworfen oder verbessert werden müssen. Schließlich bezweifelt niemand die Wahrscheinlichkeit $\frac{1}{6}$ für die Seiten eines Würfels.
- Beginnt man andererseits mit völlig unsymmetrischen Situationen (Reißzwecke) so verschwimmt der begriffliche Unterschied zwischen Wahrscheinlichkeiten und relativen Häufigkeiten. Warum sollte man die in einer Versuchsserie erhaltene relative Häufigkeit nicht gleichzeitig als Wahrscheinlichkeit verwenden? Die teilweise symmetrischen Objekte grenzen die beiden Begriffe sehr transparent voneinander ab, denn alle Wahrscheinlichkeiten spiegeln die Symmetrien genau wieder, die relativen Häufigkeiten sind dagegen nur näherungsweise symmetrisch.

Der Laplace'sche Wahrscheinlichkeitsbegriff, der in Lerneinheit **2 Laplace-Wahrscheinlichkeiten, Summenregel** thematisiert wird, ergibt sich dann als Spezialfall des „prognostischen Wahrscheinlichkeitsbegriffs" aus Lerneinheit 1. Auch mehrstufige Zufallsversuche (mehrfacher Münzwurf oder Ziehungen aus Behältern) werden in diesem Zusammenhang aufgegriffen. Dabei werden die Ergebnisse von Zufallsversuchen als Tupel beschrieben („ZWZ" beim dreifachen Münzwurf). Baumdiagramme und die Pfadregel bleiben der Jahrgangsstufe 8 vorbehalten, um die Jahrgangsstufe 7 nicht zu überlasten, und das Arbeiten mit Wahrscheinlichkeiten in einem weiteren Durchgang in der kommenden Jahrgangsstufe zu vertiefen.

Die für den weiteren Aufbau stochastischer Vorstellungen fundamentale Idee der Zufallsstreuung wird in Lerneinheit **3 Boxplots** vertieft.
Mit den Medianen der oberen und der unteren Datenhälfte werden Boxplots gezeichnet, die die Ergebnisse von Zufallsexperimenten und Datenlisten sowie deren jeweils zugehörige Streuung prägnanter visualisieren als Säulendiagramme. Der Quartilabstand wird zu einem elementaren Streuungsmaß, dessen Bedeutung sich den Schülerinnen und Schülern einfacher erschließt als die Standardabweichung.

Lerneinheit **4 Simulation, Zufallsschwankungen** widmet sich dem Thema Simulation. Hier lernen die Schülerinnen und Schüler,
– wie man Aussagen über Wahrscheinlichkeiten gewinnt, die sich nicht (oder nur schwer) berechnen lassen,
– wie Zufallsschwankungen mit wachsendem Versuchsumfang abnehmen (Gesetz der großen Zahlen). Dabei werden auch Kompetenzen im Umgang mit Tabellenkalkulationsprogrammen (Auswerten von Versuchsergebnissen, arbeiten mit Zufallszahlen) weiter entwickelt.

Den Abschluss bildet in der **Exkursion Schokoladentest** ein leicht realisierbares und überaus motivierendes Projekt, bei dem die Schülerinnen und Schüler (durch Experimentieren, Spekulieren, Theoretisieren und Simulieren) eine Hypothese prüfen können. Hier arbeiten beschreibende Statistik und Wahrscheinlichkeitsrechnung zusammen – und der Grundgedanke beurteilender Statistik wird in spannendem Kontext vorbereitet.

Zu den Erkundungen

1. Euro im Gitternetz

Diese Erkundung soll der Vorbereitung der Idee dienen, dass sich Wahrscheinlichkeiten mitunter auch berechnen lassen (Stichwort: geometrische Wahrscheinlichkeiten).
Hier geschieht die Berechnung durch einen Flächenvergleich.
Der Durchmesser der 1-Euro-Münze beträgt 2,325 cm. Wenn ihr Mittelpunkt in einem Quadrat mit der Seitenlänge 3 cm – 2,325 cm = 0,675 cm (Flächeninhalt 0,456 cm²) liegt, verschwindet die ganze Münze in einem Quadrat mit Flächeninhalt 9 cm² des Wurfgitters („Treffer").
Die Trefferwahrscheinlichkeit beträgt also ca. $\frac{0,456}{9} \approx 0,05 = 5\%$.
Wenn man das Quadratgitter auf eine Abstand von 3,5 cm vergrößert, erhöht sich die Trefferwahrscheinlichkeit auf $\frac{(3,5 - 2,325)^2}{3,5^2} \approx 11,3\%$.

2. Würfelentscheidungen

Es ist eine Experimentieranleitung enthalten, die zum Durchführen und Überprüfen von Schätzungen anregt. Die Lerneinheiten 1 und 2 werden vorbereitet, man kann diese Erkundung aber auch mit Simulationen (Lerneinheit 4) koppeln. Entsprechende Simulationsvorlagen (mit Excel) sind über den im Schülerbuch angegebenen Online-Link zu erhalten.

Beim ersten Forschungsauftrag gewinnen Janina und Nina jeweils mit 45,8 %. Mit 8,4 % endet das Würfeln unentschieden. Beim zweiten Forschungsauftrag gewinnt Mario nur mit 42,1 %. Mario sollte also nicht auf Ullas Vorschlag eingehen.

3. Schlechte Noten

„Schlechte Noten" enthält Experimentieranleitungen, die zum Schätzen, Nachdenken und Überprüfen von (Laplace-)Wahrscheinlichkeiten anregen. Beim Würfeln der Klassenarbeitsnoten ist die Wahrscheinlichkeit, dass das Ergebnis „unter 4" liegt, $\frac{2}{6} = \frac{1}{3}$. Wenn man fünf Münzen wirft (32 Ergebnismuster, z. B. ZZWZW → 2 Wappen → Note 3) führen sechs Muster auf eine Note „unter 4", nämlich 5 Muster (WWWWZ … ZWWWW) zur Note 5 und 1 Muster (WWWWW) zur Note 6. Damit sinkt die Wahrscheinlichkeit auf $\frac{6}{32} = 18,75\%$.
Im Zentrum der Erkundung steht die experimentelle Untersuchung dieses Zusammenhangs.
Die anschließende theoretische Lösung durch Abzählen der Möglichkeiten kann man von pfiffigen Schülerinnen und Schülern erwarten, wenn man einen Tipp gibt. Ziel der Erkundung ist aber nicht in erster Linie der Laplace'sche Wahrscheinlichkeitsbegriff, sondern das Erleben und Bewerten von Zufallsschwankungen.

1 Wahrscheinlichkeiten

Einstiegsaufgaben

E1 Man kann einen (anonymen) Test zu den Vorstellungen über den Begriff Wahrscheinlichkeit durchführen, dessen Fragen sich bei den Kopiervorlagen befinden. Damit kann man zu Beginn der Lehrneinheit gezielt auf Fehlvorstellungen eingehen. Interessant sind hierbei Begründungen, die die Schülerinnen und Schüler für ihre Antworten abgeben.
(► Kopiervorlage auf Seite K16 bzw. K19)

E2 Man lässt die Schülerinnen und Schüler in Gruppen mit verschiedenen nicht symmetrischen Zufallsgeräten (z. B. Reißzwecken, Lego-Achtern, Streichholzschachteln, Wäscheklammern, Kronkorken) jeweils 50-mal „würfeln". Die Ergebnisse sammelt zunächst jeder in einer Tabelle und versucht, daraus Schätzwerte für Wahrscheinlichkeiten zu bestimmen. Dann werden alle Werte einer Gruppe in einer Sammeltabelle erfasst. Es sollte dann eine zuverlässigere Prognose möglich sein. Man kann auch mehrere Gruppen mit dem gleichen Zufalls-

gerät arbeiten lassen und dann die Werte solcher Gruppen zusammentragen.
(► Kopiervorlage auf Seite K16)

E3 Du spielst mit einem Nachbarn zusammen. Baut aus einem Stück Pappe eine Pyramide nach dem Netz in der Abbildung. Malt zuvor die größte Seitenfläche rot an. Die Fläche mit dem rechten Winkel wird nicht angemalt. Die beiden anderen Seitenflächen werden grün angemalt.
Ihr werft eine Münze um zu entscheiden, wer anfangen darf.
Der Gewinner beim Münzwurf wählt rot oder grün. Der Verlierer erhält die andere Farbe.
Die Pyramide wird nun aus einem Meter Höhe fallen gelassen. Die Farbe, die unten liegen bleibt, gewinnt. Jeder soll nun schätzen, wie oft er bei 50 Würfen gewinnen wird.
Führt das Spiel nun 50-mal durch. Hat sich eure Vorhersage erfüllt?

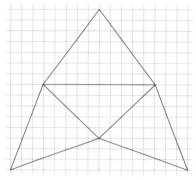

Hinweis: Die von den Schülerinnen und Schülern zu bauende Pyramide ist nicht regelmäßig geformt. Daher ist eine Schätzung kaum möglich. Anschließend kann diskutiert werden, dass man bei solchen Spielgeräten in der Regel keine Vorhersagen über Wahrscheinlichkeiten abgeben kann. Nur durch ausreichend lange Versuchsreihen kann man Wahrscheinlichkeiten schätzen.
(► Kopiervorlage auf Seite K16)

Hinweise zu den Aufgaben

Einstiegsaufgabe (Wetter) im Schülerbuch:
Ein Audio-Beitrag zu dieser Thematik befindet sich unter dem Online-Link 734431-0461 unter www.klett.de

1 Dient als Vertiefung zum Lehrtext.

2 Thematisiert den begrifflichen Unterschied zwischen relativen Häufigkeiten und Wahrscheinlichkeiten an einem nicht symmetrischen Objekt (Reißnagel).

3 Dient der vertikalen Vernetzung. Es zeigt sich, dass die Wahrscheinlichkeiten zwar umso größer sind, je größer die Flächen sind, es liegt aber keine Proportionalität vor. Die Wahrscheinlichkeiten lassen sich nicht theoretisch berechnen. Sie hängen von der Wurftechnik ab. Daher werden durchgängig Würfelbecher verwendet, die gestülpt werden.

5 und **6** Dienen der experimentellen Überprüfung von angenommenen Wahrscheinlichkeiten. Die Begriffsbildung wird vertieft. Dadurch, dass man mit authentischen Daten arbeitet, sind die Fragestellungen sehr reizvoll.

Serviceblätter

- Wachsende Formelsammlung (Seite S24)
- Arbeitsplan zum Thema „Entscheidungshilfen" (Seite S25)

2 Laplace-Wahrscheinlichkeiten, Summenregel

Einstiegsaufgaben

E4 Man füllt in eine Schale jeweils eine Reihe von Münzen, z.B. 2-ct- und 5-ct-Euromünzen aus verschiedenen Ländern und entsprechende Werte aus der Schweiz, England, den USA usw. Den Schülerinnen und Schülern wird mitgeteilt, welche Münzen sich in der Schale befinden. Das wird an die Tafel geschrieben. Dann fragt man nach der Wahrscheinlichkeit,
a) eine Euromünze
b) eine Münze mit dem Wert 2 Einheiten
c) eine Kupfermünze
zu ziehen. Für den genannten Wert wird eine Begründung verlangt, bevor die Ziehung erfolgt. Eine Überprüfung kann durch ein Experiment erfolgen, indem ausreichend viele Münzen gezogen werden.
Tipp: Bei der Vorbereitung kann man die Schülerinnen und Schüler bitten, passende Münzen mitzubringen.
(► Kopiervorlage auf Seite K16)

E5 Bei einer Tombola gibt es Lose zu kaufen. Es gibt 20 Hauptgewinne, 15% der Lose sind einfache Gewinne und ein Fünftel sind Trostpreise.
Mit welcher Wahrscheinlichkeit zieht man einen Gewinn, wenn insgesamt 500 Lose angeboten werden? Spielt es dabei eine Rolle, ob schon viele Lose gezogen wurden?
Hinweis: Die Aufgabe soll auf die Summenregel vorbereiten. Die Schülerinnen und Schüler müssen hier darauf achten, die entsprechenden Prozent-

zahlen zu addieren. So erhält man 39 % Wahrscheinlichkeit für die gesuchte Wahrscheinlichkeit, da 4 % Hauptgewinne sind. Man kann erwarten, dass sich die Verteilung der Lose nicht entscheidend ändert, weil von jeder „Sorte" Lose entsprechend den angegebenen Anteilen gezogen werden.
(► Kopiervorlage auf Seite K 17)

Hinweise zu den Aufgaben

1 bis **8** Beziehen sich auf „einstufige" Zufallsexperimente. Hier sind Laplace-Wahrscheinlichkeiten und erwartete Häufigkeiten anzugeben. Diese Aufgaben werden durch Beispiel 1 abgesichert.

10 bis **12** Sind etwas anspruchsvoller, da zweistufige Zufallsexperimente zu untersuchen sind. Die Aufgaben werden durch Beispiel 2 abgesichert.

13 bis **15** Haben die Überprüfung von Laplace-Wahrscheinlichkeiten zum Ziel. Hier soll deutlich werden, dass (auch nahe liegende) Laplace-Annahmen die Wirklichkeit nicht immer zutreffend beschreiben. Sie stellen eine Verbindung zu den experimentellen Aspekten von Lerneinheit 1 her.

Serviceblätter

– Wachsende Formelsammlung (Seite S 24)
– Fair play? (Seite S 26)
– Mensch ärgere dich nicht! (Seite S 27)
– Mit Wahrscheinlichkeiten punkten (Seite S 28)
– Passende Zufallsexperimente (Seite S 29)
– Worauf setzt du? (Seite S 30)

3 Boxplots

Boxplots wurden als fakultativer Lerninhalt bereits in Klasse 6 angeboten, da sie sich hervorragend eignen, die dort behandelten Inhalte der beschreibenden Statistik anschaulich darzustellen.
Boxplots
– visualisieren einerseits die in Säulen- bzw. Balkendiagrammen steckenden Informationen,
– andererseits visualisieren sie Mittelwert und Median in ihrer Lage zueinander
– und bieten gleichzeitig mit der „Länge der Box" ein intuitives Streumaß.
Im Zusammenhang mit Wahrscheinlichkeiten können Boxplots dann genutzt werden, um Zufallsschwankungen (relativer Häufigkeiten um die Wahrscheinlichkeiten) zu visualisieren und den Einfluss des Stichprobenumfanges zu studieren. (Je größer der Stichprobenumfang, desto kleiner die Schwankungen der relativen Häufigkeiten).

Einstiegsaufgabe

E6 Im Jahr 2004 nahmen alle Klassen (9 a bis 9 e) eines Gymnasiums an den Lernstandserhebungen teil. Es gab 11 Aufgaben zum Themenbereich Geometrie.
Die Ergebnisse wurden an die Schulen in Form einer Grafik zurückgeschickt (hier ein Auszug daraus). Versuche, die Aussage der Grafik in Worte zu fassen.

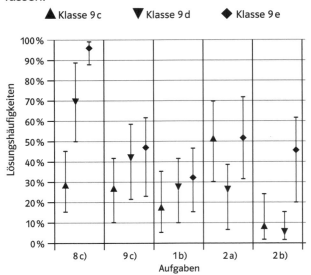

(► Kopiervorlage auf Seite K 17)

Hinweise zu den Aufgaben

In den Aufgaben **1**, **5** und **6** wird das Lesen und Interpretieren von Diagrammen geübt, in Aufgabe **4** und in „Bist du sicher?" werden Boxplots zu konkreten Datensätzen gezeichnet.
Förderung selbstständigen Arbeitens:
Es ist sehr gut möglich, Aufgabe **4** als Einführung in die Lerneinheit zu nutzen und den Schülern eine selbstständige Erarbeitung unter Hinweis auf das Beispiel aufzutragen.

Serviceblätter

– Kastanien (1) und (2) – (Seite S 31 und S 32)
– Autobahn – Diagramme interpretieren (Seite S 33)
– Boxplots in Excel zeichnen (Seite S 34)

4 Simulation, Zufallsschwankungen

E7 Auf einem Tisch liegen vier Münzen, die mit 1, 2, 3, 4 durchnummeriert sind.
Zwei Münzen zeigen Wappen, zwei Zahl. Jede Sekunde wird eine (durch einen Würfel) zufällig ausgewählte Münze herumgedreht. Das Spiel ist zu Ende, wenn alle Münzen die gleiche Seite zeigen. Simuliere das Spiel 10-mal und schätze ab:
a) Wie viele Sekunden dauert das Spiel im Mittel?
b) Wie viele Sekunden dauert das Spiel im Mittel, wenn am Anfang 3 Münzen Wappen zeigen? Wie groß ist dann die Wahrscheinlichkeit, dass das Spiel mit WWWW endet?
c) Fasst die Ergebnisse eurer Klasse zusammen und gebt eine neue Schätzung ab.
(► Kopiervorlage auf Seite K17)

E8 Jan hat einen Euro, er benötigt 5 Euro. Fortuna bietet ihm ein faires Glücksspiel an:
„Du setzt deinen Euro. Wir werfen eine Münze. Wenn Zahl fällt, ist dein Euro verloren, wenn Wappen fällt, bekommst du zwei Euro, die du wieder setzen kannst. Fällt dann Zahl, sind deine 2€ verloren, ansonsten hast du 4€."
a) Erkläre, was das folgende Diagramm mit dem Glücksspiel zu tun hat.

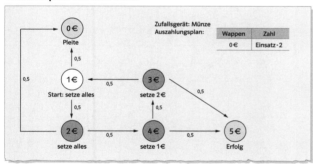

b) Spiele das Spiel mit deiner Nachbarin oder deinem Nachbarn 20-mal und ermittle
– wie lange das Spiel im Mittel bis zu Jans Gewinn oder Jans Ruin dauert.
– wie groß die Wahrscheinlichkeit ist, dass Jan 5€ gewinnt.
(► Kopiervorlage auf Seite K18)

Hinweise zu den Aufgaben

1 bis **3** Hier geht es um die Simulation einfacher Zufallsvorgänge mit gängigen Zufallsgeräten.

4 und **5** benutzen zusätzlich Boxplots zur Visualisierung von Zufallsschwankungen.

6 bis **9** Hier geht es um die Vertiefung des Wahrscheinlichkeitsbegriffs. Es wird mithilfe von Simulationen untersucht, wie sich die Erhöhung der

Versuchszahl auf eine Stabilisierung der relativen Häufigkeiten auswirkt. Dabei wird in sinnvollem Kontext die Nützlichkeit von Tabellenkalkulation erfahrbar. Insbesondere sind die Visualisierungen des Gesetzes der großen Zahl in den Aufgaben 8 und 9 sehr hilfreich.

Serviceblätter

– Würfelspiel (Seite S35)
– Finde deinen Weg! (1) und (2) (Seite S36 und S37)

Wiederholen – Vertiefen – Vernetzen

Hinweise zu den Aufgaben

1 bis **3** sind Wiederholungsaufgaben.

4 bis **6** stellen vertiefende Aufgaben dar.

Exkursion Schokoladentest

Der Schokoladentest ist „das motivierndste" Projekt, das man im Stochastikunterricht der Sekundarstufe 1 durchführen kann.
Es macht den Sinn von Wahrscheinlichkeitsrechnung auf sehr eindringliche Weise erfahrbar: In der Wahrscheinlichkeitsrechnung werden Modelle erstellt und durchgerechnet (hier das Modell eines Nullschmeckers). Auf der Grundlage dieser Modelle kann man mit Simulationen die zu erwartenden Ergebnisse prognostizieren und auch Schwankungsbereiche angeben, in denen die Ergebnisse liegen müssten, wenn die Modellannahmen (hier Nullschmecker) stimmen würden.
Natürlich hofft man, dass man als Feinschmecker Ergebnisse erzielt, die außerhalb der Schwankungsbreite liegen, sodass man die Nullschmecker-Hypothese verwerfen kann.
Was dieses kleine Projekt so faszinierend macht, ist also das Zusammenspiel zwischen Wahrscheinlichkeitsrechnung, Simulation und beschreibender Statistik.
Durch dieses Zusammenspiel werden die zentralen Grundgedanken der beurteilenden Statistik auf einem sehr elementaren Niveau erlebbar.

Einstiegsaufgaben

E1 Siehe: Ein kleiner Test für Schülerinnen und Schüler ohne Vorkenntnisse in Wahrscheinlichkeitsrechnung auf Seite K19–K20.

E2 Es sollen Wahrscheinlichkeiten für die Ergebnisse ermittelt werden, die bei dem Zufallsgerät in deiner Gruppe
auftreten können.
a) Überlege zuerst, welche Ergebnisse möglich sind.
b) Jeder in der Gruppe wirft sein Zufallsgerät fünfzig Mal
und notiert in einer Tabelle, wie oft jedes mögliche Ergebnis auftritt. Jeder versucht daraus Schätzwerte für die
Wahrscheinlichkeiten der Ergebnisse zu bestimmen.
c) Fasst nun alle Werte einer Gruppe in einer Sammeltabelle zusammen. Was ergibt sich nun bei den Schätz-
werten für die Wahrscheinlichkeiten der Ergebnisse?

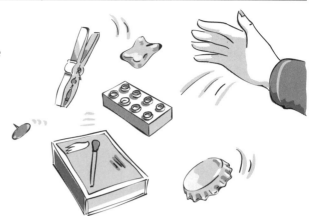

E3 Du spielst mit einem Nachbarn zusammen.
Baut aus einem Stück Pappe eine Pyramide nach
dem Netz in der Abbildung. Malt zuvor die größte
Seitenfläche rot an. Die Fläche mit dem rechten Winkel
wird nicht angemalt. Die beiden anderen Seiten-
flächen werden grün angemalt.
Ihr werft eine Münze, um zu entscheiden, wer
anfangen darf.
Der Gewinner beim Münzwurf wählt rot oder grün.
Der Verlierer erhält die andere Farbe.
Die Pyramide wird nun aus einem Meter Höhe
fallen gelassen. Die Farbe, die unten liegen bleibt,
gewinnt. Jeder soll nun schätzen, wie oft er bei
50 Würfen gewinnen wird.
Führt das Spiel nun 50-mal durch. Hat sich eure
Vorhersage erfüllt?

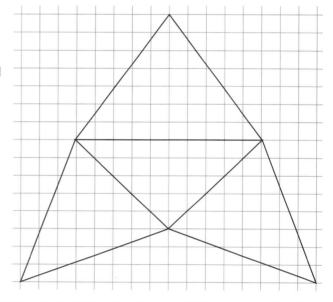

E4 In der Schale liegen die Münzen, die in der Tabelle aufgeführt sind. Eine Münze wird daraus – ohne hin-
zusehen – gezogen. Versuche auf deinem Zettel vor dem Ziehen zu beantworten: Mit welcher Wahrscheinlichkeit zieht man
a) eine Euromünze
b) eine Münze mit dem Wert 2 Einheiten
c) eine Kupfermünze?
Begründe deine Antworten.

Münze	Stück
1 Eurocent	1 ×
2 Eurocent	2 ×
5 Eurocent	2 ×
1 Euro	4 ×
2 Euro	2 ×
2 Franken	1 ×

E5 Bei einer Tombola gibt es Lose zu kaufen. Es gibt 20 Hauptgewinne, 15 % der Lose sind einfache Gewinne und ein Fünftel sind Trostpreise.
Mit welcher Wahrscheinlichkeit zieht man einen Gewinn, wenn insgesamt 500 Lose angeboten werden?
Spielt es dabei eine Rolle, ob schon viele Lose gezogen wurden?

E6 Im Jahr 2004 nahmen alle Klassen (9 a bis 9 e)
eines Gymnasiums an den Lernstandserhebungen teil.
Es gab 11 Aufgaben zum Themenbereich Geometrie.
Die Ergebnisse wurden an die Schulen in Form einer
Grafik zurückgeschickt (hier ein Auszug daraus).
Versuche, die Aussage der Grafik in Worte zu fassen.

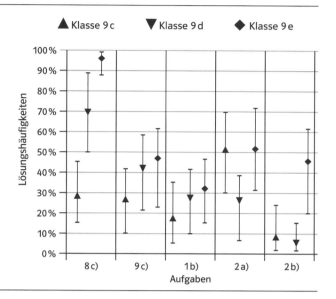

E7 Auf einem Tisch liegen vier Münzen, die mit 1, 2, 3, 4 durchnummeriert sind.
Zwei Münzen zeigen Wappen, zwei Zahl. Jede Sekunde wird eine (durch einen Würfel) zufällig ausgewählte
Münze herumgedreht. Das Spiel ist zu Ende, wenn alle Münzen die gleiche Seite zeigen.
Simuliere das Spiel 10-mal und schätze ab:
a) Wie viele Sekunden dauert das Spiel im Mittel?
b) Wie viele Sekunden dauert das Spiel im Mittel, wenn am Anfang 3 Münzen Wappen zeigen? Wie groß ist
dann die Wahrscheinlichkeit, dass das Spiel mit WWWW endet?
c) Fasst die Ergebnisse eurer Klasse zusammen und gebt eine neue Schätzung ab.

978-3-12-734432-5 Lambacher Schweizer 7 NRW, Serviceband
© Als Kopiervorlage freigegeben. Ernst Klett Verlag GmbH, Stuttgart 2010   II Relative Häufigkeiten und Wahrscheinlichkeiten   **K17**

E 8 Jan hat einen Euro, er benötigt 5 Euro. Fortuna bietet ihm ein faires Glücksspiel an:
„Du setzt deinen Euro. Wir werfen eine Münze. Wenn Zahl fällt, ist dein Euro verloren, wenn Wappen fällt, bekommst du zwei Euro, die du wieder setzen kannst. Fällt dann Zahl, sind deine 2€ verloren, ansonsten hast du 4€."

a) Erkläre, was das folgende Diagramm mit dem Glücksspiel zu tun hat.

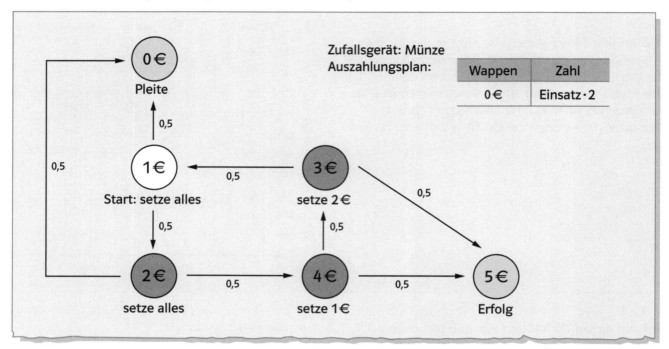

b) Spiele das Spiel mit deiner Nachbarin oder deinem Nachbarn 20-mal und ermittle
– wie lange das Spiel im Mittel bis zu Jans Gewinn oder Jans Ruin dauert.
– wie groß die Wahrscheinlichkeit ist, dass Jan seine 5€ gewinnt.

Vorstellungen über Wahrscheinlichkeiten

Ein kleiner Test für Schülerinnen und Schüler ohne Vorkenntnisse in Wahrscheinlichkeitsrechnung

Kreuze bei dem Test jeweils nur die eine Antwort an, die du für richtig hältst.
Begründe, falls möglich.

1 Stell dir vor, du wirfst eine Münze mehrmals
hintereinander. Du notierst W, falls Wappen
oben liegen bleibt, und Z, falls Zahl oben liegen
bleibt. ZWZ bedeutet, dass du dreimal wirfst und
beim ersten Mal Zahl, beim zweiten Mal Wappen
und beim dritten Mal wieder Zahl oben liegen
bleibt. Wenn du sechsmal hintereinander wirfst,
welche der folgenden Ausgänge hältst du für am
wahrscheinlichsten?

- [ ] WZW ZWZ
- [ ] WWZ ZWW
- [ ] WWW WWW
- [ ] ZZW ZWZ
- [ ] Alle angegebenen Möglichkeiten sind gleich
  wahrscheinlich.

2 Wenn du eine gewöhnliche Münze sechsmal hintereinander wirfst, welche der folgenden Ausgänge wirst
du am wahrscheinlichsten nicht beobachten?

- [ ] WZW ZWZ
- [ ] WWZ ZWW
- [ ] WWW WWW
- [ ] ZZW ZWZ
- [ ] Alle angegebenen Möglichkeiten sind gleich unwahrscheinlich.

3 Wenn du eine gewöhnliche Münze sechsmal hintereinander wirfst und die Folge ZZZ ZZZ beobachtest,
was würdest du dann beim nächsten Wurf erwarten?

- [ ] W
- [ ] Z
- [ ] Beides ist gleich wahrscheinlich.

4 Ein gewöhnlicher Würfel wird auf einer Seite
schwarz, auf allen anderen Seiten golden bemalt.
Der Würfel wird einmal geworfen. Was liegt wohl
am wahrscheinlichsten oben?

- [ ] „schwarz"
- [ ] „gold"
- [ ] Die Information reicht nicht zum Antworten.
- [ ] „Schwarz" und „gold" sind gleich wahrscheinlich
  oben.

978-3-12-734432-5 Lambacher Schweizer 7 NRW, Serviceband
II Relative Häufigkeiten und Wahrscheinlichkeiten   **K19**

5 Ein gewöhnlicher Würfel wird auf einer Seite schwarz, auf allen anderen Seiten golden bemalt. Der Würfel wird sechsmal geworfen. Was, meinst du, würdest du wahrscheinlicher erhalten:

☐ Gold bei allen sechs Würfen.
☐ Fünfmal „gold" und einmal „schwarz".
☐ Die beiden ersten Beobachtungen sind gleich wahrscheinlich.
☐ Die Information reicht nicht zum Antworten.

6 Ein fester Körper hat die Gestalt einer kleinen Pyramide mit einem Quadrat von 2 cm Seitenlänge und den anderen vier Seitenflächen als gleichschenklige Dreiecke. Das Basisquadrat ist mit „1" beschriftet, die anderen Flächen mit „2", „3", „4" und „5". Wenn die Pyramide geworfen wird, dann beträgt die Wahrscheinlichkeit, dass sie auf der „1" landen wird:

☐ $\frac{1}{5}$
☐ $\frac{4}{3}$-mal so viel wie für die anderen Seiten
☐ Die Information reicht nicht zum Antworten.

7 In einem Spiel, das so ähnlich wie Roulette ist, beträgt die Wahrscheinlichkeit, dass du gewinnst, wenn du auf eine bestimmte Kombination von Zahlen wettest, $\frac{1}{20}$. Wenn du auf diese Kombination in zwei Spielen wettest, dann beträgt die Wahrscheinlichkeit, wenigstens einmal zu gewinnen:

☐ $\frac{1}{20}$
☐ $\frac{2}{20}$
☐ etwas weniger als $\frac{1}{10}$
☐ sehr unwahrscheinlich
☐ Die Information reicht nicht zum Antworten.

8 Der Wettermann sagt voraus, dass die Chance für Regen am folgenden Tage 90 % beträgt. Du hast deshalb ein geplantes Picknick ausfallen lassen. Am nächsten Tag schien aber die Sonne. Was hältst du daraufhin von Wettermanns Vorhersagefähigkeiten?

☐ Er ist ein sehr schlechter Wetterfrosch.
☐ Er ist wahrscheinlich ein sehr schlechter Wetterfrosch.
☐ Er ist ein guter Wetterfrosch, hatte aber Pech.
☐ Die Information reicht nicht zum Antworten.

III Zuordnungen

Überblick und Schwerpunkt

Im dritten Kapitel werden bei der Behandlung von funktionalen Zusammenhängen neben der zentralen Kompetenz *Funktionen* die Kompetenzen *Modellieren* und *Werkzeuge* bedient. Die Schülerinnen und Schüler lernen unterschiedliche Darstellungsformen von Zuordnungen kennen und wie sich diese Darstellungen interpretieren bzw. ineinander überführen lassen. So werden sie befähigt, Probleme des Alltags mithilfe von Zuordnungen zu lösen, und erlernen darüber hinaus wichtige Grundlagen für die formale Behandlung von Funktionen im weiteren Mathematikunterricht. Mit den proportionalen, den antiproportionalen und den linearen Zuordnungen werden in diesem Kapitel erste Zuordnungstypen eingeführt. Als wichtiges Rechenverfahren wird in diesem Zusammenhang der Dreisatz behandelt.

Aus den Klassen 5 und 6 sind die Schülerinnen und Schüler mit der Größenrechnung und dem Koordinatensystem vertraut. Sie kennen bereits verschiedene Diagrammtypen und können einfache Terme mit einer Variablen aufstellen. Beim formalen Rechnen mit Variablen besitzen sie hingegen nur wenige Erfahrungen. Die Zuordnungen werden in Klasse 7 daher stark Kontext gebunden eingeführt; der praktische Bezug zum Alltag steht im Vordergrund. Die eher formalen Aspekte von Zuordnungen bzw. Funktionen, wie der allgemeine Funktionsbegriff oder Funktionsgleichungen mit Formvariablen (auch Steigung und y-Achsenabschnitt), werden erst in den Folgejahren bei der Einführung des allgemeinen Funktionsbegriffes behandelt.

Um den Alltagsbezug zu stärken, werden die Größen einer Zuordnung in Klasse 7 vorwiegend mit Buchstaben belegt, die sich aus dem Kontext ergeben. Die Bezeichnungen x und y werden lediglich bei der allgemeinen Darstellung von Zuordnungen (z. B. in Kästen) verwendet. Die kontextbezogenen Größenbezeichnungen schaffen so nicht nur eine größere Anschaulichkeit für die Lernenden – sie bereiten darüber hinaus auch das Rechnen mit Formeln in den naturwissenschaftlichen Fächern vor.

Bei der Modellierung der Sachprobleme werden die Schülerinnen und Schüler angeleitet, geeignete Zuordnungstypen zu erkennen und diese als Hilfsmittel zu verwenden.
Als technisches Hilfsmittel wird in diesem Kapitel neben dem Taschenrechner auch der Computer genutzt. Die Schülerinnen und Schüler erhalten so

eine weitere Möglichkeit, Wertetabellen und Graphen zu erstellen oder diese zu überprüfen.

Die Erkenntnisse der Zuordnungen werden in Kapitel IV (Terme und Gleichungen) und insbesondere in Kapitel VI (Systeme linearer Gleichungen) aufgegriffen.

Das Kapitel gliedert sich in fünf Lerneinheiten. In Lerneinheit **1 Zuordnungen und Graphen** wird der Begriff der Zuordnungen eingeführt bzw. – da der Begriff bereits intuitiv bei den meisten Lernenden vorhanden ist – an Beispielen konkretisiert und in ihrer mathematischen Relevanz bewusst gemacht. Die Schülerinnen und Schüler lernen, dass sich Zuordnungen durch Tabellen, Texte oder Graphen darstellen lassen.
Da dem Graph als Darstellungsform von Zuordnungen und Funktionen in den folgenden Jahren eine besondere Rolle zukommt, wird er in dieser Lerneinheit verstärkt behandelt. Zunächst wird den Schülerinnen und Schüler vermittelt, wie man den Graphen einer Zuordnung mithilfe von Wertetabellen oder Sachzusammenhängen zeichnet. Sie lernen dann, aus einem Graphen Wertepaare oder besondere Eigenschaften der Zuordnung abzulesen und daraus Rückschlüsse auf den zugrunde liegenden Sachzusammenhang zu schließen. Das verbale Begründen und Argumentieren steht hierbei im Vordergrund.

In der Lerneinheit **2 Gesetzmäßigkeiten bei Zuordnungen** werden Zuordnungen vorgestellt, bei denen zwischen den zugeordneten Größen eine Gesetzmäßigkeit besteht. Diese Gesetzmäßigkeit wird vorwiegend durch eine Gleichung beschrieben, mit der sich die zugeordnete Größe berechnen lässt.
Die Begriffe Funktions- bzw. Zuordnungsgleichung werden aus den o.g. Gründen erst in Klasse 8 eingeführt.
Darüber hinaus wird in dieser Lerneinheit in einer umfassenden Info-Box aufgezeigt, wie sich Tabellen und Graphen einer Zuordnung mithilfe eines Computers erstellen lassen. Dazugehörige Übungsaufgaben werden im Anschluss angeboten. Der Computer kann, muss aber nicht zwingend eingesetzt werden. Aufgaben, bei denen sich der Einsatz des Computers anbietet, sind ab dieser Lerneinheit besonders gekennzeichnet.

Als ersten Zuordnungstyp lernen die Schülerinnen und Schüler in Lerneinheit **3 Proportionale Zuordnungen** kennen. Als wichtiges Rechenverfahren wird darüber hinaus der Dreisatz vorgestellt.

In Lerneinheit **4** werden **antiproportionale Zuordnungen** vorgestellt. Analog zur dritten Lerneinheit lernen die Schülerinnen und Schüler auch hier den Dreisatz als wesentliches Hilfsmittel kennen.

In der Lerneinheit **5** lernen die Schülerinnen und Schüler **lineare Zuordnungen** als dritten Zuordnungstyp kennen. Die linearen Zuordnungen werden über die konstante Änderungsrate definiert. Die Schülerinnen und Schüler erkennen, dass proportionale Zuordnungen spezielle lineare Zuordnungen sind.
Hinweis zum Textfeld „Proportional?" der Auftaktseite: Die Schrifthöhen sind proportional zur Schriftgröße. Die Anzahl der Zeichen in einer Zeile ist antiproportional zur Schriftgröße.

Zu den Erkundungen

Bei den Erkundungen des dritten Kapitels können sich die Schülerinnen und Schüler die Grundlagen von funktionalen Zusammenhängen altersgemäß in unterschiedlichen Formen erarbeiten: Die erste Erkundung **An der Obst- und Gemüsewaage** verdeutlicht die Gesetzmäßigkeit bei proportionalen Zuordnungen bei einem für die Schülerinnen und Schüler alltäglichen Gegenstand: Etiketten bei einer Obst- und Gemüsewaage. Die zweite Erkundung **Wenn ein Rechteck „die Kurve kratzt"** lässt die Lernenden die Gesetzmäßigkeit eines ersten besonderen Zuordnungstyps entdecken. In der dritten Erkundung **Nach Diagrammen laufen** werden Graphen und Zuordnungen sehr handlungsorientiert in einem Gruppenspiel vertieft.

1. An der Obst- und Gemüsewaage

Zur Vorbereitung der ersten Erkundung können die Schülerinnen und Schüler auch beauftragt werden, Etiketten einer Obst- und Gemüsewaage mitzubringen. Die in der Erkundung aufgeführten Impulse können in diesem Fall auf die mitgebrachten Etiketten übertragen werden.
Die ergänzende Frage am Ende der Erkundung kann als Forschungsauftrag ausgebaut werden.

2. Wenn ein Rechteck „die Kurve kratzt"

Bei der zweiten Erkundung entdecken die Schülerinnen und Schüler handlungsorientiert, wie der Graph einer antiproportionalen Zuordnung aussieht. Hierbei können sie auch altersgemäß entdecken, dass die zugeordnete Größe beliebig große Werte annehmen kann. Ausgehend vom Graphen wird

anschließend die Gleichung zur Bestimmung der zugeordneten Seitenlänge bestimmt.
Je nach Unterrichtsverlauf kann bei der Behandlung der Erkundung auch die Produktgleichheit besprochen werden.
Im Anschluss an die Erkundung kann überlegt werden, bei welchen weiteren Sachzusammenhängen dieser Zuordnungstyp vorliegt.

3. Nach Diagrammen laufen

Bei der dritten Erkundung soll ein Schüler einen Weg gehen, bei dem er den Abstand zu einem vereinbarten Punkt entsprechend einem Diagramm einhält. Die anderen Schülerinnnen und Schüler sollen hierbei umgekehrt durch Beobachtung des Weges selbst ein Diagramm erstellen. Der Vergleich kann anschließend einfach durch die Diagramme vorgenommen werden.
Für diese Erkundung benötigt man ausreichend Raum. Je nach Klassenraumgröße bietet es sich an, auf den Flur oder Schulhof auszuweichen.
Es hat sich zudem als hilfreich erwiesen, wenn man zunächst einen Beispielspaziergang zu einem Diagramm vornimmt, das alle Schülerinnen und Schüler vorher gesehen haben. Insgesamt muss man bei dieser Erkundung mit einer eher lebhaften Unterrichtssituation rechnen.

1 Zuordnungen und Graphen

Einstiegsaufgaben

E1 a) Lies ab, wie warm es um 10.00 Uhr und um 16.00 Uhr war.
b) Wie warm war es vermutlich um 11.00 Uhr, um 13.00 Uhr und um 20.00 Uhr?
c) Welche Jahreszeit lag vermutlich bei der Messung vor?
d) Stelle die Zuordnung *Uhrzeit → Temperatur (in °C)* in einer Tabelle dar.

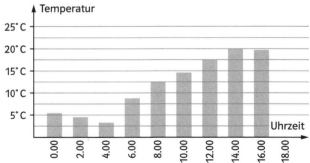

Hinweis: Das bereits bekannte Balkendiagramm wird als Vorstufe zum Graphen wiederholt. Die Schülerinnen und Schüler sollen neben dem Ablesen von Temperaturwerten intuitiv erkennen, dass

man mithilfe des Diagramms auch nicht gemessene Werte vermuten kann. Darüber hinaus können die Vor- und Nachteile eines Diagramms besprochen werden.
(► Kopiervorlage auf Seite K 26)

E2 a) Der unten abgebildete Temperaturverlauf wurde von einem Thermographen aufgezeichnet. Lies die Temperatur jeweils um 12 Uhr mittags (14 Uhr, 18 Uhr) ab.
b) Übertrage die Wertetabelle in dein Heft und fülle sie mit den Werten vom ersten Tag aus.

Uhrzeit	12	14	16	18	20
Temperatur (in °C)					

c) Welchen Vorteil hat die grafische Darstellung einer Zuordnung gegenüber der Darstellung durch eine Tabelle?

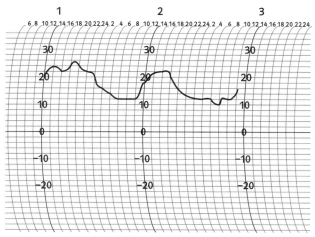

(► Kopiervorlage auf Seite K 26)

Hinweise zu den Aufgaben

2 Die Messung kann auch mit geringem Aufwand im Klassenzimmer selbst durchgeführt werden. Hierbei lässt sich der unterschiedliche Temperaturverlauf bei verschieden isolierten Gefäßen anschaulich darstellen.

3 In der Begründungsaufgabe werden mögliche Fehler bei Graphen thematisiert.

4 Für das Schülerexperiment bieten sich Arbeitsgruppen mit zwei bis drei Schülerinnen und Schülern an. Für jede Gruppe werden ein Wasserhahn und eine zylindrisches Gefäß benötigt. Als Ergänzungsaufgabe kann Aufgabe **5** bearbeitet werden.

6 und **7** Die Schülerinnen und Schüler können die Aufgaben auch für ihren Schulweg bearbeiten. So können sie Besonderheiten des Graphen besser ihren Mitschülern darstellen.

9 Originale Tachoscheiben erhält man z.B. bei Speditionen.

11 Die Aufgabe greift eine typische Fehlerquelle bei den Schülerinnen und Schülern auf: Häufig wird das Bild eines Graphen mit der Darstellung des Sachverhaltes in Verbindung gebracht.

13 Die offen gestellte Aufgabe ist vergleichsweise anspruchsvoll und kann im Anschluss an Aufgabe 5 ggf. auch im Klassenverband bearbeitet werden.

Serviceblätter

– Mit einem Mind-Map in das neue Thema (Seite S 38)
– Wachsende Formelsammlung (Seite S 39)

2 Gesetzmäßigkeit bei Zuordnungen

Einstiegsaufgaben

E3 Die Wertetabellen gehören jeweils zu einer Zuordnung $x \to y$. Ergänze die Tabellen sinnvoll.
a)

x	0	1	2	3	4	5	6	7	8	9	10
y	−1	1	3	5					15		

b)

x	0	1	2	3	4	5	6	7	8	9	10
y	1	2	5	10	17						101

c)

x	0	1	2	3	4	5	6	7	8	9	10
y	1	2	2	3	3	3					

d)

x	0	1	2	3	4	5	6	7	8	9	10
y	0	1	8	27	64						

Hinweise:
1) Die Schülerinnen und Schüler können darüber hinaus aufgefordert werden, die Gesetzmäßigkeit in eigenen Worten auszudrücken.
2) Für Teilaufgabe d) bietet sich ein Taschenrechner an.
(► Kopiervorlage auf Seite K 26)

E4 Bei der Zuordnung $x \to y$ lässt sich der y-Wert mit der Formel $y = 3 \cdot x + 1$ berechnen.
a) Vervollständige damit die folgende Tabelle.

x	0	1	2	3	4	5	6	7	8	9	10
y	1	4	7								

b) Gib entsprechend der Info-Box auf Seite 79 die Formel $y = 3 \cdot x + 1$ in ein Tabellenkalkulationsprogramm ein und erstelle die Wertetabelle sowie den Graphen. Vergleiche die Werte der Tabelle mit denen aus Teilaufgabe a).
(► Kopiervorlage auf Seite K26)

Hinweise zu den Aufgaben

1 bis **4** Die Schülerinnen und Schüler erstellen Tabellen und Graphen von Zuordnungen. Die Gesetzmäßigkeiten ergeben sich aus einem geometrischen Zusammenhang oder aus einem Kontext.

5 Gesetzmäßigkeit der Zuordnung wird kontextunabhängig aufgrund vorgegebener Werte bestimmt.

6 bis **8** Übungsaufgaben, die mithilfe eines Tabellenkalkulationsprogramms bearbeitet werden können.

Serviceblätter

– Wachsene Formelsammlung (Seite S39)
– Sinn und Unsinn – Was ist hier wirklich wichtig? (Seite S40)
– Bärbel Bleifuß (Seite S41)

3 Proportionale Zuordnungen

Einstiegsaufgabe

E5 Die Kabinen eines Paternosters fahren auf der einen Seite mit konstanter Geschwindigkeit hoch, während sie auf der anderen Seite mit der gleichen Geschwindigkeit herunter fahren. Betritt man zum Zeitpunkt $t = 0$ eine nach oben fahrende Kabine, so ergibt sich für die Höhen h folgende Wertetabelle:

t (in s)	0	1	2	3	4	5	6	7	8	9	10
h (in m)	0	0,5	1	1,5	2						

a) Fülle die noch freien Felder der Tabelle aus.
b) Erstelle eine Wertetabelle für eine Kabine, die nach unten fährt.
c) Zeichne die Graphen für beide Zuordnungen *Zeit t (in s) → Höhe h (in m)*.
d) Wie sähen die Graphen aus, wenn die Kabinen doppelt oder halb so schnell fahren? Zeichne die Graphen in das gleiche Koordinatensystem.
e) Beschreibe die Gesetzmäßigkeiten der beiden Zuordnungen in eigenen Worten und mithilfe einer Gleichung. Finde weitere Zuordnungen, bei denen eine ähnliche Gesetzmäßigkeit gilt.
(► Kopiervorlage auf Seite K27)

Hinweise zu den Aufgaben

1 Mit den Schülerinnen und Schülern können als Vertiefung weitere proportionale Zuordnungen überlegt werden.

5 Im Anschluss können sich die Schülerinnen und Schüler in Partnerarbeit gegenseitig weitere Tabellen zum Ergänzen stellen.

Bei den Aufgaben **7**, **9**, **11** und **12** muss überlegt werden, unter welchen Annahmen der Dreisatz anwendbar ist.

10 Die Aufgabe bietet sich nach der Behandlung der ersten Erkundung an.

19 und **20** In den Aufgaben wird u.a. die Modellierung bei einem Experiment angesprochen.

Serviceblätter

– Wachsende Formelsammlung (Seite S39)
– Gesetzmäßigkeiten erkennen und beschreiben (Seite S42)
– Experiment 1 – Gefäße (Seite S43)

4 Antiproportionale Zuordnungen

Einstiegsaufgabe

E6 Überlegt euch zu zweit möglichst viele Zahlenpaare, deren Produkt jeweils 60 ergibt. Geht hierbei in folgender Form vor: Ein Schüler nennt eine Zahl, der andere Schüler erwidert eine passende zweite Zahl. Anschließend werden die beiden Rollen getauscht.
Haltet dabei schriftlich fest:
– Wie viele Zahlenpaare könnt ihr finden, wenn man nur natürliche Zahlen verwenden darf?
– Wie viele Zahlenpaare gibt es, wenn man rationale Zahlen verwendet?
– Nach welcher Rechenvorschrift lässt sich die zweite Zahl bestimmen?
(► Kopiervorlage auf Seite K27)

Hinweise zu den Aufgaben

6 c) Offene Aufgabe in Partnerarbeit, die sich zum Wiederholen anbietet.

7 Es sollen Zuordnungstypen erkannt werden.

Serviceblätter

– Wachsende Formelsammlung (Seite S39)
– Experiment 2 – Wippe (Seite S44)

5 Lineare Zuordnungen

Einstiegsaufgaben

E7 a) Ein leerer Öltank wird gefüllt. Der Graph A gehört zur Zuordnung *Zeit t → Ölvolumen V*. Um welchen Zuordnungstyp handelt es sich? Erstelle eine Wertetabelle und bestimme eine Gleichung, mit der sich das Ölvolumen V berechnen lässt.
b) Der Graph B gehört zur Zuordnung *Zeit t → Ölvolumen V* bei einem anderen Füllvorgang des Tanks. Wodurch unterscheidet sich dieser Füllvorgang von dem aus a)? Erstelle eine Wertetabelle und bestimme eine Formel, mit der sich das Ölvolumen V berechnen lässt.

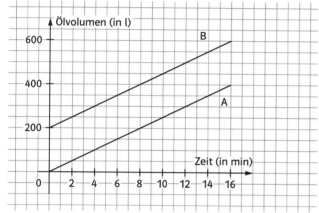

Hinweis: In der Aufgabe erfolgt anhand eines Beispiels die Verallgemeinerung der proportionalen Zuordnung auf eine lineare Zuordnung. In Teilaufgabe a) wird zunächst die proportionale Zuordnung *Zeit t → Ölvolumen V* beim Befüllen eines Öltankes aus der vorangegangenen Lerneinheit aufgegriffen. In Teilaufgabe b) erfolgt durch die Änderung des Anfangswertes die Verallgemeinerung auf eine lineare Zuordnung. Die Schülerinnen und Schüler sollen erkennen, dass die Zunahmen des Ölvolumens pro Zeit bei beiden Zuordnungen gleich groß sind.
(► Kopiervorlage auf Seite K 27)

E8 Vier Kerzen, die alle 10 cm lang, aber verschieden dick sind, werden gleichzeitig angezündet.
a) Skizziere die Graphen der Zuordnungen *Zeit t → Höhe h* für die vier Kerzen in ein Koordinatensystem.

b) Welche Gemeinsamkeit haben die vier Graphen, worin unterscheiden sie sich?
c) Wie sähen die Graphen aus, wenn die Kerzen zu Beginn unterschiedlich lang wären?
Hinweise:
1) Die Schülerinnen und Schüler zeichnen Graphen von linearen Zuordnungen mit negativer Änderungsrate.

2) Da keine weiteren Hinweise gegeben sind, können die Steigungen der Geraden nur qualitativ verglichen werden.
(► Kopiervorlage auf Seite K 28)

Hinweise zu den Aufgaben

1 und **2** Leichte Anwendungsaufgaben. In Teilaufgabe 1 d) sollen die Schülerinnen und Schüler zum Kontext Stellung nehmen.

6 Zur Vorbereitung bietet sich Aufgabe **5** an.

14 Teilaufgaben c) und d) sind anspruchsvoll.

Serviceblatt

– Experiment 3 – Feder (Seite S 45)

Wiederholen – Vertiefen – Vernetzen

Inhalte und Zielsetzung der Aufgaben

4 Hier können auch die verschiedenen Zuordnungstypen wiederholt werden.

11 Die Schülerinnen und Schüler sollen Stellung zu verschiedenen Darstellungen von linearen Funktionen nehmen.

14 Als Vorbereitung der Aufgabe bietet sich Aufgabe **12** an.

15 Die offene Teilaufgabe d) ist vergleichsweise zeitaufwändig.

16 Umfangreiche Kompetenzaufgabe, bei deren Behandlung verschiedene inhaltliche und prozessbezogene Aspekte des Kapitels wiederholt werden.

Einstiegsaufgaben

E1 a) Lies ab, wie warm es um 10.00 Uhr und um 16.00 Uhr war.
b) Wie warm war es vermutlich um 11.00 Uhr, um 13.00 Uhr und um 20.00 Uhr?
c) Welche Jahreszeit lag vermutlich bei der Messung vor?
d) Stelle die Zuordnung *Uhrzeit → Temperatur (in °C)* in einer Tabelle dar.

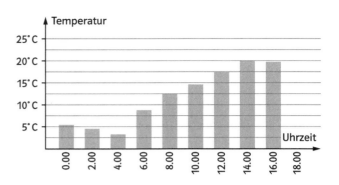

E2 a) Der Temperaturverlauf wurde von einem Thermographen aufgezeichnet. Lies die Temperatur jeweils um 12 Uhr mittags (14 Uhr, 18 Uhr) ab.
b) Übertrage die Wertetabelle in dein Heft und fülle sie mit den Werten vom ersten Tag aus.

Uhrzeit	12	14	16	18	20
Temperatur (in °C)					

c) Welchen Vorteil hat die grafische Darstellung einer Zuordnung gegenüber der Darstellung durch eine Tabelle?

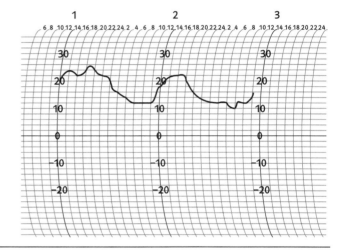

E3 Die Wertetabellen gehören jeweils zu einer Zuordnung $x → y$. Ergänze die Tabellen sinnvoll.

a)
x	0	1	2	3	4	5	6	7	8	9	10
y	−1	1	3	5					15		

b)
x	0	1	2	3	4	5	6	7	8	9	10
y	1	2	5	10	17						101

c)
x	0	1	2	3	4	5	6	7	8	9	10
y	1	2	2	3	3	3					

d)
x	0	1	2	3	4	5	6	7	8	9	10
y	0	1	8	27	64						

E4 Bei der Zuordnung $x → y$ lässt sich der y-Wert mit der Formel $y = 3 \cdot x + 1$ berechnen.
a) Vervollständige damit die folgende Tabelle.

x	0	1	2	3	4	5	6	7	8	9	10
y	1	4	7								

b) Gib entsprechend der Info-Box auf Seite 79 die Formel $y = 3 \cdot x + 1$ in ein Tabellenkalkulationsprogramm ein und erstelle die Wertetabelle sowie den Graphen. Vergleiche die Werte der Tabelle mit denen aus Teilaufgabe a).

978-3-12-734432-5 Lambacher Schweizer 7 NRW, Serviceband
© Als Kopiervorlage freigegeben. Ernst Klett Verlag GmbH, Stuttgart 2010

E5 Die Kabinen eines Paternosters fahren auf der einen Seite mit konstanter Geschwindigkeit hoch, während sie auf der anderen Seite mit der gleichen Geschwindigkeit herunter fahren. Betritt man zum Zeitpunkt $t = 0$ eine nach oben fahrende Kabine, so ergibt sich für die Höhen h folgende Wertetabelle:

t (in s)	0	1	2	3	4	5	6	7	8	9	10
h (in m)	0	0,5	1	1,5	2						

a) Fülle die noch freien Felder der Tabelle aus.
b) Erstelle eine Wertetabelle für eine Kabine, die nach unten fährt.
c) Zeichne die Graphen für beide Zuordnungen *Zeit t → Höhe h.*
d) Wie sähen die Graphen aus, wenn die Kabinen doppelt oder halb so schnell fahren? Zeichne die Graphen in das gleiche Koordinatensystem.
e) Beschreibe die Gesetzmäßigkeiten der beiden Zuordnungen in eigenen Worten und mithilfe von einer Gleichung. Finde weitere Zuordnungen, bei denen eine ähnliche Gesetzmäßigkeit gilt.

E6 Überlegt euch zu zweit möglichst viele Zahlenpaare, deren Produkt jeweils 60 ergibt. Geht hierbei in folgender Form vor: Ein Schüler nennt eine Zahl, der andere Schüler erwidert eine passende zweite Zahl. Anschließend werden die beiden Rollen getauscht.
Haltet dabei schriftlich fest:
– Wie viele Zahlenpaare könnt ihr finden, wenn man nur natürliche Zahlen verwenden darf?
– Wie viele Zahlenpaare gibt es, wenn man rationale Zahlen verwendet?
– Nach welcher Rechenvorschrift lässt sich die zweite Zahl bestimmen?

E7 a) Ein leerer Öltank wird gefüllt. Der Graph A gehört zur Zuordnung *Zeit t → Ölvolumen V.* Um welchen Zuordnungstyp handelt es sich? Erstelle eine Wertetabelle und bestimme eine Gleichung, mit der sich das Ölvolumen V berechnen lässt.
b) Der Graph B gehört zur Zuordnung *Zeit t → Ölvolumen V* bei einem anderen Füllvorgang des Tanks. Wodurch unterscheidet sich dieser Füllvorgang von dem aus a)? Erstelle eine Wertetabelle und bestimme eine Formel, mit der sich das Ölvolumen V berechnen lässt.

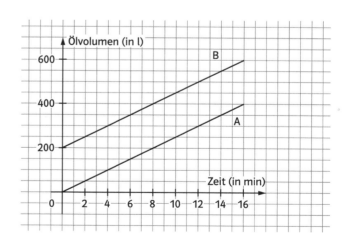

978-3-12-734432-5 Lambacher Schweizer 7 NRW, Serviceband
III Zuordnungen **K27**

E 8 Vier Kerzen, die alle 10 cm lang, aber verschieden dick sind, werden gleichzeitig angezündet.

a) Skizziere die Graphen der Zuordnungen *Zeit t → Höhe h* für die vier Kerzen in ein Koordinatensystem.

b) Welche Gemeinsamkeit haben die vier Graphen, worin unterscheiden sie sich?

c) Wie sähen die Graphen aus, wenn die Kerzen zu Beginn unterschiedlich lang wären?

978-3-12-734432-5 Lambacher Schweizer 7 NRW, Serviceband
© Als Kopiervorlage freigegeben. Ernst Klett Verlag GmbH, Stuttgart 2010

IV Terme und Gleichungen

Überblick und Schwerpunkt

In den Lerneinheiten dieses Kapitels wird an das Wissen der Schülerinnen und Schüler über Rechenterme angeknüpft. Dabei wird zunächst das Rechnen mit rationalen Zahlen erarbeitet. Schülerinnen und Schüler lernen darauf aufbauend, Terme und Gleichungen mit einer Variablen für gegebene Zusammenhänge aufzustellen und so zu bearbeiten, dass man gesuchte Informationen ablesen kann. Dabei liegt ein Schwerpunkt des Kapitels auf dem Verstehen und Begründen der Zusammensetzung der Terme und Gleichungen. Um dies zu unterstützen, werden vielfach Begründungen in kleineren Aufsätzen sowie erklärende Skizzen eingefordert. Zusätzlich dienen geometrische Bezüge diesem Ziel. Ein weiterer Schwerpunkt ist der Aufbau von Sicherheit beim „zielgerichteten" Umformen, wobei zielgerichtet bedeuten soll, dass der Weg bzw. die Art der Umformungen je nach Fragestellung neu zu überlegen ist. Dem Lösen von Gleichungen auch mithilfe von Äquivalenzumformungen kommt hierbei eine zentrale Bedeutung zu.

Darüber hinaus werden die Inhalte des vorherigen Kapitels Zuordnungen wieder aufgegriffen – vor allem das graphische Lösen wird mit dem rechnerischen Vorgehen verglichen und für Umkehrfragestellungen verwendet.

Der graphikfähige Taschenrechner wird in diesem Kapitel überwiegend als Kontrollmedium eingesetzt, um Proben durchzuführen. Des weiteren findet er bei Vernetzungen mit dem Themenstrang der Zuordnung seine Verwendung.

Einem Großteil des Kapitels liegen die prozessorientierten Kompetenzen, *Modellieren* und *Problemlösen* zugrunde. Es werden verschiedene Strategien thematisiert, mithilfe derer man Sachzusammenhänge und Fragen des Alltags beantworten kann. Dieser Bogen erstreckt sich vom Aufstellen von Termen und Formeln für einfachere Zusammenhänge bis hin zum Problemlösen von komplexeren Situationen nach einem Vier-Stufen-Kreislauf, bei dem das Wechselspiel aus Realität und Mathematik transparent und klar strukturiert herausgearbeitet wird. In dieser Form werden die Problemlösetechniken der ersten Kapitel aufgegriffen und weiterentwickelt.

Des Weiteren wird die Kompetenz *Arithmetik/Algebra* an vielen Stellen zum zentralen Inhalt. Aber auch die Funktionen sind Gegenstand dieses Kapitels. So wird die Veränderung des Wertes eines Terms in Abhängigkeit von der Veränderung der Variablen im Term untersucht.
Damit die Schülerinnen und Schüler ihre Kenntnisse aus dem Kapitel III über lineare Zuordnungen übertragen und anwenden können, werden bei den dabei behandelten Termen und Gleichungen ausschließlich lineare Zusammenhänge betrachtet.

In der Lerneinheit **1 Rechnen mit rationalen Zahlen** werden alle Rechenregeln inklusive der Klammerregeln kompakt begründend erarbeitet und dargestellt. Dabei wird auch auf das Nutzen von Rechenvorteilen eingegangen. Im letzten Teil dieser Lerneinheit wird der Einsatz des Taschenrechners im Sinne des richtigen Umgangs thematisiert.

Ausgehend von einem Abzählproblem mithilfe von Streichhölzern wird in der Lerneinheit **2 Mit Termen Probleme lösen** das Aufstellen von Termen bzw. Formeln über das Anlegen einer Tabelle veranschaulicht. Mithilfe der Terme werden einfache Probleme gelöst. Ausgehend von dieser Problemstellung werden teilweise praktische Übungen angeregt, wodurch sich die Richtigkeit der gefundenen Formeln leicht verifizieren lässt (beispielsweise Aufgabe 3). In dieser Lerneinheit steht neben dem Aufstellen der Terme das Verstehen der Zusammensetzung sowie der Nutzen für das Verwenden von Variablen im Vordergrund.

Dass Terme mit Variablen nach den für die rationalen Zahlen geltenden Rechenregeln umgeformt werden können, ist Gegenstand der Lerneinheit **3 Gleichwertige Terme – Umformen.** Die Richtigkeit der Umformungen wird mithilfe geometrischer Betrachtungen verdeutlicht. Diese Anschauung wird im Weiteren sehr häufig wieder aufgegriffen. Ferner wird in diesem Zusammenhang der Begriff der äquivalenten Terme eingeführt. Neben dem verständnisorientierten Üben des Umformens bzw. Vereinfachens von Termen stellt der Einsetzungsgedanke bei Termen mit einer Variablen einen wichtigen Bestandteil dieser Lerneinheit dar.

Eine Vertiefung und Verallgemeinerung der Umformungsregeln erfolgt in Lerneinheit **4 Ausmultiplizieren und Ausklammern – Distributivgesetz**. Neben dem Assoziativ- und Kommutativgesetz, die beide bereits in der Lerneinheit 3 vorkommen, wird nun noch das Distributivgesetz ergänzt. Wesentlich ist bei allen Termbetrachtungen, dass die Zusammensetzung und Umformungen der Terme inhaltlich begründet werden. Hierzu werden geeignete Aufgaben bereitgestellt.

In der Lerneinheit **5 Gleichungen umformen – Äquivalenzumformungen** wird das Lösen von Gleichungen durch rückwärts Rechnen und vor allem durch Äquivalenzumformungen über das Waagenmodell anschaulich erläutert und die Symbolschreibweise für die Umformungen eingeführt. Hier steht das Einüben der Umformungen im Vordergrund.
Auf eine umfassende Begrifflichkeit aus der Mengenlehre (Definitionsmenge, Lösungsmenge usw.) wird bewusst verzichtet; vielmehr kommen für die Schülerinnen und Schüler einsichtige Begriffe zum Einsatz. Auch die exakte Unterscheidung von Formel und Gleichung wird nicht thematisiert, weil der Erkenntnisgewinn für gesamtmathematische Zusammenhänge im Vergleich zum Schwierigkeitsgrad (hohe Abstraktionsstufe) zu gering ist. Der Lösbarkeit von Gleichungen und Ungleichungen wird in dieser Jahrgangsstufe keine zentrale Bedeutung beigemessen. Sie wird etwas verstärkt bei den Vertiefungen im Abschnitt unter **Wiederholen – Vertiefen – Vernetzen** behandelt.

Nun sind alle Fähigkeiten erworben, um auch komplexere Sachzusammenhänge mittels Gleichungen und auch Ungleichungen aus Gleichungsbetrachtungen heraus zu bearbeiten. Dazu vertiefen die Schülerinnen und Schüler in der Lerneinheit **6** beim **Lösen von Problemen mit Strategien** Kenntnisse, mit denen sie allgemein Problemstellungen des Alltags lösen können. Als neues Strukturelement wird der Vier-Stufen-Kreislauf anhand eines Beispiels vorgestellt. In den Aufgaben werden dazu verstärkt Kontexte aus der Lebenswelt der Schülerinnen und Schüler herangezogen.

Zu den Erkundungen

Die Erkundungen dieses Kapitels umfassen viele Aspekte des Umgangs mit Termen und Gleichungen. Sie sind so aufgebaut, dass sie die wesentlichen Inhalte des Kapitels abdecken (entsprechende Verweise finden sich sowohl bei den Erkundungen als auch in den Lerneinheiten). Dabei wird immer davon ausgegangen, dass die Schülerinnen und Schüler „nur" die Kenntnisse der vorherigen Kapitel innerhalb des Buches als Kenntnisse mitbringen, sodass die Erkundungen gut als Einstiegssituationen verwendet werden können.

In der ersten Erkundung **Rechengesetze erkunden und anwenden** werden die Rechengesetze, die den Schülerinnen und Schülern bereits aus den letzten

Schuljahren aus dem konkreten Bereich der rationalen Zahlen bekannt sind, spielerisch verallgemeinert. Dies geschieht ausgehend von der Anwendung der Gesetze beim geschickten Rechnen.
Das Umformen von Gleichungen wird handlungsorientiert in der zweiten Erkundung **Knackt die Box (1)** eingeführt. Die Idee der Boxengleichungen kann man aber auch ohne jegliche Zusatzmaterialien zeichnen lassen und so theoretisch behandeln. Diese Erkundung soll einen Anlass geben, bei dem sich die Lerngruppen selbstständig Umformungsregeln erarbeiten können.

1. Rechengesetze erkunden und anwenden

Hier geht es darum, dass die Schülerinnen und Schüler in einem Wettbewerb auf Geschwindigkeit Rechenterme möglichst geschickt berechnen, um dann in Diskussionen mit den Mitschülern und der Lehrkraft richtige und falsche Umformungen zu erkennen. Im zweiten Teil – der „Spielanalyse" – werden die Rechengesetze angeleitet verallgemeinert. Die Anleitung stellt dabei sicher, dass die Schülerinnen und Schüler genau wissen, was zu tun ist.

Bei den drei Karten der einzelnen Aufgaben ist die Anwendung folgender Gesetze hilfreich (Kommutativgesetz – K, Assoziativgesetz – A, Distributivgesetz – D):
Karte 1:
1) K – Lösung: 530
2) D – Lösung: 200
3) K – Lösung: 48900
4) K, D – Lösung: 2200
Karte 2:
1) A – Lösung: 213,5
2) K – Lösung: 1
3) K, D – Lösung: 351
4) K – Lösung: 400
Karte 3:
1) D – Lösung: 40
2) K, A – Lösung: 150
3) D – Lösung: 1
4) K, A – Lösung: 137

Beim Vergleich der Rechenwege können die einzelnen Gruppen die geschicktesten Rechnungen herausstellen. Man könnte die Ergebnisse zu den einzelnen Karten auf Plakaten im Klassenraum ausstellen.

Bei der Spielanalyse erkennt man zunächst an Beispielen, dass das Kommutativgesetz für die Addition und die Multiplikation, aber nicht für die Subtraktion und die Division gelten.
Das Assoziativgesetz gilt ebenfalls nur für die Addition und die Multiplikation.
Die Regeln für das Distributivgesetz können explizit notiert werden.
Beim Einsatz des Taschenrechners könnte man Tastenfolgen notieren lassen. Für die Karten 2 und 3

könnten diese wie folgt aussehen (die abgebildete Symbolfolge soll die Tastenfolge darstellen).

Karte 2:
1) $5 + 2 =: 7 + 212 + 0{,}5 =$
2) $3 : 3 \cdot 9 : 9 \cdot 5 : 5 \cdot 7 : 7 =$
3) $13{,}2 + 12 + 1{,}8 = \cdot 13 =$
4) $555 - 47 - 45 - 63 =$

Karte 3:
1) $2{,}25 + 7{,}75 = \cdot 4 =$
2) $2{,}5 \cdot 1{,}2 \cdot 10 \cdot 5 =$
3) $7 : 14 + 4{,}5 \cdot 7 : 63 =$
4) $77 - 13 + 4 + 63 + 6 =$

2. Knackt die Box

Diese Erkundung ist in drei Abschnitte aufgeteilt. Im ersten Abschnitt wird das Füllen der Boxen erklärt und geübt. Im zweiten Abschnitt werden die Boxenbilder algebraisiert, das heißt in Gleichungen übersetzt. Im letzten Abschnitt (Boxenfolgen legen) soll eine Möglichkeit geschaffen werden, in der die Schülerinnen und Schüler selbstständig das Verfahren der Äquivalenzumformungen entwickeln können. Vor allem bietet diese Erkundung die Möglichkeit, die Äquivalenzumformungen handlungsorientiert mithilfe von Streichhölzern und Streichholzschachteln, die die Schülerinnen und Schüler als Hausaufgabe sammeln und präparieren können, zu erleben.

Forschungsauftrag 1: Boxen füllen
Durch Ausprobieren kann man ermitteln, dass in den blauen Boxen jeweils 2 Hölzchen liegen müssen. Um weitere Boxen zu füllen, kann man so vorgehen, dass die Boxen in gewünschter Anzahl zunächst leer aufgestellt werden, um sie dann anschließend mit Hölzchen zu füllen bzw. abschließend fehlende Hölzchen auf den beiden Seiten des Gleichheitszeichens zu ergänzen.

Forschungsauftrag 2: Boxen und Gleichungen
Wenn das Füllen von den Boxen verstanden wurde, kann man den Schritt der ersten Abstraktion gehen und die Boxenbilder den Gleichungen zuordnen lassen.

(1) $3 \cdot h = 3 + 2 \cdot h$
oder $h + h + h = 2 + h + 1 + h$
(2) $2 + h + 5 = h + 3 + 2 \cdot h$
oder $h + 7 = 3 \cdot h + 3$
(3) $4 \cdot h = 2 \cdot h + 6$
oder $2 \cdot h + h + h = h + 3 + h + 3$
(4) $2 \cdot h + 7 = 3 \cdot h + 1$
oder $h + 7 + h = 2 \cdot h + 1 + h$

Begründungen:
Durch Abzählen der einzelnen Boxen- und Hölzchenanzahlen kann man die Gleichungen leicht zuordnen.
Ergebnisse:
(1) 3 Hölzchen pro Box
(2) 2 Hölzchen pro Box
(3) 3 Hölzchen pro Box
(4) 6 Hölzchen pro Box
Bei der Situation im Forschungsauftrag 1 muss die Gleichung dann $2h + 5 = 3h + 3$ lauten.

Forschungsauftrag 3: Boxenfolgen legen
Die Ausgangssituation wird nochmals dargestellt. Im 1. Schritt wird auf beiden Seiten des Gleichheitszeichens jeweils ein Hölzchen entfernt. Im 2. Schritt wird auf beiden Seiten des Gleichheitszeichens jeweils eine Box entfernt. Man kann diese Handlungen jeweils durchführen, weil man auf beiden Seiten des Gleichheitszeichens das gleiche durchführt – an der Gleichheit ändert sich nichts. Im 2. Schritt ist daher gleichzeitig das Ergebnis angegeben.

Boxenfolge für den Forschungsauftrag 1:

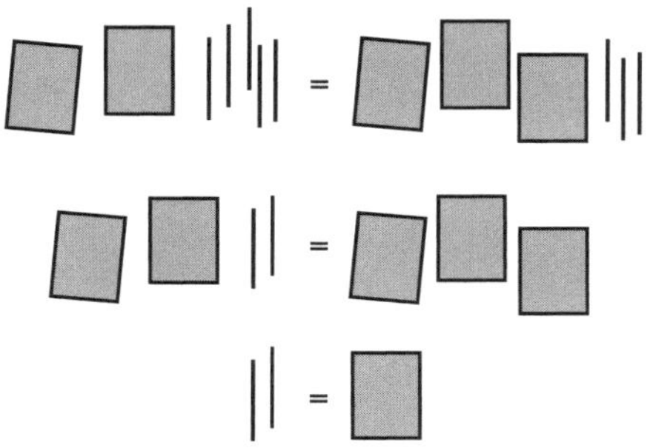

Also sind in einer Box 2 Hölzchen.

Boxenfolge für den Forschungsauftrag 2:
(1)

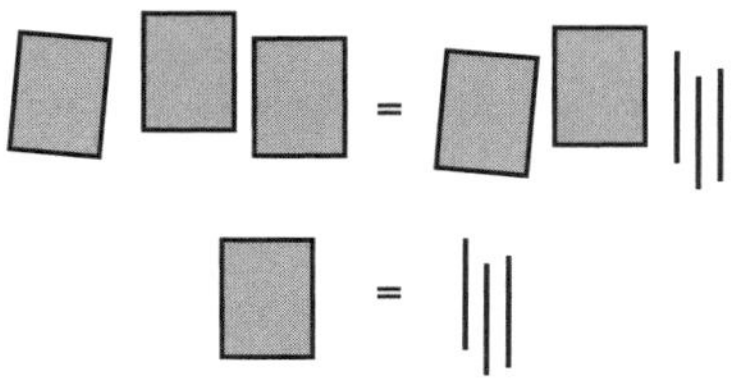

Also sind in einer Box 3 Hölzchen.
(2)

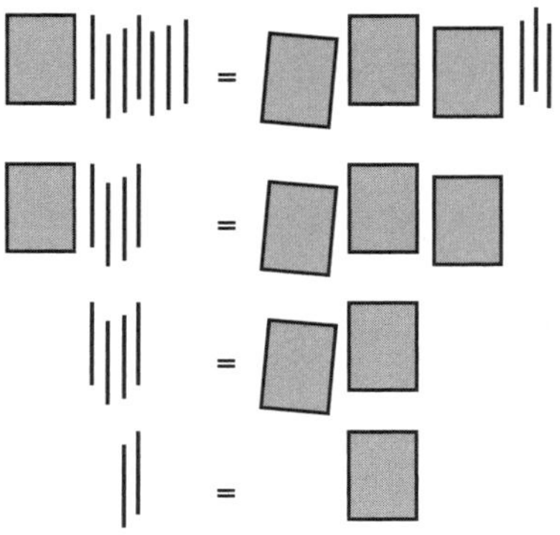

Also sind in einer Box 2 Hölzchen.

(3)

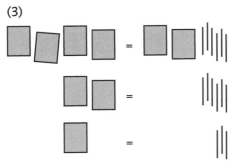

Also sind in einer Box 3 Hölzchen.

(4)

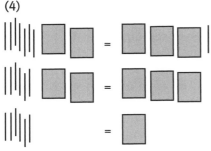

Also sind in einer Box 6 Hölzchen.

Wenn man die Idee der Boxenfolgen auf Gleichungen überträgt, ergeben sich folgende Gleichungsfolgen, indem man die Bilder einfach in Gleichungen überführt:

Forschungsauftrag 3:

$2h + 1 = h + 5$	(Ausgangssituation)
$2h = h + 4$	(1. Schritt)
$h = 4$	(2. Schritt)

Forschungsauftrag 1:

$2h + 5 = 3h + 3$
$2h + 2 = 3h$
$2 = h$

Forschungsauftrag 2:

(1) $3h = 2h + 3$
     $h = 3$
(2) $h + 7 = 3h + 3$
     $h + 4 = 3h$
     $4 = 2h$
     $2 = h$
(3) $4h = 2h + 6$
     $2h = 6$
     $h = 3$
(4) $7 + 2h = 3h + 1$
     $6 + 2h = 3h$
     $6 = h$

Diese Umformungen kann man sich auch ohne die Boxenfolgen zu legen einfach denken.

Blick zurück

Im Blick zurück sollen die Schülerinnen und Schüler ihre Kenntnisse, die sie mit Variablen, Termen und Gleichungen erworben haben, in einer Übersicht zusammenstellen.

1 Rechnen mit rationalen Zahlen

Einstiegsaufgaben

E1 Unsere Zeitrechnung bezieht sich auf die Geburt von Jesus Christus. Man zählt die Jahre ab seiner Geburt als 1. Jahr nach seiner Geburt, 2. Jahr nach seiner Geburt usw. Entsprechend werden die Jahre davor rückwärts gezählt. Dadurch gibt es kein Jahr 0!
Stelle Geburts- und Todesjahr mithilfe von ganzen Zahlen dar. Wie alt wurden die folgenden Personen? Gib zur Berechnung jeweils einen Rechenausdruck an.

	Geburtsjahr	Todesjahr
Archimedes	287 v. Chr.	212 v. Chr.
Augustus	63 v. Chr.	14 n. Chr.
Euklid	365 v. Chr.	300 v. Chr.
Pythagoras	580 v. Chr.	496 v. Chr.
Tiberius	42 v. Chr.	37 v. Chr.
Kepler	1571 n. Chr.	1630 n. Chr.
Galilei	1564 n. Chr.	1642 n. Chr.

(► Kopiervorlage auf Seite K 38)

E2 Frau Hall liest ihren Kontostand und sagt: „Mein Kontostand hat sich verdoppelt." Darauf ihr Mann: „Aber du warst doch in den roten Zahlen und hast inzwischen noch 150 € abgehoben." Kann es sein, dass Frau Hall trotzdem Recht hat? Welcher neue Kontostand ist auf dem Kontoauszug angegeben? (► Kopiervorlage auf Seite K 38)

E3 In einem Kühllabor wird die Temperatur gleichmäßig von 0 °C auf – 36 °C gesenkt. Wie groß ist die durchschnittliche Temperaturänderung in einer Stunde, wenn der Vorgang zwölf Stunden dauert? (► Kopiervorlage auf Seite K 38)

E4 Setze die richtige Zahl ein.

$$\boxed{} \underset{:(-5)}{\overset{\cdot\,(-5)}{\rightleftarrows}} \boxed{-10}$$

Stelle weitere Aufgaben zusammen, in denen du die Vorzeichen variierst.
Versuche Regeln zur Division von ganzen Zahlen zu formulieren.
(► Kopiervorlage auf Seite K 38)

Hinweise zu den Aufgaben

Die Aufgaben **11** bis **13** kann man auch vor den anderen Aufgaben bearbeiten, damit die Lerngruppen ihre Ergebnisse selbstständig kontrollieren können.

Serviceblätter

- „Das Schneckenrennen – Taschenrechnereinsatz" (Seite S 46)
- „Schwarze und rote Zahlen" (Seite S 47)
- „Zahlenjagd" (Seite S 48)

2 Mit Termen Probleme lösen

Einstiegsaufgabe

E 5 Der Vater von Lisa ist Computertechniker. Seine Firma bietet den Service an, Reparaturen oder Softwareinstallationen auch beim Kunden zu Hause zu erledigen. Dafür wird aber zusätzlich zum Stundenlohn ein fester Betrag für die An- und Abreise berechnet. Lisa hat einige Rechnungsbeträge in einer Tabelle zusammengetragen:

Arbeitszeit (in h)	1,5	2	2,5	3		5
Kosten (in €)	85	105	125	145	185	

a) Wie hoch ist der Stundenlohn von Lisas Vater und wie hoch ist der Festbetrag und An- und Abreise? Entnehme beides den Daten aus der Tabelle.
b) Finde eine Formel, mit der man die Kosten für den Computertechniker berechnen kann.
c) Vervollständige die Tabelle und führe sie für eigene Reparaturen fort.
(► Kopiervorlage auf Seite K 38)

Hinweise zu den Aufgaben

4 Diese Aufgabe kann variiert werden, indem man andere platonische Körper verwendet (z.B. Hexaeder, Tetraeder). Zudem können die einzelnen Körper auch gebaut und so die Ergebnisse nachgemessen sowie der Aufgabenteil b) verdeutlicht werden.

6 Diese Aufgabe ist vor allem in den letzten Aufgabenteilen etwas offener gestellt. Hier können neben den Kosten auch andere Entscheidungskriterien herangezogen und diskutiert werden.

Serviceblätter

- Wachsende Formelsammlung (Seite S 49)
- Terme aufstellen (Seite S 51)

3 Gleichwertige Terme – Umformen

Einstiegsaufgaben

E 6 Grüne Bohnen werden in Reihen gesät. In den Reihen kann man im Abstand von 25 cm jeweils 3 Bohnensamen in ein 2 bis 5 cm tiefes Loch hineinlegen und anschließend mit Erde zudecken.
a) Wie viele Bohnensamen benötigt man, wenn auf einem b Meter breiten Feld 6 Reihen gesät werden sollen? Mit welchen der aufgelisteten Termen lässt sich die Anzahl der Bohnensamen berechnen? Begründe.
$(3 \cdot 4 \cdot b + 3) + (3 \cdot 4 \cdot b + 3) + (3 \cdot 4 \cdot b + 3) + (3 \cdot 4 \cdot b + 3)$
$+ (3 \cdot 4 \cdot b + 3) + (3 \cdot 4 \cdot b + 3)$
oder $3 \cdot b + 3 + 4 \cdot b + 3 \cdot b + 3 + 4 \cdot b + 3 \cdot b + 3$
$+ 4 \cdot b + 3 \cdot b + 3 + 4 \cdot b + 3 \cdot b + 3 + 4 \cdot b$
$+ 4 \cdot b$ oder $3 \cdot 4 \cdot b \cdot 6 + 18$ oder $18 + (b : 0,25) \cdot 3 \cdot 6$
oder $6 \cdot b \cdot 3 + 18$ oder $18 + 18 \cdot (b \cdot 4)$.

b Meter

b) Wie viele Bohnensamen benötigt man, wenn das Feld aus Teilaufgabe a) 100 m breit ist?
(► Kopiervorlage auf Seite K 39)

E 7 Suche den Fehler und korrigiere ihn.
a) $(4 + 10 \cdot n) + (3 + 12 \cdot n)$
$= 14 \cdot n + 15 \cdot n$
$= 29 \cdot n$
b) $2 \cdot d - 14 - 3 \cdot d + 10$
$= 2 \cdot d + 3 \cdot d - 14 + 10$
$= 5 \cdot d - 4$
c) $n \cdot 6 + 3 + (2 \cdot n + 1)$
$= n \cdot 9 + 2 \cdot n + 1 = 11 \cdot n + 1$
d) $f + \frac{1}{2} \cdot f + f + f + \frac{1}{4} \cdot f$
$= 5 \cdot f + 0,75 = 5,75 \cdot f$
(► Kopiervorlage auf Seite K 39)

Hinweise zu den Aufgaben

6 Im Aufgabenteil c) wird ein Bezug zur Ausgangsproblemstellung in Lerneinheit 2 hergestellt. Hier kann der Einsatz von Streichhölzern zum Nachlegen der Dreieckskette dem Verständnis der Terme sehr förderlich sein.

8 Bei der Aufgabenstellung a) können mathematische Aufsätze verfasst werden. Alternativ können erstellte Skizzen in Partnerarbeit gegenseitig erläutert werden.
Beim Aufgabenteil c) kann diskutiert werden, was man im Kontext der Aufgabe unter einem „einfachen Term" versteht.

9 Diese Aufgabe dient dem Aufbau von Sicherheit beim Anwenden der erlernten Umformungen.

11 Bei dieser Aufgabe wird das Lösen von Gleichungen auf einfachem Niveau vorbereitet. Hierbei sollte man den Schülerinnen und Schülern in der Darstellung noch mehr Freiraum gewähren, um ihre Gedanken beim Lösen dieser Aufgabe zu dokumentieren.

12 Diese Aufgabe ist ein Beispiel für einen mathematischen Aufsatz.

Serviceblatt

– Wachsende Formelsammlung (Seite S 49)

4 Ausmultiplizieren und Ausklammern – Distributivgesetz

Einstiegsaufgabe

E 8 Um ein quadratisches Feld soll ein Plattenweg mit quadratischen Platten gelegt werden (s. Skizze):

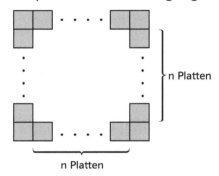

Zwischen den vier Eckplatten werden je n Platten gelegt. Die Anzahl variiert je nach Größe des Feldes.
a) Wie viele Platten benötigt man, wenn für n 86 Platten eingesetzt werden? Wie groß ist eine Grundseite des Feldes, wenn eine Platte einen Flächeninhalt von $1600\,cm^2$ hat?
b) Joanna und Alexandra haben für die Anzahl der Platten vier Terme gefunden:
$4 \cdot n + 4$ und $4 \cdot (n + 2) - 4$ und $4 \cdot (n + 1)$ und $2 \cdot n + 2 \cdot (n + 2)$.
Begründe mit einer Skizze, ob die vier Terme richtig sind.
Zeige deine aufgestellten Behauptungen mittels Termumformungen.
(► Kopiervorlage auf Seite K 39)

Hinweise zu den Aufgaben

6 Hier wird die Problemstellung aus E 8 in variierender Weise aufgenommen. Durch verbales Beschreiben der Begründungen für die Zusammensetzungen der Terme anhand der angefertigten Skizzen (Folie oder Tafel) kann der Lernprozess unterstützt werden.

Zudem kann ein Vergleich beider Aufgaben (A 6 und E 8) in einer Diskussion über Gemeinsamkeiten und Unterschiede verständnisaufbauend wirken.

11 und **12** Diese beiden Aufgaben kann man auch als Partneraufgaben variieren, indem die Lernenden eigene Aufgaben dieser Art erfinden, lösen und sich dann gegenseitig stellen.

13 Damit die Schülerinnen und Schüler die Zusammensetzung der Terme gut nachvollziehen können, ist auch hier ein gemeinsamer Vergleich der verbalen Beschreibung anhand einer Skizze (Folie oder Tafel) empfehlenswert. Der Aufgabenteil e) bereitet das Lösen von Gleichungen vor.

19 und **20** sind Aufgaben zu zahlentheoretischen Betrachtungen. Dabei werden Inhalte zu Teilbarkeitsfragen wieder aufgegriffen bzw. in variierter Form behandelt. Im Anschluss dieser Aufgaben bietet sich die Exkursion über Zaubertricks an (ein Projekt wäre hier möglich).

21 Diese Aufgabe kann man auch als Partneraufgabe variieren, indem die Schülerinnen und Schüler eigene Aufgaben dieser Art erfinden, lösen und sich dann gegenseitig stellen.

Serviceblätter

– Wachsende Formelsammlung (Seite S 49)
– Terme umformen (Seite S 52)
– Lösungen gesucht (Seite S 56)
– Gleichungstennis (Seite S 57)

5 Gleichungen umformen – Äquivalenzumformungen

Einstiegsaufgaben

E 9 Der Gartenwasserschlauch von Peters Eltern hat einen Wasserdurchlauf von ca. 800 Millilitern pro Sekunde. Peter soll nun für seine kleine Schwester Anna ein Planschbecken mit dem Fassungsvermögen von 500 Litern füllen.

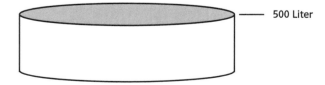
500 Liter

a) Beschreibe die Wassermenge im Planschbecken in Abhängigkeit von der Zeit mit einer Formel. Begründe die Zusammensetzung der Formel.

b) Wie kann man mithilfe der Formel aus a) die Frage beantworten, wie lange Peter benötigt, um das Planschbecken zu füllen?

c) Anna sagt: „Papa hat beim letzten Mal den laufenden Wasserschlauch vergessen. Nach ca. 15 Minuten ist das Becken übergelaufen." Kontrolliere Annas Aussage mithilfe einer Ungleichung.

d) Welche Geschichte könnte die Ungleichung $100 + 0,8 \cdot s < 500$ beschreiben?
(► Kopiervorlage auf Seite K 40)

E 10 Susanne wohnt in Hürth und fährt mit dem Fahrrad nach Köln zum Einkaufen. Die Fahrstrecke ist 19 km lang. Susanne fährt sehr gleichmäßig mit der Geschwindigkeit von 14 km pro Stunde.

a) Erstelle eine Formel, mit der sich die Entfernung berechnen lässt, die Susanne noch bis nach Köln zurücklegen muss.

b) Wie lange benötigt Susanne für die Strecke bis nach Köln? Erstelle dazu als Hilfe für die Zuordnung *gefahrene Zeit (in h) → Entfernung nach Köln (in km)* eine Wertetabelle und einen Graphen.
(► Kopiervorlage auf Seite K 40)

E 11 Eine Textaufgabe führt auf die Gleichung $2(x + 1) + 1 = 7$ hin. Beschreibe, was unten dargestellt ist. Was hat sich jeweils verändert und wie ist dies zu begründen?

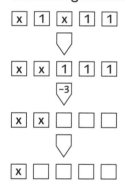

(► Kopiervorlage auf Seite K 40)

E 12 Übersetze die Waagen in Gleichungen. Vervollständige die Lücken. Was ist bei den einzelnen Schritten jeweils passiert?

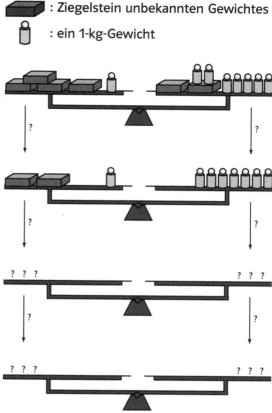

☐ : Ziegelstein unbekannten Gewichtes

☐ : ein 1-kg-Gewicht

(► Kopiervorlage auf Seite K 41)

Hinweise zu den Aufgaben

Bis zur Aufgabe **4** geht es um das Einüben der Äquivalenzumformungen mit zunehmend höherem Schwierigkeitsgrad. Bei den Aufgaben **5**, **6** und **9** bis **17** müssen die zu betrachtenden Gleichungen entweder erst aufgestellt oder bereits vorgegebene Gleichungen begründet werden.

Die Aufgaben **10**, **11**, **12** und **15** können zum Üben mit der Methode des Gruppenpuzzles (Jigsaw-Methode) verwendet werden.

14 Diese Aufgabe ist vorbereitend für die Exkursion Zahlenzauberei. Die Exkursion kann an dieser Stelle daher angeschlossen werden.

15 Die Methode des Fehlersuchens kann auch gut als Unterrichtsmethode eingesetzt werden, wenn beispielsweise Aufgaben in selbstständigen Arbeitsphasen in Gruppen erarbeitet werden sollen und die Sicherung der Ergebnisse über ein kopiertes Lösungsblatt erfolgt. Dann sind die Schülerinnen und Schüler gezwungen, über die Lösungen mit den falschen Ergebnissen in ähnlicher Weise nachzudenken. Hilfreich ist es zudem, die Schülerinnen und Schüler die Gedanken aufschreiben zu lassen, die sie zu der falschen Lösung geführt haben.

Serviceblätter

- Gleichungen lösen (Seite S 53)
- Kreuzzahlrätsel (Seite S 55)

6 Lösen von Problemen mit Strategien

Einstiegsaufgaben

E13 a) Markiere in der folgenden Aufgabe die für die Aufgabenstellung wichtigen Textteile, wie oben angegeben.
b) Schneide die einzelnen Textteile aus und lege sie so hintereinander, dass sie eine mathematische Gleichung ergeben. („Schnibbelmethode")
c) Schreibe die mathematische Gleichung auf und löse sie. Beurteile dein Ergebnis.

Aufgabe:
Peter denkt sich eine Zahl und rechnet: „Ich bilde die Summe aus der gedachten Zahl und 5. Dann multipliziere ich diese Summe mit 3 und subtrahiere nun die Zahl 14. Das Ergebnis ist genauso groß wie das Vierfache der gedachten Zahl." Welche Zahl hat sich Peter gedacht?
Zum Verstehen der Aufgabe kann es hilfreich sein, die einzelnen Textteile nicht nur zu unterstreichen, sondern sie farbig zu markieren – dann bekommen alle Textteile, die zusammengehören, die gleiche Farbe.
(► Kopiervorlage auf Seite K 41)

E14 Die Französin Jeanne Louise Calment hat das höchste Alter, das ein Mensch nachweisbar erreichte, erreicht. Sie ist im Jahre 1875 geboren. Ihr Alter war um 30 Jahre geringer, als das höchste bekannte Alter eines Tieres – der Schildkröte. Beide Alter zusammen ergeben 274. In welchem Jahr ist Jeanne Louise Calment gestorben und wie alt wurde die Schildkröte?

(► Kopiervorlage auf Seite K 42)

Hinweise zu den Aufgaben

1 Hier können die Schülerinnen und Schüler sehr gut eigene Aufgaben entwickeln und diese mit ihren Nachbarn besprechen. Motivierend sind dabei auch Aufgaben, die auf „echten Daten" aus der Familie oder dem Freundeskreis basieren.

Die „Bist-du-sicher?"-Aufgabe **1** sowie Aufgabe **5** stammen aus dem zahlentheoretischen Bereich. Hier kann man darüber hinaus auch eigene Aufgaben entwickeln lassen. Da das Mathematisieren sehr einsichtig ist, eignen sich diese Aufgaben dazu, die Methode des Markierens (auch „Schnibbelmethode") zu üben. Hierzu schreibt man die Aufgabe in etwas größerer Schrift auf Papier, schneidet jeweils zusammenhängende Abschnitte aus und legt diese entsprechend dem Rechenausdruck hintereinander.

4 Bei dieser Aufgabe wird neben der Prozentrechnung auch das Umrechnen von Einheiten wiederholt.

10 Diese Aufgabe ist vergleichsweise anspruchsvoll, weshalb es hilfreich sein könnte, sie im Unterricht in Partner- oder Gruppenarbeit bearbeiten zu lassen.

Serviceblatt

- Probleme lösen (Seite S 54)

Wiederholen – Vertiefen – Vernetzen

Hinweise zu den Aufgaben

9 Hier wird zum ersten Mal ein quadratischer Zusammenhang allgemein (n^2 und $9n^2$) beschrieben. U. U. bietet sich eine Wiederholung der Quadrate an.

10, 11 und **12** Bei diesen Aufgaben muss mit rationalen Zahlen in Verbindung mit Variablen gerechnet werden.

15 und **16** Hier wird die Lösbarkeit von Gleichungen behandelt.

Die folgenden Aufgaben vernetzen verschiedene Aspekte innerhalb des Kapitels bzw. mit Aspekten anderer Kapitel:

9 Zuordnungen, Geometrie und Terme – Formeln.

11 Terme und Problemlösen.

12 Rationale Zahlen, Termumformungen und Problemlösen.

Serviceblätter

– Die 7b bastelt (Seite S 58)
– Modeschmuck (Seite S 59)
– Wettbewerb: Wer erstellt das beste Mind-Map zu „Terme und Gleichungen"? (Seite S 60)

Exkursion: Zahlenzauberei

Diese Exkursion ist so aufgebaut, dass sie sehr vielfältig in ihren Zugangsweisen für die Schülerinnen und Schüler ist. Die erläuternden Teile sind sehr kurz gehalten; der Schwerpunkt sollte auf der eingenständigen Erarbeitung liegen.

Wie in den Beschreibungen zu den Aufgaben bereits angedeutet, kann die Exkursion während oder nach den Lerneinheiten 5 und 6 oder am Ende des Kapitels durchgeführt werden. In diesen Lerneinheiten gibt es jeweils Aufgaben, die als Verbindungen zu den Zahlenzaubereien verwendet werden können. Bei ausreichend vorhandener Zeit können die einzelnen Zaubereien auch projektorientiert in Gruppen erarbeitet und anschließend präsentiert werden.
Auch wenn die Methoden bei den einzelnen Zaubereien variieren, so wurde stets darauf geachtet, dass ein handlungsorientierter Zugang zu den Problemstellungen möglich ist. Dies erfolgt durch Streichhölzer, Münzen, Erbsen usw. Zusätzliche Varianten sind am Rand verzeichnet.

Einstiegsaufgaben

E1

	Geburtsjahr	Todesjahr
Archimedes	287 v. Chr.	212 v. Chr.
Augustus	63 v. Chr.	14 n. Chr.
Euklid	365 v. Chr.	300 v. Chr.
Pythagoras	580 v. Chr.	496 v. Chr.
Tiberius	42 v. Chr.	37 v. Chr.
Kepler	1571 n. Chr.	1630 n. Chr.
Galilei	1564 n. Chr.	1642 n. Chr.

Unsere Zeitrechnung bezieht sich auf die Geburt von Jesus Christus. Man zählt die Jahre ab seiner Geburt als 1. Jahr nach seiner Geburt, 2. Jahr nach seiner Geburt usw. Entsprechend werden die Jahre davor rückwärts gezählt. Dadurch gibt es kein Jahr 0!
Stelle Geburts- und Todesjahr mithilfe von ganzen Zahlen dar. Wie alt wurden die folgenden Personen? Gib zur Berechnung jeweils einen Rechenausdruck an.

E2 Frau Hall liest ihren Kontostand und sagt: „Mein Kontostand hat sich verdoppelt." Darauf ihr Mann: „Aber du warst doch in den roten Zahlen und hast inzwischen noch 150 € abgehoben." Kann es sein, dass Frau Hall trotzdem Recht hat? Welcher neue Kontostand ist auf dem Kontoauszug angegeben?

E3 In einem Kühllabor wird die Temperatur gleichmäßig von 0 °C auf – 36 °C gesenkt. Wie groß ist die durchschnittliche Temperaturänderung in einer Stunde, wenn der Vorgang zwölf Stunden dauert?

E4 Setze die richtige Zahl ein.
Stelle weitere Aufgaben zusammen, in denen du die Vorzeichen variierst. Versuche Regeln zur Division von ganzen Zahlen zu formulieren.

E5 Der Vater von Lisa ist Computertechniker. Seine Firma bietet den Service an, dass Reparaturen oder Softwareinstallationen auch beim Kunden zu Hause erledigt werden. Dafür wird aber zusätzlich zum Stundenlohn ein fester Betrag für die An- und Abreise berechnet.
Lisa hat einige Rechnungsbeträge in einer Tabelle zusammengetragen:

Arbeitszeit (in h)	1,5	2	2,5	3		5
Kosten (in €)	85	105	125	145	185	

a) Wie hoch ist der Stundenlohn von Lisas Vater und wie hoch ist der Festbetrag für An- und Abreise? Entnehme beides den Daten aus der Tabelle.
b) Finde eine Formel, mit welcher man die Kosten für den Computertechniker berechnen kann.
c) Vervollständige die Tabelle und führe sie für eigene Reparaturen fort.

978-3-12-734432-5 Lambacher Schweizer 7 NRW, Serviceband
© Als Kopiervorlage freigegeben. Ernst Klett Verlag GmbH, Stuttgart 2010

E6 Grüne Bohnen werden in Reihen gesät. In den Reihen kann man im Abstand von 25 cm jeweils 3 Bohnensamen in ein 2 bis 4 cm tiefes Loch hineinlegen und anschließend mit Erde zudecken.
a) Mit welchen der aufgelisteten Termen lässt sich die Anzahl der Bohnensamen berechen? Wie viele Bohnensamen benötigt man, wenn auf einem b Meter breiten Feld 6 Reihen gesät werden sollen? Begründe.

$(3 \cdot 4 \cdot b + 3) + (3 \cdot 4 \cdot b + 3) + (3 \cdot 4 \cdot b + 3) + (3 \cdot 4 \cdot b + 3)$
$+ (3 \cdot 4 \cdot b + 3) + (3 \cdot 4 \cdot b + 3)$ oder
$3 \cdot b + 3 + 4 \cdot b + 3 \cdot b + 3 + 4 \cdot b + 3 \cdot b + 3 + 4 \cdot b$
$+ 3 \cdot b + 3 + 4 \cdot b + 3 \cdot b + 3 + 4 \cdot b + 3 \cdot b + 3 + 4 \cdot b$
oder $3 \cdot 4 \cdot b \cdot 6 + 18$ oder $18 + (b : 0{,}25) \cdot 3 \cdot 6$
oder $6 \cdot b \cdot 3 + 18$ oder $18 + 18 \cdot (b \cdot 4)$.
b) Wie viele Bohnensamen benötigt man, wenn das Feld 100 m breit ist?

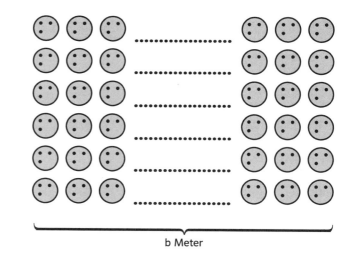

b Meter

E7 Suche den Fehler und korrigiere ihn.

a) $(4 + 10 \cdot n) + (3 + 12 \cdot n)$
$= 14 \cdot n + 15 \cdot n$
$= 29 \cdot n$

b) $2 \cdot d - 14 - 3 \cdot d + 10$
$= 2 \cdot d + 3 \cdot d - 14 + 10$
$= 5 \cdot d - 4$

c) $n \cdot 6 + 3 + (2 \cdot n + 1)$
$= n \cdot 9 + 2 \cdot n + 1 = 11 \cdot n + 1$

d) $f + \frac{1}{2} \cdot f + f + f + \frac{1}{4} \cdot f$
$= 5 \cdot f + \frac{3}{4} = 5{,}75 \cdot f$

E8 Um ein quadratisches Feld soll ein Plattenweg mit quadratischen Platten gelegt werden (s. Skizze):

Zwischen den vier Eckplatten werden je n Platten gelegt. Die Anzahl variiert je nach Größe des Feldes.
a) Wie viele Platten benötigt man, wenn für n 86 Platten eingesetzt werden? Wie groß ist eine Grundseite des Feldes, wenn eine Platte einen Flächeninhalt von 1600 cm² hat?
b) Joanna und Alexandra haben für die Anzahl der Platten vier Terme gefunden: $4 \cdot n + 4$ und $4 \cdot (n + 2) - 4$ und $4 \cdot (n + 1)$ und $2 \cdot n + 2 \cdot (n + 2)$. Begründe mit einer Skizze, ob die vier Terme richtig sind.
Zeige deine aufgestellten Behauptungen mittels Termumformungen.

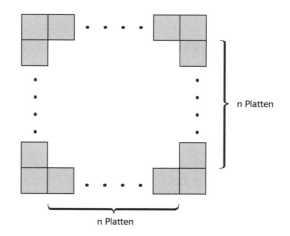

n Platten

n Platten

978-3-12-734432-5 Lambacher Schweizer 7 NRW, Serviceband

© Als Kopiervorlage freigegeben. Ernst Klett Verlag GmbH, Stuttgart 2010

E9 Der Gartenwasserschlauch von Peters Eltern hat einen Wasserdurchlauf von ca. 800 Millilitern pro Sekunde. Peter soll nun für seine kleine Schwester Anna ein Planschbecken mit dem Fassungsvermögen von 500 Litern füllen.

a) Beschreibe die Wassermenge im Planschbecken in Abhängigkeit von der Zeit mit einer Formel. Begründe die Zusammensetzung der Formel.

b) Wie kann man mithilfe der Formel aus a) die Frage beantworten, wie lange Peter benötigt, um das Planschbecken zu füllen?

c) Anna sagt: „Papa hat beim letzten Mal den laufenden Wasserschlauch vergessen. Nach ca. 15 Minuten ist das Becken übergelaufen." Kontrolliere Annas Aussage mithilfe einer Ungleichung.

d) Welche Geschichte könnte die Ungleichung $100 + 0{,}8 \cdot s < 500$ beschreiben?

500 Liter

E10 Susanne wohnt in Hürth und fährt mit dem Fahrrad nach Köln zum Einkaufen. Die Fahrstrecke ist 19 km lang. Susanne fährt sehr gleichmäßig mit der Geschwindigkeit von 14 km pro Stunde.

a) Erstelle eine Formel, mit der sich die Entfernung berechnen lässt, die Susanne noch bis nach Köln zurücklegen muss.

b) Wie lange benötigt Susanne für die Strecke bis nach Köln? Erstelle dazu als Hilfe für die Zuordnung *gefahrene Zeit (in h) → Entfernung nach Köln (in km)* eine Wertetabelle und einen Graphen.

Zeit (in h)	Entfernung (in km)
0,25	
0,5	
0,75	
1	
1,25	

Entfernung (in km)

Zeit (in h)

E11 Eine Textaufgabe führt auf die Gleichung $2(x + 1) + 1 = 7$. Beschreibe, was unten dargestellt ist. Was hat sich jeweils verändert und wie ist dies zu begründen?

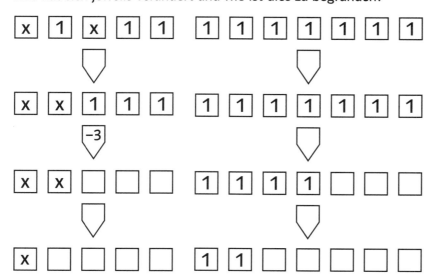

978-3-12-734432-5 Lambacher Schweizer 7 NRW, Serviceband
© Als Kopiervorlage freigegeben. Ernst Klett Verlag GmbH, Stuttgart 2010

E12 Übersetze die Waagen in Gleichungen. Vervollständige die Lücken (Fragezeichen).
Was ist bei den einzelnen Schritten jeweils passiert?

 : Ziegelstein unbekannten Gewichtes

 : ein 1-kg-Gewicht

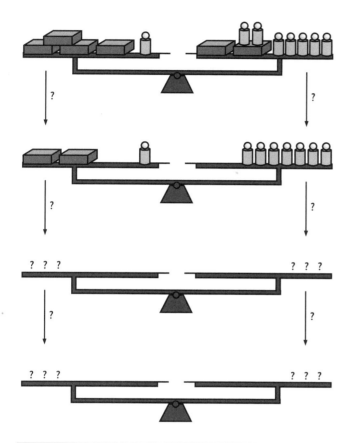

E13 a) Markiere in der folgenden Aufgabe die für die Aufgabenstellung wichtigen Textteile, wie oben angegeben.
b) Schneide die einzelnen Textteile aus und lege sie so hintereinander, dass sie eine mathematische Gleichung ergeben. („Schnibbelmethode")
c) Schreibe die mathematische Gleichung auf und löse sie. Beurteile dein Ergebnis.

Aufgabe:
Peter denkt sich eine Zahl und rechnet: „Ich bilde die Summe aus der gedachten Zahl und 5. Dann multipliziere ich diese Summe mit 3 und subtrahiere nun die Zahl 14. Das Ergebnis ist genauso groß wie das Vierfache der gedachten Zahl." Welche Zahl hat sich Peter gedacht?

978-3-12-734432-5 Lambacher Schweizer 7 NRW, Serviceband

© Als Kopiervorlage freigegeben. Ernst Klett Verlag GmbH, Stuttgart 2010

E14 Die Französin Jeanne Louise Calment hat das höchste Alter, das ein Mensch nachweisbar erreichte, erreicht. Sie ist im Jahre 1875 geboren. Ihr Alter war um 30 Jahre geringer, als das höchste bekannte Alter eines Tieres – der Schildkröte. Beide Alter zusammen ergeben 274. In welchem Jahr ist Jeanne Louise Calment gestorben und wie alt wurde die Schildkröte?

978-3-12-734432-5 Lambacher Schweizer 7 NRW, Serviceband
© Als Kopiervorlage freigegeben. Ernst Klett Verlag GmbH, Stuttgart 2010

V Beziehungen in Dreiecken

Überblick und Schwerpunkt

In den Klassen 5 und 6 haben die Schülerinnen und Schüler elementare Eigenschaften von geometrischen Figuren und Körpern kennengelernt und diese benannt. Als wichtige Werkzeuge dienten ihnen dabei das Geodreieck und der Zirkel. Im 7. Schuljahr wird dieses Vorwissen aufgegriffen und dazu verwendet, Beziehungen zwischen geometrischen Objekten in Figuren zu beschreiben sowie neue Beziehungen zu entdecken und zu begründen.

Neben den inhaltsbezogenen Kompetenzen aus dem Bereich der Geometrie werden durch den Aufbau des Kapitels und die Art der Aufgabenstellung die *prozessbezogenen Kompetenzen* gefördert. An zahlreichen Stellen sollen die Schülerinnen und Schüler selbstständig Probleme lösen, Beziehungen entdecken, dynamische Geometrieprogramme erforschen und Situationen aus dem Alltag in ein mathematisches Modell, z.B. eine maßstabsgetreue Zeichnung, übertragen. Die wichtigsten Inhalte werden im Lehrtext vorgestellt und in den Merkkästen zusammengefasst. Die Aufgaben enthalten jedoch weitere interessante Erkenntnisse und Regeln, welche die Schülerinnen und Schüler z.B. durch das Forschen an Beispielen oder das Anwenden bekannter Sätze entdecken und formulieren können. Das *Argumentieren* und das *Kommunizieren* der mathematischen Erkenntnisse spielt hierbei eine zentrale Rolle. Die Schülerinnen und Schüler werden daher angeleitet, ihre Gedankengänge zu verbalisieren und ihre Begründungen kritisch zu hinterfragen. Die Fachsprache sowie bekannte Sätze über Eigenschaften geometrischer Figuren können in den Begründungen einen hohen Stellenwert einnehmen, um kurz und präzise Sachverhalte darzustellen.

Dynamische Geometrieprogramme bieten die Möglichkeit, Konstruktionen am PC exakt durchzuführen und genauere Ergebnisse in den Messungen zu erhalten. Außerdem können Zusammenhänge zwischen geometrischen Größen durch Bewegungen in der Konstruktion durch die Schülerinnen und Schüler erforscht werden. Zahlreiche Aufgaben, bei denen mit Zirkel und Lineal konstruiert werden soll, können auch mit einem dynamischen Geometrieprogramm bearbeitet werden. Einige Aufgaben können nur mit einem dynamischen Geometrieprogramm gelöst werden, diese sind mit dem Logo GEO gekennzeichnet.
In Erkundung 3 werden die wichtigsten Funktionen dynamischer Geometrieprogramme erarbeitet.

Es ist sinnvoll, die Schülerinnen und Schüler diese Erkundung bearbeiten zu lassen, bevor die mit GEO gekennzeichneten Aufgaben aus den Lerneinheiten bearbeitet werden.

In Lerneinheit **1 Dreiecke konstruieren** steht das reflektierte Vorgehen bei der Konstruktion von Dreiecken im Vordergrund. Ausgehend von einer Planskizze sollen die Schülerinnen und Schüler eine Strategie entwickeln, wie sie die Konstruktion der Figur durchführen können bzw. eine Problemstellung mithilfe einer Dreieckskonstruktion lösen können. Sie sollen hierbei ihr Vorgehen schriftlich festhalten und Konstruktionsbeschreibungen bewerten bzw. neu formulieren.
Die Aufgaben sind so gewählt, dass die Dreiecke nach einem Kongruenzsatz eindeutig konstruierbar sind. Die Kongruenzsätze sind den Schülerinnen und Schülern jedoch noch nicht bekannt, weshalb die Eindeutigkeit der Lösung bei der Konstruktion in dieser Lerneinheit nicht thematisiert wird.

In Lerneinheit **2 Kongruente Dreiecke** wird im Lehrtext der Begriff *kongruent* definiert, und es werden die Kongruenzsätze sss, wsw und sws vorgestellt. In den Aufgaben werden die Kongruenzsätze zunächst verwendet, um zu begründen, dass zwei Dreiecke zueinander kongruent sind bzw. sich ein Dreieck eindeutig konstruieren lässt. Die Einschränkungen im Kongruenzsatz Ssw sollen in den Aufgaben 7 bis 10 von den Schülerinnen und Schülern selbstständig mithilfe von Beispielen erarbeitet und als Regel festgehalten werden.

Lerneinheit **3 Mittelsenkrechte und Winkelhalbierende** thematisiert die Konstruktion und die Eigenschaften von Mittelsenkrechten und Winkelhalbierenden. Hierbei spielen Abstandsprobleme eine zentrale Rolle.

Lerneinheit **4 Umkreise und Inkreise** schließt inhaltlich unmittelbar an Lerneinheit 3 an und behandelt die Besonderheit des Schnittpunkts der Mittelsenkrechten und Winkelhalbierenden in Dreiecken. Neben der Konstruktion von Um- und Inkreisen sowie der Anwendung bei Abstandsproblemen können die Schülerinnen und Schüler in den Aufgaben 7 bis 9 die Lage der Mittelpunkte in besonderen Dreiecken mithilfe eines Geometrieprogramms erforschen.

Lerneinheit **5 Winkelbeziehungen erkunden** stellt die Eigenschaften von Scheitelwinkeln und Nebenwinkeln sowie die von Stufen- und Wechselwinkeln an zueinander parallelen Geraden dar. Die Sätze aus dem Lehrtext sollen in den Aufgaben verwendet werden, um Winkelgrößen zu bestimmen oder Aussagen über Winkel zu prüfen. Hierbei wird von den Schülerinnen und Schülern jeweils verlangt, dass sie ihre Ergebnisse begründen.

In Lerneinheit **6 Regeln für Winkelsummen entdecken** wird der Innenwinkelsummensatz für Dreiecke hergeleitet. In den Aufgaben wird der Satz unter anderem verwendet, um Aussagen über die Winkelsumme von Außen- und Innenwinkeln in Vielecken zu machen. In den Aufgaben 13 und 15 werden Anregungen für andere Begründungen für die Gültigkeit des Satzes gegeben.

Die Lerneinheit **7 Der Satz des Thales** ist exemplarisch und zentral für die Vorgehensweise beim Beweis eines Satzes. Neben der Umkehrüberlegung zum Satz wird der Thaleskreis zur Konstruktion von rechten Winkeln und von Tangenten an Kreisen verwendet. Die historische Bedeutung des Satzes (er gilt bis heute als der erste auf diese Art bewiesene Satz in der Mathematikgeschichte) kann man im Unterricht mit der Info-Box zu Thales von Milet (Schülerbuchseite 180) herstellen.

Zu den Erkundungen

Die Erkundungen sind so angelegt, dass die Schülerinnen und Schüler Inhalte des Kapitels selbstständig erarbeiten können. Es ist daher möglich, diese Inhalte über die Erkundungen erarbeiten zu lassen und auf eine Einführung der Sätze über den Lehrtext, ein Unterrichtsgespräch oder einen Lehrervortrag weitgehend zu verzichten. Die mathematischen Fachbegriffe sind in den Erkundungen jedoch nicht enthalten, damit die Schülerinnen und Schüler die Erkundungen auch ohne diesen Wortschatz bearbeiten können. Die Erkundungen 1 und 2 beziehen sich konkret auf ein bis zwei Lerneinheiten im Lehrbuch. Dies ist jeweils durch einen Hinweis neben der Überschrift gekennzeichnet. In Erkundung 3 können die wichtigsten Funktionen dynamischer Geometrieprogramme entdeckt werden. Diese Programme können im gesamten Kapitel eingesetzt werden. Es wird daher dort auf keine Lerneinheit verwiesen. Erkundung 1 kann auch als Anwendung bzw. komplexe Aufgabe eingesetzt werden, nachdem im Unterricht die Inhalte aus den Lerneinheiten 1 und 2 bereits behandelt wurden. Die Erkundungen 2 und 3 eignen sich hierzu nicht.

1. Dreiecke sortieren

Die Erkundung kann, über die konkrete Anweisung auf der Randspalte hinaus, für folgende Aufgabenstellungen verwendet werden:
- Die Schülerinnen und Schüler sollen Dreiecke nach von ihnen ausgewählten sinnvollen Kriterien kategorisieren. Hierbei können z.B. kongruente Dreiecke oder ähnliche Dreiecke in eine Kategorie gefasst werden. Denkbar wäre auch, dass die Schülerinnen und Schüler rechtwinkelige, stumpfwinklige bzw. spitzwinklige Dreiecke jeweils in eine Kategorie fassen.
- Die Schülerinnen und Schüler sollen Dreiecke nach Vorgaben konstruieren, die sie selbst festlegen.
- Die Schülerinnen und Schüler sollen in Gruppenarbeit eine Präsentation ihrer Arbeitsergebnisse erarbeiten. Hierbei steht das Kommunizieren der Ergebnisse in schriftlicher Form (z.B. auf einer Folie) und in mündlicher Form (z.B. durch einen Vortrag) im Mittelpunkt.

Mögliche Schülerlösungen:
Peters Einteilung:
Es werden nur zueinander kongruente Dreiecke zusammengefasst, d.h. Dreiecke, bei denen drei Winkel und drei Seiten übereinstimmen. Dies sind:
- (13) und (14)   - (12) und (20)
- (5) und (10)   - (3) und (6)
- (15) und (19)   - (8) und (16)
- (1) und (4)   - (9) und (11)
Zu den Dreiecken (2), (7), (17) und (18) ist jeweils kein anderes Dreieck kongruent.

Luises Einteilung:
Es wird in Dreiecksarten eingeteilt. Je nach Einteilung können Dreiecke in zwei Kategorien enthalten sein.
- (2), (7), (12), (13) (14) und (20) sind stumpfwinklige Dreiecke.
- (1), (4), (5), (10), (15 und 19) sind rechtwinklige Dreiecke.
- (3), (6), (8), (9), (11), (16), (17) und (18) sind spitzwinklige Dreiecke.
- (3), (6) und (17) sind gleichseitige Dreiecke.
- (1), (4), (5), (8), (9), (10), (11), (16) und (18) sind gleichschenklige, aber nicht gleichseitige Dreiecke.

Sinas Einteilung:
Es werden jeweils zueinander ähnliche Dreiecke in eine Kategorie gefasst, d.h. Dreiecke, bei denen die drei Winkel gleich groß sind. Das sind:
- (2), (7), (12) und (20)   - (1), (4), (5) und (10)
- (3), (6) und (17)   - (8) und (16)

- (9), (11) und (18) – (13) und (14)
- (15) und (19)

Durchführung im Unterricht:
Zur Durchführung der Erkundung ist grundsätzlich kein Vorwissen aus dem Kapitel notwendig. Man kann daher die Erkundung als Start in das Thema Geometrie nutzen. Die Schülerinnen und Schüler können dann eigenständig durch Messungen oder mithilfe von durchsichtiger Folie Dreiecke vergleichen und klassifizieren. Auf diese Weise werden der Kongruenzbegriff sowie die Kongruenzsätze motiviert. Alternativ kann diese Erkundung auch sinnvoll eingesetzt werden, wenn die Kongruenzsätze für Dreiecke bekannt sind (vgl. Hinweis zu Aufgabe 1 auf Schülerbuchseite 156).
Es bietet sich an, die Erkundung in Gruppenarbeit durchführen zu lassen. Hierbei können z. B. sechs Gruppen gebildet werden, wobei sich zwei Gruppen mit Peters Vorschlag, zwei Gruppen mit Luises Vorschlag und zwei Gruppen mit Sinas Vorschlag zur Klassifizierung der Dreiecke auseinandersetzen und eventuell weitere Arbeitsaufträge (siehe vorhergehende Seite) bearbeiten.
Die Ergebnisse der Gruppenarbeit können z. B. mithilfe eines Plakats präsentiert werden. Es reicht möglicherweise aus, wenn drei Gruppen präsentieren. Es sollte jedoch sichergestellt werden, dass in der Gruppenarbeit alle Schülerinnen und Schüler aktiv mit dem Ziel, ihre Ergebnisse zu präsentieren, arbeiten. Dies kann z. B. dadurch geschehen, dass vor der Gruppenarbeit angekündigt wird, dass das Los entscheiden wird, welche Schülerinnen und Schüler präsentieren. Bei der Präsentation sollte insbesondere die Begründung der Vorgehensweise und der Einteilung der Dreiecke evaluiert werden. Statt einer Präsentation kann auch ein Gruppenpuzzle durchgeführt werden, indem man nach der ersten Gruppenarbeit neue Gruppen mit je drei Schülern bildet, wobei je einer vorher Peters, ein anderer Luises und der dritte Sinas Klassifikation untersucht hat. Die Schüler erläutern sich in den Dreiergruppen gegenseitig ihre Ergebnisse aus der ersten Gruppenarbeit.

2. Ein ganz besonderer Kreis

Die Erkundung verfolgt folgende Ziele:
- Die Schülerinnen und Schüler sollen die Eigenschaften von Basiswinkeln in gleichschenkligen Dreiecken durch Falten untersuchen.
- Die Schülerinnen und Schüler sollen ihnen bekannte Beziehungen zwischen Winkeln verwenden, um andere Winkel zu berechnen. Hierbei sollen sie ihr Vorgehen schlüssig begründen.

- Die Schülerinnen und Schüler sollen ausgehend von Beispielen die Aussage des Satzes des Thales erkennen. Sie sollen die Aussage anhand weiterer Beispiele prüfen und ggf. allgemein beweisen.

Durchführung im Unterricht:
Für die Durchführung der Erkundung müssen die Schülerinnen und Schüler Kenntnisse über Nebenwinkel und die Innenwinkelsumme in Dreiecken haben. Der Basiswinkelsatz kann durch die Vorüberlegungen im Rahmen der Erkundung erarbeitet werden. Die Erkundung soll den Schülerinnen und Schülern einen Zugang zum Beweis des Satzes des Thales liefern. Im Zentrum stehen dabei Begründungen bei der Bestimmung unbekannter Winkelgrößen. Um die Kommunikation der Schülerinnen und Schüler über mathematische Inhalte zu fördern, bietet es sich an, diese Erkundung als Gruppenpuzzle durchzuführen. In einer ersten Phase (Forschen an Beispielen) können die Schülerinnen und Schüler in sechs verschiedenen Gruppen die unbekannten Winkelgrößen in der jeweiligen Zeichnung bestimmen. Die Zeichnungen sind so gewählt, dass der Punkt C jeweils auf dem Thaleskreis über $\overline{AB}$ liegt, die anderen Winkel sich jedoch unterscheiden. Außerdem ist für jede Gruppe ein anderer Winkel als Grundlage für weitere Berechnungen gegeben.
In der zweiten Arbeitsphase (Beispiele vergleichen und Gemeinsamkeiten untersuchen) werden neue Gruppen gebildet. Je vier Schülerinnen und Schüler, die zuvor an unterschiedlichen Beispielen geforscht haben, bilden eine neue Gruppe. Die Schülerinnen und Schüler präsentieren sich nun gegenseitig ihre Ergebnisse, begründen ihr Vorgehen und stellen Rückfragen, bevor sie die weiteren Arbeitsaufträge der Erkundung gemeinsam bearbeiten.
Falls den Schülerinnen und Schülern das Prinzip des Gruppenpuzzles nicht bekannt ist, sollte im Vorfeld das Vorgehen und die Zielsetzung vorgestellt werden. Der Lehrer kann in beiden Gruppenarbeitsphasen gezielt auf Gruppen oder Schüler achten und in der zweiten Phase die Präsentation einzelner Schüler beobachten. Es bietet sich an, die zentrale Erkenntnis der Erkundung (der Satz des Thales) im Anschluss zusammenzufassen bzw. durch Schüler zusammenfassen zu lassen.

3. Geometrie mit dem Computer – der Zugmodus

Die Erkundung verfolgt zunächst das Ziel, die Schülerinnen und Schüler in den Umgang mit einem dynamischen Geometrieprogramm einzuführen. Darüber hinaus werden aber auch inhaltliche Ziele verfolgt:

- Die Schülerinnen und Schüler sollen die Begriffe Mittelsenkrechte und Winkelhalbierende kennen lernen und ihre Eigenschaften bis hin zu Um- und Inkreis im Dreieck entdecken.
- Die Schülerinnen und Schüler sollen durch Konstruktion den Winkelsummensatz für Dreiecke entdecken und an einen Beweis dafür herangeführt werden.
- Die Schülerinnen und Schüler sollen mithilfe des Zugmodus die Aussage des Satzes des Thales entdecken.

Durchführung im Unterricht:
Die Einführung in das dynamische Geometrieprogramm wurde programmunabhängig gestaltet. Aus diesem Grund können bei den Konstruktionen keine detaillierten Schritt-für-Schritt-Anweisungen gegeben werden. Es empfiehlt sich daher, in Klassen, die noch gar keine Erfahrung im Umgang mit einem solchen Programm haben, die ersten Anwendungen mit dem Programm gemeinsam durchzuführen (Beamer) und die Schülerinnen und Schüler erst nach einer kurzen Einführung individuell arbeiten zu lassen.

Forschungsauftrag 1: Mittelsenkrechten und Winkelhalbierende
Die Konstruktion der Mittelsenkrechten und eines Umkreises stellt für die meisten Schülerinnen und Schüler erfahrungsgemäß kein Problem dar. Die Konstruktion von Winkelhalbierenden und des Inkreises ist dagegen schon deutlich anspruchsvoller. Zur Konstruktion der Winkelhalbierenden müssen die Winkel bezeichnet werden, hierzu findet sich ein Hinweis auf der Randspalte. Zur Konstruktion des Inkreises muss ein Lot konstruiert werden. Gerade an dieser Stelle wird man viele Lösungen erhalten, die „fast richtig" aussehen. Mit dem Zugmodus lassen sich solche Lösungen jedoch schnell als falsch entlarven.

Forschungsauftrag 2: Winkeluntersuchungen
Über die Entdeckung der Eigenschaften von Stufen- und Wechselwinkeln an Geraden werden die Schülerinnen und Schüler an den Winkelsummensatz für Dreiecke herangeführt. Mit dem Einzeichnen der Strecke $\overline{BC}$ erhält man eine vollständige Beweisfigur für den Winkelsummensatz. Vom Handling des Geometrieprogramms dürfte höchstens der Umgang mit den Winkeln (bezeichnen und messen) kleinere Schwierigkeiten machen.

Forschungsauftrag 3: Rechtwinklige Dreiecke
Hier entdecken die Schülerinnen und Schüler zunächst die Umkehrung des Satzes des Thales. Dazu muss eine Lotgerade eingezeichnet werden. Das

Aufzeichnen der Ortlinie des Punktes C veranschaulicht den Sachverhalt sehr schön. Wenn dies technisch zu große Probleme bereitet, kann aber auch darauf verzichtet werden. Mit Fig. 3 wird dann nicht nur der eigentliche Satz des Thales entdeckt, sondern es werden bereits Hinweise für einen Beweis angedeutet.
Am Ende wird in Fig. 4 noch der Satz vom Mittelpunktswinkel angerissen. Dabei soll insbesondere deutlich werden, dass es sich beim Satz des Thales um einen Spezialfall des Satzes vom Mittelpunktswinkel handelt, bei dem die Strecke $\overline{AB}$ gerade ein Durchmesser ist.

1 Dreiecke konstruieren

Einstiegsaufgaben

E1 Ilka freut sich auf den Spielplatz, weil dort eine neue Balkenschaukel mit einem 6 m langen Balken steht. Er bewegt sich um eine Achse, die 80 cm über dem Boden steht.

Ihre große Schwester kann ihr mithilfe einer Zeichnung jetzt schon sagen, wie hoch sie schaukeln kann.
(► Kopiervorlage auf Seite K 54)

E2 a) Kann man mit diesen drei Holzstäben ein Dreieck legen?

b) Nimm drei unterschiedlich lange Bleistifte und lege mit ihnen ein Dreieck.
c) Wie müssen die Längen der Bleistifte gewählt werden, damit man mit ihnen ein Dreieck legen kann?
Tipp: Mit dieser Aufgabe kann die Deiecksungleichung (vgl. auch Aufgabe 9 und 10) erarbeitet werden.
(► Kopiervorlage auf Seite K 54)

E3 Konstruiere jeweils möglichst viele verschiedene Dreiecke zu den gegebenen Größen.
Miss die übrigen Größen (Seiten und Winkel).

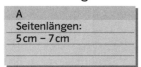

A	
Seitenlängen:	
5 cm – 7 cm	

B	
Seitenlängen:	
3,7 cm – 4,8 cm – 5,3 cm	

C	
Seitenlängen:	
3,9 cm – 7,1 cm – 4,5 cm	
Winkel: 45°	

Tipp: Zu C existiert kein Dreieck.
(▶ Kopiervorlage auf Seite K 54)

Hinweise zu den Aufgaben

1 bis **5** In diesen Aufgaben stehen das Konstruieren von Dreiecken sowie Konstruktionsbeschreibungen inklusive der Bewertung von Konstruktionsbeschreibungen im Zentrum.

6 bis **8**, **13** und **14** Dreieckskonstruktionen werden verwendet, um unbekannte Größen zu bestimmen. Da die Kongruenzsätze erst in der folgenden Lerneinheit eingeführt werden, wird die Eindeutigkeit der Lösung hier nicht thematisiert.

9 und **10** Die *Dreiecksungleichung* kann durch die Schülerinnen und Schüler in diesen Aufgaben erarbeitet werden. Sie können herausfinden, dass in einem Dreieck die Summe zweier Seitenlängen stets größer ist als die Länge der dritten Seite.

11 und **12** In diesen Aufgaben wird das Konstruieren von Dreiecken vertieft. In einigen Aufgabenteilen muss u.a. mit der in Aufgabe 9 und 10 erarbeiteten Dreiecksungleichung begründet werden, warum sich Dreiecke nicht konstruieren lassen.

2 Kongruente Dreiecke

Einstiegsaufgaben

E4 Finde Figuren, die übereinstimmen. Beschreibe deine Vorgehensweise.

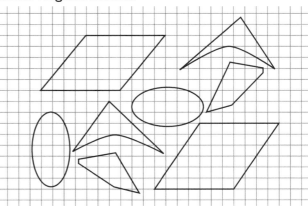

(▶ Kopiervorlage auf Seite K 55)

E5 In einem Test wird gefragt, ob das dunkelgraue Dreieck in das Liniennetz eingepasst werden kann. Wie würdest du antworten? Passt das hellgraue Dreieck rein?

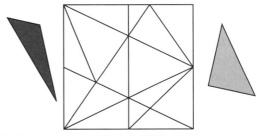

(▶ Kopiervorlage auf Seite K 55)

E6 Im Dreieck sind die Beziehungen aus Fig. 1 üblich.
Fertige zu jeder Aufgabe eine Planskizze an und konstruiere die Dreiecke.
Bei welchen Aufgaben gibt es eine eindeutige Lösung? Bei welchen gibt es mehrere Lösungen?

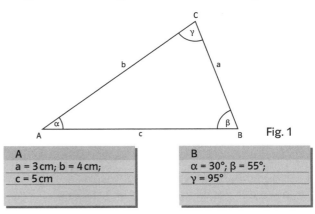

Fig. 1

A	
a = 3 cm; b = 4 cm;	
c = 5 cm	

B	
α = 30°; β = 55°;	
γ = 95°	

C
a = 5,3 cm;
c = 3,2 cm; α = 68°

D
a = 5,2 cm; b = 4,1 cm;
γ = 73°

E
a = 5,2 cm; c = 4,1 cm;
α = 73°

F
c = 7 cm; α = 30°;
β = 60°

G
b = 7 cm; c = 6 cm;
γ = 30°

Tipp: A ist eindeutig konstruierbar (sss).
B: Es gibt unendlich viele ähnliche Dreiecke als Lösung.
C ist eindeutig konstruierbar (Ssw).
D ist eindeutig konstruierbar (sws).
E ist eindeutig konstruierbar (sws) und ist kongruent zu D.
F ist eindeutig konstruierbar (wsw)
G: Es gibt zwei zueinander nicht kongruente Dreiecke als Lösung.
(► Kopiervorlage auf Seite K 55)

E7 Bei einem Sommerfest findet ein Orientierungslauf mit Zusatzaufgaben statt. Die Teilnehmer erhalten eine Karte mit dem Hinweis:
„Am Ufer des Eisbaches ist ein großer Sandstein. 30 m von diesem Stein entfernt liegt eine Flasche mit einem Zettel am Ufer des Fischbaches ...“
Zeichne die Karte ab und markiere die gewünschte Stelle. Was fällt dir auf? Eine Kästchenbreite entspricht 5 m.

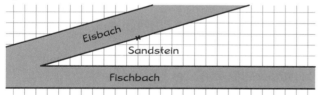

Tipp: Diese Aufgabe ist dazu gedacht, den Kongruenzsatz Ssw einzuführen.
(► Kopiervorlage auf Seite K 56)

Hinweise zu den Aufgaben

Bei den Aufgaben **1**, **2**, **4** und **11** wird mit den aus dem Merkkasten bekannten Kongruenzsätzen geprüft, ob Dreiecke zueinander kongruent bzw. eindeutig konstruierbar sind.

3 Eine typische Konstruktionsbeschreibung soll für jeden der gegebenen Kongruenzsätze aus dem Merkkasten erstellt werden. Es bietet sich an, die Aufgabe in Gruppenarbeit lösen zu lassen. Hierbei können Poster erstellt werden, die im Klassenraum aufgehängt werden.

5, 6 und **7** Durch das Zeichnen zueinander nicht kongruenter Dreiecke werden die genauen Vorraussetzungen für die Gültigkeit der Kongruenzsätze deutlich. In Aufgabe 6 können die Schülerinnen und Schüler durch die Zeichnung zweier zueinander nicht kongruenter Dreiecke zeigen, dass zwei Dreiecke nicht immer zueinander kongruent sind, wenn sie in drei Winkeln übereinstimmen.

8 bis **10** Die Einschränkung, dass im Fall Ssw für die eindeutige Konstruierbarkeit die längere Seite gegenüber des gegebenen Winkels liegen muss, kann von den Schülerinnen und Schülern in diesen Aufgaben erarbeitet werden. Aufgabe 8 bereitet diese Überlegung vor. In Aufgabe 9 und 10 können die Schülerinnen und Schüler den Fall Ssw genauer untersuchen und eine Regel entwickeln.

12 und **13** Die Schülerinnen und Schüler können falsche Schlussfolgerungen aus den Kongruenzsätzen für Dreiecke überprüfen und mit Gegenbeispielen widerlegen.

14 bis **19** Die Aufgaben schließen an die Info-Box zu besonderen Dreiecken an. Es werden hier besondere Dreiecke konstruiert und Aussagen über die Kongruenz bei besonderen Dreiecken gemacht.

20 Die Aussagen des Basiswinkelsatzes aus der Info-Box können hier mit den Kongruenzsätzen begründet werden.

Serviceblätter

- Zur Deckung gebracht (Seite S 61)
- Gruppenpuzzle: Kongruenzsätze (Seite S 62)
- Expertengruppen: Kongruenzsätze (Seite S 63–S 66)
- Dreieckskonstruktionen am Computer (Seite S 67)
- Dreieckskampf (1) und (2) (Seite S 68 und S 69)

3 Mittelsenkrechte und Winkelhalbierende

Einstiegsaufgaben

E8 Wirft man zwei Steine gleichzeitig ins Wasser, so erhält man Wellenkreise wie in der Zeichnung.

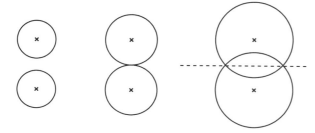

a) Vergleiche jeweils die Radien zweier zusammengehörender Kreise.
b) Vergleiche jeweils die Abstände der Kreisschnittpunkte zu den Kreismittelpunkten.
c) Vergleiche die Abstände der Mittelpunkte der beiden größeren Kreise von der gestrichelten Geraden.
d) Wie groß ist der Winkel zwischen der gestrichtelten Geraden und der Verbindungsstrecke der beiden Kreismittelpunkte?
(► Kopiervorlage auf Seite K 56)

E9 Sinan behauptet, dass er gleich weit von der Koloniestraße wie vom Sternbuschweg entfernt wohnt.

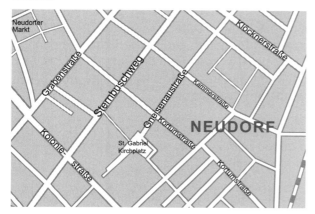

Hinweis: Die Aufgabe ist bewusst offen gehalten. Man kann z. B. die Punkte suchen, die in der Luftlinie die gleiche Entfernung zu den beiden Straßen haben oder aber die Punkte, bei denen der Fußweg zu beiden Straßen gleich lang ist.
(► Kopiervorlage auf Seite K 56)

E10 Auf der Karte haben Piraten Markierungen eingetragen, mit deren Hilfe ein vergrabener Schatz wiedergefunden werden kann. Nur der Kapitän und zwei seiner engsten Vertauten wissen, dass der Schatz von den Kreuzen am Felsen und am Baum

gleich weit entfernt ist und außerdem 25 m weit weg von der Quelle liegt.
Zeichne die Karte ab und gib an, an welchen Stellen man nach dem Piratenschatz suchen muss.

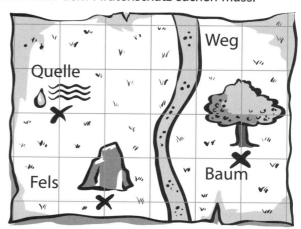

(1 Kästchen auf der Karte ist in der Wirklichkeit jeweils 10 m lang und 10 m breit.)
(► Kopiervorlage auf Seite K 57)

Hinweise zu den Aufgaben

1 bis **3** Konstruktion von Mittelsenkrechten und Winkelhalbierenden mit Zirkel und Lineal.

4 Faltübung mit Begründung.

5 Aussagen begründen und vergleichen.

6 und **7** Anwendungsaufgaben (maßstabsgetreue Zeichnungen anfertigen, Ergebnisse interpretieren).

8 Hier werden zum ersten Mal komplexe Konstruktionen verlangt. Es sind nicht nur Grundgrößen gegeben. Man kann z. B. die Teilaufgaben a) und c) im Unterricht behandeln und die Teilaufgaben b) und d) als entsprechende Hausaufgabe stellen.

9 Abstandsprobleme im Koordinatensystem, die u.a. durch die Konstruktion von Winkelhalbierenden und Mittelsenkrechten gelöst werden können.

10 In der Aufgabe sollen Konstruktionen mit Zirkel und Lineal durchgeführt werden, die man sich selbst erschließen kann. Die Aufgabe eignet sich gut für ein **Gruppenpuzzle**. Es werden hierzu zunächst 5 Gruppen gebildet, die sich mit der Lösung der Probleme (1) bis (5) beschäftigen. Anschließend werden neue Gruppen gebildet, sodass in jeder neuen Gruppe mindestens ein Schüler aus der alten Gruppe (1), ein Schüler aus der alten Gruppe (2) usw. ist. In den neuen Gruppen stellen die Schüler sich gegenseitig die Ergebnisse der ersten Gruppenarbeit vor.

11 Die Schülerinnen und Schüler können durch ein geeignetes Gegenbeispiel die Aussage a) widerlegen.

Serviceblätter

– Walbeobachtung mit Folgen – Wo ist die Kamera? (Seite S 70)
– Eine Stadtrallye nach Plan (1) und (2) (Seite S 71 und S 72)
– Und was kommt jetzt? (Seite S 73)

4 Umkreise und Inkreise

Einstiegsaufgaben

E 11 Sebastian behauptet: Wenn man ein Dreieck gezeichnet hat und seine drei Winkel kennt, kann man auf einem beliebigen Kreis drei Punkte A, B und C so wählen, dass das Dreieck ABC die gleichen Winkel wie das ursprüngliche Dreieck hat.
Hat Sebastian Recht?
Kann man auch für jedes beliebige Ausgangsdreieck einen Kreis finden, der durch alle drei Ecken geht?

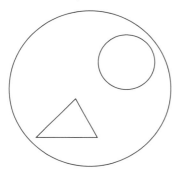

(► Kopiervorlage auf Seite K 57)

E 12 Der Trick mit dem Reststück

Aus dem dreieckigen Stoffrest will Schneider Mück eine möglichst große runde Tischdecke anfertigen. Erkläre, wie er das erreicht.
(► Kopiervorlage auf Seite K 58)

E 13 Die Indianer wollen ihr Lagerfeuer so anlegen, dass es von jedem der drei Zelte gleich weit entfernt ist. Die Kreuze geben die jeweilige Stelle an, von der aus die Entfernung eines Zeltes zum Lagerfeuer gemessen wird.
Ermittle die Stelle des Lagerfeuers.

(► Kopiervorlage auf Seite K 58)

Hinweise zu den Aufgaben

1 bis **5** Dreieckskonstruktionen mit Um- bzw. Inkreis.

6 bis **9** Verwendung von dynamischen Geometrieprogrammen, um In- und Umkreise zu konstruieren, die Lage der Mittelpunkte zu untersuchen und die Länge des Radius mit anderen Seitenlängen zu vergleichen. Die Aufgaben sind als Forschungsaufträge konzipiert, die hintereinander in der Reihenfolge aus dem Schulbuch selbstständig von den Schülerinnen und Schülern am PC bearbeitet werden können. Um die Ergebnisse der Aufgaben 7 bis 9 zu vergleichen, bieten sich Schülervorträge an, z. B. als Powerpoint-Präsentation.

In den Aufgaben **10** bis **12** werden Konstruktionen von Inkreisen in komplexeren Figuren und bei Anwendungsproblemen verlangt.

13 Durch systematisches Aufteilen der Arbeit in ihrer Gruppe können die Schülerinnen und Schüler Zusammenhänge zwischen der Länge des Radius und der Art des Dreiecks erforschen. Die Aufgabe eignet sich auch gut zur Bearbeitung mithilfe eines dynamischen Geometrieprogramms.

14 Die Schüleinnen und Schüler können durch die mehrteiligen Arbeitsaufträge Aussagen darüber machen, zu welchen Vierecken Umkreise konstruiert werden können. Die Aufgabe eignet sich auch gut zur Bearbeitung mithilfe eines dynamischen Geometrieprogramms.

Serviceblätter

– Ordnung ist das halbe Leben (Seite S74)
– Sinn und Unsinn – Was ist hier wirklich wichtig? (Seite S75)

5 Winkelbeziehungen erkunden

Einstiegsaufgaben

E14 Worin liegt die besondere Wirkung des Bildes? Erkennst du mathematische Sachverhalte, die bei der Aufnahme berücksichtigt wurden?

(► Kopiervorlage auf Seite K58)

E15 Lege zwei Bleistifte wie in der Abbildung übereinander. Drehe nun den einen Bleistift um den Kreuzungspunkt und beobachte die Winkel α, β, γ und δ.

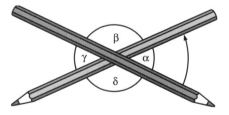

a) Welche Winkel sind stets gleich groß?
b) Wie groß ist die Summe der Winkel α + β bzw. β + γ? Warum?
(► Kopiervorlage auf Seite K59)

E16 Die Zeichnung zeigt einen Teil eines Bauplans für ein Wohnhaus.

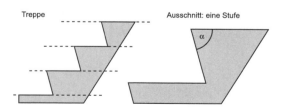

In der Zeichnung der Treppe sind Hilfslinien eingezeichnet worden. Wie verlaufen diese Linien? Untersuche, an welchen Stellen gleich große Winkel auftreten.
(► Kopiervorlage auf Seite K59)

E17 Ein Werbegrafiker soll in einer Abbildung einen Kreis, ein Viereck und ein Dreieck so anordnen, dass die Gesamtfigur möglichst viele Symmetrieeigenschaften hat.

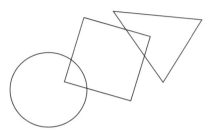

Wie löst er das Problem? Wer könnte einen solchen Auftrag vergeben?
(► Kopiervorlage auf Seite K59)

Hinweise zu den Aufgaben

1 und **2** Die Schülerinnen und Schüler sollen ihnen bekannte Neben-, Scheitel-, Stufen- und Wechselwinkel in Alltagssituationen erkennen, zeichnen und benennen.

3 bis **12** Die Schülerinnen und Schüler sollen die bekannten Winkelbeziehungen nutzen, um unbekannte Winkelgrößen zu bestimmen und um zu prüfen, ob Geraden zueinander parallel sind bzw. um zu argumentieren, ob Aussagen über Winkelbeziehungen stimmen. In Aufgabe 6 kann hierzu das Aufstellen und Lösen von einfachen Gleichungen helfen.

6 Regeln für Winkelsummen entdecken

Einstiegsaufgaben

E18 Jeder schneidet aus einem farbigen Karton ein eigenes Dreieck aus. Dann werden die Ecken großzügig abgerissen und an einer freien Stelle des Plakates an der Wand nebeneinander geklebt. Was lässt sich beobachten?

Hinweis: Diese Einstiegsaufgabe ist eine Möglichkeit, den Impuls aus dem Lehrbuch so zu erweitern, dass die ganze Klasse am Erstellen eines Gesamtergebnisses beteiligt wird. Man erhält bei vielen unterschiedlichen Dreiecken das gleiche Ergebnis, wodurch die Gültigkeit des Satzes motiviert wird.
Tipp: Durch Zerschneiden von verschiedenen farbigen Blättern erhält jeder Schüler der Klasse ein persönliches Dreieck.
(► Kopiervorlage auf Seite K 59)

E 19 Untersuchung an Pappstreifendreiecken

Stellt in Partnerarbeit aus drei Pappstreifen und zwei Reißnägeln, wie abgebildet, ein „bewegliches Dreieck" her. Damit könnt ihr nun verschiedene Dreiecke legen.

Besonderheit des Dreiecks	Winkel α	Winkel β	Winkel γ	?
rechtwinklig				
gleich-schenklig				
allgemein				

Tipp: Man sollte darauf achten, dass die Pappstreifen lang genug sind, um bei allen Ecken rechte Winkel bilden zu können.
(► Kopiervorlage auf Seite K 60)

Hinweise zu den Aufgaben

1 Anregung zur Erkundung von Dreiecks-Eigenschaften. Diese Aufgabe kann auch als Einstiegsaufgabe für die Lerneinheit verwendet werden.

2 bis **7** Anwenden des Innenwinkelsummensatzes zur Berechnung von Winkelgrößen; Konstruktion von Dreiecken.

8 Anwendung der Sätze über Winkel an Parallelen und an Geradenkreuzungen in Verbindung mit dem Innenwinkelsummensatz.

9 bis **12** Anwenden der bekannten Beziehungen über Winkel sowie des Innenwinkelsummensatz in komplexeren Aufgaben.

13 Alternative Begründung für die Gültigkeit des Innenwinkelsummensatzes an Dreiecken.

14 und **15** Alternative Begründung für die Gültigkeit des Innenwinkelsummensatzes an Dreiecken mithilfe der Summe der Außenwinkel.

16 bis **21** Aufgabenfeld zu Winkeln in Vielecken.

22 und **23** Aufgabenfeld Parkettierungen.

Serviceblatt

– Winkelsumme im Dreieck – Ein Arbeitsplan (Seite S 76)

7 Der Satz des Thales

Einstiegsaufgaben

E 20 Stellt euch auf dem Schulhof an möglichst unterschiedlichen Stellen so auf, dass jede Person zwei vereinbarte Gegenstände unter Verwendung der zum rechten Winkel ausgestreckten Hände unter einem 90°-Blickwinkel sieht. Markiert jeweils die Stellen, an denen ihr steht, mit Kreide. Was lässt sich feststellen?

Tipp: Die Vermutung, dass die Punkte auf einem Kreis liegen, kann z.B. mit einem Seil überprüft werden.
(► Kopiervorlage auf Seite K 60)

E 21 Bei dem abgebildeten Kran kann die Rolle R hin und her geführt werden. Beim Drehpunkt D ist der Kran fest verankert. Die Teile RS, SD und SK sind gleich lang.

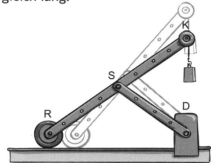

Baue mit zwei Pappstreifen und einem Reißnagel ein Modell des Krans (in dem Modell können die Punkte D und R direkt am Boden liegen und die Rolle bei R entfallen). Führe die Funktionsweise des Krans vor. Wie bewegt sich ein Gewicht beim Heben? Wie wirkt sich dies im Dreieck RDK auf den Winkel im Punkt D aus?
Tipp: Die Aufgabe ist für eine Partnerarbeit geeignet. Sie bringt auch einen Vorteil beim Beweis des Thalessatzes: Legt man das Modell des Kranes so um, dass der Ausleger unten liegt, liegt eine Thalessatz-Konstruktion vor.
(► Kopiervorlage auf Seite K 60)

Hinweise zu den Aufgaben

1 und **2** Anwendungen des Satzes des Thales.

3 Möglichkeit, die Umkehrung des Satzes des Thales induktiv mithilfe eines dynamischen Geometrieprogramms zu erarbeiten. Diese Aufgabe kann auch als Einstiegsaufgabe verwendet werden. Teile dieser Aufgabe sind auch in Erkundung 3 enthalten.

4 bis **8** Anwendung des Satzes des Thales zur Konstruktion von Figuren.

9 Berechnung von Winkelgrößen mithilfe des Satzes des Thales und anderer bekannter Winkelbeziehungen.

10 Anwendungsaufgabe.

11 Fehler in Begründungen finden und erläutern.

12 und **13** Tangentenkonstruktionen.

14 und **15** Vernetzung: Gleichungen zu Geraden, Winkel an Parallelen.

Serviceblatt

– Wer ist eigentlich Thales? – Ein Referat (Seite S 77)

Wiederholen – Vertiefen – Vernetzen

Aufgaben zum Wiederholen und Vertiefen:

1 Besonderheiten in Dreieckskonstruktionen.

2 bis **5** Winkelbeziehungen.

7 Kongruenzsätze und Innenwinkelsummensatz.

8 Tangentenbestimmung.

13 Lage von Geraden, Abstandsprobleme, Winkelhalbierende.

15 Anwendung der bekannten Winkelbeziehungen und Eigenschaften von Dreiecken für Begründungen.

16 Kongruenzsätze für Begründungen verwenden.

21 Kompetenzaufgabe, die die wichtigsten Inhalte des Kapitels überprüft.

Aufgaben zum Vertiefen und Vernetzen:

9 bis **12** Anwendungsaufgaben.

14 Dreieckskonstruktionen, Prozentrechnung.

17 Anwendung von Dreieckskonstruktionen für ein Vermessungsprojekt.

18 Anwendungsaufgabe.

19 Würfelschnitte.

20 Komplexe Anwendungsaufgabe.

Serviceblätter

– Wachsende Formelsammlung – Überschrift und Beispiel (Seite S 78)
– Mokabeln – Zur Wiederholung von Mathe-Vokabeln (Seite S 79)
– Mokabeln (Seite S 80)
– Geometrie? Hatten wir schon! (Seite S 81)

Einstiegsaufgaben

E1 Ilka freut sich auf den Spielplatz, weil dort eine neue Balkenschaukel mit einem 6 m langen Balken steht. Er bewegt sich um eine Achse, die 80 cm über dem Boden steht.

Ihre große Schwester kann ihr mithilfe einer Zeichnung jetzt schon sagen, wie hoch sie schaukeln kann.

E2 a) Kann man mit diesen drei Holzstäben ein Dreieck legen?

b) Nimm drei unterschiedlich lange Bleistifte und lege mit ihnen ein Dreieck.

c) Wie müssen die Längen der Bleistifte gewählt werden, damit man mit ihnen ein Dreieck legen kann?

E3 Konstruiere jeweils möglichst viele verschiedene Dreiecke zu den gegebenen Größen. Miss die übrigen Größen (Seiten und Winkel).

A Seitenlängen: 5 cm – 7 cm	B Seitenlängen: 3,7 cm – 4,8 cm – 5,3 cm	C Seitenlängen: 3,9 cm – 7,1 cm – 4,5 cm Winkel: 45°

978-3-12-734432-5 Lambacher Schweizer 7 NRW, Serviceband
© Als Kopiervorlage freigegeben. Ernst Klett Verlag GmbH, Stuttgart 2010

E4 Finde Figuren, die übereinstimmen. Beschreibe deine Vorgehensweise.

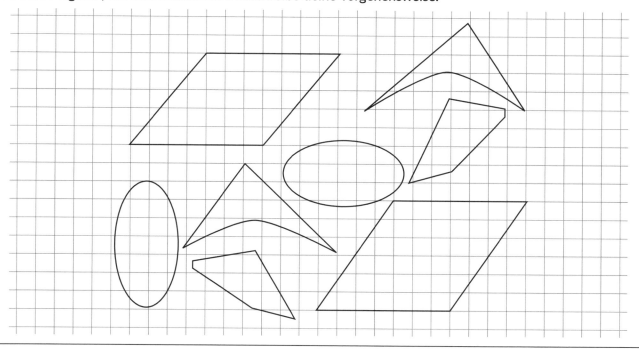

E5 In einem Test wird gefragt, ob das dunkelgraue Dreieck in das Liniennetz eingepasst werden kann. Wie würdest du antworten? Passt das hellgraue Dreieck rein?

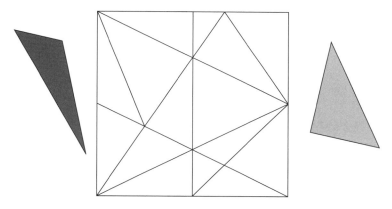

E6 Im Dreieck sind die Beziehungen aus Fig. 1 üblich. Fertige zu jeder Aufgabe eine Planskizze an und konstruiere die Dreiecke.
Bei welchen Aufgaben gibt es eine eindeutige Lösung? Bei welchen gibt es mehrere Lösungen?

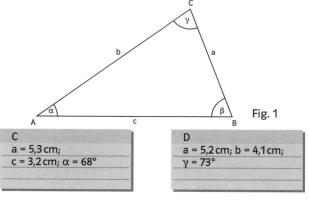

Fig. 1

A
a = 3 cm; b = 4 cm; c = 5 cm

B
α = 30°; β = 55°; γ = 95°

C
a = 5,3 cm; c = 3,2 cm; α = 68°

D
a = 5,2 cm; b = 4,1 cm; γ = 73°

E
a = 5,3 cm; c = 3,2 cm; β = 54°

F
c = 7 cm; α = 30°; β = 60°

G
c = 7 cm; α = 30°; γ = 90°

978-3-12-734432-5 Lambacher Schweizer 7 NRW, Serviceband

© Als Kopiervorlage freigegeben. Ernst Klett Verlag GmbH, Stuttgart 2010

E7 Bei einem Sommerfest findet ein Orientierungslauf mit Zusatzaufgaben statt. Die Teilnehmer erhalten eine Karte mit dem Hinweis:

„Am Ufer des Eisbaches ist ein großer Sandstein. 30 m von diesem Stein entfernt liegt eine Flasche mit einem Zettel am Ufer des Fischbaches …"

Zeichne die Karte ab und markiere die gewünschte Stelle. Was fällt dir auf?

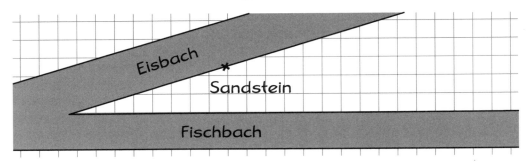

Eine Kästchenbreite entspricht 5 m.

E8 Wirft man zwei Steine gleichzeitig ins Wasser, so erhält man Wellenkreise wie in der Zeichnung.
a) Vergleiche jeweils die Radien zweier zusammengehörender Kreise.
b) Vergleiche jeweils die Abstände der Kreisschnittpunkte zu den Kreismittelpunkten.
c) Vergleiche die Abstände der Mittelpunkte der beiden größeren Kreise von der gestrichelten Geraden.
d) Wie groß ist der Winkel zwischen der gestrichelten Geraden und der Verbindungsstrecke der beiden Kreismittelpunkte?

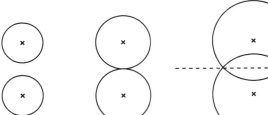

E9 Sinan behauptet, dass er gleich weit von der Koloniestraße wie vom Sternbuschweg entfernt wohnt.

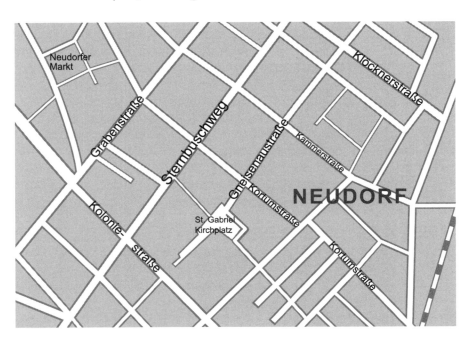

978-3-12-734432-5 Lambacher Schweizer 7 NRW, Serviceband
© Als Kopiervorlage freigegeben. Ernst Klett Verlag GmbH, Stuttgart 2010

E10 Auf der Karte haben Piraten Markierungen eingetragen, mit deren Hilfe ein vergrabener Schatz wiedergefunden werden kann. Nur der Kapitän und zwei seiner engsten Vertauten wissen, dass der Schatz von den Kreuzen am Felsen und am Baum gleich weit entfernt ist und außerdem 25 m weit weg von der Quelle liegt. Zeichne die Karte ab und gib an, an welchen Stellen man nach dem Piratenschatz suchen muss.

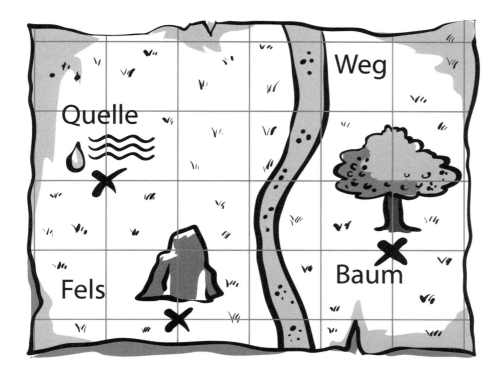

(1 Kästchen auf der Karte ist in Wirklichkeit jeweils 10 m lang und 10 m breit)

E11 Sebastian behauptet: Wenn man ein Dreieck gezeichnet hat und seine drei Winkel kennt, kann man auf einem beliebigen Kreis drei Punkte A, B und C so wählen, dass das Dreieck ABC die gleichen Winkel wie das ursprüngliche Dreieck hat.
Hat Sebastian Recht?
Kann man auch für jedes beliebige Ausgangsdreieck einen Kreis finden, der durch alle drei Ecken geht?

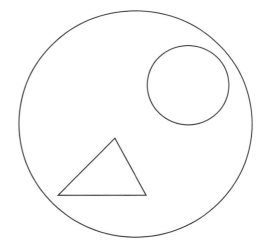

E 12 Der Trick mit dem Reststück

Aus dem dreieckigen Stoffrest will Schneider Mück
eine möglichst große runde Tischdecke anfertigen.
Erkläre, wie er das erreicht.

E 13 Die Indianer wollen ihr Lagerfeuer so anlegen, dass es von jedem der drei Zelte gleich weit entfernt ist.
Die Kreuze geben die jeweilige Stelle an, von der aus die Entfernung eines Zeltes zum Lagerfeuer gemessen
wird. Ermittle die Stelle des Lagerfeuers.

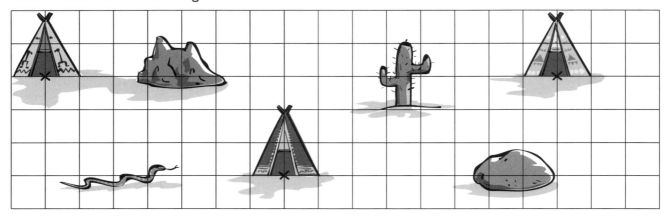

E 14 Worin liegt die besondere Wirkung des Bildes?
Erkennst du mathematische Sachverhalte, die bei der Aufnahme berücksichtigt wurden?

978-3-12-734432-5 Lambacher Schweizer 7 NRW, Serviceband
© Als Kopiervorlage freigegeben. Ernst Klett Verlag GmbH, Stuttgart 2010

E15 Lege zwei Bleistifte wie in der Abbildung übereinander. Drehe nun den einen Bleistift um den Kreuzungspunkt und beobachte die Winkel α, β, γ und δ.
a) Welche Winkel sind stets gleich groß?
b) Wie groß ist die Summe der Winkel α + β bzw. β + γ? Warum?

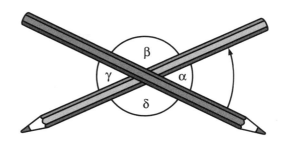

E16 Die Zeichnung zeigt einen Teil eines Bauplans für ein Wohnhaus.
In der Zeichnung der Treppe sind Hilfslinien eingezeichnet worden
Wie verlaufen diese Linien?
Untersuche, an welchen Stellen gleich große Winkel auftreten?

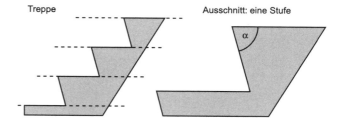

Treppe   Ausschnitt: eine Stufe

E17 Ein Werbegrafiker soll in einer Abbildung einen Kreis, ein Viereck und ein Dreieck so anordnen, dass die Gesamtfigur möglichst viele Symmetrieeigenschaften hat.
Wie löst er das Problem?
Wer könnte einen solchen Auftrag vergeben?

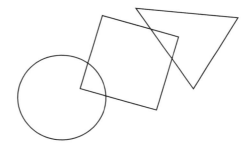

E18 Jeder schneidet aus einem farbigen Karton ein eigenes Dreieck aus. Dann werden die Ecken großzügig abgerissen und an einer freien Stelle des Plakates an der Wand nebeneinander geklebt. Was lässt sich beobachten?

978-3-12-734432-5 Lambacher Schweizer 7 NRW, Serviceband
© Als Kopiervorlage freigegeben. Ernst Klett Verlag GmbH, Stuttgart 2010

E19 Untersuchung an Pappstreifendreiecken

Stellt in Partnerarbeit aus drei Pappstreifen und zwei Reißnägeln, wie abgebildet, ein „bewegliches Dreieck" her. Damit könnt ihr nun verschiedene Dreiecke legen.

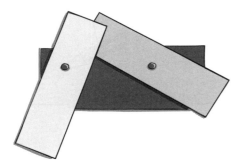

Erstellt zu jedem Dreieckstyp in der Tabelle drei passende Dreiecke und messt die zugehörigen Winkel. Wozu könnte man die letzte Spalte verwenden?

Besonderheit des Dreiecks	Winkel α	Winkel β	Winkel γ	?
rechtwinklig				
gleich-schenklig				
allgemein				

E20

Stellt euch auf dem Schulhof an möglichst unterschiedlichen Stellen so auf, dass jede Person zwei vereinbarte Gegenstände unter Verwendung der zum rechten Winkel ausgestreckten Hände unter einem 90°-Blickwinkel sieht. Markiert jeweils die Stellen, an denen ihr steht, mit Kreide. Was lässt sich feststellen?

E21

Bei dem abgebildeten Kran kann die Rolle R hin und her geführt werden. Beim Drehpunkt D ist der Kran fest verankert. Die Teile RS, SD und SK sind gleich lang. Baue mit zwei Pappstreifen und einem Reißnagel ein Modell des Krans (in dem Modell können die Punkte D und R direkt am Boden liegen und die Rolle bei R entfallen). Führe die Funktionsweise des Krans vor. Wie bewegt sich ein Gewicht beim Heben? Wie wirkt sich dies im Dreieck RDK auf den Winkel im Punkt D aus?

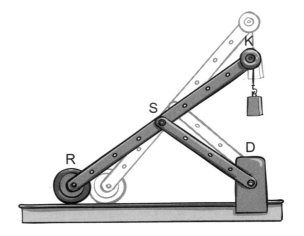

978-3-12-734432-5 Lambacher Schweizer 7 NRW, Serviceband

VI Systeme linearer Gleichungen

Überblick und Schwerpunkt

Im letzten Kapitel des Buches lernen die Schülerinnen und Schüler, wie sich einfache lineare Gleichungssysteme aus einem gegebenen Kontext aufstellen und lösen lassen. Hierbei werden verschiedene geometrische und algebraische Vorgehensweisen vorgestellt.

Als Grundlage dient das Vorwissen der linearen Zuordnungen aus Kapitel III und der linearen Gleichungen aus Kapitel IV. Das Kapitel bildet so die Möglichkeit, sowohl geometrische als auch algebraische Überlegungen der 7. Klasse aufzugreifen, zu verbinden und zu vertiefen.

Entsprechend den Kernlehrplänen beschränkt sich das Kapitel weitgehend auf 2×2-Gleichungssysteme. Die Grundideen der verschiedenen Lösungsverfahren lassen sich hier übersichtlich verdeutlichen: Zum einen kann die Lösung des Systems geometrisch als Geradenschnittpunkt bestimmt werden, zum anderen kann das Gleichungssystem algebraisch mit vergleichsweise geringem Aufwand auf eine lineare Gleichung zurückgeführt werden, die dann nach den bereits bekannten Verfahren gelöst wird. 3×3-Systeme sowie der Gauß-Algorithmus können darüber hinaus fakultativ im Rahmen einer Exkursion unterrichtet werden.

Dem Kapitel liegen die prozessorientierten Kompetenzen *Modellieren* und *Problemlösen* zugrunde. Es werden Strategien erarbeitet, mit denen man Probleme aus dem Alltag in Gleichungen übersetzen und lösen kann.
Auf inhaltlicher Ebene liegen dem Kapitel beim Vereinfachen und Umformen von Gleichungen Kompetenzen aus dem Bereich *Arithmetik/Algebra* zugrunde. Darüber hinaus werden durch die enge Verknüpfung zwischen Gleichung, Funktion und Graph auch Kompetenzen im Bereich der *Funktionen* angesprochen.

In Lerneinheit **1 Lineare Gleichungen mit zwei Variablen** werden die Schülerinnen und Schüler zunächst einmal mit Gleichungen dieses Typs vertraut gemacht. Sie lernen, dass solche Gleichungen unendliche viele Lösungen besitzen, die sich grafisch als Gerade darstellen lassen. Sonderfälle, bei denen z. B. kein oder jedes Zahlenpaar eine Lösung ist, werden in einer Info-Box erläutert.

In Lerneinheit **2 Lineare Gleichungssysteme – grafisches Lösen** wird gezeigt, wie man lineare Gleichungssysteme zeichnerisch lösen kann: Jede Gleichung des Systems führt wie in der vorangegangenen Lerneinheit auf eine Gerade, sodass sich die Lösung des Systems als Geradenschnittpunkt ergibt. Wieder werden die Sonderfälle, bei denen es keine oder unendlich viele Lösungen gibt, in einer Info-Box grafisch dargestellt und mit dazugehörigen Aufgaben verdeutlicht.

Ausgehend von der Überlegung, dass bei linearen Gleichungssystemen geometrische Lösungsverfahren häufig nur ungenaue Lösungen liefern, werden in den Lerneinheiten 3 und 4 algebraische Lösungsverfahren behandelt.

In Lerneinheit **3 Einsetzungsverfahren und Gleichsetzungsverfahren** werden Verfahren, lineare Gleichungssysteme rechnerisch zu lösen, vorgestellt. Die Schülerinnen und Schüler werden hierbei auch angehalten, je nach Gleichungssystem ein geeignetes Verfahren zu verwenden. Da die beiden Lösungsverfahren sehr verwandt sind, könnte man sie auch unter einer einzigen Bezeichnung, z. B. Einsetzungsverfahren, subsumieren. Zur besseren Orientierung für die Lernenden wurden im Buch jedoch zwei Bezeichnungen verwendet.

In Lerneinheit **4 Additionsverfahren** lernen die Schülerinnen und Schüler ein drittes Verfahren kennen. Im Vergleich zu den beiden Verfahren aus Lerneinheit 3 verlangt es ein höheres Maß an Abstraktionsfähigkeit, bereitet aber auf den Gauß-Algorithmus vor, der in einer Exkursion in einfacher Form eingeführt wird und später in der Sekundarstufe II eine zentrale Rolle spielt. Der Gedanke des Algorithmus wird auch in einer Info-Box aufgegriffen, welche die Schülerinnen und Schüler dazu anleitet, das Additionsverfahren mit einer Tabellenkalkulation umzusetzen.

Zu den Erkundungen

Mithilfe der Erkundungen werden die Schülerinnen und Schüler mit Problemen konfrontiert, die auf Gleichungen bzw. Gleichungssysteme führen, und bekommen die Möglichkeit, sich verschiedene Lösungsverfahren selbst zu erarbeiten.
Erkundung 1 **Was gehört zusammen?** stellt in komprimierter Form bereits alle im späteren Verlauf des Kapitels behandelten Lösungsverfahren vor.

Durch den Arbeitsauftrag sind die Schülerinnen und Schüler gezwungen, sich intensiv mit den einzelnen Verfahren auseinanderzusetzen.
Erkundung 2 **Knackt die Box** liefert einen handlungsorientierten Zugang zum Thema, bei dem Variablen durch verschieden markierte Streichholzschachteln ersetzt werden.

1. Was gehört zusammen?

Die Zuordnung von Situation, Gleichung, Rechnung und Graph wird durch das unterschiedliche Zahlenmaterial zunächst erleichtert. Da zu jeder Situation aber auch eine Aufgabe mit Lösung zu entwickeln ist, müssen die Schülerinnen und Schüler sich intensiv mit den Rechenwegen auseinandersetzen.

Lösungen:
Es ergeben sich folgende Kombinationen:
S1-G2-R4-GR3
S2-G3-R2-GR1
S3-G4-R1-GR4
S4-G1-R3-GR2

Aufgabe S1
Sieben Flaschen Orangenlimonade und acht Flaschen Zitronenlimonade kosten 8,20 €. Sieben Flaschen Zitronenlimonade und acht Flaschen Orangenlimonade kosten 8,30 €. Wie viel kostet eine Flasche Zitronenlimonade, wie viel eine Flasche Orangenlimonade?
Lösung: Orangenlimonade 60 Cent, Zitronenlimonade 50 Cent

Aufgabe S2
In einer Geldbörse befinden sich 24 € in 20- und 50-Cent-Stücken. Gib vier verschiedene Möglichkeiten an, wie viele 20- und wie viele 50-Cent-Stücke in der Geldbörse sein können.
Lösung:

20 Cent	0	20	40	60
50 Cent	48	40	32	24

Aufgabe S3
Es gibt kleine Postkarten zu 1,50 € je Stück und große Postkarten zu 2 € je Stück. Wie viele Postkarten kann man für 18 € kaufen? Gib verschiedene Möglichkeiten an.
Lösung:

kleine	0	4	8
große	9	6	3

Aufgabe S4
9 Lkw mit insgesamt 24 t verließen gestern die Hauptstadt. Sie haben 2 bzw. 4 t geladen. Wie viele Lkw haben 4 t geladen, wie viele 2 t?
Lösung: 3 Lkw mit 4 t und 6 Lkw mit 2 t.

2. Knackt die Box

Im ersten Forschungsauftrag **Boxen knacken** werden das Gleich- und das Einsetzungsverfahren von den Schülerinnen und Schülern intuitiv angewandt, um die Boxen zu knacken.
In a) befinden sich auf beiden rechten Seiten drei rote Boxen, daher können die linken Seiten gleichgesetzt werden und man erkennt sofort, dass in den blauen Boxen 3 Hölzchen liegen müssen, damit ergeben sich 2 Hölzchen für die roten Boxen.
In b) ist die erste Gleichung sozusagen nach der blauen Box aufgelöst, man kann dieses Ergebnis in die zweite Gleichung einsetzen und sieht so, dass sich in fünf roten Boxen fünf Hölzchen befinden, also in jeder roten Box ein Hölzchen. Daraus ergeben sich 4 Hölzchen in der blauen Box.
In c) muss man in Gleichung I auf beiden Seiten erst zwei rote Boxen und eine blaue Box wegnehmen. Dann kann man die linken Seiten der Gleichungen gleichsetzen und erhält 3 Hölzchen in den blauen Boxen und 2 in den roten Boxen.

Im zweiten Forschungsauftrag **Boxengleichungen zusammenwerfen** wird das Additionsverfahren mit Boxen durchgeführt. Dabei werden im Beispiel im ersten Schritt die zwei Gleichungen zu einer Gleichung zusammengefasst, indem man einfach die Boxen und Hölzchen auf den rechten bzw. linken Seiten zusammenfasst. Die weiteren Schritte sind mathematisch betrachtet Äquivalenzumformungen, welche dann auf die Lösung von 2 Hölzchen in den roten Boxen und 2 Hölzchen in den blauen Boxen führen.
Schließlich sollen die Boxengleichungen noch algebraisiert werden. Dies führt zu folgenden Ergebnissen:
a) $x + 3 = 3y$ und $2x = 3y$
b) $x = 4y$ und $x + 4y = 5$
c) $3x + 2y = x + 5y$ und $x + 3 = 3y$

1 Lineare Gleichungen mit zwei Variablen

Einstiegsaufgaben

E1 Tobias will für sein Kaninchen einen rechteckförmigen Auslauf an eine Hauswand bauen. Ihm stehen hierzu 7m Zaun zur Verfügung.
Welche Abmessungen kann das Gehege haben?

Tipp: Die Fragestellung sollte zunächst offen angegangen werden. Zunächst sollten die Schülerinnen und Schüler (evtl. durch Ausprobieren) erkennen, dass es keine eindeutige Lösung gibt. Anschließend wird erarbeitet, dass man alle denkbaren Lösungen mithilfe einer linearen Zuordnung und deren Graphen erhält.
(► Kopiervorlage auf Seite K 66)

E2 a) Gib die Koordinaten von vier verschiedenen Punkten an, die auf dem Graphen der Zuordnung mit der Gleichung $y = 4x - 7$ liegen.
b) Wie kann man grafisch alle Zahlenpaare darstellen, welche die Gleichung $2y - 8x = -14$ erfüllen?
(► Kopiervorlage auf Seite K 66)

Hinweise zu den Aufgaben

Die Aufgaben **1** bis **4** dienen dazu, den Zusammenhang zwischen linearen Zuordnungen und linearen Gleichungen zu verdeutlichen.

In **7** c) erhält man implizit bereits ein Gleichungssystem. Insofern bereitet diese Aufgabe schon auf die zweite Lerneinheit vor.

Serviceblatt

- Bingo (Seite S 83)
- Bingo – Prüfbogen (1) und (2) (Seite S 83 und S 84)

2 Lineare Gleichungssysteme – grafisches Lösen

Einstiegsaufgaben

E3 Der Regenwurm in der Zeichnung legt in einer Stunde 3 cm zurück. Die Schnecke legt in einer Stunde 0,5 cm zurück. Wie lange dauert es, bis der Regenwurm das hintere Ende der Schnecke erreicht? Stelle für beide eine Bewegungsgleichung auf.

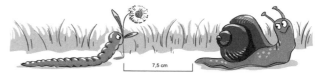

7,5 cm

Wie weit sind dann der Kopf des Wurms und das hintere Ende der Schnecke von der Blume entfernt?
(► Kopiervorlage auf Seite K 66)

E4 Bestimme ein Zahlenpaar, das sowohl Lösung der Gleichung $2x + 4y = 10$ als auch Lösung der Gleichung $4x + 5y = 20$ ist.
(► Kopiervorlage auf Seite K 66)

Hinweise zu den Aufgaben

In **4** können verschiedene Lösungswege eingeschlagen werden, zum Beispiel
- geschicktes Ausprobieren durch Einsetzen in Gleichungen; hierbei kann für die vorgegebene Lösung (a|b) jeweils auf die Gleichung $y = b$ zurückgegriffen werden.
- Zeichnen von Geraden durch den Punkt P(a|b) und aus der Zeichnung die jeweiligen Gleichungen der Zuordnungen ablesen.

Bringt man die Gleichungen in **5** auf die Form $y = \ldots$, so kann durch den Vergleich von Steigung (Begriff noch nicht definiert, Bedeutung jedoch bekannt) und Schnittpunkt mit der y-Achse sofort ohne Zeichnung angegeben werden, wie viele Lösungen das jeweilige Gleichungssystem hat; danach können ggf. Lösungen bestimmt werden.

Serviceblatt

- „Kärtchen, wechsele dich …" – Folienvorlage (Seite S 85)

3 Einsetzungsverfahren und Gleichsetzungsverfahren

Einstiegsaufgaben

E5 Alle Pakete mit einem A sind gleich schwer; auch die Pakete mit einem B haben das gleiche Gewicht. Bestimme die Gewichte der Pakete A und B.
a)

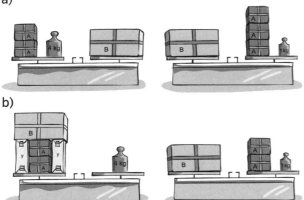

b)

c) Bestimme die Lösung für A und B.
I: $4A - B = 2$
II: $\quad B = 3 - A$
Tipp: Überlege zuerst, warum $4A - (3 - A) = 2$ ist.
(► Kopiervorlage auf Seite K67)

E6 Bestimme die Lösung für x und y:
I: $\quad 4x - y = 2$
II: $\quad\quad y = 3 - x$
Tipp: Überlege zuerst, warum $4x - (3 - x) = 2$ ist.
(► Kopiervorlage auf Seite K67)

Hinweise zu den Aufgaben

Die Boxengleichungen in **3** sind so gestaltet, dass sich für a), d) und e) das Gleichsetzungsverfahren und für b) und c) das Einsetzungsverfahren anbietet.

Die beiden Gleichungen in f) sind äquivalent. Man erkennt dies, wenn man in der oberen Gleichung rechts und links jeweils eine rote Box entfernt. Das Gleichungssystem hat daher unendlich viele Lösungen.

Serviceblatt

– SC Gleichungssystemia (Seite S86)

4 Additionsverfahren

Einstiegsaufgabe

E7 Wenn Herr Müller 3 große Schritte und 5 kleine Schritte in die gleiche Richtung geht, so legt er insgesamt 6 Meter zurück. Geht er hingegen zuerst 4 große Schritte in die eine Richtung und dann 5 kleine Schritte in die entgegengesetzte Richtung, so legt er insgesamt 1 Meter zurück.

a) Welche Strecke legt Herr Müller insgesamt zurück, wenn er erst 3 große Schritte, 5 kleine Schritte und noch einmal 4 große Schritte in die eine Richtung und dann 5 kleine Schritte in die entgegengesetzte Richtung geht?
b) Wie weit gelangt Herr Müller mit 7 großen Schritten?
c) Wie groß ist ein großer und wie groß ist ein kleiner Schritt von Herrn Müller?
(► Kopiervorlage auf Seite K67)

Hinweise zu den Aufgaben

In **5** werden vor allem Vorzeichen- und Schreibfehler thematisiert.

9 und **10** lassen sich sicher schneller ohne Gleichungssysteme lösen. Solche Lösungswege sind durchaus erwünscht und sollten den hier intendierten Lösungsweg über lineare Gleichungssysteme gegenübergestellt werden.

Aufgabe **12** erfordert in Teil b) vor allem in Klassen, die nicht viel Übung im Umgang mit einer Tabellenkalkulation haben, präzise Anleitungen.

16 In Teilaufgabe b) bieten sich je nach Zahlenmaterial bestimmte Sachverhalte an, die bereits in Fig. 2 dargestellt sind. (1) und (3) eignen sich für Fragestellungen zu Handytarifen, die Zahlen in (2) können als Preise beim Obstkauf interpretiert werden, (4) kann für eine Fragestellung zu Eintrittspreisen für Erwachsene und Kinder genutzt werden.

Serviceblätter

– Aufgabentheke (Seite S87)
– Aufgabentheke – Lösung (Seite S88)

Wiederholen – Vertiefen – Vernetzen

Die folgenden Aufgaben vernetzen bzw. vertiefen einzelne Aspekte dieses und anderer Kapitel:

2, 3, **13** und **18** Lineare Gleichungssysteme und Stellenwertsysteme.

5 und **19** Lineare Gleichungssysteme und Prozentrechnung.

6 und **11** Lineare Gleichungssysteme und Bruchrechnung.

14 und **15** Lineare Gleichungssysteme und Graphen linearer Zuordnungen.

17 Lineare Gleichungssysteme und Wahrscheinlichkeiten.

22 Lineare Gleichungssysteme und lineare Zuordnungen.

9 Die Aufgabe führt algebraisches Vorgehen und grafische Darstellung zusammen. Es wird grafisch deutlich, dass (im Rahmen des behandelten Additionsverfahrens) die Äquivalenzumformungen einzelner Gleichungen sowie die Addition zweier Gleichungen zwar zu neuen Gleichungssystemen (und damit Geraden) führen, dass jedoch die Lösung des ursprünglichen Gleichungssystems (und somit der Schnittpunkt der jeweiligen Geraden) stets der gleiche ist. (Ähnliches gilt natürlich auch für den Fall, dass das Gleichungssystem keine bzw. unendlich viele Lösungen besitzt.)
Es kann weiterhin erläutert werden, dass die Geradengleichung der roten Gerade in Fig. (2) unmittelbar den y-Wert und die Geradengleichung der blauen Gerade in Fig. (3) unmittelbar den x-Wert liefert.

21 zeigt die Grenzen eines mathematischen Modells auf. Rechnerisch haben die beiden Kerzen erst gleiche Höhe nach ca. 11,1 h. Tatsächlich sind sie aber schon vorher abgebrannt.

Serviceblatt

– Familienstammbaum (Seite S 89)

E1 Tobias will für sein Kaninchen einen rechteckförmigen Auslauf an eine Hauswand bauen.
Ihm stehen hierzu 7m Zaun zur Verfügung. Welche Abmessungen kann das Gehege haben?

E2 a) Gib die Koordinaten von vier verschiedenen Punkten an, die auf dem Graphen der Zuordnung mit der Gleichung $y = 4x - 7$ liegen.
b) Wie kann man grafisch alle Zahlenpaare darstellen, welche die Gleichung $2y - 8x = 14$ erfüllen?

E3 Der Regenwurm in der Zeichnung legt in einer Stunde 3 cm zurück. Die Schnecke legt in einer Stunde 0,5 cm zurück. Wie lange dauert es, bis der Regenwurm das hintere Ende der Schnecke erreicht? Stelle für beide eine Bewegungsgleichung auf.
Wie weit sind dann der Kopf des Wurms und das hintere Ende der Schnecke von der Blume entfernt?

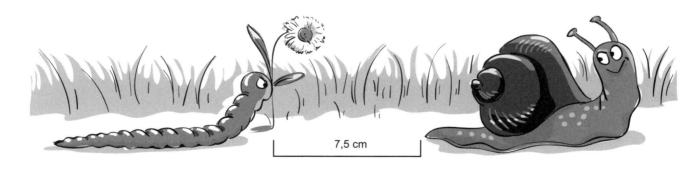

7,5 cm

E4 Bestimme ein Zahlenpaar, das sowohl Lösung der Gleichung $2x + 4y = 10$ als auch Lösung der Gleichung $4x + 5y = 20$ ist.

978-3-12-734432-5 Lambacher Schweizer 7 NRW, Serviceband
© Als Kopiervorlage freigegeben. Ernst Klett Verlag GmbH, Stuttgart 2010

E5 Alle Pakete mit einem A sind gleich schwer; auch die Pakete mit einem B haben das gleiche Gewicht. Bestimme die Gewichte der Pakete A und B.

a)

b)

c) Bestimme die Lösung für A und B,
I: 4 A – B = 2
II: B = 3 – A
Tipp: Überlege zuerst, warum 4 A – (3 – A) = 2 ist.

E6 Bestimme die Lösung für x und y:
I: 4x – y = 2
II: y = 3 – x

E7 Wenn Herr Müller 3 große Schritte und 5 kleine Schritte in die gleiche Richtung geht, so legt er insgesamt 6 Meter zurück. Geht er hingegen zuerst 4 große Schritte in die eine Richtung und dann 5 kleine Schritte in die entgegengesetzte Richtung, so legt er insgesamt 1 Meter zurück.
a) Welche Strecke legt Herr Müller insgesamt zurück, wenn er erst 3 große Schritte, 5 kleine Schritte und noch einmal 4 große Schritte in die eine Richtung und dann 5 kleine Schritte in die entgegengesetzte Richtung geht?
b) Wie weit gelangt Herr Müller mit 7 großen Schritten?
c) Wie groß ist ein großer und wie groß ist ein kleiner Schritt von Herrn Müller?

978-3-12-734432-5 Lambacher Schweizer 7 NRW, Serviceband
VI Systeme linearer Gleichungen   **K 67**

Sachthemen

Grundgedanke

Die Sachthemen haben das Ziel, unterschiedliche Bereiche einer Klassenstufe in einem geschlossenen Sachzusammenhang vernetzt zu behandeln.

Bei der Erarbeitung eines Sachthemas stoßen die Lernenden auf verschiedene Fragestellungen, die sie mithilfe der Mathematik der Klasse 7 lösen können. Hierbei steht zunächst der Sachzusammenhang und nicht – wie sonst häufig im Unterricht – die mathematischen Inhalte im Vordergrund. Die Lernenden erfahren bei der Behandlung eines Sachthemas die Mathematik als nützliches Werkzeug. Die Bearbeitung eines Sachthemas fördert so das problemorientierte Arbeiten im Unterricht.

Um eine möglichst große Wahlfreiheit bezüglich Anzahl und Inhalt zu gewährleisten, bietet der Lambacher Schweizer insgesamt drei, auf die Alltagswelt der Siebtklässler abgestimmte Sachthemen an: eine im Schülerbuch und zwei im Serviceband.

Auch wenn die Sachthemen für sich abgeschlossen sind, so zeigen die Übersichten auf den Seiten K 72, S 90 und S 101, dass jedes von ihnen ein sehr breites Spektrum mathematischer Inhalte der Klasse 7 abdeckt.

Wegen der starken Vernetzung der behandelten Themen lassen sich Sachthemen auch gut für das im Jahresablauf vorgesehene freie Drittel der Unterrichtszeit nutzen.

Einsatzmöglichkeiten

Für den Einsatz der Sachthemen im Unterricht gibt es verschiedene Möglichkeiten. Einige dieser Aspekte können auch Teil des Schulcurriculums sein. Das Sachthema kann einerseits zur Wiederholung und Vertiefung am Ende einer Unterrichtsphase oder der Klassenstufe eingesetzt werden, wenn die mathematisch relevanten Inhalte im vorangehenden Unterricht bereits erarbeitet wurden. Alternativ kann ein Sachthema für einen breiten und anwendungsbezogenen Einstieg in ein umfangreiches Thema (z. B. lineare Gleichungen) verwendet werden. Stoßen die Lernenden hierbei auf Problemstellungen, die sie mit dem vorhandenen Wissen noch nicht lösen können, so kann die Bearbeitung des Sachthemas vorübergehend durch eine Unterrichtssequenz unterbrochen werden, in der die notwendigen Kenntnisse erarbeitet werden. Mit dem

neu erworbenen Wissen können die Schülerinnen und Schüler anschließend wieder die Arbeit am Sachthema fortsetzen. Die Behandlung eines Sachthemas kann sich in dieser Form über einen Zeitraum von mehreren Monaten ziehen.

Andere Lernleistung

Anhand eines Sachthemas können sich einzelne Schülerinnen und Schüler oder Schülergruppen in die Fragestellungen einarbeiten und ihre Ergebnisse z. B. in Form eines Referates vor der Klasse vortragen. Hier können Techniken wie Mind-Map eingesetzt und geübt werden. Die Schülerinnen und Schüler gewinnen so durch das selbstständige Darstellen und Erklären einen neuen Blick auf die Mathematik.

Gruppenarbeit

Ein Sachthema bietet im besonderen Maße die Gelegenheit, in arbeitsteiliger Gruppenarbeit zu unterrichten. Die Aufgabenstellungen für die einzelnen Gruppen können dabei den Interessen, dem Vorwissen und dem Leistungsvermögen der Gruppenmitglieder angepasst werden. Auf diese Weise wird zum einen das schüleraktive Arbeiten im Unterricht gefördert und zum anderen der Aspekt der „inneren Differenzierung" berücksichtigt.

Fächerverbindendes Arbeiten

Jedes Sachthema eignet sich aufgrund des hohen Anwendungsbezuges in besonderer Weise dazu, mit anderen Fächern zu kooperieren. Das Thema kann unter Berücksichtigung von unterschiedlichem Expertenwissen betrachtet und sinnvoll vernetzt werden. Dabei besteht auch die Möglichkeit, projektartig zu arbeiten (z. B. über das Thema Energiesparen im Physik-Unterricht oder das Thema Frankreichurlaub im Erdkunde- bzw. Französischunterricht).

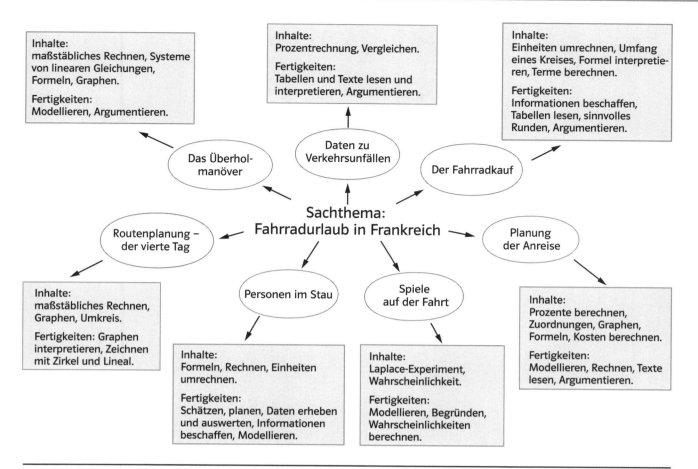

Inhalte:
maßstäbliches Rechnen, Systeme von linearen Gleichungen, Formeln, Graphen.

Fertigkeiten:
Modellieren, Argumentieren.

Inhalte:
Prozentrechnung, Vergleichen.

Fertigkeiten:
Tabellen und Texte lesen und interpretieren, Argumentieren.

Inhalte:
Einheiten umrechnen, Umfang eines Kreises, Formel interpretieren, Terme berechnen.

Fertigkeiten:
Informationen beschaffen, Tabellen lesen, sinnvolles Runden, Argumentieren.

Das Überholmanöver

Daten zu Verkehrsunfällen

Der Fahrradkauf

Routenplanung – der vierte Tag

Sachthema:
Fahrradurlaub in Frankreich

Planung der Anreise

Inhalte:
maßstäbliches Rechnen, Graphen, Umkreis.

Fertigkeiten: Graphen interpretieren, Zeichnen mit Zirkel und Lineal.

Personen im Stau

Spiele auf der Fahrt

Inhalte:
Formeln, Rechnen, Einheiten umrechnen.

Fertigkeiten:
Schätzen, planen, Daten erheben und auswerten, Informationen beschaffen, Modellieren.

Inhalte:
Laplace-Experiment, Wahrscheinlichkeit.

Fertigkeiten:
Modellieren, Begründen, Wahrscheinlichkeiten berechnen.

Inhalte:
Prozente berechnen, Zuordnungen, Graphen, Formeln, Kosten berechnen.

Fertigkeiten:
Modellieren, Rechnen, Texte lesen, Argumentieren.

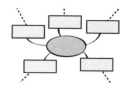

Methodenlernen in Klasse 7

Reduktion durch Visualisierung – der Einsatz von Mind-Maps

Den Schülerinnen und Schülern soll mithilfe einfacher Visualisierungstechniken ein Handwerkszeug zur effektiven Reduktion von Sachverhalten an die Hand gegeben werden. Hier bieten sich verschiedene Formen wie z. B. Flussdiagramme, Lernlandkarten, Concept-Maps und Mind-Maps an. Gerade die letzte Methode erfreut sich bei vielen Schülerinnen und Schülern aufgrund ihrer kreativen Gestaltungsmöglichkeiten und ihrer einfachen Anwendbarkeit zunehmender Beliebtheit.

Mind-Maps in der Schule

Mind-Mapping ist eine kreative Denk- und Schreibtechnik, mit der die Zusammenhänge innerhalb eines Themas in einem einzigen Bild aufgezeichnet werden. Sie ermöglicht es, unter besonderer Berücksichtigung der Funktionsweise unseres Gehirns Informationen festzuhalten und abzurufen. Das Erstellen eines Mind-Maps – zu deutsch etwa Gedächtnis-Landkarte – erweist sich im Hinblick auf eine Steigerung der Lernleistung von Schülerinnen und Schülern als sehr effizient und stellt dabei eine willkommene Abwechslung im Unterricht dar. So findet diese Methode bereits häufigen Einsatz in den Sprachen (z. B. bei der Texterfassung, Wortschatzarbeit), Gesellschaftswissenschaften (z. B. zur Darstellung zeitlicher Abläufe) und in den Naturwissenschaften (z. B. für Versuchsprotokolle).
In diesem Serviceband werden nun einige Vorschläge zur Einführung und zum Einsatz dieses Verfahrens im Mathematikunterricht der Klasse 7 gemacht.

Anwendungsgebiete

Die Einsatzmöglichkeiten im Mathematikunterricht sind vielfältig. Sie eignen sich zur

– Vorstellung eines neuen Themengebietes,
– Strukturierung komplexerer Fragestellungen,
– Zusammenfassung von Lösungsstrategien,
– Kurzwiederholung behandelter Themen,
– Vorbereitung von Klassenarbeiten,
– Erstellung eines Klassenplakates,
– Planung von Projekten,
– Vorbereitung von Redemanuskripten und als Visualisierungshilfe für Kurzvorträge und Präsentationen.

Hintergrund

Die Technik des Mind-Mappings berücksichtigt, dass die beiden Hälften des menschlichen Gehirns unterschiedliche Fähigkeiten steuern. In dieser Arbeitstechnik werden beim Schreiben, Strukturieren und Bilden von Begriffen rationale Fähigkeiten stark gefördert. Gleichzeitig wird das bildliche Denken angesprochen, indem die Schülerinnen und Schüler Bilder, Farben und Symbole einsetzen. Auf diese Weise schaffen sie sich einen phantasievoll gestalteten, ganzheitlichen Überblick über ein Thema.
Die Verbindung von begrifflichem und bildlichem Denken baut ein Gedankennetz auf, das eine größere Konzentration, eine höhere Gedächtnisleistung und damit bessere Lernleistungen ermöglicht.

Erlernen der Methode

Die Arbeitsblätter führen die Schülerinnen und Schüler schrittweise an die Verwendung von Mind-Maps im Mathematikunterricht heran. Auf Serviceblatt Seite S 2 erlernen die Schülerinnen und Schüler die wichtigsten Regeln für das Erstellen eines Mind-Maps.
Serviceblatt S 3 vermittelt den Schülerinnen und Schülern Gütekriterien, nach denen sie die Qualität eines Mind-Maps bewerten können. Anhand zweier Beispiele sollen mögliche Fehlerquellen und gelungene Ausgestaltungen erkannt werden.
Serviceblatt S 23 zum Thema „Prozente und Zinsen" hilft den Lernenden dabei, Begriffe und Beispiele gegebenen Oberbegriffen zuzuordnen. Der Einsatz dieses Arbeitsblattes setzt die vorangegangene Erarbeitung von Kapitel I des Schülerbuches voraus.
Serviceblatt S 38 ist kapitelbegleitend konzipiert. Die Lernenden erhalten die Überschriften der Lerneinheit als „Advance Organizer" und erstellen parallel zum Unterrichtsgeschehen ein Mind-Map. Dabei verknüpfen sich bildlich die neuen Begriffe mit den bereits erarbeiteten.
Serviceblatt S 60 stellt eine Verknüpfung zu Lerninhalten von Klasse 5 und 6 her. Die erstellten Mind-Maps können im Klassenzimmer hängen und werden fortlaufend erweitert. Denkbar ist hier, für die Gestaltung der Mind-Maps einen Preis auszusetzen.

Erstellen eines Mind-Maps

1. Nimm ein unliniertes **DIN-A4-Blatt**. Beabsichtigst du ein sehr umfangreiches Mind-Map zu erstellen, so solltest du ein Blatt deines Zeichenblocks oder Plakatpapier nehmen. Für den optimalen Überblick legst du das Papier quer.
Beschrifte das Blatt immer so, dass der Text ohne Drehen gut lesbar ist.

2. Das **Thema** deines Mind-Maps schreibst du in die Mitte des Blattes. Du solltest das Thema deutlich hervorheben, z. B. durch die Größe der Schrift, Rahmen oder durch den Einsatz von Farbe. Vielleicht kannst du ja auch eine passende Zeichnung anfertigen.

3. An das Thema fügst du nun die **Hauptäste** an. Sie sind die dicksten Äste deines Mind-Maps. Auf ihnen stehen wichtige Unterpunkte zu dem Hauptthema. Versuche für jeden Hauptast möglichst einen einzigen Schlüsselbegriff zu finden. Für unser Mind-Map rechts könnte ein erster Hauptast mit dem Begriff Blatt versehen werden.
Für alle weiteren Schlüsselbegriffe legst du jetzt nach und nach eigene Hauptäste an.
Möchtest du mit deinen Ästen eine bestimmte Reihenfolge hervorheben, so ist es günstig, mit dem ersten Ast oben rechts zu beginnen und dann im Uhrzeigersinn fortzufahren.

4. An die Hauptäste kannst du nun **Zweige** anfügen. Diese zeichnest du deutlich dünner als die Äste. Auf sie schreibst du Unterbegriffe, die zu dem jeweiligen Hauptast gehören.
Selbstverständlich kann sich jeder Zweig noch in feinere Unterzweige aufteilen. Dabei gilt: Je feiner der Zweig, desto spezieller die dazugehörende Information.
Achte immer darauf, dass zwischen Ästen und Zweigen keine Lücke entstehen darf.

5. Wähle für alle Äste und Zweige **Druckschrift**. Beschrifte Äste und Zweige unterschiedlich fett.

6. Durch **Farben**, **Pfeile** und **Zeichnungen** kannst du dein Mind-Map besonders einprägsam gestalten. Durch Schraffieren mit Farbe kannst du zeigen, dass verschiedene Dinge zusammengehören oder besonders wichtig sind.
Pfeile helfen dir Verbindungen aufzuzeigen.
Zeichnungen veranschaulichen abstrakte Begriffe.

Aufgabe:
Fasse die genannten Regeln in einem Mind-Map zusammen.

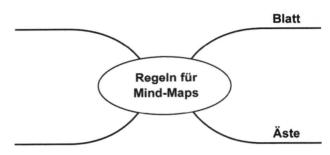

Fig. 1: Thema deutlich hervorheben

Fig. 2: Thema mit Hauptästen

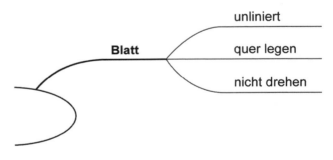

Fig. 3: (Ausschnitt) Hauptast mit Zweigen

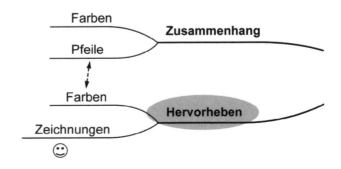

Fig. 4: Verfeinerung durch Farben und Zeichnungen

---

† Einzelarbeit

978-3-12-734432-5 Lambacher Schweizer 7 NRW, Serviceband **S2**   Ernst Klett Verlag GmbH, Stuttgart 2010

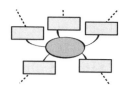

Ein Thema – zwei Mind-Maps

Jan und Ulrich haben jeweils ein Mind-Map zu ihrem Hobby Radsport entworfen. Beide wollen ihr Mind-Map für eine Präsentation im Unterricht einsetzen. Die Ergebnisse sind sehr unterschiedlich ausgefallen.

1 Welche der Regeln für Mind-Maps (Arbeitsblatt „Erstellen eines Mind-Maps", Seite S 2) haben die beiden beachtet? Welche nicht?

2 Wer von beiden hat deiner Meinung nach das bessere Mind-Map erstellt? Warum?

3 Fasse die beiden Mind-Maps zu einem zusammen und korrigiere dabei die gemachten Fehler.

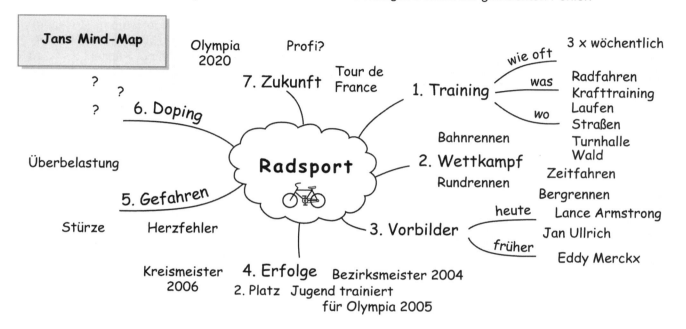

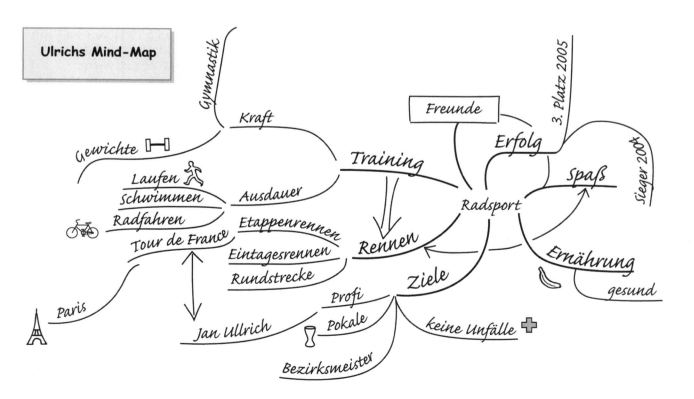

Reduzierung aufs Wesentliche – Erstellen einer wachsenden Formelsammlung

Durch das Erstellen einer wachsenden Formelsammlung sollen die Schülerinnen und Schüler lernen, mathematische Inhalte möglichst selbstständig auf das Wesentliche zu reduzieren. Sie können das in Klasse 6 erlernte Gestalten einer einzelnen Heftseite einsetzen, um ihr Formelheft übersichtlich und ansprechend zu führen und gleichzeitig die wichtigsten mathematischen Inhalte des Schuljahres nach dem Unterricht nochmals aufzubereiten. Dazu sollen die Schülerinnen und Schüler auch intensiv mit ihrem Schülerbuch arbeiten. So lernen sie, die für sie wichtigen Themen herauszufiltern. Das Strukturieren und Anfertigen einer solchen Jahresarbeit fördert das Durchhaltevermögen über einen langen Zeitraum hinweg. Im optimalen Fall werden die Schülerinnen und Schüler in den folgenden Jahren ihre Formelsammlung weiterführen, um ein umfassendes Nachschlagewerk für den Unterricht zu erhalten.

Im Unterschied zu einem Regelheft, sollen die Schülerinnen und Schüler die wachsende Formelsammlung eigenständig führen. Einzelne Tipp- und Hilfeblätter lassen sich aber auch alternativ für gezielte Regelheftaufschriebe, z. B. bei einer Planarbeit, verwenden.

Wie kann die Einführung praktisch gestaltet werden? – Ein Unterrichtsvorschlag

Die Einführung der wachsenden Formelsammlung kann in drei Phasen gegliedert werden:

1. Phase: Erarbeitung der Regeln für einen guten Formelheftaufschrieb

In dieser Phase bekommen die Schülerinnen und Schüler ein Einweisungsblatt (Seite S 5), das als wichtigstes Ziel die Dreischrittigkeit des Formelhefteintrages enthält. Beim gemeinsamen Durcharbeiten soll von Anfang an verdeutlicht werden, dass der Hefteintrag fast immer in drei Schrittfolgen (Überschrift – Beispiele – Merksatz/Regel) vorgenommen wird. Das Beispiel eines Schüleraufschriebs zeigt ihnen eine mögliche Darstellung. Um diese Regeln zu festigen und anzuwenden, stehen zwei weitere Kopiervorlagen mit Übungsmaterial zur Verfügung. Hier werden die Gestaltungsmöglichkeiten in Partner- oder Gruppenarbeit erarbeitet.

Kopiervorlage Seite S 6: Bewertung mehrerer Schüleraufschriebe.

Kopiervorlage Seite S 7: Puzzle, in dem zwei Formelhefteinträge in die richtige Reihenfolge zu bringen sind.

2. Phase: Festigung der Regeln durch die Tipps- und Hilfeblätter in den Kapiteln I bis IV

Der erste Eintrag in die Formelsammlung kann gemeinsam mithilfe des Lehrers vorgenommen werden. Danach sollen die Schülerinnen und Schüler die Hefteinträge selbstständig vornehmen. Dazu erhalten sie für die ersten Kapitel zu jedem Unterrichtsthema „Tipps- und Hilfekarten". Diese können bei dem ersten gemeinsamen Eintrag zur Einführung bereits verwendet werden. Zu jedem wichtigen Thema sind die *Hilfeblätter* als Kopiervorlagen jeweils zu Beginn der Kapitel I bis IV im Serviceband zu finden. Ein Serviceblatt enthält drei bzw. vier Unterrichtsthemen, die am besten einzeln (nach dem Kopieren mit der Schneidemaschine teilen), passend zum Thema, ausgeteilt werden.

Die Erfahrung zeigt, dass die Schülerinnen und Schüler diese Hilfe mindestens ein halbes Jahr benötigen. Während dieser Phase ist es möglich, durch Variationen der Aufgabenstellung die Kreativität beim Erstellen der Überschrift oder dem Finden eigener Beispiele zu fördern.

3. Phase: Weiterentwicklung der Hilfeblätter

Nach der Einübungs- und Festigungsphase können die Schülerinnen und Schüler auch ohne genaue Anleitung einen Hefteintrag zu einem bestimmten Thema erstellen. Allerdings sollten sie dann zumindest eine Kapitelübersicht erhalten, um keine wichtigen Einträge zu vergessen.

Zur Übung befindet sich auf S 78 zu Kapitel V ein Arbeitsblatt zur Weiterentwicklung, mit dessen Hilfe die Kapitelübersichten erstellt werden können. Es empfiehlt sich, für Kapitel VI ebenfalls eine Themenübersicht (z. B. als Mind-Map) zu erstellen.

Die wachsende Formelsammlung zieht sich als Thema durch das gesamte Schuljahr. Es empfiehlt sich, die Formelhefte mehrmals während des Schuljahres einzusammeln und zu bewerten, damit die Schülerinnen und Schüler eine Rückmeldung erhalten, was an ihrem Heft gut ist bzw. was verbessert werden sollte. Im Unterrichtsversuch hat sich gezeigt, dass eine Weiterführung des Formelheftes in Klasse 8 sinnvoll ist.

Wie gestalte ich meine wachsende Formelsammlung?

Wozu eine eigene Formelsammlung anfertigen?

Im Mathematikunterricht lernt man wichtige Dinge: Formeln, Rechengesetze, Erkennen und Lösen von Problemen und vieles mehr. Da man sich nicht alles merken kann, werden wichtige Regeln häufig in einer Formelsammlung zusammengefasst. Dort schlägt man nach, wenn man etwas nicht mehr sicher weiß. Damit die Formelsammlung zu dir passt, lernst du, wie du deine eigene Sammlung erstellen kannst.

Wie gestalte ich meine eigene Formelsammlung?

- Schreibe nur die wichtigen und wesentlichen Inhalte auf, Übungen zu einzelnen Themen gehören nicht hinein.
- Schreibe deine Regeln und Merksätze immer nach dem gleichen Schema auf. Dabei solltest du die folgenden drei Schritte beim Eintragen eines Merksatzes oder einer neuen Formel immer beachten:
  1. Notiere mit eigenen Worten eine passende **Überschrift**.
  2. Suche mindestens ein **Beispiel** und schreibe es vor dem Merksatz in dein Formelheft. Benutze ruhig dein Schulbuch als Ideenlieferant.
     In Geometrie sind meistens Skizzen hilfreich.
  3. Formuliere mit eigenen Worten möglichst allgemein die **Regel** oder den **Merksatz**. Achte darauf, dass sich hier keine Fehler einschleichen. Überprüfe und vergleiche deinen Merksatz nochmals mit den Regeln in deinem Mathematikbuch.
- Je ordentlicher und übersichtlicher die Formelsammlung ist, desto besser wird sie dir in Zukunft helfen. Benutze zum Hervorheben, außer dem Unterstreichen und Vergrößern von Wichtigem, auch wenige verschiedene Farben. Jedes Thema sollte eine eigene Seite erhalten. Erinnere dich dabei an deine in Klasse 6 erlernten Techniken zur Heftführung.

Besprich mit deiner Nachbarin oder deinem Nachbarn, wie ein gutes Formelheft aufgebaut sein soll. Was musst du beachten, damit deine Formelsammlung als Nachschlagewerk übersichtlich wird und du jederzeit wieder etwas darin finden kannst? Auf was solltest du beim Hervorheben achten?

Beispiel für einen Formelheftaufschrieb:

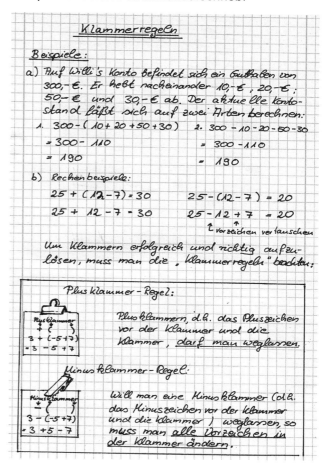

Was ist gut – was schlecht? – Beispiele für Formelhefteinträge

Vergleiche die Formelhefteinträge von Steffi, Klaus, Tobi und Marie zu den Klammerregeln.
Bewerte die einzelnen Schülereinträge und besprich deine Einschätzungen mit deinem Nachbarn oder der Gruppe. Stelle dabei für jeden Eintrag eine Liste mit Plus- und Minuspunkten auf und mache am Ende einen Notenvorschlag.

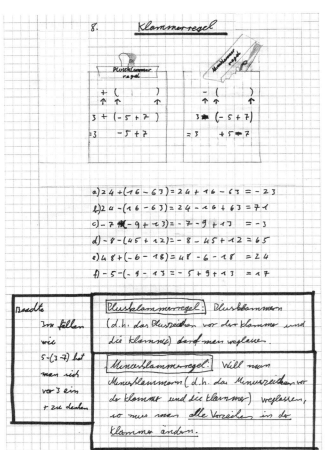

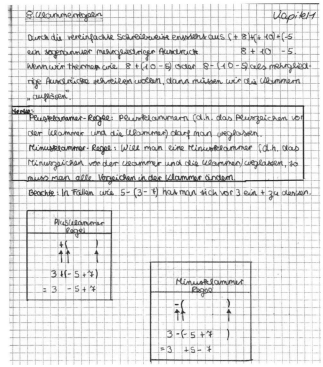

Puzzle – Was gehört in welcher Reihenfolge zusammen?

Materialbedarf: Schere, Klebstoff, leere Din-A4-Blätter

Denis' kleine Schwester hat sich einen bösen Aprilscherz erlaubt und sich an seinem Formelheft zu schaffen gemacht. Zwei Hefteinträge zu verschiedenen Themen hat sie zerschnitten. Anschließend hat sie beide Aufschriebe auch noch durcheinander gebracht und dann, wie unten zu sehen, zusammengeklebt.

1 Hilf Denis, indem du die Formelhefteinträge ausschneidest und auf einem leeren Blatt in die richtige Reihenfolge bringst.

2 Besprich mit deinem Nachbarn, weshalb Denis seinen Aufschrieb wohl gerade in dieser Reihenfolge gestaltet hat. Überlegt euch zusammen, ob man noch etwas daran verändern sollte.

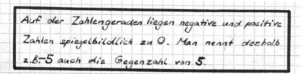

Auf der Zahlengeraden liegen negative und positive Zahlen spiegelbildlich zu 0. Man nennt deshalb z.B. −5 auch die Gegenzahl von 5.

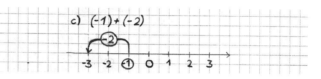

c) $(-1) + (-2)$

Addieren rationaler Zahlen

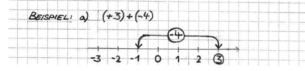

Negative Zahlen

BEISPIEL: a) $(+3) + (-4)$

Die durch Erweiterung des Zahlenstrahls zur Zahlengeraden neu hinzukommenden Zahlen heißen negative Zahlen, die bisherigen Zahlen positive Zahlen. Die Zahl 0 ist weder positiv noch negativ.

RATIONALE ZAHLEN

Beim Addieren rationaler Zahlen gehen wir auf der Zahlengeraden nach {rechts / links} wenn der zweite Summand {positiv / negativ} ist.

KAPITEL Ⅲ

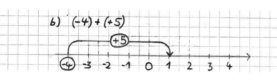

b) $(-4) + (+5)$

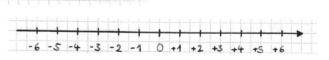

Man unterscheidet Zahlen im negativen bzw. positiven Bereich, indem man die Negativen Zahlen mit einem − oder in rot und die Positiven Zahlen mit einem + oder in schwarz schreibt.

NEGATIVE ZAHLEN IM ALLTAG:
- Geographie (Flüsse, Meere)
- Bankgeschäft (Aktien, Konto, ...)
- Temperaturen

Wachsende Formelsammlung

Tipps und Hilfen für deine Formelsammlung

Prozente und Zinsen

1 Prozentsatz – Prozentwert – Grundwert

– Formuliere eine **Überschrift** zur Einführung der Bezeichnungen.

– Im Schülerbuch Seite 15, findest du ein Beispiel zur Einführung der Begriffe Grundwert, Prozentwert und Prozentsatz. Schreibe als **Beispiel** auch eine Textaufgabe auf, in der du den Prozentangaben im Text jeweils die passenden Bezeichnungen mit den zugehörigen Buchstaben zuordnest.

– Ordne in einem **Merksatz** oder einer grafischen Übersicht, wie im Kasten auf Seite 15, den Bezeichnungen die verwendeten Buchstaben zu.

$$G \qquad p \qquad W$$

Tipps und Hilfen für deine Formelsammlung

Prozente und Zinsen

2 Grundaufgaben der Prozentrechnung

– Notiere eine **Überschrift**.

– Bei gegebenem Grundwert und Prozentwert kannst du schon selbst den Prozentsatz berechnen.
Lies im Schülerbuch Seite 18 den Text zur Berechnung des Prozentwertes und des Grundwertes.
Schreibe zu jedem Aufgabentyp ein **Beispiel** mit Lösungsweg in dein Formelheft.

– Notiere dir als **Merksatz** für die Ermittlung von Prozentsatz, Prozentwert und Grundwert jeweils die passende Formel.
(Orientiere dich dabei an den Merkkästen auf den Schülerbuchseiten 15 und 18 und siehe auch die Bauernregel auf Seite 19.)

Tipps und Hilfen für deine Formelsammlung

Prozente und Zinsen

3 Darstellung in Kreisdiagrammen

– Formuliere eine **Überschrift**.

– Überlege dir, wie sich Prozentangaben in einem Diagramm darstellen lassen. Schau dir dazu die Datei „Prozente und Diagramme" unter dem im Buch (S. 12) angegebenen Online-Link an. Beschreibe mit einem **Beispiel** in deinem Formelheft, wie man Prozentangaben im Kreisdiagramm grafisch veranschaulicht.

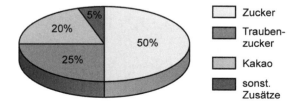

Tipps und Hilfen für deine Formelsammlung

Prozente und Zinsen

4 Zinsen

– Notiere eine **Überschrift**.

– In der Fachsprache der Banken werden für die Bezeichnungen bei Prozentangaben andere Begriffe benutzt. Ordne an einem **Beispiel** die verwendeten Begriffe in der Prozentrechnung den entsprechenden Begriffen der Finanzwelt zu. Beachte dazu die Tabelle im Schülerbuch Seite 24.

– Schreibe mit eigenen Worten einen passenden **Merksatz** auf.

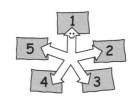

Lernzirkel: Prozente und Zinsen

Mit diesem Lernzirkel kannst du den Lernstoff für das Kapitel „Prozente und Zinsen" selbst üben und vertiefen. Bei jeder Station bearbeitest du ein anderes Thema. Dieses Blatt hilft dir bei der Arbeit. In der ersten Spalte der unteren Tabelle sind die Stationen angekreuzt (Aufgaben aufgelistet), die du auf jeden Fall bearbeiten solltest (Pflichtstationen/-aufgaben). Die anderen Stationen (Aufgaben) sind ein zusätzliches Angebot (Kürstationen/-aufgaben).

Reihenfolge der Stationen
Bevor du die Stationen 5 bis 7 bearbeitest, solltest du an den ersten vier Stationen (Bestimmen von Prozentsätzen, Prozentwerten und Grundwerten) trainiert haben.

Stationen abhaken
Wenn du eine Station bearbeitet hast, solltest du sie auf diesem Blatt abhaken. So weißt du immer, was du noch bearbeiten musst. Kläre mit deiner Lehrerin oder deinem Lehrer, wann du deine Lösungen mit dem Lösungsblatt vergleichen darfst. Danach kannst du hinter der Station in der Übersicht das letzte Häkchen machen.

Zeitrahmen
Natürlich musst du auch die Zeit im Auge behalten. Kläre mit deiner Lehrerin oder deinem Lehrer, wie viel Zeit dir insgesamt zur Verfügung steht, und überlege dir dann, wie lange du für eine Station einplanen kannst. Am Ende solltest du auf jeden Fall die Pflichtstationen (Aufgaben) erledigt und deren Themen verstanden haben.

Viel Spaß!

Pflicht (-aufgaben)	Kür (-aufgaben)	Station	bearbeitet	korrigiert
		1. Anteile und Prozente		
		2. Prozentsätze bestimmen		
		3. Prozentwerte bestimmen		
		4. Grundwerte bestimmen		
		5. Vermischtes – Kreuzworträtsel		
		6. Zinsen und Zinseszinsen		
		7. Überall Prozente		

Ernst Klett Verlag GmbH, Stuttgart 2010

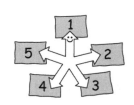

Lernzirkel: 1. Anteile und Prozente

1 Gib den Anteil der gefärbten Fläche an der Gesamtfläche als Bruch an und schreibe ihn in Prozent.

a)

b)

c)

d)

e)

f)

g)

h)

i)

j)

k)

l)

m)
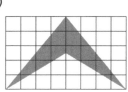

n)
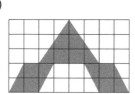

o)
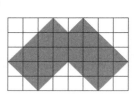

p)
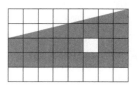

2 In welcher Fläche ist der gefärbte Anteil am größten?

a)
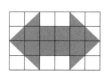

b)
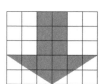

c)

d)
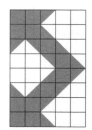

3 Schreibe in Prozent.

a) $\frac{18}{100}$ b) $\frac{125}{100}$ c) $\frac{3}{4}$ d) $\frac{39}{50}$ e) $\frac{18}{200}$ f) $\frac{4}{3}$ g) $\frac{3}{5}$

h) 0,4   i) 0,07   j) 0,125   k) 2,75   l) 0,85   m) 1,25   n) $0,\overline{3}$

4 Schreibe als Bruch. Kürze, wenn möglich.

a) 60 %   b) 8 %   c) 95 %   d) 4 %   e) 10 %   f) 100 %   g) 225 %

5 Zeichne das Rechteck (a = 10 cm, b = 1,5 cm) insgesamt fünfmal in dein Heft. Färbe die Rechtecke dann nacheinander entsprechend ein.

a) 75 %   b) $33\frac{1}{3}$ %   c) 40 %   d) 60 %   e) 15 %

978-3-12-734432-5 Lambacher Schweizer 7 NRW, Serviceband **S10**   Ernst Klett Verlag GmbH, Stuttgart 2010

Lernzirkel: 2. Prozentsätze bestimmen

1 Berechne den Prozentsatz.
a) 22,5 kg von 150 kg
b) $W = 13\,dm^3$, $G = 25\,dm^3$
c) $0,016\,km^2$ von $8\,km^2$
d) 10 cm von 70 cm
e) $W = 5$, $G = 16€$
f) 65,61 t von 81 t

2 Ergänze die Prozentsätze. Berechne p auf eine Stelle nach dem Komma.

	a)	b)	c)	d)	e)	f)	g)	h)	i)
W	2,99 €	157,5 kg	42,5 t	121 cm	0,18 €	60,75 km	254 m	2556 l	2,89 t
G	26 €	450 kg	5 000 t	110 cm	0,75 €	900 km	1587,5 m	1278 l	17 t
p									

3 Obst ist reich an Mineralstoffen, Vitaminen und Ballaststoffen. Dabei ist der Anteil an Nähr- und Ballast-stoffen in den verschiedenen Obstsorten sehr unterschiedlich. Berechne die Anteile in Prozent und vergleiche.

a)
1,1 g Eiweiß
0 g Fett
13,5 g Kohlenhydrate
3,3 g Ballaststoffe

b)
1,3 g Eiweiß
0 g Fett
10 g Kohlenhydrate
5,9 g Ballaststoffe

c)
5 g Eiweiß
0 g Fett
65 g Kohlenhydrate
9,5 g Ballaststoffe

d)
2,5 g Eiweiß
0 g Fett
17,5 g Kohlen-hydrate
5 g Ballast-stoffe

e)
0,5 g Eiweiß
0 g Fett
18 g Kohlenhydrate
3,5 g Ballaststoffe

4

Überprüfe die Preissenkung.

a) 1 kg Weintrauben: ~~2,99 €~~

250-g-Schale jetzt nur: **0,75 €**

b) 1 kg Paprika: ~~1,95 €~~

500-g-Netz jetzt: **0,99 €**

5

Alles mindestens 40% reduziert!

Überprüfe die Preis-reduzierung von 40 %.

???

a) ~~49,- €~~ 29,- €

b) ~~549,- €~~ jetzt nur noch 399,- €

c) ~~79,- €~~ 49,- €

d) ~~299,- €~~ 179,- €

e) ~~298,- €~~ 149,- €

f) ~~179,- €~~ 129,- €

Lernzirkel: 3. Prozentwerte bestimmen

1 Berechne den Prozentwert.
a) p = 15, G = 60 € b) 67 % von 510 kg c) p = 3 %, G = 10 t
d) 120 % von 5 h e) p = 500 %, G = 76 m² f) 3,4 % von 190 m

2 Vervollständige die Tabelle.

	a)	b)	c)	d)	e)	f)	g)	h)	i)
p	24 %	4 %	3,2 %	65 %	10,5 %	7,75 %	170 %	0,8 %	89 %
G	240 €	115 kg	1 800 m	25 h	700 g	5 400 km	18 cm	106 €	89 dm
W									

3 a) Vermindere 165 € (320 m, 5 t, 25 h) um 13 %.
b) Erhöhe den Preis von 50 € (83 €, 1 200 €, 49 €) um die Mehrwertsteuer.

4 Eine Reparatur kostet 243,50 €. Berechne den Endpreis, der zu zahlen ist, wenn noch die Mehrwertsteuer hinzukommt.

5 Das Kreisdiagramm (Fig. 1) zeigt die Zusammensetzung von Schokopulver.
a) Bestimme die Mittelpunktswinkel des Diagramms.
b) Wie viel g wiegen die einzelnen Bestandteile einer 800-g-Packung?

6 Täglich sollte man etwa $2\frac{1}{2}$ Liter Flüssigkeit trinken. Fruchtgetränke sind auch bei Jugendlichen beliebte Durstlöscher.
a) Wie viel ml Fruchtsaft enthalten die Getränke in Fig. 2 pro Liter mindestens?
b) Berechne den Fruchtanteil in einer Flasche mit 500 cm³ (750 cm³; 0,7 l; 1,5 l).

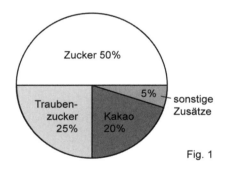

Fig. 1

Fruchtgetränke (1-Liter-Flaschen)
(Mindestgehalt an reinem Fruchtsaft)

Fruchtsaft Nektar Fruchtsaft-getränk Frucht-limonade Fig. 2

7 Hilf der Verkäuferin eines Haushaltswarenladens und berechne die neuen Verkaufspreise.

Alles 40% reduziert!

a) **Saftgläser** je *1.20 €*

b) Isolierkanne **24.99 €**

c) Porzellan-Kombi-Set für 6 Personen: **169.- €**

d) Messerblock **59.- €**

e) **Besteck** (100-teilig) **349.- €**

f) **Topfset** (5-teilig) **219.- €**

Ernst Klett Verlag GmbH, Stuttgart 2010

Lernzirkel: 4. Grundwerte bestimmen

1 Berechne den Grundwert.
a) 10 % sind 5 ha
b) p = 23 %, W = 161 g
c) 4,5 % sind 105,75 €
d) 120 % sind 1 560 m
e) p = 0,25 %, W = 13 ha
f) $33\frac{1}{3}$ % sind 8 kg

2 Vervollständige die Tabelle.

	a)	b)	c)	d)	e)	f)	g)	h)	i)
p	3 %	16 %	54 %	0,25 %	7,5 %	80 %	160 %	32,5 %	99 %
W	12 km	80 l	1107 km	75 g	45 kg	500 hl	90 cm	26 ha	1287 h
G									

3 Jetzt geht's um die Wurst!
Leberwurst muss aufgrund der Fleischverordnung je nach Qualitäts-
stufe mindestens 10 bis 25 % gekochte Leber enthalten.
Wie viel Gramm einer Leberwurst mit 15 % (25 %; 18 %) Leberanteil
können aus 75 g (375 g; 135 g) gekochter Leber hergestellt werden?

4 Beim Räuchern verliert Rohwurst 6 % ihres Ausgangsgewichtes an
Wasser (Fig. 1).
a) Wie schwer war eine Rohwurst, die durch Räuchern 60 g, (45 g;
150 g) Wasser verloren hat?
b) Nach dem Räuchern wiegt eine Wurst 1880 g (1410 g; 1128 g).
Wie viel g betrug das ursprüngliche Gewicht?

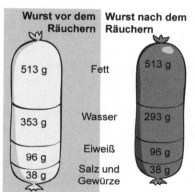

Fig. 1

5 Vervollständige die Tabelle.

	a)	b)	c)	d)	e)	f)	g)	h)	i)
p	12 %	30 %		1,9 %	0,4 %		72 %	222 %	
W		18	16	9,5		126	367,2		10,8
G	240		400		150	360		55	80

6 Berechne die ursprünglichen Preise vor der Verkaufsaktion.

a)

Alles um **55%** reduziert!

b) nur noch: **26.99€**

c) Nur noch: **135.-€**

d) Nur noch: **89.10€**

e) Nur noch: **247.50€**

f)

978-3-12-734432-5 Lambacher Schweizer 7 NRW, Serviceband   **S13**   Ernst Klett Verlag GmbH, Stuttgart 2010

Lernzirkel: 5. Vermischtes – Kreuzworträtsel

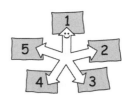

Löse die Aufgaben mit dem Taschenrechner und notiere die Ergebnisse. Wenn du den Taschenrechner drehst, kannst du die Ergebnisse als Wörter lesen. Trage zur Kontrolle diese Lösungswörter ohne Komma in das Raster ein.

Waagerecht:

2 5 % von 14 710 700 (bequeme Sitzgelegenheit)

4 17 % von ... t sind 562,36 t (Windstoß)

6 25 % mehr als 5912,8 km (Stacheltier)

7 Drei Viertel sind 29 354,25 (Streichinstrument)

8 Wie viel % sind 62,73 von 123? (engl.: ist)?

9 0,5 % sind 4,525 t (Strömung hinter einem Fahrzeug)

11 60 % weniger als 1775 (engl.: Öl)

16 5569,50 sind 150 % von ... (keine Zeit)

19 75 % von 5084 m (Baumart)

20 92 417,5 vermindert um 20 % (Philosoph)

23 Wie viel % sind 375,05 von 50 000 auf 3 Dezimale gerundet? (Hauptstadt Norwegens)

24 Von 249 € auf 199,20 € reduziert! Gib in % an. (Fluss in Sibirien)

25 Um wie viel % wurde von 4050 auf 4374 erhöht? (Autokennzeichen von Berlin)

26 370,7 von 110 sind ... % (seemännischer Ausdruck)

27 18 % von 410 100 t (heilige Schrift)

29 99 % sind 499,95 m von ...m (Notruf)

30 $66\frac{2}{3}$ % von 2601 (Kosename von Helga)

31 150 % sind 572 067 von ... (Unterkunft)

32 Wie viel % sind 43,8 min von 1 h? (span. Artikel)

33 1122,50 € abzüglich 20 % (Abkürzung für Bürgerliches Gesetzbuch)

35 80 % sind 5914,40 € von ... (Saugwurm)

36 500 % von 6 381 403,6 (Unterrichtsfach)

Senkrecht:

1 64,125 kg sind 12,5 % von ... kg (gefrorenes Wasser)

2 120 % von 61 612,5 (liegt meist voll im Wind)

3 40 % von ... € sind 14 054,80 € (nicht laut)

4 Wie viel % sind 110,4 kg von 80 kg? (Verhältniswort)

5 32 300 reduziert um 89 % (Schornstein)

10 Gib in % an: 21 von 300 (Autokennzeichen von Leipzig)

12 125 % von 268 (Gewässer)

13 Gib in % an: 1,15 t von 23 t (Autokennzeichen von Stuttgart)

14 64 % sind 201,6 m von ... m (Andredeform)

15 0,2 % von 19 157 500 (Küchengerät, Mz.)

17 Das 3-Fache von 17 % als Dezimalbruch (griech. Vorsilbe für gleich)

18 2652,75 erhöht um $33\frac{1}{3}$ % (Traubenernte)

20 8 % von ... sind 5904,32 (Werkzeug)

21 153 268 vermindert um 75 % (Gefühl)

22 Wie viel % sind 113,55 von 757? (span.: ja)

28 429,77 sind 11 % von ... (Theaterplatz)

29 50,05 von 7000 sind ...% (Getreidespeicher)

33 16 % von 3737,5 (Abkürzung für Bundsgrenzschutz)

34 112 % sind 106,4 von ... (Abkürzung für Sportgemeinschaft)

35 Gib in % an: 101,01 von 777 (Autokennzeichen von Eichstätt)

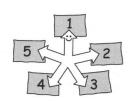

Lernzirkel: 6. Zinsen und Zinseszinsen

1 Berechne die fehlenden Angaben.

	a)	b)	c)	d)	e)	f)
Guthaben (in €)	1200	2000		1000	400	
Zinssatz	3 %		2,5 %	2,2 %		1,5 %
Jahreszinsen (in €)		80	145		4,8	60

2 Berechne die Zinsen.

	a)	b)	c)	d)	e)	f)
Guthaben (in €)	2400	10 000	8000	500	50 000	450
Zinssatz	2 %	3,75 %	3,5 %	1,5 %	4,5 %	1,2 %
Tage	60	120	270	756	1	50

3 a) Wie hoch ist der Zinssatz, wenn man für geliehenes Geld in Höhe von 35 000 € jährlich 3745 € Zinsen zahlen muss?

b) Herr Bode hatte während des gesamten vergangenen Jahres 8760 € auf seinem Sparkonto. Am Jahresende erhielt er Zinsen und hat zu Beginn des neuen Jahres 9088,50 € auf diesem Konto. Mit welchem Zinssatz wurde sein Kapital verzinst?

4 a) Frau Stade erhält für ihr Guthaben von 45 000 € jährlich 4,5 % Zinsen. Diese werden vierteljährlich ausgezahlt. Wie viel Euro sind das?

b) Jens legt seine Ersparnisse von 350 € bei der Bank für drei Monate an. Wie viel Zinsen erhält er bei einem Zinssatz von 2 % pro Jahr?

5 a) Wie viel Geld hat man geliehen, wenn man bei 11,4 %iger Verzinsung jährlich 1539 € Zinsen zahlen muss?

b) Frau Müller hat im Lotto gewonnen. Sie legt es in Sparbriefen zu 3,5 % pro Jahr an und erhält jährlich 6125 € Zinsen. Wie hoch war ihr Gewinn?

6 Herr Voigt überzieht sein Girokonto für 18 Tage um 450 €. Der Zinssatz beträgt 12,4 % pro Jahr. Berechne die Überziehungszinsen.

7 Am 1. Januar hat Sven 120 € auf seinem Sparkonto. Am 1. April zahlt er 100 € ein und am 1. September 125 €. Wie viel Euro kann er bei einem Zinssatz von 3 % pro Jahr am Jahresende abheben?

8 Ein Kapital von 11 000 € wird jährlich mit 5,5 % verzinst. Berechne das Guthaben nach sechs Jahren.

9 Eine Bank zahlt für ein Guthaben von 35 000 € 4,5 % Zinsen in einem Jahr. Wenn sie genauso viel Geld ausleiht, erhält sie 7,8 % pro Jahr. Wie hoch ist der Gewinn?

10 Um ein Rennrad finanzieren zu können, will sich Mark **2700 €** leihen. Er erhält zwei Angebote:

Bank A
Sie zahlen nur 7,7% Zinsen pro Jahr.
Bearbeitungsgebühr: 25€

Bank B
Sie zahlen nur 8,2% Zinsen pro Jahr.
Ohne Bearbeitungsgebühr!

Welches Angebot ist günstiger? Begründe.

978-3-12-734432-5 Lambacher Schweizer 7 NRW, Serviceband **S15**

Ernst Klett Verlag GmbH, Stuttgart 2010

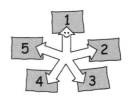

Lernzirkel: 7. Überall Prozente

1 Alexander hat im Aufsatz von 451 Wörtern 23 falsch geschrieben. Luisa gesteht enttäuscht, dass sie von 511 Wörtern nur 496 richtig geschrieben hat. Wer hat prozentual mehr Wörter falsch geschrieben?

2 Normale Kondensmilch enthält 7,5 % Fett, Kondensmilch „leicht" 4 %. Außerdem gibt es noch Kondensmilch mit 10 % Fettgehalt. Wie viel ml Fett enthalten jeweils
a) eine Packung mit 316 ml,   b) eine Portion von 10 ml?

3 Frau Karl verdient im Monat 2400 €. Davon werden Steuern und Versicherungsbeiträge abgezogen. Ausgezahlt erhält sie 1560 €. Wie viel Prozent betragen ihre Abzüge?

4 Für einen Computer waren im Dezember 1290 € zu zahlen. Nach Weihnachten sank der Preis um 15 %. Berechne den neuen Preis.

5 Ein Auto kostet neu 27 900 €. Als Vorführwagen des Autohauses wird es 18 % günstiger angeboten. Welchen Preis wird der Verkäufer nennen?

6 In einer Porzellanfabrik rechnet man bei der Herstellung von Geschirr mit 20 % Bruch. Wie viele Teller müssen gefertigt werden, um einen Auftrag über 1000 Stück erfüllen zu können?

7 Wie viele Mädchen sind in Katjas Klasse?

8 Bei einer Sturmversicherung muss man 20 % des Schadens selbst tragen, höchstens jedoch 250 €. Bei welcher Schadenshöhe wird dieser Betrag erreicht?

In meiner Klasse sind nur 10 Jungen und 60% sind Mädchen.

9 Unter den in Deutschland lebenden etwa 42 000 Tierarten gehören 700 zu den Wirbeltieren, 29 000 zu den Insekten, 900 zu den Krebsen, 3500 zu den Spinnentieren, 500 zu den Weichtieren und 4500 zu den Würmern, der Rest sind Urtiere. Zeichne dazu ein Kreisdiagramm.

10 Sehr kleine Anteile werden manchmal in Promille (‰) angegeben. Dabei gilt: $1‰ = \frac{1}{1000}$; $15‰ = \frac{15}{1000}$.

Wie viel Promille sind: a) $\frac{3}{1000}$ b) $\frac{1}{125}$ c) $\frac{3}{200}$ d) $\frac{7}{250}$ e) $\frac{3}{400}$ f) 1 % g) 0,03 %

h) 12 € von 2000 €   i) 17 g von 8,5 kg   j) 72 m von 12 km   k) 338 ml von 13 l?

11 Eine 0,7-l-Flasche Mineralwasser (= 700 g) enthält 88 mg Calcium, 12 mg Kalium, 68 mg Natrium und 15 mg Magnesium. Gib die Anteile in Promille an.

12 Eine Prämie einer Feuerversicherung für ein mit Ziegel gedecktes Haus beträgt 0,7 ‰, für ein mit Stroh gedecktes Haus 5,5 ‰ des Hauswertes. Wie hoch ist die jährliche Prämie bei einem Hauswert von 215 000 €?

Achtung: Gesichtskontrolle!

Schätze zunächst den Anteil am Gesicht, berechne dann und gib das Ergebnis in Prozent an. Miss dazu die notwendigen Größen.

a) die Nase von Clown Peppo

b) das „blaue" Auge vom starken August

c) die Wangen von der schönen Lissy

d) die Sonnenbrillengläser vom coolen Lars

e) den Mund von Baby Meiki

f) den Schnauzbart von Opa Krause

Der Mensch

1 a) Bestimme in der linken Abbildung die prozentualen Anteile der chemischen Zusammensetzung des Menschen.
b) Stelle die Anteile dann in einem Kreisdiagramm (Fig. 1) dar.

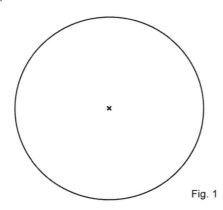

Fig. 1

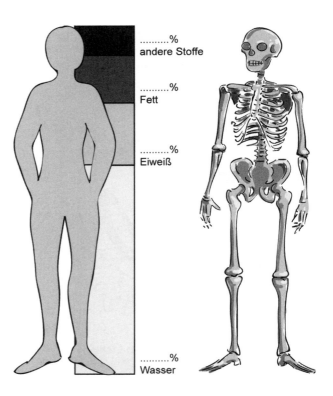

..........%
andere Stoffe

..........%
Fett

..........%
Eiweiß

..........%
Wasser

2 Ein Erwachsener hat 215 Knochen. Die Tabelle zeigt, wie sie sich zusammensetzen.
a) Berechne die Anteile und ergänze die Tabelle.
b) Stelle die Aufteilung des Skeletts in die verschiedenen Knochen in einem Kreisdiagramm dar (Fig. 2).

Körperteil	Schädel	Wirbelsäule	Schultergürtel	Becken	Brustkorb	Arm	Hand	Bein	Fuß
Anzahl der Knochen	25	35	4	6	25	6	54	8	52
Anteil als Bruch									
Anteil in Prozent									

3 Das gesamte Blutgefäßnetz eines Menschen hat eine Länge von etwa 96 500 km. Damit könnte man die Erde ca. 2,4-mal umrunden. Bei den Blutgruppen unterscheidet man zwischen den Hauptgruppen 0 und A (jeweils 40 %), B (ca. 13 %) und AB (ca. 7 %). Zeichne zu den vier Blutgruppen ein Kreisdiagramm (Fig. 3).

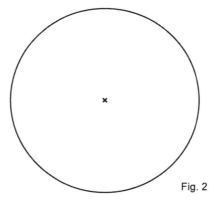

Fig. 2

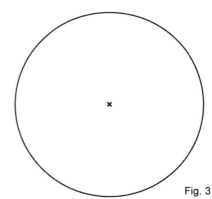

Fig. 3

4 Suche weitere interessante Fakten rund um den menschlichen Körper (z. B. im Biologiebuch, in Zeitschriften oder im Internet) und veranschauliche diese in einem Kreisdiagramm. Gestalte die Kreisteile farbig und beschrifte dein Diagramm. Stelle dein Kreisdiagramm in der nächsten Stunde deinen Mitschülerinnen und Mitschülern vor.

Prozent – Puzzle

Materialbedarf: Schere, Klebstoff

Welche Karten kannst du jeweils wie im Beispiel legen? Schneide die Karten aus und probiere. Wenn du die richtigen Varianten gefunden hast, klebe sie in dein Heft und schreibe dazu wie im Beispiel.

| 3% | von | 505 | sind | 15,15 |

Zwei Karten bleiben übrig. Bestimme eine passende dritte Zahl.

0,5 %	1 %	5 %	10 %	12,5 %
15 %	20 %	25 %	30 %	$33\frac{1}{3}\%$
40 %	50 %	60 %	$66\frac{2}{3}\%$	75 %
80 %	0,87	1	2,1	4,3
7	11,25	12	13	17,2
50	57	66	69	77
77,7	80	87	88	95
104	116	145	150	192,5
200	222	225	277,5	333
345	405	450	555	777

Silbenrätsel: Was hast du beim Prozentrechnen gelernt?

Prozentrechnen hat sehr viel mit _____ zu tun:

Der Ausdruck 20 % ist nur eine andere Schreibweise für $\frac{20}{100}$. Um Größen und

Anteile miteinander _____ zu können, sind Prozentangaben sehr

geschickt. Die Angabe, auf die man sich beim Vergleichen bezieht, ist der ____

_____ G. Für $\frac{W}{G} = \frac{6}{50}$ ist G = 50. Den Zähler W nennt man _____

_____. Das Ergebnis dieser Rechnung $\frac{W}{G} = \frac{6}{50} = \frac{12}{100} = 0{,}12 = 12\,\%$ heißt.

_____ Rechnet man bei Geldgeschäften auf der Bank mit Prozenten,

so nennt man die Prozente dort Zinsen. Erbringen die Zinsen auch im

folgenden Jahr Zinsen, so nennt man dies _____.

Prozente findest du überall in deiner Umgebung, z. B. in Läden bei

Sonderangeboten, auf Verpackungen von Lebensmitteln oder auch bei

Umfragen und Statistiken. Kann man beim Einkauf einen prozentualen

_____ des ursprünglichen Preises einsparen, spricht man

von _____. Vorsicht bei Gewichtsangaben: Beim _____

_____ wurde die Verpackung mitgewogen!

Das _____ ist dagegen allein das Gewicht der Ware.

Silben:
An | batt | Bruch | Brut | chen | ge | glei | chen | ge | Grund | meis | Net | nen | Ra | Pro | satz | Re | Pro | rech | teil | ses | ter | to | to | ver | wert | wert | wicht | zent | zent | wicht | zins | Zin

1 Wenn du die richtigen Silben zu den Lösungswörtern verbunden hast, dann

bleibt dir mit den Restsilben der Titel „Rätsel- und _____"!!!

2 Einige der Lösungsworte von oben gehören in die Lücken dieses
Aufgabentextes.
a) Fülle die Lücken sinnvoll aus und berechne die Lösung:
Jan und seine Schwester Victoria wollen sich jeweils eine CD kaufen. Jeder
geht aber in ein anderes Fachgeschäft. Am Ende behaupten beide, das
bessere Geschäft gemacht zu haben. Victoria freut sich:

„Ich habe einen _____ von 12 % erhalten. Meine CD hat an der Kasse

noch 13,20 € gekostet." – Jan erwidert: „Nach Abzug des _____ von

_____ % musste ich zwar 4 € mehr zahlen als du, aber der _____

meiner CD war ursprünglich 20 €.
b) Wer hat wirklich das bessere Geschäft gemacht? Begründe deine Antwort.

Ernst Klett Verlag GmbH, Stuttgart 2010

Arbeitsplan zum Thema „Zinsen"

Arbeitszeit: 2 Schulstunden + Hausaufgaben

Vorüberlegungen (ohne Buch)

1 Anfang des Jahres zahlt Jana 200 € auf ihr Sparkonto bei einer Bank ein. Nachdem sie das Geld ein Jahr lang auf ihrem Konto belies, hat sie am Ende des Jahres 205 € auf ihrem Konto. Um wie viel Prozent hat sich ihr Geld vermehrt?

2 Tom leiht sich bei der gleichen Bank 500 €. Die Bank verlangt dafür pro Jahr 6 % mehr, als ihr Guthabenszins beträgt. Wie viel Euro zahlt er an die Bank, wenn er sich das Geld nur für ein halbes Jahr leiht?

Erarbeitung und Heftaufschrieb

Lies im Schülerbuch auf Seite 24 nach, welche Begriffe in der „Bankersprache" für die Größen verwendet werden, die du in Aufgabe 1 und 2 bestimmt hast. Beachte, mit wie vielen Tagen Banken für jeden Monat und ein Kalenderjahr rechnen. Schreibe eine Überschrift. Notiere in eigenen Worten einen Merksatz. Nutze dabei auch die Tabelle „Vokabeln aus dem Bankwesen". Erstelle Musteraufgaben zur Berechnung des Zinssatzes, von Jahreszinsen und unterjährigen Zinsen. Wähle dabei eigene Zahlenbeispiele.
Tipp: Beispiel 1 und 2 (Schülerbuch Seite 24/25) können dabei hilfreich sein.

Übungen

a) Trainiere zunächst selbstständig und löse auf Seite 25 des Schülerbuches Aufgabe 1. Teste nach dem „Aufwärmen", ob du die neuen Begriffe sicher anwenden kannst, indem du Aufgabe 2 löst.
b) Erfinde ähnliche Aufgaben, löse diese Aufgaben selbst und stelle sie dann deiner Partnerin oder deinem Partner. Löse in der Zwischenzeit die Aufgaben deines Partners. Kontrolliert gegenseitig eure Ergebnisse.
c) Verfahre mit den Aufgaben 3 und 4 wie mit Aufgabe 1 und Aufgabe 2 unter a): Zunächst selbstständiges Lösen von Aufgabe 3 und Aufgabe 4, dann Partnertraining mit selbst erstellten, variierten Aufgaben.
d) Wenn du in der „Bankersprache" sicher bist, löse Aufgabe 8. Übertrage dazu die Tabelle, die Kathrins „Kontobewegungen" veranschaulicht, in dein Heft und ergänze entsprechend der Aufgabenstellung.

Führe regelmäßig eine Selbstkontrolle durch. Die Lösungen der Aufgaben aus dem Schülerbuch findest du auf dem Lehrertisch.

Kurztest

Teste mit den folgenden Aufgaben, ob du fit beim Thema „Zinsen" bist.

1 Frau May hat ihr Konto 24 Tage um 750 € überzogen. Berechne die Zinsen für einen Zinssatz von 7,5 % pro Jahr.

2 Anne hat 5 Monate und 11 Tage lang 300 € auf ihrem Sparbuch. Berechne die Zinsen für p = 3 % pro Jahr.

3 Herr Klaus hat im Lotto gewonnen. Er legt den Gewinn zu einem Zinssatz von 6 % pro Jahr an. Nach einem Vierteljahr erhält er 6000 € Zinsen. Wie hoch war der Lottogewinn?

4 Ein Darlehen bei der Bank über 5000 € soll jeden Monat 55 € Zinsen kosten. Welchem Zinssatz entspricht das? Vergleiche deine Lösungen mit denen deiner Partnerin oder deines Partners.

Phantasie gefragt

Tom und Paul betreten als erste der Klasse 7b den Matheraum. „Na prima!", ruft Paul aufgebracht. „Schau mal, wie die von der 7c wieder die Tafel gewischt haben, und ich habe Ordnungsdienst!" Paul will gerade zum Schwamm greifen, als Frau Becker, die Mathematiklehrerin, den Raum betritt. „Aha, mein Kollege hat mit der 7c auch für die bevorstehende Klassenarbeit zur Prozentrechnung geübt. – Paul, lass die Zahlen ruhig an der Tafel stehen. Ich habe da eine Idee."

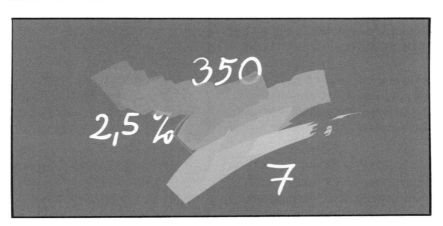

Als alle Schüler der 7b ihre Mathesachen ausgepackt hatten und der Unterricht beginnen konnte, stellte Frau Becker folgende Aufgabe, die auch du lösen sollst:

„Formuliere mithilfe dieser drei Zahlen zwei Sachaufgaben aus verschiedenen Themengebieten."

Benutze zunächst beim Probieren, Formulieren und Rechnen dein Heft. Schreibe dann die von dir erfundenen Aufgaben unten auf dieses Blatt und deine Lösungen auf die Rückseite. Lass deine Aufgabenstellungen von deinem Nachbarn auf Verständlichkeit kontrollieren und dann lösen. Kontrolliert gegenseitig eure Lösungen auf Richtigkeit und Vollständigkeit.

Aufgabe 1:

Aufgabe 2:

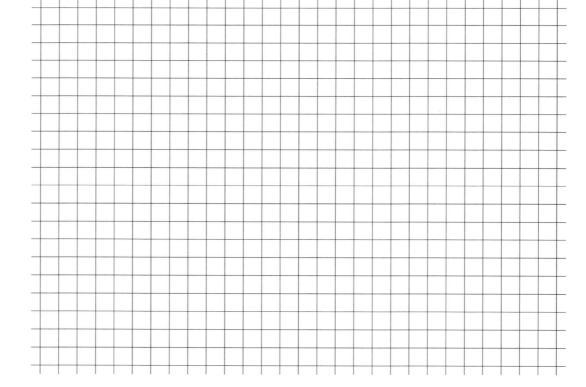

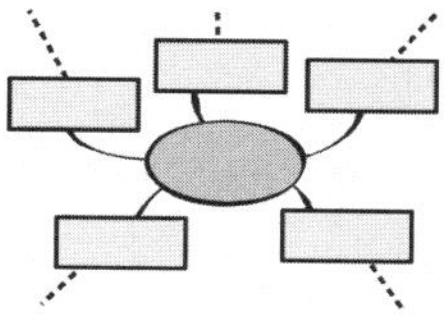

Mind-Map zum Thema „Prozente und Zinsen"

Du findest auf diesem Arbeitsblatt viele wichtige Begriffe und Rechenbeispiele zur Prozent- und Zinsrechnung. Die zentralen Begriffe sind bereits vorgegeben. Übertrage sie auf ein leeres Blatt und verwende sie als Beschriftung der Hauptäste.
Die Begriffe in Fig. 1 sollst du für die Beschriftung deiner Zweige verwenden. Achte dabei darauf, dass dein Mind-Map eine sinnvolle Anordnung erhält. Mit den Formeln aus Fig. 2 soll das Mind-Map noch weiter ergänzt werden. Suche zuletzt Beispielaufgaben (wie in Fig. 3) und füge sie an passenden Stellen ein.

Prozente im Alltag

Vergleiche

Prozente und Zinsen

Kreisdiagramme

Grundaufgaben

Zinsrechnung

Weitere Begriffe:

Prozentsatz	Kapital
Grundwert	Guthaben
Prozentwert	Zinssatz
Promille ‰	Zinseszins
Rabatt	Jahreszinsen
Skonto	Anlagezeit
Bruttogewicht	Vollwinkel
Nettogewicht	Mittelpunktswinkel
Tara	Prozent in Brüchen
Prozentschreibweise	

Fig. 1

Formeln:

$p = W : G$

$G = W : p$

$W = p \cdot G$

Fig. 2

119% → 249,90
1%   → 2,10
100% → 210

40 von 500
500 → 100%
5   → 1%
40   → 8%

20% von 300
$\frac{20}{100} \cdot 300 = 60$

Fig. 3

Wachsende Formelsammlung

Tipps und Hilfen für deine Formelsammlung

Häufigkeiten und Wahrscheinlichkeiten

1 Wahrscheinlichkeiten

– Formuliere mit eigenen Worten eine **Überschrift**.

– Lies den Text im Schülerbuch auf den Seiten 46 und 47 und mache dir daran den Unterschied von relativen Häufigkeiten und Wahrscheinlichkeiten klar. Auf den Seiten 44 und 45 findest du mögliche **Beispiele** dazu.

– Notiere einen **Merksatz**, der beschreibt, was man unter der Wahrscheinlichkeit eines Ergebnisses versteht.

Tipps und Hilfen für deine Formelsammlung

Häufigkeiten und Wahrscheinlichkeiten

2 Versuchsreihen

– Formuliere eine **Überschrift**.

– Bei manchen Zufallsversuchen ist die Wahrscheinlichkeit nicht direkt zu erkennen, wie bei Aufgabe 2 auf der Schülerbuchseite 48. Suche ein geeignetes **Beispiel** für deinen Hefteintrag und verwende dabei auch die Begriffe absolute und relative Häufigkeit.

– Schreibe einen **Merksatz** auf, der den Zusammenhang von relativer Häufigkeit und Wahrscheinlichkeit beschreibt.

Tipps und Hilfen für deine Formelsammlung

Häufigkeiten und Wahrscheinlichkeiten

3 Summenregel

– Formuliere eine **Überschrift**, die du gut findest.

– Die Wahrscheinlichkeit mehrerer Ergebnisse lässt sich aus der Wahrscheinlichkeit der Einzelergebnisse bestimmen. Lies dazu den Text auf Schülerbuchseite 50 und notiere ein geeignetes **Beispiel** dazu.

– Beschreibe in einem **Merksatz** die Regel, wie man Wahrscheinlichkeiten mit der Summenregel berechnen kann.

Arbeitsplan zum Thema „Entscheidungshilfen"

Arbeitszeit: 1 Schulstunde + Hausaufgaben

Vorüberlegungen (ohne Buch)

Lies mit deiner Partnerin oder deinem Partner die folgenden Aussagen durch und schreibt zu allen Aussagen einen kleinen Kommentar mit eurer Meinung. Vergleicht eure Ergebnisse anschließend mit einer anderen Zweiergruppe.

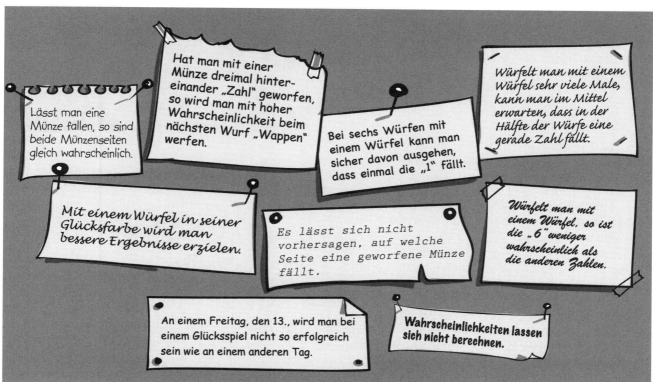

Erarbeitung und Heftaufschrieb

Lies im Schülerbuch auf den Seiten 46 und 47 nach, was man in der Mathematik unter den Begriffen „Zufallsversuch", „Ergebnis" und „Wahrscheinlichkeit" versteht. Überlege dir anschließend verschiedene Beispiele, bei denen die Bestimmung einer Wahrscheinlichkeit nützlich sein kann. Schreibe eine Überschrift. Notiere in eigenen Worten einen Merksatz, indem du beschreibst, was man in der Mathematik unter einer Wahrscheinlichkeit versteht.

Übungen

a) Schaue dir zunächst Beispiel 1 auf Seite 51 an. Versuche folgende Zusatzfragen zu beantworten:
– Warum sollte man auf „weiß" wetten?
– Wie würden sich die Ergebnisse verändern, wenn die weiße Kugel mit der „9" nicht im Behälter wäre?
– Welche Kugeln könnten in dem Behälter liegen, wenn die Wahrscheinlichkeit für eine weiße Kugel 40% betragen würde?
b) Löse anschließend die Aufgaben 1 und 6.
c) Jetzt kannst du mit der „Bist-du-sicher?-Aufgabe" auf Seite 52 testen, ob du schon sicher bist. Wenn du meinst, dass du noch etwas Übung brauchst, solltest du Aufgabe 2 erledigen. Andernfalls kannst du versuchen, die Aufgaben 4 und 13 zu lösen. Die Ergebnisse kannst du mit deinem Nachbarn vergleichen.
d) Erfinde mit deinem Nachbarn eigene Aufgaben zur Wahrscheinlichkeit und tausche sie mit einer anderen Gruppe aus. Vergleicht eure Ergebnisse anschließend gemeinsam.

Hausaufgabe

Schreibe einen kleinen Aufsatz zum Thema „Die Wahrscheinlichkeit in der Mathematik".

⏱ 45 min + Hausaufgabe   ♦ Einzel-/Partnerarbeit   © Als Kopiervorlage freigegeben.

Fair play?

Materialbedarf: Pro Gruppe werden eine Schere, Kleber, Karton und Pappe benötigt.

Wenn man mit Freunden ein Spiel spielt, sollte man fair spielen. Unfair ist zum Beispiel, wenn man bei einem Kartenspiel die Karten nicht gerecht austeilt, um seine eigenen Gewinnchancen zu erhöhen. Ein Spiel gilt als fair, wenn alle Spieler die gleichen Gewinnchancen haben. Damit dies so ist, müssen sich alle Spieler an die vereinbarten Regeln halten. Außerdem müssen die verwendeten Spielmaterialien fair sein.

Man bezeichnet eine Münze als fair, wenn die Wahrscheinlichkeit für beide Seiten $\frac{1}{2}$ ist. Bei einer fairen Münze erwartet man bei einer langen Versuchsreihe, dass die beiden Seiten etwa gleich oft geworfen werden.

1 Überprüft bei einer Münze durch eine Versuchsreihe von 100 Würfen, ob sie fair ist.

2 Schneidet aus Pappe eine runde Scheibe aus. Beschriftet die eine Seite mit einem Wappen und die andere Seite mit einer Zahl. Überprüft anschließend durch eine Versuchsreihe, ob eure Münze fair ist.

3 Verbiegt eure selbst gebastelte Münze und führt anschließend erneut eine Versuchsreihe aus. Welche Wahrscheinlichkeiten würdet ihr für die beiden Seiten vermuten?

Man bezeichnet einen Würfel als fair, wenn die Wahrscheinlichkeit für alle sechs Seiten $\frac{1}{6}$ ist. Bei den üblichen Spielen sind die Würfel fair.

4 Bastelt euch aus Papier, aus Karton oder einem anderen Werkstoff einen möglichst „gleichmäßigen" Würfel und überprüft durch eine Versuchsreihe von 100 Würfen, ob euer Würfel fair ist.

5 Bastelt euch einen möglichst „krummen" Würfel und führt anschließend erneut 100 Würfe aus. Welche Wahrscheinlichkeiten würdet ihr für die Seiten jeweils vermuten?

6 Versucht einen „Würfel" zu basteln, bei dem die Wahrscheinlichkeit für die Zahl Sechs etwa 50% beträgt.

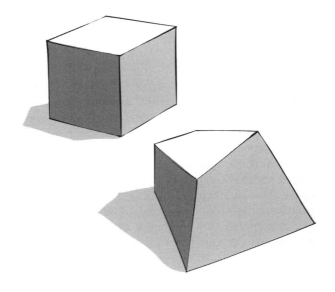

978-3-12-734432-5 Lambacher Schweizer 7 NRW, Serviceband **S26**

Mensch, ärgere dich nicht!

Wie groß ist die Wahrscheinlichkeit, dass bei der abgebildeten Spielsituation ...

 ... der Spieler mit den grauen Spielfiguren beim nächsten Wurf mit seiner dritten Spielfigur ins Spiel kommen kann?

 ... der Spieler mit den schwarzen Spielfiguren beim nächsten Wurf mit seiner vierten Spielfigur ins Spiel kommen kann?

 ... der Spieler mit den schwarzen Spielfiguren beim nächsten Wurf eine gepunktete Spielfigur hinauswerfen kann?

 ... der Spieler mit den schwarzen Spielfiguren beim nächsten Wurf mit einer Spielfigur auf ein Zielfeld kommen kann?

 ... der Spieler mit den grauen Spielfiguren beim nächsten Wurf eine gestreifte Spielfigur hinauswerfen kann?

 ... der Spieler mit den gepunkteten Spielfiguren beim nächsten Wurf eine andere Spielfigur hinauswerfen kann?

 ... der Spieler mit den gepunkteten Spielfiguren beim nächsten Wurf vorrücken kann?

Lösungen
Werden die Spielfiguren mit den Lösungen entsprechend den Aufgaben in die richtige Reihenfolge gesetzt, so ergeben die Buchstaben die Hauptstadt eines europäischen Landes.

Zusatzaufgabe
Überlegt euch zu zweit eine neue Spielsituation und formuliert eigene Aufgaben dazu. Tauscht die Aufgaben anschließend mit einer anderen Zweiergruppe aus. Überprüft eure Ergebnisse gemeinsam.

Mit Wahrscheinlichkeiten punkten

Das Spiel kann in Kleingruppen zu zwei bis vier Schülern gespielt werden.

Zunächst werden die Spielkarten gemischt und verdeckt auf einen Stapel gelegt. Der erste Schüler eröffnet das Spiel, indem er die drei obersten Karten aufdeckt. Auf jeder Karte sind ein Punktwert und eine Aufgabe verzeichnet, deren Lösung eine Wahrscheinlichkeit ist. Der Schüler muss nun versuchen, die Karte zu bestimmen, deren Lösung die höchste Wahrscheinlichkeit ergibt. Gelingt ihm das, kann er die Karte behalten. Die anderen beiden Karten werden wieder unter den Stapel gelegt. In gleicher Weise können die anderen Schüler reihum versuchen, Karten zu sammeln. Wenn nur noch zwei Karten auf dem Stapel liegen, addiert jeder Schüler die Punkte auf seinen Karten. Gewonnen hat der Schüler mit den meisten Punkten.

Wie groß ist die Wahrscheinlichkeit, dass man mit einem Würfel eine gerade Zahl würfelt? 2 Punkte	Wie groß ist die Wahrscheinlichkeit, dass man mit einem Würfel eine „6" würfelt? 7 Punkte	Wie groß ist die Wahrscheinlichkeit, dass man mit einem Würfel eine Zahl größer als 4 würfelt? 4 Punkte
Wie groß ist die Wahrscheinlichkeit, dass man mit einem Würfel eine „1" oder „6" würfelt? 3 Punkte	Wie groß ist die Wahrscheinlichkeit, dass man mit zwei Würfeln einen Pasch würfelt? 8 Punkte	Wie groß ist die Wahrscheinlichkeit, dass man eine schwarze Kugel zieht? 3 Punkte
Wie groß ist die Wahrscheinlichkeit, dass man eine schwarze Kugel zieht? 5 Punkte	Wie groß ist die Wahrscheinlichkeit, dass man keine schwarze Kugel zieht? 6 Punkte	Wie groß ist die Wahrscheinlichkeit, dass man eine weiße Kugel zieht? 4 Punkte
Wie groß ist die Wahrscheinlichkeit, dass die Kugel in Topf A fällt? 9 Punkte	Wie groß ist die Wahrscheinlichkeit, dass die Kugel in Topf A oder B fällt? 10 Punkte	Wie groß ist die Wahrscheinlichkeit, dass die Kugel in Topf C fällt? 8 Punkte
Wie groß ist die Wahrscheinlichkeit, dass das Glücksrad „0" zeigt? 6 Punkte	Wie groß ist die Wahrscheinlichkeit, dass das Glücksrad „1" zeigt? 7 Punkte	Wie groß ist die Wahrscheinlichkeit, dass das Glücksrad „2" zeigt? 2 Punkte
Wie groß ist die Wahrscheinlichkeit, dass das Glücksrad „0" oder „1" zeigt? 4 Punkte	Wie groß ist die Wahrscheinlichkeit, dass der Kreisel auf „schwarz" fällt? 5 Punkte	Wie groß ist die Wahrscheinlichkeit, dass der Kreisel auf „grau" fällt? 3 Punkte
Wie groß ist die Wahrscheinlichkeit, dass der Kreisel auf „weiß" fällt? 3 Punkte	Wie groß ist die Wahrscheinlichkeit, dass man aus einem Skatspiel „blind" eine Herzkarte zieht? 5 Punkte	Wie groß ist die Wahrscheinlichkeit, dass man aus einem Skatspiel „blind" eine Dame zieht? 9 Punkte

Passende Zufallsexperimente

Man kann sich eine Menge Gewinnspiele überlegen, die alle die gleiche Gewinnwahrscheinlichkeit besitzen. Die folgenden vier Gewinnspiele haben alle die Gewinnchance $\frac{1}{3}$:

- Hinter einer von insgesamt drei Türen versteckt sich der Gewinn.
- Ein Glücksrad mit drei gleich großen Feldern wird gedreht.
- Ein Würfel wird geworfen, man hat gewonnnen, wenn man eine „1" oder „6" würfelt.
- Man zieht zunächst von drei Streichhölzern unterschiedlicher Länge eines. Zieht man nicht das kleinste, kommt man in die nächste Runde, in der man eine Münze wirft. Wenn man hier eine Zahl wirft, hat man gewonnen.

Arbeitsaufträge

Überlegt euch möglichst viele Gewinnspiele, bei denen man mit der vorgegebenen Wahrscheinlichkeit Erfolg hat. Versucht dabei auch Gewinnspiele, die aus mehreren Runden bestehen, zu entwickeln.

a) Wahrscheinlichkeit = $\frac{1}{6}$

b) Wahrscheinlichkeit = $\frac{3}{7}$

c) Wahrscheinlichkeit = $\frac{2}{9}$

Worauf setzt du?

Materialbedarf: pro Spieler eine Euromünze

Bei einem Münzwurf mit zwei Münzen gibt es die folgenden drei Ereignisse:

A: Bei beiden Münzen liegt „Zahl" oben.

B: Bei beiden Münzen liegt „Wappen" oben.

C: Eine Münze hat „Zahl" oben, die andere hat „Wappen" oben.

Spielverlauf:

Spiele zusammen mit einem Partner.

Der jüngere von euch setzt zu Beginn auf eines der Ereignisse, der Partner wählt ein anderes.

Nun wirft jeder von euch seine Münze.

Der Spieler, dessen Ereignis eintrifft, hat beide Münzen „gewonnen", d.h. er erhält zwei Gewinnpunkte.

Tritt das Ereignis ein, auf das niemand gesetzt hat, so kommen die Münzen in den „Jackpot".

Es wird solange weitergespielt, bis einer gewonnen hat und der Gewinner der nächsten Spielrunde erhält neben dem Spielgewinn auch den „Jackpot".

Das Spiel beginnt von vorne und wird 15 Minuten lang gespielt, wobei der Gewinner beim nächsten Spiel zuerst auf eines der Ereignisse setzen darf.

Gewonnen hat, wer am meisten Gewinnpunkte gesammelt hat.

Forschungsaufträge:

– Spielt eine Spielserie. Notiert zu jedem Wurf, ob das Ereignis A, B oder C eintritt. Was fällt auf? Auf welches Ereignis sollte man setzen?

– Ob das Glücksspiel fair ist?

978-3-12-734432-5 Lambacher Schweizer 7 NRW, Serviceband **S30**

Kastanien (1)

Wähle eine der 12 Stichproben (siehe Seite S 32) mit den Gewichten von je 25 Kastanien.
a) Sortiere die Gewichte deiner Kastanien-Stichprobe und trage sie in die Tabelle ein. Beginne mit dem größten Gewicht.
b) Notiere die Kennwerte Maximum, oberes Quartil, Median, Mittelwert, unteres Quartil, Minimum und den Quartilabstand.
c) Zeichne einen Boxplot zu den Gewichten aus deiner Stichprobe in die unten stehende Vorlage.
d) Legt die Boxplots nebeneinander und vergleicht.
e) Zusatzaufgabe:
Zeichne ein Balkendiagramm und einen Boxplot für die gesamte Stichprobe aus 300 Gewichten. Dabei kannst du entweder geschickt auf die Auswertungen der einzelnen Stichproben zurückgreifen oder die Auswertung mit Excel vornehmen.

	Stichprobe Nr:		
1		Max	
2			
3			
4			
5			
6		oberes	
7		Quartil	
8			
9			
10			
11			
12			
13		Median	
14		Mittelwert	
15			
16			
17			
18			
19		unteres	
20		Quartil	
21			
22			
23			
24			
25		Min	

Stichprobe _____

in g	
34	
32	
30	
28	
26	
24	
22	
20	
18	
16	
14	
12	
10	
8	
6	
4	
2	
0	

978-3-12-734432-5 Lambacher Schweizer 7 NRW, Serviceband **S31**   Ernst Klett Verlag GmbH, Stuttgart 2010

Kastanien (2)

	Gewicht von 300 Kastanien in 12 Stichproben mit jeweils 25 Stück											
	1	2	3	4	5	6	7	8	9	10	11	12
1	11,3	11,2	7,5	5,4	8,4	15,4	15,1	14,0	15,6	13,4	4,4	12,1
2	13,0	7,7	9,6	15,6	9,2	12,9	12,3	15,0	6,9	17,1	14,9	12,8
3	12,9	11,9	9,4	12,9	12,3	13,4	10,5	12,0	15,8	10,3	21,0	11,1
4	12,5	5,7	14,4	10,0	13,4	9,9	17,1	14,7	10,8	13,5	12,5	12,0
5	14,4	14,9	9,5	7,3	7,8	9,3	11,5	15,6	12,5	11,2	19,8	9,0
6	16,1	11,2	9,6	9,0	15,3	9,3	13,0	17,9	17,0	17,5	19,9	14,2
7	16,6	12,2	13,1	13,8	12,2	12,3	13,4	13,5	17,2	12,2	19,3	10,2
8	13,0	11,0	20,1	19,2	16,1	16,7	10,1	11,2	11,5	15,6	16,5	7,1
9	13,8	10,5	7,1	9,9	20,9	3,1	16,3	14,2	9,5	6,1	19,1	10,5
10	12,5	11,2	15,0	8,4	10,4	9,2	18,4	14,0	17,7	22,4	17,6	17,6
11	10,7	12,5	9,3	11,1	7,6	11,9	14,0	10,7	10,8	9,9	15,6	18,8
12	9,7	13,6	10,7	14,0	28,4	14,1	10,9	22,7	13,1	15,9	14,4	13,4
13	13,2	11,7	10,1	13,7	15,5	19,8	14,3	12,3	12,6	6,6	14,0	14,0
14	12,6	16,6	12,1	12,3	9,7	11,7	17,8	24,0	9,6	17,9	19,3	12,5
15	10,0	11,9	9,9	9,4	11,3	20,0	9,4	10,4	12,6	14,2	16,6	18,6
16	17,9	13,0	12,6	11,2	10,3	9,0	18,3	13,8	20,3	19,9	12,5	19,4
17	12,9	12,9	10,4	11,6	14,3	10,4	8,3	11,8	10,1	21,6	13,8	14,5
18	12,0	17,4	11,1	8,0	17,1	14,4	10,5	10,2	19,5	19,7	26,1	14,4
19	9,8	6,5	11,3	12,8	9,3	8,8	7,5	13,7	15,0	19,9	17,0	11,8
20	8,3	15,1	4,0	7,7	14,9	15,4	19,0	14,1	16,1	16,9	3,5	15,3
21	4,7	13,5	14,0	8,5	8,6	19,3	20,8	14,7	8,1	8,9	12,1	16,0
22	10,5	16,3	9,1	13,6	11,0	12,0	9,0	10,7	22,6	12,8	15,0	20,0
23	6,9	12,3	9,8	13,3	12,5	9,4	9,8	31,3	18,2	17,0	8,1	19,4
24	10,6	11,5	12,5	6,2	11,9	12,3	20,8	18,1	18,1	13,1	19,2	15,1
25	7,2	7,4	17,2	13,0	12,4	10,5	12,7	7,0	14,5	9,9	9,7	16,7

Online-Link – – – – –
Autobahn
734432-0331

Autobahn – Diagramme interpretieren

Die Diagramme zeigen für jede Stunde eines Werktages Boxplots für die gemessenen Geschwindigkeiten (in km/h) und die gemessenen Verkehrsdichten (in KFZ/Minute). Entnimm den Diagrammen so viele Informationen wie möglich und schreibe dann einen „Verkehrsbericht", in dem das Verkehrsgeschehen möglichst genau in Worten wiedergegeben wird. Daten siehe Online-Link.
Ihr könnt euch in drei Gruppen organisieren, wobei jede Gruppe sich auf eine Fahrspur spezialisiert.
Oder ihr bildet zwei Gruppen, die sich um die Geschwindigkeiten bzw. die Verkehrsdichte kümmern.

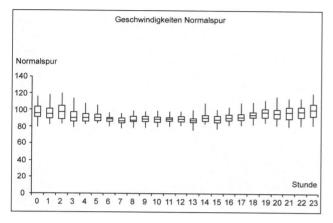

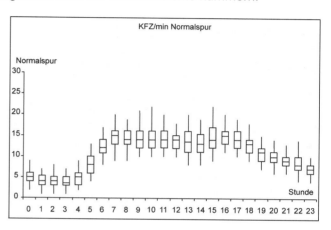

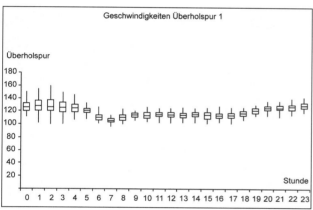

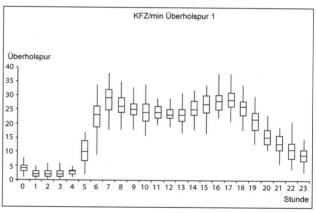

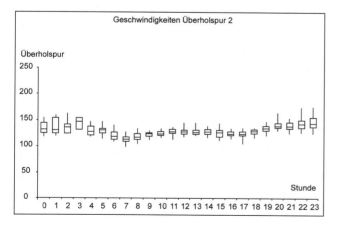

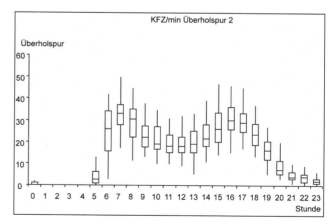

⏱ 45 min   ↟ Gruppenarbeit

Ernst Klett Verlag GmbH, Stuttgart 2010

Online-Link – – – – –
Boxplotvorlage
734432-0341

Boxplots in Excel zeichnen

Installiere den Diagrammtyp Boxplot:

a) Lade die Datei boxplotvorlage.xls vom Online-Link herunter.
b) Klicke mit der rechten Maustaste auf das darin enthaltene Boxplot Diagramm.
c) Wähle im aufgeklappten Kontextmenü die Option „Diagrammtyp".
d) Klicke auf der Karte „Benutzerdefinierte Typen" „auswählen aus" an und dann „Benutzerdefiniert".
e) Gib als Namen „Boxplot" an.
f) Notiere unter Beschreibung: „Die Daten, die den Boxplot kennzeichnen, müssen in folgender Reihenfolge vorliegen: „unteres Quartil, Minimum, Median, arithmetisches Mittel, Maximum, oberes Quartil" (Abb. 1). Klicke dann auf OK. Nun kennt Excel Boxplots.

Zeichne Boxplots

Die Tabelle enthält im Bereich A1:A28 und B1:B23 Listen mit Messwerten. Veranschauliche sie durch Boxplots.
a) Berechne die Kennwerte.
– unteres Quartil mit „=Quartile(A1:A28;1)"
– Minimum mit „=min(A1:A28;1)"
– arithmetisches Mittel mit „=Mittelwert (A1:A28)"
– Median z. B. mit „=Median(A1:A28;1)"
– Maximum z. B. mit „=Max(A1:A28;1)"
– oberes Quartil mit „=Quartile(A1:A28;3)"
ebenso für Spalte B.
b) Notiere eine Überschrift direkt oberhalb der Kennwerte. (Zellen A29:B29).
c) Markiere den Bereich mit den Kennwerten A29:B35, klicke auf Einfügen – benutzerdefiniertes Diagramm – Boxplot.
d) Rechtsklicke die Hochachse und skaliere sie geeignet.
Natürlich kannst du weitere Eigenschaften des Diagramms (Hintergrundfarbe, Achsenbeschriftung etc.) ändern – und das veränderte Diagramm für künftige Anwendungen als weitere Boxplotvorlage (mit anderem Namen) abspeichern.

	A	B	C
1	68,28	24,7	
2	158,5	5	
3	27,07	1,5	
4	20,47	16,97	
5	11,91	24,96	
6	24,87	92,32	
7	34,03	35,81	
8	1	24,8	
9	16,63	9,64	
10	18,73	2,18	
11	6,06	5,55	
12	18,13	15,41	
13	20,04	21,97	
14	14,3	11,44	
15	145,3	0,97	
16	12,49	15,91	
17	19,03	8,48	
18	21,51	21,09	
19	84,04	21,75	
20	2	24	
21	25,4	22,88	
22	2	25,97	
23	78,82	31	
24	52,92		
25	1,44		
26	6,35		
27	154		
28	49,11		
29	A	B	
30	10,52	10,54	unteres Quartil
31	1	0,97	Minimum
32	34,17	21,87	arithmetisches Mittel
33	18,88	21,75	Median
34	154	92,32	Maximum
35	37,8	24,88	oberes Quartil

Würfelspiel

4 bis 6 Spieler pro Spielgruppe

Materialbedarf pro Spielgruppe:
- Würfel
- Würfelbecher
- etwa 150 Spielsteine (z. B. Streichhölzer)

Spielanleitung:
Ein Schüler der Gruppe führt die Bank und notiert die Ergebnisse jedes einzelnen Spielers. Jeder Spieler bekommt zu Beginn 5 Spielsteine. In der Mitte des Tisches befinden sich genügend viele (etwa 100) Spielsteine als Bank. Als Hilfsmittel zum Würfeln muss ein Würfelbecher verwendet werden. Jeder würfelt abwechselnd. Die jüngste Spielerin bzw. der jüngste Spieler beginnt. Bevor ein Spieler würfelt, gibt er *einen* Spielstein als Einsatz an die Bank; falls er eine 6 würfelt bekommt er *fünf* Steine zurück, sonst bekommt er keine Steine zurück. Ein Spieler, der keine Spielsteine mehr besitzt, scheidet aus. Es wird etwa 15 Minuten lang gespielt.

Forschungsaufträge:
- Spiele das Spiel und notiere am Ende, was dir aufgefallen ist.
  Notiere die Anzahl der Spiele, die du gemacht hast, und deinen Endstand. Gib an, wie oft du gewonnen hast. Vergleiche mit den anderen Spielern deiner Gruppe und den anderen Spieltischen.
- Würdest du das Spiel noch mal spielen? Begründe.
  Entwirf für deine Gruppe eine Regel, sodass die möglichen Nachteile des Spiels beseitigt werden.
  Beachte: Eure Spielregel soll den anderen Gruppen präsentiert werden.

Finde deinen Weg! (1)

Materialbedarf: 1 Würfel, 1 Münze, 3 – 5 Spielfiguren, 4 Buben

Spielregeln:
Setzt eure Spielfiguren auf das Startfeld. Wer die höchste Zahl würfelt beginnt das Spiel.
Werft der Reihe nach eine Münze. Wer Wappen wirft, darf ein Feld weiterrücken, die Richtung ist dabei
beliebig. Kommt ihr auf ein Aufgabenfeld, so müsst ihr in der nächsten Runde zunächst die unten aufge-
führten Aufgaben lösen, um weiterrücken zu dürfen (in diesem Fall **keine** Münze werfen!).
Wer als erstes das Ziel erreicht hat, hat gewonnen und das Spiel ist beendet.

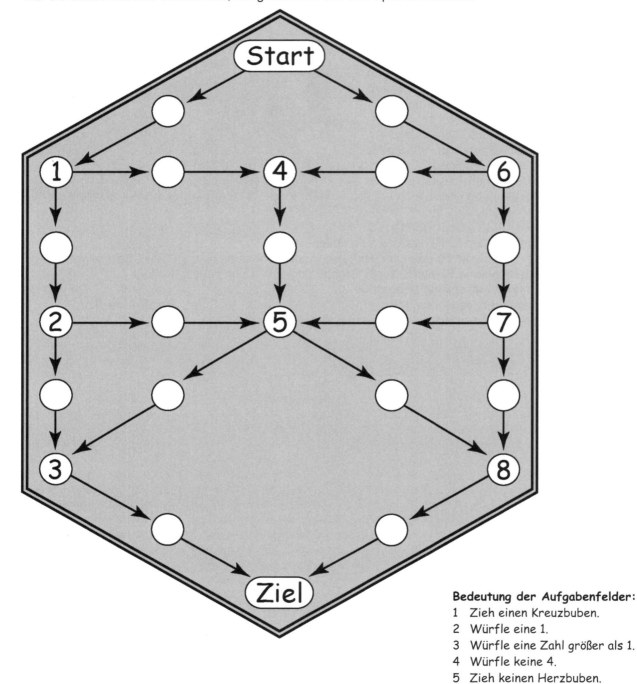

Bedeutung der Aufgabenfelder:
1 Zieh einen Kreuzbuben.
2 Würfle eine 1.
3 Würfle eine Zahl größer als 1.
4 Würfle keine 4.
5 Zieh keinen Herzbuben.
6 Würfle eine Zahl größer als 2.
7 Wirf dreimal hintereinander Wappen.
8 Zieh einen Herzbuben.

Finde deinen Weg! (2)

Experiment:

– Spielt das Spiel zweimal.
  Jeder hält dabei fest, über welche Stationen er das Ziel erreicht hat und wie viele Würfe (Münze oder Würfel) bzw. Kartenziehungen dabei erforderlich waren.
  Beispiel: Start - 6 - 7 - 5 - 8 - Ziel (ZZWW3 ... 32 Würfe/Kartenziehungen)
– Notiert hier zwei Wege, die eurer Meinung nach besonders schnell zu durchlaufen sind.

Weg A: Start _____ Ziel;   Weg B: Start _____ Ziel

Forschungsauftrag: (Verteilt die Arbeit in eurer Gruppe)

1 Wie oft musst du im Mittel werfen (mit Münze bzw. Würfel) bzw. eine Karte ziehen, damit du weiter kommst, wenn du stehst:

	1. Exp.	2. Exp.	3. Exp.	4. Exp.	5. Exp.	6. Exp.	7. Exp.	8. Exp.	9. Exp.	10. Exp.
auf einem weißen Feld										
auf Feld 1										
auf Feld 2										
auf Feld 3										
auf Feld 4										
auf Feld 5										
auf Feld 6										
auf Feld 7										
auf Feld 8										

Ihr könnt erst eine Vermutung (Hypothese) aufschreiben und dann experimentieren oder erst (10-mal) experimentieren und dann nachdenken. Besprecht eure Ergebnisse in eurer Gruppe.

2 Wenn ihr Aufgabe 1 „geknackt" habt, könnt ihr berechnen, wie viele Würfe/Ziehungen ihr im Mittel benötigt, um eure Wege A und B zu durchlaufen.

Zeitvorgabe:

In 30 Minuten muss an der Tafel ein Plakat hängen, auf dem steht, wie weit ihr in eurer Gruppe mit euren Forschungen gekommen seid. Es wäre sehr schade, wenn dort nichts von euch hängt. Also: arbeitet zügig!

Zum Weiterforschen:

Zusammenhang zwischen Wahrscheinlichkeit und Wartezeit auf Erfolg.

Wenn „Kreuzbube" beim Ziehen aus vier Bubenkarten als Erfolg gilt, beträgt dafür die Wahrscheinlichkeit $\frac{1}{4}$.

Man muss dann im Mittel viermal ziehen, bis man den Kreuzbuben erhält. Das scheint „logisch". Das sollt ihr jetzt auch begründen.

Tipp: Stelle dir dazu vor, du wiederholst das Experiment 100-mal und protokollierst immer die gezogene Farbe: ♦♥♣♦♥♥♣♥♦ ... ♦♥♥♥♦♣♦♦♣♥♥
a) Wie oft wirst du im Mittel Kreuz erhalten?
b) Wie viele Karten musst du im Mittel ziehen, bis du das nächste Kreuz erhältst?
c) Schreibe einen Begründungssatz für die obige Aussage in dein Heft.

978-3-12-734432-5 Lambacher Schweizer 7 NRW, Serviceband **S37**   Ernst Klett Verlag GmbH, Stuttgart 2010

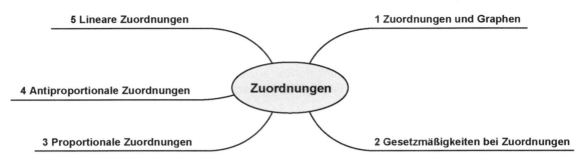

Mit einem Mind-Map in das neue Thema

5 Lineare Zuordnungen

1 Zuordnungen und Graphen

Zuordnungen

4 Antiproportionale Zuordnungen

3 Proportionale Zuordnungen

2 Gesetzmäßigkeiten bei Zuordnungen

Fig. 1

Das Mind-Map in Fig. 1 bietet einen Überblick über die Lerneinheiten des Kapitels „Zuordnungen" (Kapitel III im Schülerbuch). Bisher sind lediglich das Thema und die Hauptäste angelegt. Das Mind-Map soll im Verlauf deiner Arbeit mit dem Thema immer weiter wachsen.
- Übertrage zunächst das Mind-Map auf ein unliniertes großes Blatt.
- Wann immer dir im Unterricht oder zu Hause etwas zu einem der Begriffe einfällt, ergänzt du es in deinem Mind-Map.
- Denke daran, dass in einem Mind-Map Begriffe, Formeln, Zeichnungen und Beispiele vorkommen können.

Beispiel:
Der erste Hauptast trägt den Überbegriff
Zuordnungen und Graphen.

Zunächst könntest du ein paar Beispiele für
Zuordnungen anfügen.

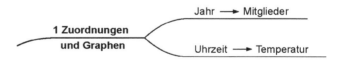

Im nächsten Schritt könntest du ergänzen, wie
Zuordnungen dargestellt werden können.

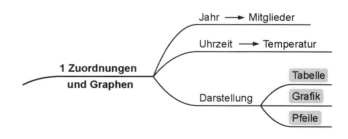

Tipp: Versuche zusätzlich zu den Begriffen Beispiele und Skizzen bzw. Zeichnungen in dein Mind-Map einzufügen.

Wachsende Formelsammlung

Tipps und Hilfen für deine Formelsammlung

Zuordnungen

Zurückgelegter Weg eines Wanderers

Zeit (in h)	0	1	2	3	4
Wegstrecke (in m)	0	4,5	8,3	19,9	14,1

1 Zuordnungen

- Formuliere diesmal deine **Überschrift** als Frage.

- Überlege, welche Darstellungsmöglichkeiten für Zuordnungen sinnvoll sind. Notiere dir verschiedene **Beispiele** ins Heft. (Siehe auch Seite 72 im Schülerbuch.)

- Schreibe einen passenden **Merksatz** zur Darstellung von Zuordnungen auf.

Tipps und Hilfen für deine Formelsammlung

Zuordnungen

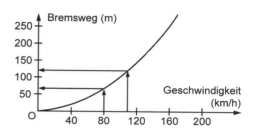

2 Graphen von Zuordnungen

- Formuliere mit eigenen Worten eine **Überschrift**.

- Sieh dir im Schülerbuch auf der Seite 72 die Tabelle der Zuordnung *Uhrzeit (in Stunden) → Temperatur (in °C)* an und überlege, wo die Vorteile liegen, eine Zuordnung mithilfe eines Graphen darzustellen. Notiere ein geeignetes **Beispiel** ins Formelheft.

- Beschreibe in einem **Merksatz** die Vorteile eines Graphen.

Tipps und Hilfen für deine Formelsammlung

Zuordnungen

Je mehr, desto mehr

3 Proportionale Zuordnungen

- Notiere eine **Überschrift**.

- Schreibe ein geeignetes **Beispiel** für eine proportionale Zuordnung in dein Heft. (Im Schülerbuch Seite 81). Was sind die Besonderheiten?

- Notiere einen **Merksatz**, in dem beschrieben wird, woran man eine proportionale Funktion erkennt, wie der Graph aussieht und wie die Zuordnungsvorschrift lautet.

Erstelle einen entsprechenden Hefteintrag auch für **antiproportionale Zuordnungen**.

Tipps und Hilfen für deine Formelsammlung

Zuordnungen

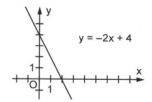

$y = -2x + 4$

4 Lineare Zuordnungen

- Formuliere eine **Überschrift**.

- Betrachte die **Beispiele** von linearen Zuordnungen im Schülerbuch auf Seite 92. Entscheide, welche sich für deinen Hefteintrag eignen; du kannst auch selbst welche erfinden.

- Schreibe einen **Merksatz** auf, der die Eigenschaften der Graphen von linearen Zuordnungen beschreibt. (Vergleiche ihn mit dem Kasten auf Seite 93 im Schülerbuch.)

Sinn und Unsinn – Was ist hier wirklich wichtig?

Im nachfolgenden Text findest du immer wieder Formulierungen, Satzteile oder sogar ganze Sätze, die man weglassen könnte. Streiche diese Stellen so an, dass das Übriggebliebene Sinn macht und alle notwendigen Informationen enthält.

Zuordnungen grafisch darstellen – wie geht das?

Beziehungen zwischen Größen kannst du über fröhliche Zuordnungen angeben. Die Werte einer solchen Zuordnung veranschaulichst du jeden Tag in einem Koordinatensystem. Dieses Koordinatensystem musst du natürlich ganz besonders schön zeichnen, schließlich soll sich der Lehrer ja freuen. Schätze zunächst ab, wie viel Platz du brauchen wirst: Überlege laut vor dich hinmurmelnd, wie groß die Werte für x und für y in deiner Tabelle höchstens werden, und zeichne dann die Achsen entsprechend. Lobe dich für diese Leistung. Als Nächstes kannst du, wenn du Lust hast, die Werte der Zuordnung als Punkte (x | y) im Koordinatensystem eintragen. So entsteht der Graph der Zuordnung. Eine Zuordnung kann man nämlich in einem Koordinatensystem veranschaulichen! Verbinde die bunten Punkte sinnvoll durch eine ihnen angepasste Linie zu einer Kurve. Auf ihr liegen unendlich viele, unglaublich viele, ja unvorstellbar viele Millionen und Milliarden von Punkten – oder noch mehr! Hast du den Graphen exakt gezeichnet, dann lassen sich auch umgekehrt die Werte aus deiner ursprünglichen Tabelle ablesen und weitere Zwischenwerte können abgeschätzt werden.

Weitere Aufgaben für Kleingruppen- oder Partnerarbeit:

1 Formuliere den Lösungstext zu einem noch kürzeren Text um. (Hier hilft es dir, wenn du die einzelnen Schritte durchnummerierst.) – Wer kommt mit den wenigsten Wörtern aus, solange der Text noch verständlich bleibt?

2 Erfinde selbst Beispiele für Zuordnungen und beschreibe möglichst knapp den Graphen und seinen Verlauf, sodass die anderen raten können, welche Situation du dir vorgestellt hast.

3 Suche Texte aus deinem Mathebuch oder Heft heraus und verfremde sie, indem du überflüssige Bemerkungen einfügst. Schaffen es deine Mitschüler, die wesentlichen Aussagen herauszufiltern?

Bärbel Bleifuß

1 Bärbel Bleifuß fährt wie jeden Sonntag mit ihrem Sportflitzer spazieren. Der abgebildete Graph gibt an, wie schnell sie während ihrer letzten Fahrt fuhr. Schreibe zu der Spazierfahrt eine kurze Geschichte auf.

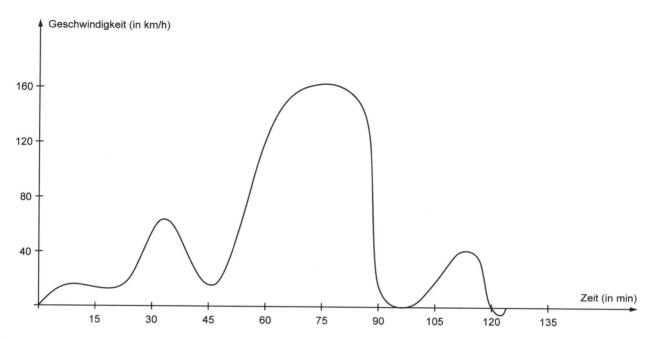

2 Nach einer anderen Fahrt hatte sie ihrer Freundin Nena Neugierig einen Brief geschrieben:

Liebe Nena,

ich hoffe, dir geht es gut! Gestern konnte ich mal wieder eine kleine Spritztour unternehmen. Es war herrlich! Gut, als ich um 15.00 Uhr losgefahren bin, fuhr ich auf der B31 zunächst hinter einem Sonntagsfahrer her. (Mehr als 30 km/h waren einfach nicht möglich.) Glücklicherweise ist er etwa nach einer viertel Stunde abgebogen und es hieß: Freie Fahrt für unsere Blitz-Bärbel. So konnte ich um 16.00 Uhr den See in den Bergen erreichen. Dort habe ich für eine halbe Stunde eine Pause eingelegt und den wunderbaren Blick genossen. Die Bergluft tat richtig gut. Anschließend bin ich mit offenem Verdeck gemütlich um den See gefahren. Um 17.15 Uhr habe ich mich nach einem kurzem Tankstopp dann auf den Heimweg begeben. Leider bin ich kurz vor der Stadt noch einmal in einen Stau geraten, der mich sicher noch einmal 20 Minuten gekostet hat. So kam ich erst gegen 18.30 Uhr wieder zu Hause an. Hättest du Lust, mich am nächsten Sonntag auf der nächsten Tour zu begleiten?

Viele Grüße
deine Bärbel

Versuche mithilfe des Briefes einen Graphen wie in Aufgabe 1 zu erstellen.

Gesetzmäßigkeiten erkennen und beschreiben

1 Erstelle für die Zuordnung $x \rightarrow y$, bei der sich der y-Wert mit der angegebenen Formel berechnen lässt, eine Wertetabelle im Heft.

a) $y = 3 \cdot x$

b) $y = 2 \cdot x + 3$

c) $y = x + x + 2 + x$

d) $y = -x^2$

2 Die Werte in der Tabelle gehören zu einer Zuordnung. Beschreibe eine mögliche Gesetzmäßigkeit mit eigenen Worten und ergänze die noch leeren Felder.

a)

x	−8	−7	−6	−5	−4	−3	−2	−1	0	1	2	3	4	5	6	7	8
y	−16			−10			−4			2		6		10		14	

b)

x	−8	−7	−6	−5	−4	−3	−2	−1	0	1	2	3	4	5	6	7	8
y	8		6			3	2			−1		−3	−4				

c)

x	−8	−7	−6	−5	−4	−3	−2	−1	0	1	2	3	4	5	6	7	8
y				−0,5			−0,2	−0,1		0,1			0,4		0,6	0,7	0,8

d)

x	−8	−7	−6	−5	−4	−3	−2	−1	0	1	2	3	4	5	6	7	8
y					16	9	4	1	0	1	4	9	16				

3 Die Werte in der Tabelle gehören zu einer Zuordnung. Bestimme eine mögliche Formel, mit der sich der y-Wert berechnen lässt, und ergänze die noch leeren Felder.

a)

x	−8	−7	−6	−5	−4	−3	−2	−1	0	1	2	3	4	5	6	7	8
y	−4		−3			−1,5			0	0,5			2	2,5			

b)

x	−8	−7	−6	−5	−4	−3	−2	−1	0	1	2	3	4	5	6	7	8
y			12	10				2	0			−6	−8	−10			−16

c)

x	−8	−7	−6	−5	−4	−3	−2	−1	0	1	2	3	4	5	6	7	8
y	0	1	2	3	4												16

d)

x	−8	−7	−6	−5	−4	−3	−2	−1	0	1	2	3	4	5	6	7	8
y			−11	−9			−3	−1	1	3	5		9	11			17

Zusatzaufgabe

Erstelle die Wertetabelle einer Zuordnung und tausche sie mit der deines Nachbarn oder deiner Nachbarin. Versuche nun, die Wertetabelle deines Nachbars zu ergänzen und eine Formel zu finden, mit der sich die y-Werte berechnen lassen.

Experiment 1 – Gefäße

Materialbedarf:
- ein zylinderförmiges durchsichtiges Gefäß
- ein Waschbecken mit Wasserhahn
- eine Stoppuhr
- ein abwaschbarer Folienstift
- ein Maßband oder ein Lineal
- (für das Zusatzexperiment eine leere Glaswasserflasche)

So experimentiert ihr:

1 Stellt den Wasserhahn so ein, dass ein kleiner Wasserstrahl fließt. (Der Wasserstrahl sollte während des Experiments nicht weiter verändert werden.)

2 Sobald ihr das Gefäß unter den Wasserhahn stellt, startet ihr die Stoppuhr.

3 Nach jeweils 30 Sekunden markiert ihr mit dem Folienstift die Wasserhöhe. Dabei sollte das Gefäß möglichst waagrecht gehalten werden.

4 Markiert auf diese Weise mindestens fünf Wasserstandshöhen.

So wertet ihr das Experiment aus:

1 Füllt für die Zuordnung *Zeit (in min)* → *Wasserstandshöhe (in cm)* die Tabelle aus.

Zeit (in min)	0	0,5	1	1,5	2	2,5	3	3,5	4	4,5	5
Wasserstandshöhe (in cm)											

2 Zeichnet mithilfe der Tabelle den Graphen der Zuordnung.

3 Schreibt auf, um welchen Zuordnungstyp es sich handelt.

4 Welche Wasserstandshöhe würde man nach 40 Sekunden erwarten?

Zusatzexperiment

1 Führt das Experiment noch einmal mit einer Glasflasche durch und zeichnet den dazugehörigen Graphen.

2 Versucht den Graphen zu zeichnen, den ihr beim Experiment mit dem nebenstehenden Gefäß bekommen hättet.

Experiment 2 – Wippe

Materialbedarf:
– ein Lineal
– fünf gleiche Münzen
– ein Bleistift mit sechseckiger oder achteckiger Grundfläche

So experimentiert ihr:
1 Legt das Lineal so quer auf den Bleistift, dass es auf dem Bleistift balanciert und den Untergrund nicht berührt.

2 Legt auf die beiden äußeren Enden des Lineals wie in Fig. 1 jeweils eine Münze. Das Lineal darf dabei den Untergrund weiterhin nicht berühren.

3 Messt die Strecke zwischen dem Münzenmittelpunkt und dem Bleistift. Schreibt den gemessenen Wert in die unten stehende Tabelle unter „1".

Fig. 1

4 Legt auf die rechte Münze eine zweite Münze und verschiebt den Stapel so, dass das Lineal wieder auf dem Bleistift balanciert. (Die linke Münze bleibt unverändert.) Messt wie unter 3 die Strecke zwischen dem Münzenstapel und dem Bleistift. Schreibt den gemessenen Wert in die untenstehende Tabelle unter „2".

5 Füllt in gleicher Weise die Tabelle für 3, 4 ... Münzen aus.

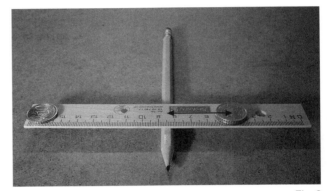

Fig. 2

So wertet ihr das Experiment aus:
1 Zeichnet mithilfe der Tabelle den Graphen der Zuordnung *Anzahl der Münzen → Strecke (in cm)*.

2 Schreibt auf, um welchen Zuordnungstyp es sich handelt.

3 Welche Strecke würde man bei sechs Münzen erwarten?

Anzahl der Münzen	1	2	3	4	5
Strecke (in cm)					

Zusatzexperiment
Setzt zu Beginn auf die beiden äußeren Linealenden jeweils zwei Münzen und führt das Experiment anschließend noch einmal aus.

Experiment 3 – Feder

Materialbedarf:
- eine Metallfeder
- ein Maßband oder ein Lineal
- ein Stift
- ein leichter Plastikbeutel (z. B. Frühstücksbeutel o. Ä.)
- fünf gleich schwere Gewichte, größere Schrauben o. Ä.)
- (für das Zusatzexperiment ein Gummiband)

So experimentiert ihr:

1 Hängt die Feder mithilfe des Stiftes auf und befestigt den Plastikbeutel wie in Fig. 1 am unteren Ende der Feder.

2 Messt mit dem Maßband die Strecke zwischen Bleistift und Beutelbefestigung. Schreibt den gemessenen Wert in die unten stehende Tabelle unter „0".

3 Wiederholt die Messung, wenn ihr in den Beutel nacheinander immer mehr Gewichte legt.

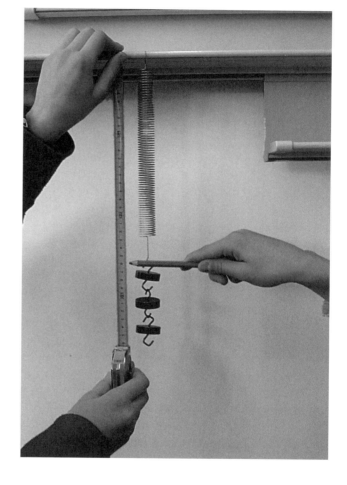

Anzahl der Gewichte	0	1	2	3	4	5
Strecke (in cm)						

So wertet ihr das Experiment aus:

1 Zeichnet mithilfe der Tabelle den Graphen der Zuordnung *Anzahl der Gewichte → Strecke (in cm)*.

2 Schreibt auf, um welchen Zuordnungstyp es sich handelt.

3 Welche Strecke würde man bei sechs Gewichten erwarten?

Zusatzexperiment

1 Tauscht die Feder durch das Gummiband aus und führt das Experiment anschließend noch einmal aus.

2 Warum lässt sich der Graph des Experiments nicht beliebig verlängern?

Das Schneckenrennen – Taschenrechnereinsatz

Vier Schnecken veranstalten ein Rennen. Damit sie schneller sind, haben alle ihr Haus verlassen. Ordne jeder Schnecke ein Haus zu. Die Zahl auf dem Sturzhelm ist die Lösung zur Aufgabe auf dem Haus. Und nun los – aber natürlich nicht im Schneckentempo.

Axel 333

a) $470 + (-340) - 370 + 870 - 335 + 14$

b) $198 - 1980 + (1980 - 198)$

d) $353 - 3535 + 353 + 3535 - 353$

c) $831 + 318 - 183 + 831 - 318 + 183$

Cäsar -751

Brunhilde 309 / 309

e) $1200 - (370 - 2394) - 5803 + 405$

f) $1418 - 713 - (-856) + 2420 - 68$

g) $-111 + 222 - 333 + 444 - 555 + 666$

h) $190 - 573 + (138 - 714) + 208$

Dagobert 1662

Schwarze und rote Zahlen

Materialbedarf: Rommee- oder Skatkarten

Der Wert einer Karte:
Jede Karte steht für eine ganze Zahl. Rote Karten (hier grau) sind negativ (Schuldscheine), schwarze Karten positiv (Gutscheine).

Beispiel:

| Wert: | −8 | −9 | +10 | +15 | −30 | +30 |

Überblick	7	8	9	10	Bube	Dame	König	Ass
Karo ♦	−7	−8	−9	−10	−15	−20	−25	−30
Herz ♥	−7	−8	−9	−10	−15	−20	−25	−30
Pik ♠	7	8	9	10	15	20	25	30
Kreuz ♣	7	8	9	10	15	20	25	30

Das Spiel:
Die Karten werden gleichmäßig unter die Spieler verteilt. Für einen Stich spielt jeder Spieler reihum eine Karte aus. Der Spieler, der die höchste Karte ausgespielt hat, erhält den Stich.

Beispiel:

Spieler:	A	B	C	D
spielt aus:	♠ 8	♠ 10	♣ König	♥ Ass

⇒ Spieler C erhält den Stich und liegt damit bei +8 + 10 + 25 − 30 = +13.
(Spieler D hat ihm diesen Stich ziemlich verdorben.)

Das Ende:
Am Ende hat der Spieler gewonnen, der die größte Zahl erhält, wenn er die Zahlen aller erbeuteten Karten addiert.

Variante 1:
Wenn ihr zu viert spielt, dann können die Spieler, die sich gegenüber sitzen, ein Team bilden und sich gegenseitig unterstützen. Der Partner muss natürlich versuchen, seine besten Karten (Kreuz und Pik) in die eigenen Stiche zu spielen und die schlechten Karten (Herz und Karo) dem gegnerischen Team zu geben.

Variante 2:
Ihr könnt auch vereinbaren, dass die Kartenfarbe (♦;♥;♠;♣), die der erste Spieler ausspielt, befolgt werden muss, wenn man dies kann. Diese Variante bewirkt natürlich, dass sich z. B. auf das Ausspielen von Herz viele weitere Herz-Karten folgen müssen. Über einen Stich in den Farben Herz oder Karo wird sich deshalb niemand freuen.

🕑 20 min   † Gruppenarbeit

978-3-12-734432-5 Lambacher Schweizer 7 NRW, Serviceband **S47**

Zahlenjagd

Materialbedarf: Kärtchen mit ganzen Zahlen (evtl. mehrere Sätze), Stoppuhr oder Eieruhr

Spielbeschreibung: Die Kärtchen werden gemischt und auf einem Stapel verdeckt auf den Tisch gelegt. Jede Person erhält die gleiche vereinbarte Anzahl Kärtchen (z. B. 3) und legt sie offen vor sich hin. Dann wird eine Karte offen in die Mitte gelegt. Jetzt müssen alle in einer vereinbarten Zeit (z. B. in 2 min) mit den Zahlen ihrer Kärtchen einen Rechenausdruck aufschreiben, dessen Ergebnis möglichst nah bei dieser Zahl liegt. Dabei dürfen alle Rechenzeichen und Klammern nach Bedarf gesetzt werden.

Beispiel: Kärtchen: 10; −3; 5; Zielzahl: −9; Rechnung: (−3) − 10 + 5 = −8; Abstand 1

-25	-20	-18	-16
-15	-14	-12	-11
-10	-9	-8	-7
-6	-5	-4	-3
-2	-1	1	2
3	4	5	6.
7	8	9.	10
11	12	14	15
16	18	20	25

Ernst Klett Verlag GmbH, Stuttgart 2010

Wachsende Formelsammlung

Tipps und Hilfen für deine Formelsammlung

Terme und Gleichungen

Umfang: U = 2x + 8

Fläche: A = 4x

1 Aufstellen von Termen

– Suche eine **Überschrift**, die du für geeignet hältst.

– Es gibt viele Beispiele aus dem Alltag, bei denen es sinnvoll ist, in einem Rechenvorgang Zahlen durch Platzhalter, so genannte Variablen, zu ersetzen.
Schreibe mindestens ein **Beispiel** auf, an dem du schrittweise beschreibst, wie man beim Aufstellen von Termen vorgeht. (Siehe Schülerbuch Seite 113.)

– Formuliere dazu mit eigenen Worten einen **Merksatz**.

Tipps und Hilfen für deine Formelsammlung

Terme und Gleichungen

2 Gleichwertige Terme

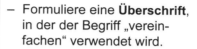

– Formuliere eine **Überschrift**, in der der Begriff „vereinfachen" verwendet wird.

– Vergleiche den Term a+a+a mit dem Term 3 · a. Überlege, weshalb es sinnvoll sein kann, bestimmte Terme durch gleichwertige Terme zu ersetzen. Notiere **Beispiele** wie die im Schülerbuch auf den Seiten 116 und 117, an denen du zeigen kannst, wie man Terme vereinfacht.

– Beschreibe mit eigenen Worten in einem **Merksatz**, was man unter äquivalenten Termen versteht.

Tipps und Hilfen für deine Formelsammlung

Terme und Gleichungen

3 Rechengesetze für Terme

– Notiere eine **Überschrift**.

– Lies sorgfältig die Einführung im Schülerbuch auf der Seite 120 durch und beschreibe an einem passenden **Zahlenbeispiel**, wie man mithilfe der Rechengesetze äquivalente Terme erzeugen kann.

– Schreibe die wichtigsten Gesetze als allgemeine Regel in einen **Merkkasten**.

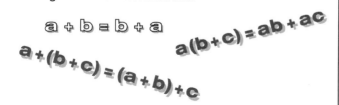

Tipps und Hilfen für deine Formelsammlung

Terme und Gleichungen

Zu diesem Kapitel hast du bisher drei Hefteinträge erstellt. Die folgenden Themeneinträge sollst du jetzt ohne Tipps- und Hilfeblätter in deiner Formelsammlung vornehmen. Die Buchüberschriften dazu lauten:

**4. Gleichungen umformen –
Äquivalenzumformungen**
5. Lösen von Problemen mit Strategien

Es ist gut, wenn du die Überschriften mit eigenen Worten formulierst. Du kannst auch mehrere passende Themen zu einem gemeinsamen Eintrag zusammenfassen.
Wichtig ist nur, dass dein Formelheft am Ende vollständig ist.

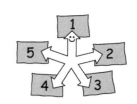

Lernzirkel: Terme und Gleichungen

Mit diesem Lernzirkel kannst du den Lernstoff für das Kapitel „Terme und Gleichungen" selbst üben und vertiefen. Bei jeder Station bearbeitest du ein anderes Thema. Dieses Blatt hilft dir bei der Arbeit. In der ersten Spalte der unteren Tabelle sind die Stationen angekreuzt (Aufgaben aufgelistet), die du auf jeden Fall bearbeiten solltest (Pflichtstationen/-aufgaben). Die anderen Stationen (Aufgaben) sind ein zusätzliches Angebot (Kürstationen/-aufgaben).

Reihenfolge der Stationen
Bevor du die Station 4 bearbeitest, solltest du schon an Station 1 bis 3 trainiert haben. Zur Station 5 kannst du gehen, wenn du Station 1–3 bearbeitet hast.

Stationen abhaken
Wenn du eine Station bearbeitet hast, solltest du sie auf diesem Blatt abhaken. So weißt du immer, was du noch bearbeiten musst. Kläre mit deiner Lehrerin oder deinem Lehrer, wann du deine Lösungen mit dem Lösungsblatt vergleichen darfst. Danach kannst du hinter der Station in der Übersicht das letzte Häkchen machen.

Zeitrahmen
Natürlich musst du auch die Zeit im Auge behalten. Kläre mit deiner Lehrerin oder deinem Lehrer, wie viel Zeit dir insgesamt zur Verfügung steht, und überlege dir dann, wie lange du für eine Station einplanen kannst. Am Ende solltest du auf jeden Fall die Pflichtstationen (Aufgaben) erledigt und deren Themen verstanden haben.

Viel Spaß!

Pflicht (-aufgaben)	Kür (-aufgaben)	Station	bearbeitet	korrigiert
		1. Terme aufstellen		
		2. Terme umformen		
		3. Gleichungen lösen		
		4. Probleme lösen		
		5. Kreuzzahlrätsel		

Ernst Klett Verlag GmbH, Stuttgart 2010

Lernzirkel: 1. Terme aufstellen

1 Gib für die folgenden Rechenvorschriften Terme mit einer Variablen an.
a) Multipliziere eine Zahl mit −0,5 und addiere 4.
b) Subtrahiere von −6 das 1,5fache einer Zahl.
c) Addiere zu einer Zahl 2 und multipliziere danach mit $\frac{1}{3}$.
d) Quadriere die um 5 kleinere Zahl.

2 Wofür stehen jeweils die Variablen?
a) Umfang einer Raute: $4 \cdot z$
b) Oberflächeninhalt eines Würfels: $6 \cdot a \cdot a$
c) Sven ist 3 Jahre älter als Jens: $x - 3$
d) Katja ist 5 Jahre jünger als Jana: $y + 5$

3 Beschreibe die folgenden Terme mit Worten.
a)   b)   c)   d)   e)

$5 \cdot a + 3,5$ $(y - 3) \cdot 7$ $t - 3 : (-4)$ $\frac{1}{2} x \cdot (x + 2)$ $\left(\frac{e}{5}\right)^2$

4 Ordne den folgenden Sätzen die Terme zu und erkläre die Bedeutung der jeweiligen Variablen.
a) Vom doppelten Gewicht 25 kg abziehen.
b) Das Tempo ist jetzt viermal höher.
c) Den Kuchen in vier gleiche Teile zerteilen.
d) Ein Jahr weniger als die Hälfte deines Alters.
e) Das Haus ist 25 m höher als der Bungalow.
f) Es kostet 25 € mehr als das Doppelte des Vorjahrespreises.

$g : 4$ $2 \cdot z + 25$ $\frac{1}{2} h - 1$

$e : 2 - 1$ $\frac{1}{4} c$ $a + 25$ $4 \cdot x$ $2 \cdot y - 25$

5 Bilde mit den Kärtchen
a) eine Summe
b) eine Differenz
c) ein Produkt
d) einen Quotienten.

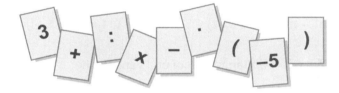

6 Stelle Terme für den Umfang der Figuren auf.
a)   b)   c)

7 Ein Quader hat die Kantenlängen a, $2 \cdot a$ und $5 \cdot a$. Stelle einen möglichst einfachen Term auf, um für ein Kantenmodell des Quaders die Drahtlänge zu bestimmen, die mindestens gebraucht wird.

8 a) Bestimme die Summe der Kantenlängen des Körpers in Fig. 1.
b) Stelle einen Term für den Oberflächeninhalt des Körpers auf, dessen Netz in Fig. 2 dargestellt ist (ohne Klebeflächen).

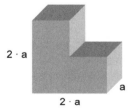

Fig. 1

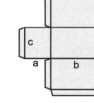

Fig. 2

Lernzirkel: 2. Terme umformen

1 Ergänze folgende Tabelle im Heft.

a)

a	−7,5	−2	0,5	32
16 + 0,5a				

b)

x	−5	−1,5	0,5	15
7x − 1,5				

2 Setze für die Variable nacheinander die Zahlen −12, −3, $-\frac{1}{2}$, 0, 1,5 und 15 ein und berechne jeweils den Termwert. Schreibe die Ergebnisse in einer Tabelle auf.
a) $0,5 \cdot z - 0,5$ b) $(a + 5) \cdot 4$ c) $k + 4 : 5$ d) $0,5c \cdot (c - 5)$

3 Welche Terme sind äquivalent? Begründe durch eine Rechnung.
a) $2,5x - 27,5$ und $(x - 11) \cdot 2,5$ b) $13 - 5y$ und $y \cdot 13 - 5$
c) $-3 \cdot x + 4 - 4 \cdot x + 5$ und $2 + 2x$ d) $6z - 7 + z$ und $7(z - 1)$

4 Paul hat noch Probleme beim Umformen von Termen. Wo stecken die Fehler? Hilf ihm und korrigiere.

a)
$$6a - a = 6$$

b)
$$2y - 2 = y$$

c)
$$-9c + c = -8$$

d)
$$6z + 5 = 11z$$

5 Vereinfache.
a) $6x + 4 + 15x$ b) $11 - 14y + (-7)$ c) $-17z + 3 + (-18z) - 2$ d) $-5,4a + 3,5 - 1,8a$

6 Löse die Klammern auf und vereinfache.
a) $-4x + (3 + 15x)$ b) $5a - (3,5 + 9a)$ c) $-2,5b - (-2 + 1,7b)$
d) $-4z + (-5 + 2,9z) - 3$ e) $0,4t - (11,5 - 3t)$ f) $\frac{5}{7}e + [\frac{1}{6} - (e - 5)]$

7 Löse die Klammern auf und vereinfache.
a) $12 \cdot (3 + 12x)$ b) $0,5 \cdot (9y - 2,8) + 2$ c) $(-2) \cdot (-3 + 18z)$
d) $8 \cdot (-2 + 4b) + (-3b)$ e) $(-3) \cdot (1,5c - 2) - c$ f) $(-2,5) \cdot (1 - 2,5d) + d$

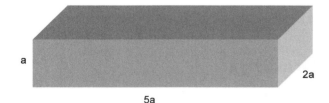

8 Klammere soweit wie möglich aus.
a) $36 + 24 \cdot x$ b) $14y - 7$ c) $-11 \cdot a - 121$ d) $0,5v - 17$

9 Vereinfache soweit wie möglich.
a) $3(x + 2) + 5(0,5 - x)$ b) $-(2a - 4) + 0,5(1 - a)$ c) $-2(2v + 1,5) + 4 \cdot (0,5 - v)$
d) $1,5(-2t + 1) + 6(-5 - 2t)$ e) $-4 \cdot (1,5u - 3) - (1 - u)$ f) $5(-e + 0,2) - 4(0,5 - e)$
g) $(3,5 - c) + (c - 3,5)$ h) $\frac{2}{3}(6s + \frac{3}{4}) - 2(\frac{3}{4}s + 1)$

10 Ein Quader hat die Kantenlängen a, 2a und 5a. Stelle einen Term zur Berechnung des Oberflächeninhalts dieses Quaders auf. Vereinfache diesen Term soweit wie möglich.

a

2a

5a

Lernzirkel: 3. Gleichungen lösen

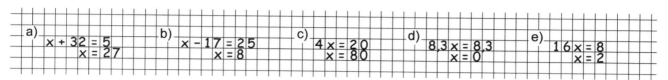

1 Lisa hat sich für die Hausaufgaben nicht viel Zeit genommen. Wo stecken die Fehler? Korrigiere.

a) $x + 32 = 5$
$x = 27$

b) $x - 17 = 25$
$x = 8$

c) $4x = 20$
$x = 80$

d) $8{,}3x = 8{,}3$
$x = 0$

e) $16x = 8$
$x = 2$

2 Welche der Gleichungen sind jeweils zueinander äquivalent? Begründe.

a) $6a = -3a - 3$ und $10a = -3$

b) $-2{,}5y - 15 = 4y - 2$ und $-0{,}5y = 1$

c) $b + \frac{1}{2}(4 - 3b) = -(b - 2)$ und $b = 0$

d) $12x - 18 = 0$ und $12 - 18x = 0$

3 Löse die folgenden Gleichungen. Überprüfe deine Lösungen mit einer Probe.

a) $4y - 21 = -5$

b) $-1{,}5x + 3{,}6 = -6{,}9$

c) $\frac{1}{2}t - 7{,}8 = \frac{1}{5}$

d) $-z - 3 = 0{,}25z$

e) $7{,}5c = -4c - 23$

f) $0 = -2a - 37$

g) $-b + 5 = 3b - 15$

h) $4{,}8f - 3 = 1{,}2f - 1{,}2$

i) $1{,}3 - 2{,}5v - 9 = -1{,}25v - 7{,}7$

j) $2(4n + 5) - 7 = -1$

k) $5x - 4(-0{,}5x + 2) = -(7 + 3x)$

l) $4 - (6w - 1{,}5) = 3w - 0{,}2(25 + 10w)$

4 Ergänze zu einer äquivalenten Gleichung.

a) $x = -3$ und $x - \boxed{} = -15$

b) $-z = 12{,}5$ und $6 + 2z = \boxed{}$

c) $-4w = -0{,}8$ und $-10w - \boxed{} = 5$

d) $\frac{1}{4}y = -3$ und $\boxed{} + 0{,}25y = -3$

5 Gib jeweils drei Gleichungen mit der folgenden Lösung an.

a) -6

b) $\frac{4}{5}$

c) $2{,}2$

d) $-0{,}75$

6 Prüfe, welche der folgenden Gleichungen allgemein gültig sind, welche eine Lösung haben und welche nicht lösbar sind.

a) $2(x - 3) = -0{,}5(8 - 3x)$

b) $2(x - 3) = -0{,}5(8 - 4x)$

c) $2(x - 3) = -0{,}5(12 - 3x)$

d) $2(x - 3) = -0{,}5(12 - 4x)$

e) $7{,}5x - 4{,}5 = 3(-1{,}5 + 4x) - 4{,}5x$

f) $7{,}5x - 5{,}4 = 3(-1{,}5 + 4x) - 4{,}5x$

g) $7{,}5x - 4{,}5 = 3(-2{,}5 + 4x) - 5{,}5x$

h) $7{,}5x - 4{,}5 = 3(-1{,}5 + 4x) - 5{,}5x$

7 Tinas Opa ist fünfmal so alt wie sie. Zusammen sind die beiden 78 Jahre alt. Wie alt ist Tina?

8 Zum Knobeln:

1.

2.

3.

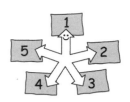

Lernzirkel: 4. Probleme lösen

1 Zahlenrätsel

a) Multipliziert man eine Zahl mit −5 und addiert 23, so erhält man −22.

b) Addiert man 3,5 zu einer Zahl und multipliziert dann mit 0,4, so ergibt sich 1,2.

c) Vermindert man das 3fache einer Zahl um 13, so erhält man dasselbe wie das 7fache der Zahl um 14 vermindert.

d) Welche vier aufeinanderfolgenden natürlichen Zahlen haben die Summe 120?

2 Geometrie

a) Ein Rechteck hat einen Umfang von 32 cm. Die eine Seite ist viermal so lang wie die andere. Wie groß sind die Rechteckseiten?

b) Verlängert man die Seite eines Quadrates um 7,5 cm, so vervierfacht sich der Umfang des Quadrates. Wie lang ist die Seite?

c) Du hast 1,5 m Draht zur Verfügung, um für einen Quader mit den Kantenlängen a, 2a und 3a ein Kantenmodell zu erstellen. Wie lang kann die Seite a höchstens werden?

3 Altersrätsel

a) Ein Vater ist 47 Jahre, seine Tochter 11 Jahre alt. In wie vielen Jahren wird der Vater 3-mal so alt sein wie seine Tochter?

b) Eine Mutter ist heute 4-mal so alt wie ihr Sohn. In vier Jahren ist die Mutter noch 3-mal so alt wie ihr Sohn. Wie alt sind Mutter und Sohn heute?

4 Vermischtes aus dem Alltag

a) Von einem 1 kg schweren Käse werden 20 gleich schwere Scheiben abgeschnitten. Es bleiben 600 g übrig. Wie schwer ist eine Scheibe?

b) Aus einem Krug mit 4 Liter Apfelsaft werden 12 gleich große Gläser gefüllt. Es bleiben 0,4 Liter übrig. Wie viel Liter Apfelsaft ist in den einzelnen Gläsern?

c) Von einer 2,50 m langen Leiste werden 4 gleich lange Stücke abgesägt. Es bleibt ein 10 cm langer Rest übrig. Wie lang ist jedes abgesägte Stück?

Lernzirkel: 5. Kreuzzahlrätsel

Löse die folgenden 15 Aufgaben im Heft und trage deine Ergebnisse zur Kontrolle in das Raster ein.

Waagerecht:
Bestimme die Termwerte für a = –2 und b = 6.

1 $16b - 3a + 7b - 2{,}5a$

3 $-23a + b^2 - 19a + 10 \cdot (-b)$

5 $15a^2 - 70a + 12{,}5b$

7 $36 (35b - 34a) - 33a + 32b$

9 $-16ab - 28b + (-a) \cdot 16$

11 $7{,}5a^2 - 5b$

13 $(b + a)^2 + ab$

15 $-111a + 222b - 333ab$

Senkrecht:
Löse die Gleichungen.

2 $-4 (0{,}5x + 1) = - (3x - 5)$

4 $5 (z - 3) + 9z = 13z - 2(z - 3)$

6 $-7y + 3{,}5 + 11y = 12{,}5 + 1{,}5y + 21$

8 $-[8 - (5u - 10)] = -5 (u - 5) + 8u - 3$

10 $-\frac{1}{2} (-v + 9) = \frac{2}{5} (v + 75)$

12 $(6{,}6t + 1) \cdot 2{,}5 = 4{,}5 (2t + 11) - 7 (-t + 1) - 2{,}5^2$

14 $-(w + 1) = -(1 - 2w) - 1$

$(a^2 = a \cdot a)$

Kontrolle: Die Summe aller Ziffern in den Lösungsfeldern 1 bis 15 ist 54.

Lösungen gesucht

Materialbedarf: pro Person 1 Spielfigur und 1 Farbstift; 1 Würfel

Spielregeln: Stellt eure Spielfiguren auf das Startfeld. Würfelt abwechselnd. Wer an der Reihe ist, setzt seine Spielfigur entsprechend der gewürfelten Augenzahl vor und löst die Gleichung. Der Partner kontrolliert das Ergebnis. Ist es richtig, darf der Spieler das Feld mit seiner Farbe ausmalen. Ist es falsch, wandert der Spieler zwei Schritte vor. Kommt man auf ein Feld, das schon gefärbt ist, muss man auf dem Feld stehen bleiben und auf die nächste Runde warten. Das Spiel ist beendet, wenn die erste Figur das Ziel erreicht hat. Sieger ist, wer die meisten Felder mit seiner Farbe gekennzeichnet hat. Der Verlierer löst die übrig gebliebenen Gleichungen.

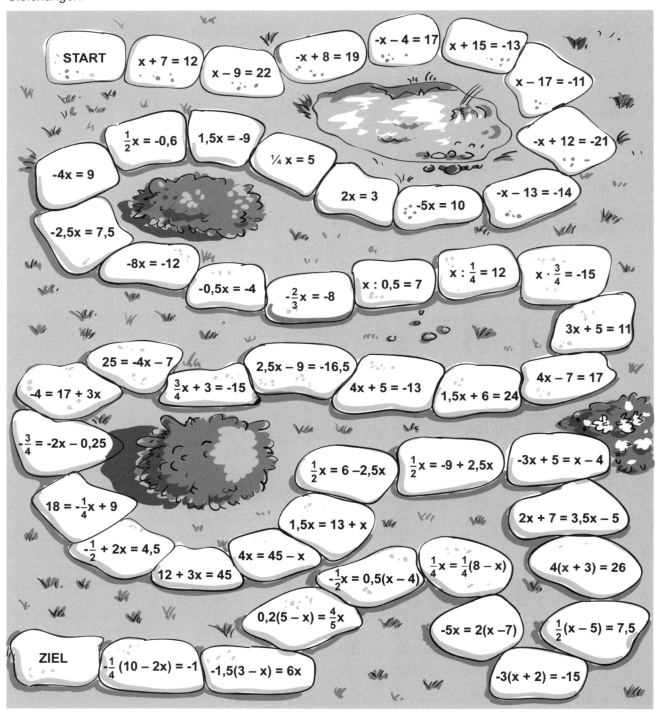

Gleichungstennis

Spielt euch die Lösungen zu. Die Lösungen der einen Seite werden in die Gleichungen auf der anderen Seite eingesetzt. Die ersten Buchstaben der Lösungszahlen auf jeder Seite ergeben jeweils ein Lösungswort.

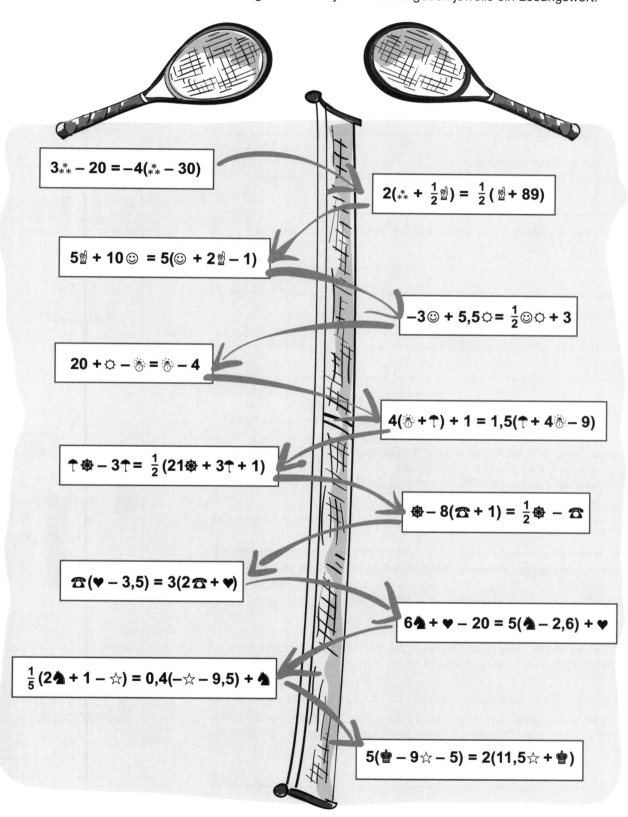

Ernst Klett Verlag GmbH, Stuttgart 2010

Die 7b bastelt

1 Tobias und Lisa stellen Weihnachtskarten her. Für die Kerzen verwenden sie Samtband.

a) Wie lang muss das Samtband für eine Karte sein? Stelle einen Term auf und fasse gleiche Glieder zusammen.

Tobias   Lisa: _____

Tobias: _____

b) Wie viel m Samtband brauchen sie für jeweils 10 Karten, wenn x = 5 cm und y = 2x lang ist?

_____

2 Martin baut Kerzenständer.

a) Gib die Gesamtlänge des Rundholzes mithilfe eines Terms an.

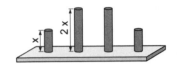

_____

b) Wie viel Rundholz muss Martin kaufen, wenn x = 8 cm lang ist?

_____

3 Ute möchte diesen Kerzenhalter herstellen. Sie hat eine 1 m lange Holzleiste. Reicht sie aus, wenn x = 4,5 cm lang ist?

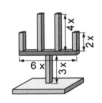

_____

_____

4 Jana, Anne und Jens stellen Engel in drei Größen her.
Gib jeweils die Länge von Rundholz und Holzstäben mit einem Term an.

a) Jana fertigt von jeder Sorte einen Engel an.

b) Jens baut 3 kleine und 2 große Engel.

c) Anne stellt 2 kleine, 4 mittlere und 3 große Engel her.

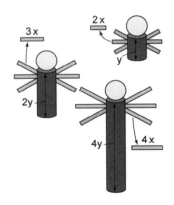

a) _____   b) _____

c) _____

d) Berechne den gesamten Materialbedarf für x = 2,5 cm und y = 8 cm.

Holzstäbe: _____   Rundholz: _____

5 Andreas möchte Bilderrahmen bauen.

a) Wie viel Meter einer 3 cm breiten Holzleiste braucht er mindestens für einen Rahmen, wenn a = 8,5 cm ist?

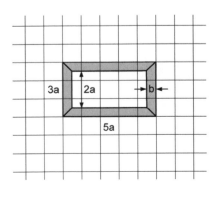

_____

b) Kann er aus einer 1 m langen und 2 cm breiten Holzleiste auch einen Rahmen nach den Vorgaben bauen? Wie groß kann dann a höchstens sein?

_____

Modeschmuck

1 Hanna verziert Sicherheitsnadeln mit Perlen, um daraus modische Schmuckstücke herzustellen.
a) Wie viele Perlen benötigt Hanna für die einzelnen Nadeln? Stelle Terme auf.

N1:_____ N2:_____ N3:_____ N4:_____

b) Für einen Ohrring benötigt Hanna eine Nadel der Sorte N1 und eine Nadel der Sorte N2. Stelle einen Term für den Perlenverbrauch auf und vereinfache.

_____

2 Stelle weitere Terme für den Perlenverbrauch auf.
a) Ein Ohrring erhält je eine Nadel N3 und N4.

_____

b) Für eine Kette werden 3 Nadeln der Sorte N2 benötigt und 8 Perlen der Sorte a.

_____

c) Eine Kette enthält 3-mal N1, 1-mal N4 und Perlen: 6-mal a und 12-mal c.

_____

3 Bastian und Irina fädeln die Perlen auf elastische Nylonfäden auf, um daraus Armbänder herzustellen.
a) Bestimme die Länge der Armbänder mithilfe von Termen.

A1:_____

A2:_____

A3:_____

b) Berechne die Kosten für das Armband A1. Der Nylonfaden kostet 10 Cent.

_____

4 Entwirf selbst Muster für ein Armband und für einen Ohrring. Ermittle mithilfe von Termen den Materialbedarf und die Kosten.

N:_____

A:_____

_____

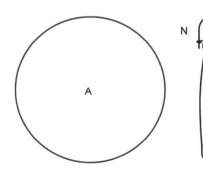

Perle a
(2 mm, 4 Cent)

Perle b
(2 cm, 12 Cent)

Perle c
(3 mm, 5 Cent)

Perle d
(3 cm, 20 Cent)

Perle e
(5 cm, 25 Cent)

Schmetterlingsperle s
(1 cm, 40 Cent)

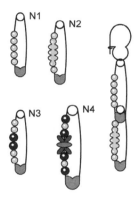

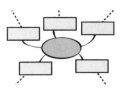

Wettbewerb:
Wer erstellt das beste Mind-Map zu „Terme und Gleichungen"?

Materialbedarf: Schere, Plakatpapier

Schneide zunächst die Kärtchen aus. Begriffe, die zusammengehören, sollst du unter geeigneten Oberbegriffen zusammenfassen. Es wurden auch einige Begriffe untergemogelt, die mit dem Thema gar nichts zu tun haben.

Vergleiche deine Anordnung mit der eines Mitschülers oder einer Mitschülerin. Versucht euch gegenseitig Begriffe zu erklären und sucht passende Beispiele dazu.

Erstellt anschließend auf einem großen Blatt ein Mind-Map mit dem Thema „Terme und Gleichungen". Entscheidet ausgehend von eurer Anordnung der Kärtchen, für welche Begriffe ihr Hauptäste und Zweige anlegen möchtet. Versucht auch eigene Beispiele zu finden und in euer Mind-Map einzubauen.

Zuletzt stellen einige Schülerinnen und Schüler der Klasse jeweils kurz ihr Mind-Map vor. Die Klasse berät gemeinsam, wer die Aufgabe am besten gelöst hat.

Rechnen mit Termen	gleichwertig	vereinheitlichen	ausklammern	Term aufstellen
Steigerung	ordnen	Schnittmenge	Selbe Zahl multiplizieren oder dividieren	Zahlenbereich
Aufstellen von Termen	potenzieren	vereinfachen	Term subtrahieren oder addieren	Gleichung
Klammer auflösen	ausmultiplizieren	alle Lösungen	Äquivalenz-umformungen	Kommutativgesetz
äquivalent	umformen	Terme mit einer Variablen	Assoziativgesetz	Grundwert
Lösen von Gleichungen	Multiplikation oder Division mit Zahl < 0	Distributivgesetz	Waage	Probe

978-3-12-734432-5 Lambacher Schweizer 7 NRW, Serviceband **S60**

Ernst Klett Verlag GmbH, Stuttgart 2010

Zur Deckung gebracht

Spielbeschreibung: Die Klasse wird in zwei Mannschaften eingeteilt. Die Felder der Folie sind durch selbstklebende Papierstücke abgedeckt. Der Lehrer deckt nun am Tageslichtprojektor ein Feld nach dem anderen auf. Die Schülerinnen und Schüler müssen jeweils versuchen, die beiden deckungsgleichen Figuren zu finden.
Die Mannschaft, der dies zuerst gelingt, erhält einen Punkt.

Spielvariante: Eine Bearbeitung in Einzel- oder Partnerarbeit ist ebenfalls möglich.

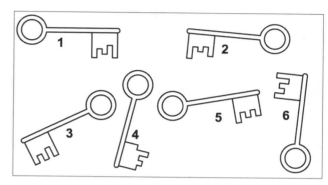

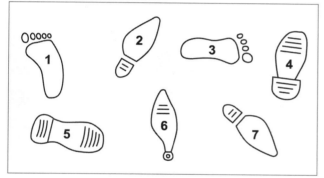
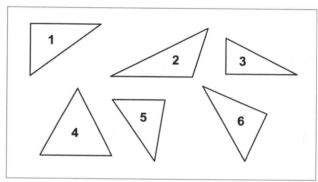

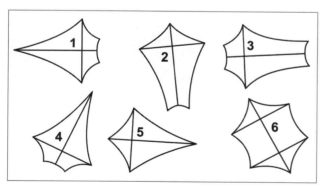
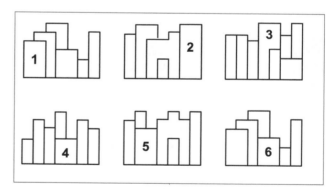

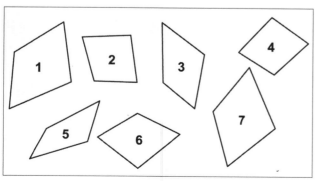

Gruppenpuzzle: Kongruenzsätze

Problemstellung
Mit diesem Gruppenpuzzle sollt ihr erarbeiten, welche und wie viele Stücke (Seitenlänge und Innenwinkel) eines Dreiecks ABC mindestens bekannt sein müssen, damit ein kongruentes Dreieck konstruiert werden kann.

Ablaufplan
Es gibt insgesamt vier Teilthemen:
Kongruenzsatz sss, Kongruenzsatz sws, Kongruenzsatz wsw, Kongruenzsatz Ssw

Arbeit in Stammgruppen (30 min)
Teilt eure Klasse in Stammgruppen mit mindestens vier Mitgliedern auf.
Zwei Figuren heißen zueinander kongruent, wenn man sie so übereinander legen kann, dass sie sich vollständig zur Deckung bringen lassen.
Jeder der Gruppe zeichnet nun auf weißes Papier vier verschiedene Paare kongruenter Dreiecke und schneidet sie aus.
Anschließend legt ihr die Dreiecke auf den Tisch und verteilt sie. Ihr dürft die Dreiecke auch umdrehen.
Der jüngste Teilnehmer beginnt. Er wählt per Augenmaß ein Paar Dreiecke aus (aber keines von denen, die er selbst ausgeschnitten hat). Die anderen prüfen anschließend durch Übereinanderlegen, ob die Dreiecke zueinander kongruent sind. Falls ja, werden sie vom Tisch genommen und der Spieler erhält einen Punkt. Unabhängig davon, ob die Auswahl der Dreiecke richtig war, ist nun der nächste Spieler dran.
Bestimmt anschließend in eurer Stammgruppe mindestens eine Schülerin bzw. einen Schüler pro Teilthema. Sie werden zu Experten für dieses Teilthema.

Erarbeitung der Teilthemen in den Expertengruppen (45 min)
Die Stammgruppe löst sich auf und die Experten zu jedem Teilthema bilden die Expertengruppe.
Dort wird anhand der Blätter für die Expertengruppen das jeweilige Teilthema erarbeitet.

Ergebnispräsentation in den Stammgruppen (45 min)
Kehrt wieder in eure Stammgruppen zurück.
Dort informiert jeder Experte die anderen Stammgruppen-mitglieder über sein Teilthema, steht für Rückfragen zur Verfügung und schlägt einen Heftaufschrieb vor, den die Anderen (ggf. noch verbessert) übernehmen.
Am Ende sollte jeder von euch alle Teilthemen verstanden haben.

Ergebniskontrolle und Übungen in den Stammgruppen (35 min)
Im Schülerbuch auf Seite 155 und Seite 157 (Aufgabe 10) findet ihr Informationen zu den Kongruenzsätzen. Lest sie durch und kontrolliert so euren Heftaufschrieb.
Bearbeitet anschließend in den Stammgruppen bzw.
als Hausaufgabe im Schülerbuch auf Seite 156 die Aufgaben 1 und 2, auf Seite 157 die Aufgaben 4, 5 und 10. Kontrolliert eure Ergebnisse.

Expertengruppe 1: Kongruenzsatz sss

Problemstellung
Welche und wie viele Stücke (Seitenlänge und Innenwinkel) eines Dreiecks ABC müssen mindestens bekannt sein, damit ein Dreieck eindeutig konstruiert werden kann?

Erarbeitung
Peter hat Schwierigkeiten bei der Hausaufgabe und bittet Tina am Telefon um Hilfe.
Sie antwortet: „Das Lösungsdreieck hat die Seitenlängen 3 cm und 6 cm."

1 Konstruiert wie Peter folgende Dreiecke ABC.
Tipp: Achtet auf die richtige mathematische Bezeichnung. Eine Planfigur hilft.

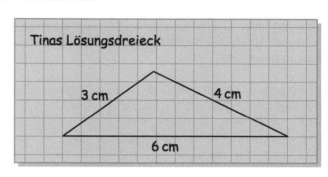

a) $a_1 = 4\,cm$, $b_1 = 3\,cm$, $c_1 = 6\,cm$
b) $a_2 = 6\,cm$, $b_2 = 4\,cm$, $c_2 = 3\,cm$
c) $a_3 = 3\,cm$, $b_3 = 6\,cm$, $c_3 = 6\,cm$
d) $a_4 = 4\,cm$, $b_4 = 3\,cm$, $c_4 = 6\,cm$

Alle diese Dreiecke erfüllen Tinas telefonische Angaben.
Welche der Dreiecke sind jedoch tatsächlich kongruent zu Tinas Lösungsdreieck, welche nicht? Prüft eventuell durch Messung nach.
Woran liegt das?

2 Welche zusätzliche Angabe hätte Tina machen müssen, damit Peter am nächsten Tag die Hausaufgabe auf jeden Fall richtig hat? Worin müssen also zwei Dreiecke übereinstimmen, damit sie kongruent sind? Formuliert einen passenden Merksatz. Nennt ihn Kongruenzsatz sss.

3 Entscheidet unter Anwendung eures Merksatzes ohne Konstruktion, ob die beiden Dreiecke ABC und DEF kongruent sind.
a) $\overline{AB} = 7\,cm$, $\overline{BC} = 4\,cm$, $\overline{AC} = 5\,cm$ und $\overline{DE} = 5\,cm$, $\overline{EF} = 7\,cm$, $\overline{DF} = 4\,cm$
b) $\overline{AB} = 3\,cm$, $\overline{BC} = 9\,cm$, $\overline{AC} = 8\,cm$ und $\overline{DE} = 3\,cm$, $\overline{FE} = 9\,cm$, $\overline{FD} = 7\,cm$
c) $\overline{AB} = 2\,cm$, $\overline{BC} = 6\,cm$, $\overline{AC} = 5\,cm$ und $\overline{DE} = 4\,cm$, $\overline{FE} = 6\,cm$, $\overline{FD} = 2\,cm$

Vorbereitung der Ergebnispräsentation
Jeder von euch muss in seiner Stammgruppe die hier erarbeiteten Lerninhalte präsentieren können.
Dazu ist notwendig, dass ihr
– eine übersichtliche Musterlösung der Aufgaben erstellt,
– die wesentlichen Schritte eurer Lösung erläutern und für Rückfragen zur Verfügung stehen könnt und
– einen sinnvollen, klar gegliederten Heftaufschrieb erstellt. Dieser sollte eine Überschrift, den ausformulierten Kongruenzsatz sowie eine Beispielaufgabe enthalten.

978-3-12-734432-5 Lambacher Schweizer 7 NRW, Serviceband **S63**   Ernst Klett Verlag GmbH, Stuttgart 2010

Expertengruppe 2: Kongruenzsatz sws

Problemstellung
Welche und wie viele Stücke (Seitenlänge und Innenwinkel) eines Dreiecks ABC müssen mindestens bekannt sein, damit ein kongruentes Dreieck konstruiert werden kann?

Erarbeitung
Die Länge eines Sees kann nicht direkt gemessen werden.
Daher wird von Vermessungsingenieuren ein Punkt im Gelände gewählt und dessen Entfernungen zu den äußersten Punkten des Sees ermittelt. Durch Konstruktion eines passenden Dreiecks im Maßstab 1:100 000 (siehe Lageplan) soll dann die Länge des Sees bestimmt werden.

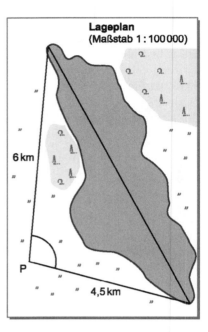

1 Folgende Dreiecke ABC stimmen mit den zwei Messwerten der Ingenieure (Maßstab 1:100 000) überein.
a) $b_1 = 6\,cm$, $c_1 = 4,5\,cm$, $\alpha_1 = 100°$
b) $b_2 = 6\,cm$, $c_2 = 4,5\,cm$, $\beta_2 = 100°$
c) $a_3 = 6\,cm$, $b_3 = 4,5\,cm$, $\gamma_3 = 100°$
d) $b_4 = 6\,cm$, $c_4 = 4,5\,cm$, $\alpha_4 = 60°$

Konstruiert diese Dreiecke und markiert die gegebenen Stücke rot.
Tipp: Achtet auf die richtige mathematische Bezeichnung. Eine Planfigur hilft dabei. Welche der Dreiecke sind kongruent zueinander, welche nicht? Woran liegt das?

2 Welche zusätzliche Messung müssen die Ingenieure also machen, damit sich die Länge des Sees eindeutig bestimmen lässt?
Worin müssen zwei Dreiecke übereinstimmen, damit sie kongruent sind?
Formuliert einen passenden Merksatz. Nennt ihn Kongruenzsatz sws.

3 Entscheidet unter Anwendung eures Merksatzes ohne Konstruktion, ob die beiden Dreiecke ABC und A'B'C' kongruent sind.
a) $a = 3\,cm$, $b = 6\,cm$, $\gamma = 20°$ und $b' = 3\,cm$, $c' = 6\,cm$, $\alpha' = 20°$
b) $a = 2\,cm$, $b = 4\,cm$, $\gamma = 60°$ und $a' = 2\,cm$, $c' = 4\,cm$, $\alpha' = 60°$
c) $a = 1\,cm$, $b = 3\,cm$, $\gamma = 40°$ und $b' = 1\,cm$, $c' = 3\,cm$, $\alpha' = 30°$

Vorbereitung der Ergebnispräsentation
Jeder von euch muss in seiner Stammgruppe die hier erarbeiteten Lerninhalte präsentieren können.
Dazu ist notwendig, dass ihr
– eine übersichtliche Musterlösung der Aufgaben erstellt,
– die wesentlichen Schritte eurer Lösung erläutern und für Rückfragen zur Verfügung stehen könnt und
– einen sinnvollen, klar gegliederten Heftaufschrieb erstellt.
  Dieser sollte eine Überschrift, den ausformulierten Kongruenzsatz sowie eine Beispielaufgabe enthalten.

Expertengruppe 3: Kongruenzsatz wsw

Problemstellung
Welche und wie viele Stücke (Seitenlänge und Innenwinkel) eines Dreiecks ABC müssen mindestens bekannt sein, damit ein kongruentes Dreieck konstruiert werden kann?

Erarbeitung
Um ein einheitliches Bild zu erhalten, sind in einem Neubaugebiet laut Bebauungsplan nur Hausgiebel mit den Dachneigungen 35° und 60° zulässig (siehe Abbildung).

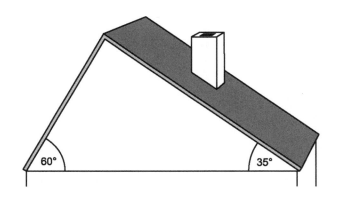

1 Folgende Dreiecke ABC erfüllen die im Bebauungsplan aufgeführten Vorschriften für Hausgiebel (Maßstab 1:100).
a) $c_1 = 8\,cm$, $\alpha_1 = 60°$, $\beta_1 = 35°$
b) $c_2 = 10\,cm$, $\alpha_2 = 60°$, $\beta_2 = 35°$
c) $a_3 = 8\,cm$, $\alpha_3 = 60°$, $\beta_3 = 35°$
d) $b_4 = 8\,cm$, $\alpha_4 = 60°$, $\gamma_4 = 35°$

Konstruiert diese Dreiecke und markiert die gegebenen Stücke rot.
Tipp: Achtet auf die richtige mathematische Bezeichnung. Eine Planfigur hilft.
Welche der Dreiecke sind kongruent, welche nicht?
Woran liegt das?

2 Welche Abmessung müsste die Baubehörde zusätzlich vorschreiben, damit die Giebel aller neu gebauten Häuser gleich aussehen?
Worin müssen zwei Dreiecke übereinstimmen, damit sie kongruent sind?
Formuliert einen passenden Merksatz. Nennt ihn Kongruenzsatz wsw.

3 Entscheidet unter Anwendung eures Merksatzes ohne Konstruktion, ob die beiden Dreiecke ABC und A'B'C' kongruent sind.
a) $a = 5\,cm$, $\beta = 55°$, $\gamma = 68°$ und $b' = 5\,cm$, $\gamma' = 68°$, $\alpha' = 55°$
b) $b = 7{,}5\,cm$, $\alpha = 35°$, $\gamma = 88°$ und $c' = 7{,}5\,cm$, $\alpha' = 35°$, $\beta' = 88°$
c) $a = 8{,}7\,cm$, $\beta = 45°$, $\gamma = 67°$ und $b' = 8{,}7\,cm$, $\alpha' = 45°$, $\gamma' = 68°$

Vorbereitung der Ergebnispräsentation
Jeder von euch muss in seiner Stammgruppe die hier erarbeiteten Lerninhalte präsentieren können.
Dazu ist notwendig, dass ihr
– eine übersichtliche Musterlösung der Aufgaben erstellt,
– die wesentlichen Schritte eurer Lösung erläutern und für Rückfragen zur Verfügung stehen könnt und
– einen sinnvollen, klar gegliederten Heftaufschrieb erstellt.
  Dieser sollte eine Überschrift, den ausformulierten Kongruenzsatz sowie eine Beispielaufgabe enthalten.

Expertengruppe 4: Kongruenzsatz Ssw

Problemstellung
Welche und wie viele Stücke (Seitenlänge und Innenwinkel) eines Dreiecks ABC müssen mindestens bekannt sein, damit ein kongruentes Dreieck konstruiert werden kann?

Erarbeitung
1 Gegeben sind vier Dreiecke ABC.
Worin stimmen sie jeweils mit dem abgebildeten Dreieck überein?
a) $c_1 = 3{,}6\,cm$, $a_1 = 4{,}7\,cm$, $\alpha_1 = 38°$
b) $c_2 = 3{,}6\,cm$, $a_2 = 4{,}7\,cm$, $\gamma_2 = 28°$
c) $a_3 = 4{,}7\,cm$, $b_3 = 7\,cm$, $\beta_3 = 114°$
d) $a_4 = 4{,}7\,cm$, $b_4 = 7\,cm$, $\alpha_4 = 38°$

Konstruiert die Dreiecke.
Tipp: Achtet auf die richtige mathematische Bezeichnung. Eine Planfigur hilft.

Bei welcher Dreieckskonstruktion ergibt sich nur ein Dreieck?
Ist dieses zum abgebildeten Dreieck kongruent?
Bei welchen Konstruktionen ergeben sich dagegen zwei Lösungsdreiecke?
Sind sie jeweils zum abgebildeten Dreieck kongruent?

2 Stimmen zwei Dreiecke also in zwei Seiten und einem Winkel überein, so sind sie nicht unbedingt kongruent. Welche zusätzliche Bedingung muss gelten, damit dies der Fall ist?
Formuliert einen passenden Merksatz. Nennt ihn Kongruenzsatz Ssw.

3 Entscheidet, falls möglich, ohne Konstruktion unter Anwendung eures Merksatzes, ob die beiden Dreiecke ABC und A'B'C' kongruent sind oder nicht.
a) $a = 3\,cm$, $b = 6\,cm$, $\beta = 20°$ und $c' = 3\,cm$, $a' = 6\,cm$, $\alpha' = 20°$
b) $c = 2\,cm$, $b = 4\,cm$, $\gamma = 60°$ und $a' = 2\,cm$, $b' = 4\,cm$, $\alpha' = 60°$
c) $a = 1\,cm$, $b = 3\,cm$, $\beta = 40°$ und $b' = 1\,cm$, $c' = 3\,cm$, $\gamma' = 30°$

Vorbereitung der Ergebnispräsentation
Jeder von euch muss in seiner Stammgruppe die hier erarbeiteten Lerninhalte präsentieren können.
Dazu ist notwendig, dass ihr
– eine übersichtliche Musterlösung der Aufgaben erstellt,
– die wesentlichen Schritte eurer Lösung erläutern und für Rückfragen zur Verfügung stehen könnt und
– einen sinnvollen, klar gegliederten Heftaufschrieb erstellt.
  Dieser sollte eine Überschrift, den ausformulierten Kongruenzsatz sowie eine Beispielaufgabe enthalten.

Dreieckskonstruktionen am Computer

1 Dreiecksungleichung

Zeichne mit einem Geometrieprogramm eine Strecke $\overline{AB}$ der Länge 9 cm. Zeichne dann einen Kreis um B mit dem Radius 5 cm. Markiere einen beliebigen Kreispunkt und nenne ihn C. Zeichne durch Verbinden der Punkte das Dreieck ABC. Bestimme durch Messung die Länge der Dreieckseiten.
Verändere durch Ziehen die Lage des Punktes C.
a) Wie verändert sich das Dreieck? Notiere deine Beobachtungen.
b) Wie lang muss (darf) die Strecke $\overline{AC}$ mindestens (höchstens) sein, damit überhaupt ein Dreieck vorliegt? Begründe.

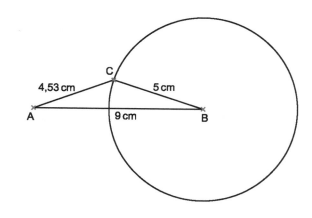

2 Der Kongruenzsatz www

Zeichne eine Strecke $\overline{AB}$ beliebiger Länge. Trage bei A den Winkel $\alpha = 20°$ und bei B den Winkel $\beta = 60°$ ab. Markiere den Schnittpunkt der beiden Schenkel und nenne ihn C. Zeichne durch Verbinden der Punkte das Dreieck ABC.
a) Wie groß ist der Winkel γ? Überprüfe deine Vermutung durch eine Messung. Miss dann auch die Weite der anderen Winkel.
b) Verändere nun durch Ziehen die Lage des Punktes B.
Welche Dreiecksgrößen verändern sich und welche bleiben gleich? Notiere deine Beobachtungen. Kann es einen Kongruenzsatz www geben? Begründe.

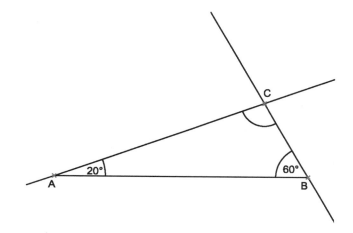

3 Der Kongruenzsatz Ssw

Zeichne eine Strecke $\overline{AB}$ der Länge 7 cm. Trage bei B den Winkel $\beta = 40°$ ab. Erzeuge einen Punkt R so, dass der Kreis um A durch R den Schenkel des Winkels zweimal schneidet.
Markiere die Schnittpunkte und nenne sie C_1 und C_2. Verbinde A mit den Punkten C_1 und C_2.
a) Die entstandenen Dreiecke ABC_1 und ABC_2 stimmen in zwei Seiten und einem Winkel überein. Sind sie kongruent? Begründe.
b) Bestimme durch Messung den Radius des Kreises. Verändere dann den Radius durch Ziehen am Kreispunkt R. Für welche Radien liegt nur noch ein mathematisch richtig orientiertes Dreieck ABC vor?
c) Erläutere, welcher Kongruenzsatz mit dieser Figur veranschaulicht werden kann.

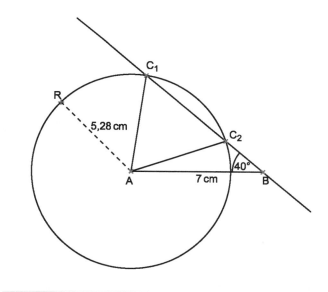

Dreieckskampf (1)

Materialbedarf: 20 Dreiecke pro Gruppe (siehe auch Kopiervorlage S 69), Schere, Zirkel, Geodreieck, Zeichenpapier

Vorbereitung: Schneide die 20 Dreiecke sorgfältig aus.

Spielbeschreibung: Die Klasse wird in Gruppen zu etwa drei Personen eingeteilt. Jede Gruppe benötigt einen Dreieckssatz. Die Dreiecke werden verdeckt auf den Tisch gelegt.
In der ersten Spielrunde zieht jeder Spieler ein Dreieck und entscheidet, ob dieses anhand der gegebenen Größen eindeutig konstruierbar ist, wobei er dies durch einen Kongruenzsatz begründen muss. Falls das Dreieck seiner Meinung nach nicht eindeutig konstruierbar ist, muss er dies dadurch beweisen, dass er zwei zueinander nicht kongruente Dreiecke mit den gegebenen Größen zeichnet. Bei richtiger Begründung oder Konstruktion hat der Spieler das Dreieck gewonnen, bei falscher Begründung oder Konstruktion wird es wieder verdeckt zurückgelegt.
Sind alle Spieler mit ihrer Begründung oder Konstruktion fertig, beginnt die nächste Spielrunde. Am Ende gewinnt der Spieler, der die meisten Dreiecke gewonnen hat.

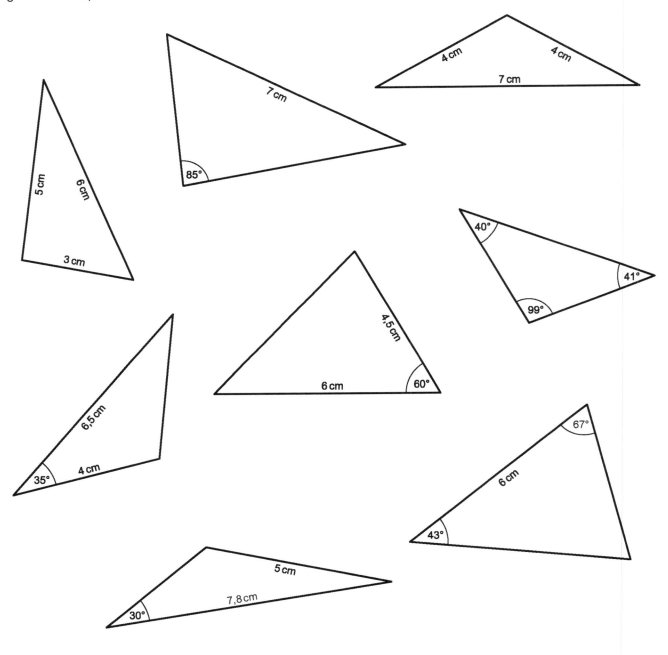

Dreieckskampf (2)

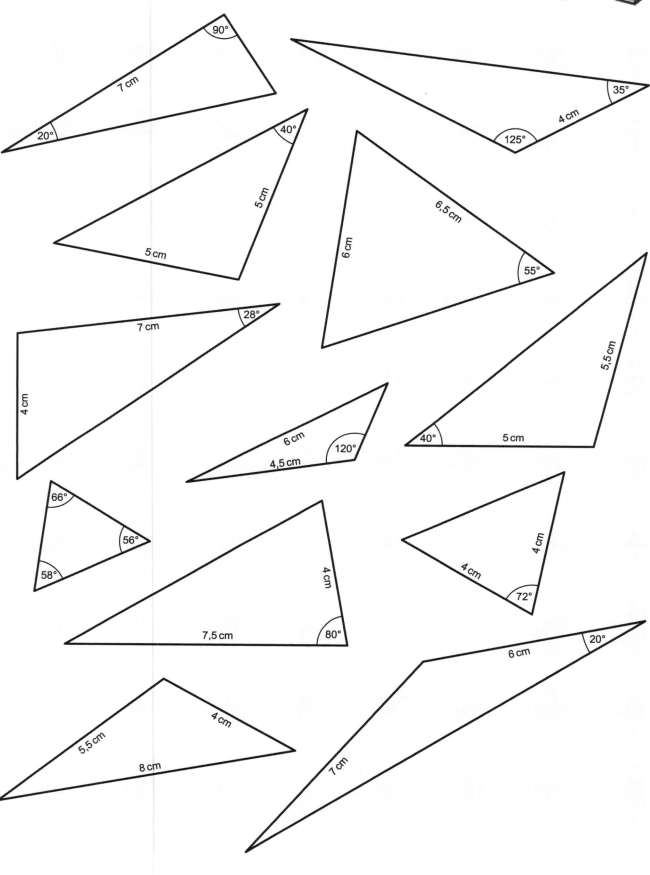

Walbeobachtung mit Folgen – Wo ist die Kamera?

Die Mannschaft des Forschungsschiffs Orca befindet sich zurzeit bei rauer See an der norwegischen Fjordküste, um nach Minkwalen Ausschau zu halten. Plötzlich taucht eine Gruppe von Blauwalen auf, die nun das Schiff begleiten. Sie sind fast so lang wie ein Flugzeug des Typs Boing 737! Ausgewachsene Tiere messen gewöhnlich 24–27 Meter, Neugeborene ungefähr 7 Meter. Alle Kameras werden sofort in Position gebracht. Die Unterseite der Schwanzflosse (Fluke) ist bei jedem Wal ein unverwechselbares Merkmal. Forscher aus allen Ländern fotografieren die *Fluken* und archivieren die Fotos in einer speziellen Datenbank.

Die Expeditionscrew der Orca macht ihre Kameras bereit. Dabei passiert es.
Eine ihrer wertvollsten Unterwasserkameras geht über Bord und muss nun von den Tauchern unbedingt gefunden werden. Mit dem Echolotverfahren messen die Experten eine Meerestiefe von etwa 45 m. Da sich die Taucher ohne Risiko nur etwa 10 min in dieser Tiefe aufhalten können, muss die Crew sofortige Vorbereitungen treffen und die Wale schweren Herzens ziehen lassen. Das erste Tauchteam geht schnell ins Wasser, da die Strömung nicht leicht abzuschätzen ist und die Kamera deshalb abdriften kann. Die Taucher suchen nach dem Suchprinzip des Spiralmusters. Sie finden die Kamera in einer Felsspalte festgeklemmt, kurz bevor ihre Tauchzeit vorbei ist. Oben angekommen, müssen sie nun dem zweiten Team anhand einer selbst angefertigten Skizze den Ort der Kamera mitteilen. Dabei drückt sich der Tauchkollege etwas kompliziert aus:

„Wenn ihr am Ankerseil den Grund erreicht, seht ihr linker Hand einen Steilabfall in große Tiefen. Die Kamera ist etwa 20 m davor festgeklemmt. Rechter Hand könnt ihr einen auffallenden Felsturm erkennen. Schräg vor euch befindet sich das Wrack eines Fischerbootes. Die Kamera ist halb so weit von dem Wrack entfernt wie der Felsturm vom Steilabfall."

Markiere auf der Skizze, wo sich die Kamera befinden kann. Weshalb könnte auch das zweite Tauchteam Schwierigkeiten haben, die Kamera beim ersten Tauchgang zu bergen?

Eine Stadtrallye nach Plan (1)

Materialbedarf: Zirkel, Geodreieck und Stadtplan (Kopiervorlage Seite S 72)

Eine Stadtrallye zum Kennenlernen einer Stadt kennst du bestimmt. Hier sollst du gesuchte Orte und Entfernungen direkt auf einem Plan finden. Jeder Lösung, die du findest, wird unten ein Buchstabe zugeordnet. Wenn du diese in der richtigen Reihenfolge einträgst, erhältst du das gesuchte Lösungswort. Führe die Arbeitsanweisungen der Reihe nach auf dem Stadtplan aus. Der Maßstab beträgt 1 : 6000.

1 Der Startpunkt liegt bei den drei Gymnasien genau auf der Kreuzung von Uhlandstraße und Derendinger Allee. Markiere und bezeichne ihn mit S. Bestimme nun die Entfernung zwischen S und dem Hölderlinturm H. _____ ◯

2 Auf der Ortslinie der Punkte, die von S und H gleichweit entfernt sind, liegen zwei wichtige Gebäude. Es ist zum einen südlich der Hauptbahnhof und das andere stadtbekannte Anwesen ist
_____. ◯

3 Für viele Besucher ist die Platanenallee am Neckar ein reizvoller Ausflugspunkt. Bestimme nun die kürzeste Entfernung (Luftlinie) vom Hauptbahnhof zur Platanenallee. Es sind etwa _____
_____. Markiere den Fußpunkt F auf der Platanenallee. ◯

4 Um zu Fuß zur Platanenallee zu gelangen, geht man auf der Europastraße direkt vom Hauptbahnhof zur Karlstraße und von dort zur Eberhards-Brücke. Wie weit ist es insgesamt bis zum Fußpunkt F? Man legt ca._____ zurück. ◯

5 Zeichne nun die Ortslinie aller Punkte ein, die sowohl von der Uhlandstraße als auch von der Eberhards-Brücke gleichweit entfernt sind. (Zeichne hierzu Geraden durch Uhlandstraße und Eberhards-Brücke. Markiere den Schnittpunkt der beiden als Scheitel W des Winkels).
In ca. 360 m Entfernung Luftlinie von W befindet sich ein zentraler Ort in der Altstadt, der von Uhlandstraße und Eberhards-Brücke gleichweit entfernt ist. Es ist der_____ ◯
Markiere seine Mitte mit M.

6 Geht man von M aus etwa 400 m in Richtung Norden, steht man direkt vor der_____. ◯
Gehe direkt zur angrenzenden Osianderstraße und markiere den Standpunkt O.

7 Markiere ebenso den Mittelpunkt vom Innenhof des bekannten Anwesens aus 2. Bezeichne ihn mit I. Bestimme nun die Orte der Punkte, die von O und I gleichweit entfernt sind und von M ca. 420 m entfernt sind. Es gibt nur eine Möglichkeit, nämlich die_____. ◯

8 Geht man von der Silcherschule auf die Kelternstraße, so führt deren Mittelparallele (Luftlinie) in den _____. ◯

9 In welchem Abstand zu dieser Mittelparallelen befindet sich die Post der Neuen Straße/Ecke Hafengasse? Der Abstand beträgt etwa _____. ◯

10 Nach dieser langen Tour ist es spät geworden und wir wollen auf dem schnellst möglichen Fußweg von der Post, über den Holzmarkt an der Stiftskirche vorbei – wieder zurück zum Startpunkt S. Wie viele Meter sind das etwa? _____. ◯

Marktplatz (I)	Alter Botanischer Garten (T)	Augenklinik (L)
etwa 540 m (N)	ca. 250 m (I)	Schloss Hohentübingen (E)
ca. 880 m (O)	ca. 190 m (R)	ca. 540 m (N)
Silcherschule (S)		

Das Lösungswort ergibt sich, wenn man die zugeordneten Buchstaben von unten nach oben liest.

978-3-12-734432-5 Lambacher Schweizer 7 NRW, Serviceband **S71**

Ernst Klett Verlag GmbH, Stuttgart 2010

Eine Stadtrallye nach Plan (2)

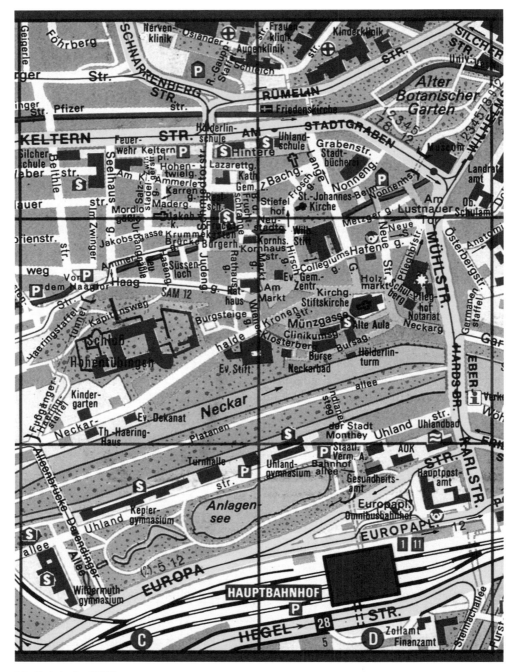

Maßstab 1 : 6000

Und was kommt jetzt?

Die Kärtchen mit den Anweisungen der Konstruktionsbeschreibungen sind hier leider etwas durcheinander geraten. Entscheide dich für eine Reihenfolge und überprüfe, ob sie richtig ist: Fertige dazu in deinem Heft eine Zeichnung an, bei der du die einzelnen Schritte nacheinander ausführst, und notiere dir dazu die Lösungsnummern. (Tipp: Kontrolliere, ob alle Kärtchen nötig sind.)

1 Zwei Geraden g und h schneiden sich unter einem Winkel von 70°. Gesucht ist ein Punkt P:
Er soll von g 2 cm entfernt sein und von h einen Abstand von 3 cm haben.

1	2	3
Zeichne eine Parallele zu g im Abstand 2 cm.	Der Schnittpunkt der beiden Parallelen ist der gesuchte Punkt.	Zeichne die Gerade g.

4	5
Wähle einen Punkt auf g und zeichne dort unter einem Winkel von 70° die Gerade h ein.	Zeichne eine Parallele zu h im Abstand 3 cm.

2 Der Punkt R liegt auf der Geraden k. Bestimme alle Punkte, die von R 3 cm entfernt sind und von k den Abstand 2 cm haben.

1	2	3
Zeichne einen Kreis um R mit Radius 3 cm.	Zeichne zwei zu k parallele Geraden im Abstand von 2 cm.	Der Kreis schneidet die beiden Parallelen in vier Schnittpunkten S_1, S_2, S_3 und S_4.

4	5	6
Zeichne jeweils einen Kreis um S_1 und S_3 mit Radius 2 cm.	Zeichne die Gerade k mit dem Punkt R auf k.	Die vier Schnittpunkte sind von R 3 cm und von k 2 cm entfernt.

3 Gib selbst eine Konstruktionsbeschreibung zur Konstruktion dieses Dreiecks an und zeichne es aufgrund der angegebenen Werte in dein Heft. Vergleiche die Zeichnung mit deinem Nachbarn.

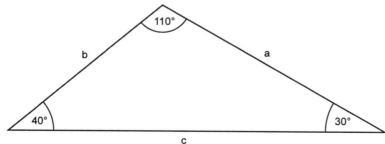

Ordnung ist das halbe Leben

Nummeriere die einzelnen Teilschritte sinnvoll und schreibe sie in der richtigen Reihenfolge ab. Ordnest du die Tipps den Schritten passend zu, ergibt sich ein Lösungswort.

1 Zeichne ein Dreieck mit $c = 7\,cm$, $b = 5,5\,cm$ und $\beta = 40°$.

____ Trage β in B an $\overline{AB}$ ab.

____ Zeichne die Strecke $\overline{AB}$.

____ Beide Dreiecke können Lösung sein. Es gibt zwei Möglichkeiten!

____ K schneidet die Schenkel von β in den zwei Schnittpunkten C und D.

____ Zeichne einen Kreis k um A mit Radius 5,5 cm.

Hier findest du zu jedem Schritt noch einen Tipp:

Wenn du jetzt nur einen Schnittpunkt erhältst, hast du den Kreis um den falschen Punkt gezeichnet. (T)

Vergiss nicht das Beschriften der Endpunkte der Strecke. (K)

Wo soll β liegen? Wie sieht das Dreieck nachher wohl aus? Fertige eine kleine Skizze an! (R)

Zeichne den Kreis nicht zu klein … (E)

Beachte, dass manche Konstruktionen auch zwei Lösungen liefern können. (A)

2 Die Punkte A(2|−1) und B(8|1) bilden zusammen mit dem Punkt C ein Dreieck, wobei $\alpha = 45°$ und $\beta = 72°$ ist. Gesucht wird der Umkreis des Dreiecks mit dem Umkreismittelpunkt U.

____ Zeichne das Dreieck ABC ein.

____ Zeichne $\overline{AB}$ in einem Koordinatensystem ein.

____ Zeichne den Umkreis ein mit Mittelpunkt U und Radius $\overline{UA}$.

____ Trage α in A und β in B ab. Du erhältst C.

____ Der Schnittpunkt von m_a und m_c ist U.

____ Konstruiere die Mittelsenkrechten von a und von c.

Achte auf korrekte Beschriftung der Achsen. (F)

m_b kann man sich sparen. (E)

Zeichne exakt. (S)

Auf dem Kreis liegen die Eckpunkte. (T)

Hast du an den richtigen Umlaufsinn gedacht? (A)

Zeichne die Linien der Hilfskreise nur dort, wo du sie brauchst. (N)

Ernst Klett Verlag GmbH, Stuttgart 2010

Sinn und Unsinn – Was ist hier wirklich wichtig?

Im nachfolgenden Text findest du immer wieder Formulierungen, Satzteile oder sogar ganze Sätze, die man weglassen könnte. Streiche diese Stellen so an, dass das Übriggebliebene Sinn macht und alle notwendigen Informationen enthält.

Wie man einen ganz besonderen Punkt in einem Dreieck finden kann – Eine Konstruktionsbeschreibung

Zeichne ein großes Dreieck ABC mit den Seitenlängen a = 6,5 cm, b = 8 cm und c = 9 cm und den Eckpunkten A, B und C. a liegt A gegenüber, b liegt B und c liegt C gegenüber. Zeichne dieses Dreieck. Achte darauf, exakt zu zeichnen und die Punkte richtig zu verbinden. Spitze deinen Bleistift rechtzeitig.

Konstruiere die Mittelsenkrechte zur Seite c, indem du zwei Kreise mit gleich großem Radius um den Punkt A und den Punkt B ziehst und durch die Schnittpunkte der beiden Kreise eine Gerade zeichnest. Das ist die Mittelsenkrechte zur Seite c, also zur Strecke $\overline{AB}$.

Konstruiere ebenso die Mittelsenkrechten zu den Seiten a und b. Zeichne zwei Kreise um B und C mit gleich großem Radius und verbinde wie oben die Schnittpunkte der beiden Kreise. Das ist die Mittelsenkrechte zur Seite a, also zur Strecke $\overline{BC}$. Ziehe nun zwei Kreise um A und C mit gleich großem Radius und verbinde wieder die Schnittpunkte der beiden Kreise. Das ist die Mittelsenkrechte zur Seite b, also zur Strecke $\overline{AC}$.

Markiere den Schnittpunkt der drei Mittelsenkrechten mit Farbe und nenne ihn M. Ziehe einen sauberen Kreis um M mit Radius r = $\overline{MA}$. Der schöne Kreis geht durch den Punkt A. Schaue ganz genau hin: Der schöne Kreis geht überraschenderweise auch durch den Punkt B und durch den Punkt C. Man nennt diesen Kreis Umkreis und den Punkt M Umkreismittelpunkt.

Weitere Aufgaben für Kleingruppen- oder Partnerarbeit:

1 Formuliere den Lösungstext zu einem noch kürzeren Text um. (Hier hilft es dir, wenn du die einzelnen Schritte durchnummerierst.) – Wer kommt mit den wenigsten Wörtern aus, solange der Text noch verständlich bleibt?

2 Suche Texte aus dem Mathebuch oder aus deinem eigenen Heft heraus und verfremde sie, indem du ein paar überflüssige Bemerkungen einfügst. – Schaffen es deine Mitschüler, die wesentlichen Aussagen herauszufiltern?

3 Versuche das Vorgehen zu beschreiben. Gelingt es nach deiner Beschreibung, eine weitere solche Figur zu zeichnen?

978-3-12-734432-5 Lambacher Schweizer 7 NRW, Serviceband **S75**   Ernst Klett Verlag GmbH, Stuttgart 2010

Winkelsumme im Dreieck – Ein Arbeitsplan

Materialbedarf: Geodreieck, Papier und Schere

Arbeitszeit: 1 Schulstunde + Hausaufgaben

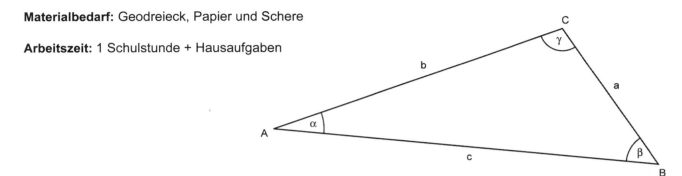

Vorüberlegungen (ohne Buch)

a) Winkel messen kannst du sicher noch. Miss die Innenwinkel α, β und γ des obigen Dreiecks und notiere die Winkel in die nebenstehende Tabelle. Zeichne zwei weitere Dreiecke, eines davon so groß wie möglich, auf extra Konzeptpapier und bezeichne sie. Miss auch die Innenwinkel deiner selbst gezeichneten Dreiecke und trage sie in die Tabelle ein.

Dreieck	Winkel α	Winkel β	Winkel γ	Winkel-summe
1				
2				
3				

b) Berechne für alle drei Dreiecke die Summe der drei Winkel und trage sie in die Tabelle ein. Welche Ergebnisse für die Winkelsummen hast du erhalten? Formuliere eine Vermutung und vergleiche sie mit der deines Nachbarn.

Schneide das große Papierdreieck aus und schneide anschließend alle Ecken (mit den eingetragenen Winkeln) ab. Lege die ausgeschnittenen Winkel so an die lange Seite des Geodreiecks, dass du deine Vermutung überprüfen kannst.

Erarbeitung und Heftaufschrieb

Lies im Schülerbuch die Seite 172 gut durch und vergleiche die Begründung für die Winkelsumme mit deinen eigenen Überlegungen von oben in Aufgabe b.
Erstelle nun einen eigenen Heftaufschrieb zum Thema „Winkelsumme im Dreieck". Überlege dir vorher die Gestaltung der Heftseite (Überschrift – Beispiel – Merksatz).

Übungen

Bearbeite folgende Aufgaben aus dem Schülerbuch:
Seite 173 Aufgaben 2 a), b), 3, 5 a), c), 7 a), c), e) und 8 a), b).
Kläre mit deiner Lehrerin oder deinem Lehrer, wie du die Kontrolle der gelösten Aufgaben durchführen sollst.

Für schnelle Rechner

Wenn du schon sehr schnell fertig bist, lies im Schülerbuch Seite 175 Nr. 16 und bearbeite die Aufgabe so (z. B. auf einer Folie), dass du sie deinen Klassenkameraden vorstellen und erläutern kannst.
Wenn du immer noch Zeit hast, bearbeite auf derselben Seite die Aufgaben 17 und 18.

Wer ist eigentlich Thales? – Ein Referat

Du möchtest ein Referat zum Thema „Der Satz des Thales" halten, dies der Klasse vorstellen und schriftlich ausarbeiten. Auf diesem Hinweisblatt findest du einige allgemeine und auch speziell auf dein Thema abgestimmte Tipps für deine Präsentation.

1. Informationen beschaffen

Im ersten Schritt ist es wichtig, möglichst viele Informationen zu dem Präsentationsthema zusammenzutragen. Beim Thema „Der Satz des Thales" können das sowohl Informationen zum mathematischen Sachverhalt des Satzes von Thales als auch Details über den geschichtlichen Hintergrund sein. Zu beidem findest du in deinem Mathematikbuch auf den Seiten 177 bis 180 Angaben.
Weitere wichtige Quellen für die grundlegende Informationsbeschaffung sind klassische Lexika und CD-Lexika, in denen du auch oft gutes Bildmaterial findest. Darüber hinaus kannst du mit einer geeigneten Suchmaschine im Internet nach Informationen zu Thales suchen.

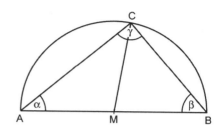

2. Gliederung und schriftliche Fixierung

Im nächsten Schritt musst du die gefundenen Informationen sichten und entscheiden, welche Punkte in deinem Referat angesprochen werden sollen. Mit einer Gliederung lassen sich diese Punkte übersichtlich ordnen. Eine Möglichkeit wäre hier z. B.:
a) Überblick über das Leben von Thales,
b) Vorstellung des Satzes mit mathematischer Begründung und
c) Einordnung dieses Themas in seine sonstigen wissenschaftlichen Verdienste.
Anhand der Gliederung kannst du auch überprüfen, wo du noch weitere Informationen benötigst.
Anschließend kannst du aus den ausgewählten Informationen mit deinen eigenen Worten einen Text für die schriftliche Ausarbeitung formulieren. Achte darauf, dass er gut gegliedert, verständlich und ohne Rechtschreibfehler geschrieben ist. Durch passende Bilder oder Skizzen lässt sich der Text zudem auflockern. Diese helfen auch, bestimmte Sachverhalte genauer zu erklären und zu veranschaulichen. Auf jeden Fall sollten ein Titelblatt und eine Inhaltsangabe nicht fehlen. Auch eine Quellenangabe am Ende gehört zur schriftlichen Ausarbeitung.

3. Vortrag und Präsentation

Für den Vortrag vor der Klasse ist oft ein Stichwortzettel hilfreich, auf dem alle wichtigen Punkte und Daten stehen. Er gibt dir die Möglichkeit, zum einen wichtige Informationen schnell zu finden und zum anderen weitgehend frei vor der Klasse zu sprechen. Für Bilder oder Skizzen eignen sich Folien, die du auf dem Tageslichtprojektor zeigen kannst.
Denke bei dem Vortrag daran, dass deine Klassenkameraden sich bisher noch nicht mit Thales und seinem Satz beschäftigt haben. Damit sie deinem Vortrag folgen können, musst du langsam, deutlich und ausreichend laut in einfachen Sätzen sprechen. Es kann auch hilfreich sein, sie an passender Stelle mit einer kleinen Aufgabe einzubeziehen. (Z. B. einen Halbkreis zeichnen lassen und mehrere Dreiecke mit Grundseite auf dem Durchmesser und Ecke auf der Kreislinie zeichnen lassen.)

… und deshalb ist es wichtig, sich zu bewegen und vor allem frei zu reden.

Wachsende Formelsammlung – Überschrift und Beispiel

Mit den Tipps- und Hilfeblättern hast du in der Zwischenzeit gelernt, deine eigenen Formelhefteinträge vorzunehmen. Die folgenden Kapitel sollst du nun ohne weitere Tipps- und Hilfeblätter in deine Formelsammlung eintragen.

Eine komplette Übersicht über die Themen für Kapitel V wird dir dabei helfen, deine Eintragungen vollständig vorzunehmen. Du kannst dann sicher sein, dass du keinen Eintrag vergessen hast.

Das Ergebnis der folgenden Übung liefert dir am Ende alle notwendigen Themeneinträge.

In der Übung sollst du zu den Überschriften im Schülerbuch mögliche passende Alternativen finden.

Inhaltsübersicht zu Kapitel V: Beziehungen in Dreiecken	
Überschrift (aus dem Schülerbuch)	Alternativüberschrift
1.	
2.	
3.	
4.	
5.	
6.	
7.	

1 Zu jedem der sieben Themen aus Kapitel V stehen unten zwei Überschriftenvorschläge. (insgesamt 14 Überschriften)

Je eine der Überschriften ist das Original aus dem Schülerbuch, die andere eine mögliche Alternative dazu. Fülle die Tabelle aus, indem du erst die Überschriften mithilfe deines Schulbuches zuordnest und in die richtige Reihenfolge bringst. Anschließend musst du die möglichen Alternativüberschriften richtig zuordnest. Diese Inhaltsübersicht dient dir als Hilfe für deine Formelhefteinträge.

Überschriften:

Satz des Thales — Wie gehe ich vor, um eine exakte Zeichnung anzufertigen? — Kongruente Dreiecke — Wie groß sind die Innenwinkel im Dreieck zusammen? — Mittelsenkrechte und Winkelhalbierende — Umkreise und Inkreise — Gleiche Abstände — Winkel an sich schneidenden Geraden — Mit einem Kreis einen rechten Winkel konstruieren — Wann sind Dreiecke eindeutig konstruierbar? — Winkelbeziehungen — Konstruktion besonderer Punkte im Dreieck — Dreiecke konstruieren — Winkelsummen

2 Erstelle zu jeder Überschrift ein Beispiel auf einer Karteikarte (Lösung auf der Rückseite). Dieses Beispiel soll das Thema besonders gut verdeutlichen. Mische die Karten und tausche sie mit deinem Partner. Ordnet die Karten den Abschnitten zu.

3 Bewertet für jeden Abschnitt die beiden Beispiele. Aus welchem kann man viel lernen? Warum?

Mokabeln – Zur Wiederholung von Mathe-Vokabeln

Vorbereitung
Jede Spielgruppe benötigt einen ausreichend großen Satz verschiedener Spielkarten. Dabei kann man die Karten an der gestrichelten Linie knicken und dann halbiert zusammenkleben.

Ablauf
Übungsphase: In den ersten Runden zieht ein Spieler eine Karte und umschreibt den anderen den Hauptbegriff, ohne ihn selbst zu nennen. Dabei muss er alle bzw. möglichst viele der angegebenen Hilfswörter verwenden.

Schwieriger wird es in der **Wettkampfphase:** Ab jetzt dürfen außer dem Ratewort auch die zusätzlichen Begriffe nicht mehr verwendet werden. Ableitungen aus diesen Wörtern und pantomimische Hilfen gelten ebenfalls nicht!

Bei drei Spielern raten die beiden Zuhörer um die Wette, der Sieger erhält die Karte und darf den nächsten Begriff erklären. Man kann aber auch zu Beginn festlegen, dass reihum gewechselt wird.

Bei vier Spielern kann man zwei Mannschaften bilden! Ein Spieler erklärt nur für den eigenen Mitspieler (Zeitlimit setzen!).

Für ein Spiel **mit der ganzen Klasse** sollten möglichst viele Karten zur Verfügung stehen.

Spielvarianten
– Wird ein Begriff erraten, muss dieser Spieler erst eine einfache Begriffserklärung formulieren, bevor er die Karte erhält: Hier sollen die zuvor nicht erlaubten Worte mitverwendet werden.
– Wenn sich im Laufe des Schuljahres ein immer größer werdender Kartenvorrat ansammelt, wird das Spiel natürlich noch interessanter.

kongruent	Mokabeln	Stufenwinkel	Mokabeln
	deckungsgleich eindeutig konstruierbar Seiten Winkel		gleich groß parallele Geraden Schnittpunkt
parallel	Mokabeln	Mittelsenkrechte	Mokabeln
	Abstand Entfernung zeichnen Gerade		Lot Kreis gleicher Abstand teilen
Achsenspiegelung	Mokabeln	Mittelpunkt einer Strecke	Mokabeln
	Verbindungslinie Bildpunkt senkrecht umgekehrter Umlaufsinn		Länge halbieren Mittelsenkrechte abmessen konstruieren
Punktspiegelung	Mokabeln	gleichseitiges Dreieck	Mokabeln
	Drehzentrum Bildpunkt verbinden gleicher Umlaufsinn		symmetrisch 60° drehen Seitenlänge

Mokabeln

Achsensymmetrie	Mokabeln	Satz des Thales	Mokabeln
	Achsenspiegelung Figur auf sich selbst abbilden deckungsgleich		Halbkreis Strecke rechter Winkel unter
gleichschenkliges Dreieck	Mokabeln	**Scheitelwinkel**	Mokabeln
	Basiswinkel Schnittpunkt gleich lang spezielles Dreieck		gegenüber gleich groß Geraden Schnittpunkt
Winkelhalbierende	Mokabeln	**Umkreis**	Mokabeln
	konstruieren Kreis teilen gleiche Winkelgröße		Mittelsenkrechte Abstand Mittelpunkt
Kreis	Mokabeln	**orthogonal**	Mokabeln
	Mittelpunkt Abstand rund Radius		senkrecht Geraden schneiden 90°-Winkel
Koordinatensystem	Mokabeln	**Winkelsummensatz**	Mokabeln
	beschriften Punkte Geraden Zahlenstrahl		180° Dreieck ergänzen zusammenzählen
rechtwinkliges Dreieck	Mokabeln	**Schnittpunkt**	Mokabeln
	orthogonal zeichnen 90° Winkel		Geraden Kreise aufeinander treffen gemeinsam
Nebenwinkel	Mokabeln	**punktsymmetrisch**	Mokabeln
	gemeinsame Schenkel ergänzen 180° zusammen		Figur Punktspiegelung deckungsgleich abbilden

978-3-12-734432-5 Lambacher Schweizer 7 NRW, Serviceband **S80**

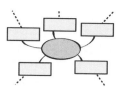

Geometrie? Hatten wir schon!

1 Brainstorming: Zunächst versucht jeder von euch allein in einer vorgegebenen Zeit (z. B. fünf Minuten) möglichst viele Begriffe zum Thema Geometrie aus Klasse 5 und 6 aufzuschreiben.
Los geht's: Kreis, Gerade …

2 Vergleichen: Nach Ablauf der Zeit vergleicht ihr eure Ergebnisse. Zählt zunächst einmal nach, wer mehr Begriffe gefunden hat.

3 Ergänzen: Ergänzt nun eure Liste um die Begriffe, die euer Partner zusätzlich gefunden hat. Anschließend sucht ihr euch zwei Mitschüler oder Mitschülerinnen und vergleicht eure Listen.

4 Erklären: Versucht euch gegenseitig unklare Begriffe zu erklären. (Z. B.: Was war noch mal ein spitzer Winkel?)

5 Ordnen: Sucht nun Oberbegriffe, unter denen ihr eure Ergebnisse zusammenfassen könnt (z. B. Körper, Figuren …).

6 Erstellen eines Mind-Maps: Erstellt nun für eure Begriffsammlung ein Mind-Map.
Verwendet dafür ein großes Plakat. Achtet darauf, dass euer Mind-Map **viel Platz** zum Wachsen hat.

Alle neuen Geometriebegriffe aus Klasse 7 sollen darin untergebracht werden können.
Versucht euer Mind-Map möglichst anschaulich zu gestalten, indem ihr viele Zeichnungen einfügt.

7 Ausstellung: Alle Geometrie-Mind-Maps werden nun in eurem Klassenzimmer aufgehängt.
Nachdem jeder Schüler die Möglichkeit hatte, die Mind-Maps der anderen anzuschauen, gibt es ein Klassengespräch über die Gestaltung der einzelnen Ergebnisse.

8 Fortsetzung: Immer wenn ihr etwas Neues in Geometrie lernt, könnt ihr dieses in euer Mind-Map mit aufnehmen. So behaltet ihr stets den Gesamtüberblick.

„Mathe ärgert mich nicht!" – Aufgabenkarten

Formuliere den Kongruenzsatz sws. ☺	Zwei Dreiecke sind kongruent, wenn sie in zwei Seiten und dem eingeschlossenen Winkel übereinstimmen.	Formuliere den Kongruenzsatz Ssw. ☺	Zwei Dreiecke sind kongruent, wenn sie in zwei Seiten und dem der längeren Seite gegenüberliegendem Winkel übereinstimmen.
Zähle alle Kongruenzsätze für Dreiecke auf. ☺	sss, wsw, Ssw, sws	Ist das Dreieck ABC mit $\alpha = 50°$, $\beta = 60°$, $c = 8\,cm$ eindeutig konstuierbar? Begründe. ☺☺	Ja, wegen des Kongruenzsatzes wsw.
Ist ein Dreieck ABC mit $b = 3{,}8\,cm$, $\alpha = 35°$, $\gamma = 125°$ eindeutig konstuierbar? Begründe. ☺☺	Ja, wegen des Kongruenzsatzes wsw.	Ist ein Dreieck ABC mit $\alpha = 60°$, $\beta = 40°$, $\gamma = 80°$ eindeutig konstruierbar? Begründe. ☺☺	Nein, denn es gibt keinen Kongruenzsatz www.
Wahr oder falsch? „Zwei rechtwinklige Dreiecke sind kongruent, wenn sie in der längsten Seite und einem weiteren Winkel übereinstimmen." ☺☺	wahr	Ist ein Dreieck ABC mit $b = 4\,cm$, $c = 5\,cm$, $\gamma = 45°$ eindeutig konstuierbar? Begründe. ☺☺	Ja, wegen des Kongruenzsatzes Ssw.
Welche Angaben muss man kennen, um ein gleichseitiges Dreieck eindeutig konstruieren zu können? ☺☺	Nur die Seitenlänge, da alle Winkel die Größe 60° haben.	Das äußere Dreieck sei gleichseitig. Suche kongruente Dreiecke. Begründe! ☺☺☺	Die drei kleinen, hellen Dreiecke sind wegen des Kongruenzsatzes sws kongruent.

Bingo

Materialbedarf: eine Kopie des Bingo-Prüfbogens (Seite S 83 – S 84)

Vorbereitung:
Jeder Spieler zeichnet sich seine Bingo-Karte mit 3 Zeilen und 3 Spalten. Anschließend tragen die Spieler in jedes Feld ein Zahlenpaar (Beispiel: (4 | 3)) ein. Das Zahlenpaar darf nur ganze Zahlen von − 4 bis + 4 enthalten. Es müssen alle Felder mit unterschiedlichen Zahlenpaaren belegt werden.

Spielbeschreibung:
Der Lehrer oder die Lehrerin schreibt eine Gleichung an die Tafel (vgl. Bingo-Prüfbogen). Die Spieler bekommen nun 30 Sekunden Zeit, um die zuvor gewählten Wertepaare zu überprüfen. Lösungszahlenpaare werden durch ein Kreuz auf der Bingo-Karte markiert. Der Lehrer oder die Lehrerin vermerkt sich auf dem Bingo-Prüfbogen die vorgelesene Gleichung zur späteren Kontrolle. Danach wird die Gleichung weggewischt und die nächste Gleichung angeschrieben.
Wer zuerst drei Zahlenpaare als Lösung in einer zusammenhängenden horizontalen, vertikalen oder diagonalen Reihe hat, muss „Bingo" rufen und hat gewonnen.

Varianten:
Zahlenpaare mit „Null" als x-Wert werden limitiert.
Die Gleichungen werden nicht notiert.
Die Bingo-Karte wird auf 4 Zeilen und 4 Spalten ausgeweitet.

Bingo – Prüfbogen (1)

Schwierig-keitsstufe 1	Schwierig-keitsstufe 2	−4	−3	−2	−1	0	1	2	3	4
$\frac{1}{4}x - 0{,}5 = y$	$4y = x - 2$			(−2 | −1)				(2 | 0)		
$\frac{1}{5}x - 1{,}8 = y$	$y = \frac{1}{5}(x-9)$				(−1 | −2)					(4 | −1)
$\frac{3}{7}x + 1 = y$	$5y - 5 = 2\frac{1}{7}x$					(0 | 1)				
$\frac{3}{4}x + 2 = y$	$9y = 6\frac{3}{4}x + 18$	(−4 | −1)				(0 | 2)				
$\frac{5}{4}x - 3 = y$	$\frac{5}{4}\left(x - \frac{12}{5}\right) - y = 0$					(0 | −3)				(4 | 2)
$2x - 3 = y$	$2(x-3) = y - 3$					(0 | −3)	(1 | −1)	(2 | 1)	(3 | 3)	
$1{,}5x + 0{,}5 = y$	$y = \left(x + \frac{1}{3}\right)\frac{3}{2}$		(−3 | −4)		(−1 | −1)		(1 | 2)			
$-\frac{6}{4}x + 4 = y$	$6x + 4y = 16$					(0 | 4)		(2 | 1)		(4 | −2)

⏱ 30 min † Gruppenarbeit

Ernst Klett Verlag GmbH, Stuttgart 2010

Bingo – Prüfbogen (2)

Schwierigkeitsstufe 1	Schwierigkeitsstufe 2	−4	−3	−2	−1	0	1	2	3	4
$-1+\frac{3}{4}x=y$	$\frac{3}{4}x=y+1$	(−4|−4)				(0|−1)				(4|2)
$\frac{3}{4}x-\frac{1}{4}=y$	$\frac{1}{4}(3x-1)=y$				(−1|−1)				(3|2)	
$y=x$	$y=1-\frac{1}{2}(2-2x)$	(−4|−4)	(−3|−3)	(−2|−2)	(−1|−1)	(0|0)	(1|1)	(2|2)	(3|3)	(4|4)
$y=-3x+1$	$7+2y=-6x+9$				(−1|4)	(0|1)	(1|−2)			
$y=x+3$	$y-9=(x+3)-9$	(−4|−1)	(−3|0)	(−2|1)	(−1|2)	(0|3)	(1|4)			
$y=5+x$	$7+y=(5+x)+7$	(−4|1)	(−3|2)	(−2|3)	(−1|4)					
$y=-2x$	$5-y=-2x+5$			(−2|4)	(−1|2)	(0|0)	(1|−2)	(2|−4)		
$y=-0{,}4x+1{,}2$	$1{,}2=y+0{,}4x$			(−2|2)					(3|0)	
$y=x-1$	$y+2=x+1$		(−3|−4)	(−2|−3)	(−1|−2)	(0|−1)	(1|0)	(2|1)	(3|2)	(4|3)
$y=-\frac{1}{2}x+3$	$-\left(\frac{1}{2}x-3\right)=y$			(−2|4)		(0|3)		(2|2)		(4|1)
$x+2=y$	$-(x+2)=-y$	(−4|−2)	(−3|−1)	(−2|0)	(−1|1)	(0|2)	(1|3)	(2|4)		
$y-x=-4$	$-(y-x)=4$					(0|−4)	(1|−3)	(2|−2)	(3|−1)	(4|0)
$y=-x+4$	$-y+4=x$					(0|4)	(1|3)	(2|2)	(3|1)	(4|0)
$3y+3x=-3$	$1=-(x+y)$	(−4|3)	(−3|2)	(−2|1)	(−1|0)	(0|−1)	(1|−2)	(2|−3)	(3|−4)	
$y=-x+2$	$-y=-(-x+2)$			(−2|4)	(−1|3)	(0|2)	(1|1)	(2|0)	(3|−1)	(4|−2)
$y=3x-1$	$3+y=3\left(x-\frac{1}{3}\right)+3$				(−1|−4)	(0|−1)	(1|2)			
$y=-x$	$y=-(-(-x))$	(−4|4)	(−3|3)	(−2|2)	(−1|1)	(0|0)	(1|−1)	(2|−2)	(3|−3)	(4|−4)
$y-1=-x$	$-(y-1)=-(-x)$		(−3|4)	(−2|3)	(−1|2)	(0|1)	(1|0)	(2|−1)	(3|−2)	(4|−3)
$y=3x+2$	$0=-y+3x+2$			(−2|−4)	(−1|−1)	(0|2)				
$y=x+1$	$y-x=\frac{4}{4}$	(−4|−3)	(−3|−2)	(−2|−1)	(−1|0)	(0|1)	(1|2)	(2|3)	(3|4)	
$x-5=y$	$x-7=y-2$						(1|−4)	(2|−3)	(3|−2)	(4|−1)
$-7=y+4x$	$-7-y=4x$			(−2|1)	(−1|−3)					
$y=4+x$	$8+2x=2y$	(−4|0)	(−3|1)	(−2|2)	(−1|3)	(0|4)				
$3y=-3x-6$	$-3(y+x)=6$	(−4|2)	(−3|1)	(−2|0)	(−1|−1)	(0|−2)	(1|−3)	(2|−4)		

„Kärtchen, wechsele dich ..." – Folienvorlage

Materialbedarf: Vier Kärtchen pro Spieler
Gruppe: Vier Spieler

Kärtchen K1
Zeichne ein Koordinatensystem mit zwei sich
schneidenden Geraden auf ein Kärtchen. Achte
darauf, dass sich der Schnittpunkt gut ablesen lässt.
Bezeichne das Kärtchen mit K1 und gib es deinem
rechten Nachbarn.

Beispiel:

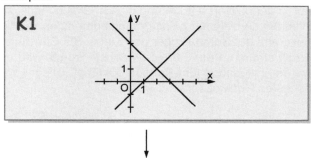

Kärtchen K2
Schreibe auf ein zweites Kärtchen zwei Werte-
tabellen, die zu den beiden Geraden des Kärtchens
K1 gehören.
Bezeichne das Kärtchen mit K2 und gib es mit dem
Kärtchen K1 deinem rechten Nachbarn.

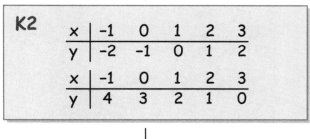

K2

x	-1	0	1	2	3
y	-2	-1	0	1	2

x	-1	0	1	2	3
y	4	3	2	1	0

Kärtchen K3
Schreibe auf ein drittes Kärtchen zwei Gleichungen,
mit denen sich bei den beiden Geraden jeweils der
y-Wert mit dem x-Wert berechnen lässt.
Bezeichne das Kärtchen mit K3 und gib es mit den
beiden anderen Kärtchen K1 und K2 deinem
rechten Nachbarn.

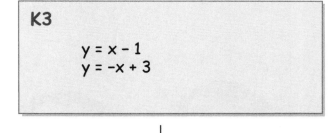

K3

$$y = x - 1$$
$$y = -x + 3$$

Kärtchen K4
Forme die beiden Gleichungen von K3 äquivalent
zu zwei neuen Gleichungen um. Schreibe die
beiden neuen Gleichungen auf ein viertes Kärtchen
und bezeichne es mit K4. Lege die vier Kärtchen in
die Tischmitte.

K4

$$2y = 2x - 2$$
$$x + y - 5 = -2$$

Jetzt werden die vier Quartette gemeinsam überprüft, gemischt und anschließend an eine weitere Gruppe
gegeben. Welche Gruppe hat zuerst alle Quartette richtig zusammengestellt?

SC Gleichungssystemia

Die Sumo-Ringer des Klubs „SC Gleichungssystemia" veranstalten ein Freundschaftsturnier gegen eine japanische Mannschaft. Zu Beginn des Spieles wählt jeder Mitspieler einen Sumo-Ringer des Klubs „SC Gleichungssystemia" als seinen Sumo-Ringer aus. Dieser Ringer fordert dann jeweils einen japanischen Gegner heraus. Die beiden Kämpfer stehen sich mit ihren Gleichungen gegenüber. Der Ausgang des Spiels wird durch den x-Wert der Lösung dieses Gleichungssystems bestimmt.

Wird bei dem Kampf **keine gemeinsame Lösung** oder **unendlich viele gemeinsame Lösungen** erzielt, dann bekommt der Sumo-Ringer des Klubs „SC Gleichungssystemia" **zwei Punkte**. Bei **einer gemeinsamen** Lösung erhält er **einen Punkt**. Für die nächste Runde wird ein anderer japanischer Gegner herausgefordert. Es werden insgesamt fünf Runden gekämpft. Sieger des Freundschaftsturniers ist der Sumo-Ringer mit der höchsten Punktezahl.

Gerd
$2y - 8 = -\frac{4}{3}x$

Gunter
$-\frac{15}{4}x = -3y + 21$

Gustav
$4x + 7y = 56$

Gerhardt
$3y + 6 = 7x$

Konishiki
$-\frac{14}{3}x = -2y - 4$

Yoshino
$6y = 14x + 12$

Kikuo
$2x = -3y + 12$

Tatsuo
$2y = -\frac{8}{7}x + 16$

Kozo
$2x = 18 - 3y$

Hachiro
$4y = 5x - 28$

Takano
$-14 + 2y = \frac{5}{2}x$

Naoko
$\frac{1}{4}y + \frac{1}{2} = -\frac{1}{7}x$

Aufgabentheke

Ziel bei der Bearbeitung dieses Arbeitsblattes ist, die Aufgaben so schnell wie möglich korrekt zu lösen. Ihr arbeitet in Dreier-Teams zusammen; teilt die Aufgaben jeweils auf. Wenn ihr eine Stufe fertig habt, korrigiert ihr eure Lösungen mit dem Lösungsblatt auf Seite S 88.

STUFE 1

1 $x + 2y = 5$

$-x + y = 4$

2 $3x + 4y = 7$

$-3x + 2y = 3$

3 $2x - 5y = -4$

$x + 5y = -1$

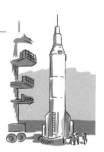

STUFE 2

4 $x + 2y = 9$

$3x + 2y = 5$

5 $7a + 3b = 4$

$-5a + 3b = 2$

6 $5x + 3y = 9$

$3y - 4x = 13$

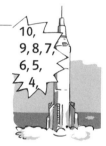

STUFE 3

7 $3x - 5y = 21$

$-6x + 15y = 13$

8 $2q - p = 11$

$-8q - 7p = 17$

9 $2u + 12v = 0$

$20u - 4v = 3$

STUFE 4

10 $3y = 2 - 7x$

$9 = 15y - 3x$

11 $21u - 5v = 3$

$2u = -10v$

12 $22r - 44s = 222$

$11r - 22s = 444$

STUFE 5

13 $\frac{1}{3}y - \frac{4}{3}x = 2$

$\frac{5}{7}y + \frac{5}{6}x = 3$

14 $\frac{1}{9}c + \frac{1}{8}d = \frac{1}{7}$

$\frac{1}{6}d - \frac{1}{5}c = \frac{1}{4}$

15 $\frac{3}{8}u + \frac{4}{9}v = \frac{3}{10}$

$\frac{2}{7}u - \frac{1}{6}v = \frac{6}{5}$

Aufgabentheke – Lösung

In dieser Tabelle ist nur eine der zehn Antworten die richtige Lösung. Findet die zutreffende Lösung heraus und notiert den zugehörigen Buchstaben in euer Heft.
Wenn ihr die Buchstaben aneinander reiht, erhaltet ihr das Lösungswort. Es handelt sich um einen berühmten Mathematiker.

Tipp: Habt Ihr schon eine Probe gemacht?

	A	B	D	E	I	L	N	O	R	U
1	$(-3\mid1)$	$(1\mid-3)$	$(-1\mid3)$	$(3\mid1)$	$(3\mid-1)$	$(-3\mid-1)$	$(1\mid3)$	$(-\tfrac{1}{3}\mid0)$	$(-1\mid-3)$	$(\tfrac{1}{3}\mid0)$
2	$\left(\tfrac{1}{9}\mid\tfrac{5}{3}\right)$	$\left(-\tfrac{1}{9}\mid-\tfrac{5}{3}\right)$	$\left(-\tfrac{1}{8}\mid-\tfrac{2}{17}\right)$	keine Lösung	$\left(-\tfrac{1}{9}\mid\tfrac{5}{3}\right)$	$\left(\tfrac{1}{8}\mid\tfrac{2}{17}\right)$	$\left(\tfrac{7}{8}\mid\tfrac{2}{17}\right)$	$\left(-\tfrac{1}{6}\mid\tfrac{17}{18}\right)$	$\left(-\tfrac{1}{8}\mid\tfrac{2}{17}\right)$	$\left(\tfrac{1}{9}\mid-\tfrac{5}{3}\right)$
3	$\left(-\tfrac{1}{9}\mid-\tfrac{5}{3}\right)$	$\left(\tfrac{1}{8}\mid-\tfrac{2}{17}\right)$	$\left(-\tfrac{7}{8}\mid\tfrac{2}{17}\right)$	$\left(\tfrac{7}{8}\mid\tfrac{2}{17}\right)$	$\left(\tfrac{3}{5}\mid\tfrac{15}{2}\right)$	$\left(\tfrac{1}{8}\mid\tfrac{2}{17}\right)$	$\left(-\tfrac{5}{3}\mid\tfrac{2}{15}\right)$	$\left(-\tfrac{3}{5}\mid\tfrac{15}{2}\right)$	keine Lösung	$\left(-\tfrac{7}{8}\mid\tfrac{2}{17}\right)$
4	$(2\mid0)$	$\left(-2\mid-\tfrac{2}{11}\right)$	keine Lösung	$\left(2\mid-\tfrac{2}{11}\right)$	$\left(-2\mid\tfrac{11}{2}\right)$	$\left(-2\mid\tfrac{2}{11}\right)$	$\left(2\mid\tfrac{11}{2}\right)$	$\left(2\mid-\tfrac{2}{11}\right)$	$(0\mid-2)$	$\left(2\mid\tfrac{2}{11}\right)$
5	$\left(\tfrac{1}{6}\mid-\tfrac{18}{17}\right)$	$\left(-\tfrac{1}{6}\mid\tfrac{18}{17}\right)$	$\left(\tfrac{1}{6}\mid\tfrac{18}{17}\right)$	$\left(\tfrac{1}{6}\mid\tfrac{17}{18}\right)$	$\left(-\tfrac{1}{6}\mid\tfrac{17}{18}\right)$	$\left(\tfrac{1}{9}\mid\tfrac{17}{18}\right)$	$\left(-\tfrac{1}{9}\mid\tfrac{17}{18}\right)$	$\left(-\tfrac{1}{6}\mid\tfrac{17}{18}\right)$	$\left(\tfrac{1}{9}\mid-\tfrac{17}{18}\right)$	$\left(\tfrac{1}{6}\mid\tfrac{17}{18}\right)$
6	$\left(\tfrac{3}{22}\mid\tfrac{3}{110}\right)$	$\left(-\tfrac{6}{22}\mid\tfrac{3}{110}\right)$	$\left(-\tfrac{3}{22}\mid\tfrac{63}{110}\right)$	$\left(-\tfrac{3}{22}\mid-\tfrac{3}{110}\right)$	$\left(-\tfrac{3}{22}\mid\tfrac{3}{110}\right)$	$\left(-\tfrac{4}{9}\mid\tfrac{101}{27}\right)$	$\left(\tfrac{3}{22}\mid\tfrac{3}{110}\right)$	keine Lösung	$\left(\tfrac{4}{9}\mid\tfrac{101}{27}\right)$	$\left(-\tfrac{4}{9}\mid-\tfrac{101}{27}\right)$
7	keine Lösung	$\left(\tfrac{76}{3}\mid11\right)$	$\left(\tfrac{76}{3}\mid-11\right)$	$\left(\tfrac{1}{8}\mid-\tfrac{2}{17}\right)$	$\left(\tfrac{7}{8}\mid\tfrac{2}{17}\right)$	$\left(-\tfrac{76}{3}\mid11\right)$	$\left(\tfrac{1}{9}\mid\tfrac{5}{3}\right)$	$\left(-\tfrac{1}{8}\mid\tfrac{2}{17}\right)$	$(14\mid17)$	$\left(-\tfrac{1}{9}\mid-\tfrac{5}{3}\right)$
8	$\left(\tfrac{60}{11}\mid-\tfrac{30}{11}\right)$	$\left(\tfrac{61}{11}\mid-\tfrac{30}{11}\right)$	$\left(\tfrac{60}{11}\mid\tfrac{31}{11}\right)$	$\left(-\tfrac{61}{11}\mid\tfrac{30}{11}\right)$	$\left(\tfrac{61}{11}\mid\tfrac{30}{11}\right)$	$\left(-\tfrac{60}{11}\mid-\tfrac{30}{11}\right)$	$\left(-\tfrac{60}{11}\mid\tfrac{31}{11}\right)$	$\left(\tfrac{60}{11}\mid-\tfrac{30}{11}\right)$	$\left(\tfrac{60}{11}\mid\tfrac{31}{11}\right)$	keine Lösung
9	$\left(-\tfrac{3}{22}\mid\tfrac{3}{110}\right)$	$\left(-\tfrac{8}{62}\mid\tfrac{4}{123}\right)$	keine Lösung	$\left(-\tfrac{8}{62}\mid-\tfrac{4}{123}\right)$	$\left(-\tfrac{4}{9}\mid-\tfrac{101}{27}\right)$	$\left(-\tfrac{6}{22}\mid\tfrac{3}{110}\right)$	$\left(\tfrac{8}{62}\mid\tfrac{4}{123}\right)$	$\left(\tfrac{3}{22}\mid\tfrac{3}{110}\right)$	$\left(\tfrac{9}{62}\mid-\tfrac{3}{124}\right)$	$\left(\tfrac{8}{62}\mid-\tfrac{4}{123}\right)$
10	$\left(\tfrac{1}{38}\mid-\tfrac{23}{38}\right)$	$\left(-\tfrac{1}{6}\mid\tfrac{17}{18}\right)$	$\left(\tfrac{1}{9}\mid\tfrac{17}{18}\right)$	$\left(-\tfrac{1}{9}\mid\tfrac{17}{18}\right)$	$\left(-\tfrac{1}{38}\mid\tfrac{23}{38}\right)$	keine Lösung	$\left(\tfrac{1}{38}\mid\tfrac{23}{38}\right)$	$\left(-\tfrac{1}{38}\mid-\tfrac{23}{38}\right)$	$\left(-\tfrac{1}{6}\mid\tfrac{17}{18}\right)$	$\left(\tfrac{1}{9}\mid\tfrac{17}{18}\right)$
11	keine Lösung	$\left(-\tfrac{3}{22}\mid\tfrac{3}{110}\right)$	$\left(\tfrac{1}{8}\mid-\tfrac{2}{17}\right)$	$\left(-\tfrac{6}{22}\mid\tfrac{3}{110}\right)$	$\left(\tfrac{4}{9}\mid\tfrac{101}{27}\right)$	$\left(-\tfrac{4}{9}\mid\tfrac{101}{27}\right)$	$\left(-\tfrac{3}{22}\mid-\tfrac{3}{110}\right)$	$\left(\tfrac{3}{22}\mid-\tfrac{3}{110}\right)$	$\left(-\tfrac{3}{22}\mid\tfrac{63}{110}\right)$	$\left(\tfrac{3}{5}\mid\tfrac{15}{2}\right)$
12	$\left(-\tfrac{6}{22}\mid\tfrac{3}{110}\right)$	$\left(\tfrac{3}{5}\mid\tfrac{15}{2}\right)$	$\left(-\tfrac{3}{5}\mid\tfrac{15}{2}\right)$	$\left(\tfrac{1}{8}\mid\tfrac{2}{17}\right)$	$(3\mid1)$	$\left(-\tfrac{1}{9}\mid-\tfrac{5}{3}\right)$	$\left(\tfrac{4}{9}\mid-\tfrac{101}{27}\right)$	$\left(-\tfrac{1}{6}\mid\tfrac{17}{18}\right)$	$\left(-\tfrac{1}{8}\mid\tfrac{2}{17}\right)$	keine Lösung
13	$\left(-\tfrac{8}{62}\mid-\tfrac{4}{123}\right)$	$\left(-\tfrac{4}{9}\mid-\tfrac{101}{27}\right)$	$\left(-\tfrac{54}{155}\mid\tfrac{714}{155}\right)$	$\left(-\tfrac{60}{11}\mid-\tfrac{31}{11}\right)$	$\left(\tfrac{54}{155}\mid\tfrac{714}{155}\right)$	$\left(-\tfrac{54}{155}\mid\tfrac{714}{155}\right)$	$\left(-\tfrac{3}{5}\mid\tfrac{15}{2}\right)$	$\left(\tfrac{60}{11}\mid\tfrac{31}{11}\right)$	$\left(\tfrac{1}{38}\mid\tfrac{23}{38}\right)$	$\left(\tfrac{1}{8}\mid\tfrac{2}{17}\right)$
14	$\left(\tfrac{76}{3}\mid-11\right)$	$\left(-\tfrac{76}{3}\mid-11\right)$	$\left(\tfrac{61}{11}\mid\tfrac{30}{11}\right)$	keine Lösung	$\left(-\tfrac{61}{11}\mid\tfrac{30}{11}\right)$	$\left(\tfrac{225}{1316}\mid\tfrac{426}{329}\right)$	$\left(-\tfrac{76}{3}\mid11\right)$	$\left(-\tfrac{61}{11}\mid\tfrac{30}{11}\right)$	$\left(\tfrac{54}{155}\mid\tfrac{714}{155}\right)$	$\left(\tfrac{61}{11}\mid\tfrac{30}{11}\right)$
15	$\left(\tfrac{1}{8}\mid-\tfrac{2}{17}\right)$	$\left(-\tfrac{7}{8}\mid\tfrac{2}{17}\right)$	$\left(\tfrac{1}{6}\mid\tfrac{17}{18}\right)$	$\left(\tfrac{54}{155}\mid\tfrac{714}{155}\right)$	$\left(\tfrac{588}{191}\mid-\tfrac{1836}{955}\right)$	$\left(\tfrac{1}{6}\mid\tfrac{18}{17}\right)$	keine Lösung	$\left(\tfrac{1}{9}\mid\tfrac{17}{18}\right)$	$\left(\tfrac{1}{6}\mid\tfrac{17}{18}\right)$	$\left(-\tfrac{4}{9}\mid\tfrac{101}{27}\right)$

978-3-12-734432-5 Lambacher Schweizer 7 NRW, Serviceband **S88**   Ernst Klett Verlag GmbH, Stuttgart 2010

Familienstammbaum

Oma Irene und Opa Hans sind wie jeden Dienstag beim Stammtisch. Oma Irene möchte Frau Berger, die neu in die Gruppe gekommen ist, erklären, wie der Stammbaum der Familie Kaus aussieht. Oma Irene erzählt manchmal etwas durcheinander. Hier ist ihre Erklärung. Kannst du den Stammbaum mit Altersangabe aufzeichnen?

- Marie ist die Schwester von Sara. Marie wird in 7 Jahren 1,5-mal so alt sein wie jetzt.

- Anton ist der Bruder von Lisa. Anton und seine Mutter Evi sind zusammen 53 Jahre alt. In 17 Jahren wird die Mutter genau doppelt so alt sein wie Anton.

- Sara ist eine Tochter von meiner ältesten Tochter. Die beiden sind zusammen 57 Jahre alt. Die Mutter ist doppelt so alt wie Sara.

- Sandi, Nicole und Yvonne sind unsere anderen Enkelkinder. Von diesen drei Schwestern ist die jüngste 3 Jahre jünger und die älteste 5 Jahre älter als die mittlere. Zusammen sind sie 32 Jahre alt. Sandi ist das jüngste und Yvonne das älteste Kind.

- Unser Sohn Jürgen ist zwei Jahre älter als unsere Tochter Birgit, die zwei Kinder hat.

- Renate und Birgit sind Geschwister und insgesamt sechs Jahre jünger als ihr Bruder.

- Joachim und Horst sind unsere Schwiegersöhne. Die beiden sind zusammen genau so alt wie Jürgen und Evi zusammen sind. Joachim ist mit Renate verheiratet und drei Jahre älter als seine Frau.

- Opa Hans ist so alt, wie die Kinder von Birgit und Jürgen zusammen alt sind.

- Vor 52 Jahren war Opa Hans gerade mal $\frac{1}{3}$ so alt, wie seine Frau heute ist.

Sachthema: Schulfest

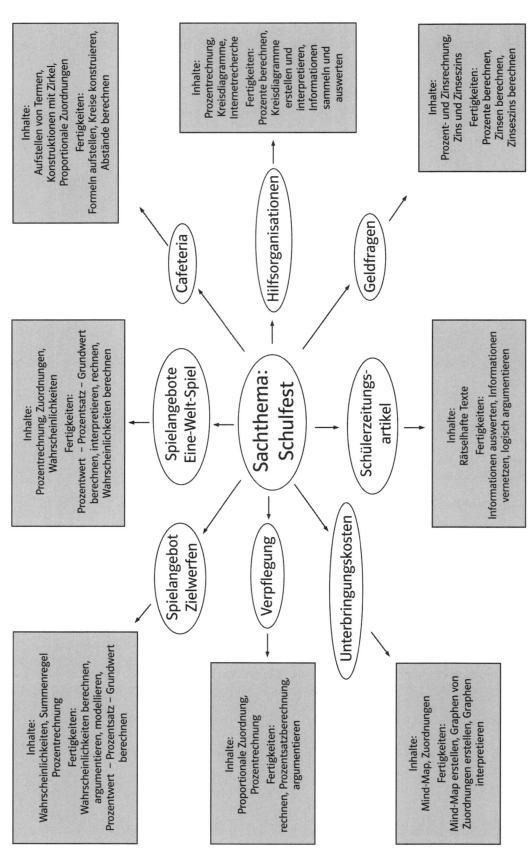

Vorbereitungen für das SMV-Wochenende (1)

Unterbringungskosten

Andrea, Paul und Sophie sind die Schülersprecher des Erasmus-Gymnasiums. Sie haben sich getroffen, um das anstehende Wochenende der Schülervertretung (SMV) zu planen. Dieses Zusammentreffen soll einerseits den Zusammenhalt innerhalb der SMV stärken. Andererseits ist die Vorbereitung des zum ersten Mal stattfindenden Schulfestes ein zentrales Anliegen der drei Schülersprecher. Ein wichtiges Ziel wird es sein, dass genügend Freiwillige in einer der Vorbereitungsgruppen engagiert mitarbeiten.
Andrea, Paul und Sophie entwerfen folgendes Mind-Map, um sich einen Überblick zu verschaffen.

? Ordne in das Mind-Map den verschiedenen Vorbereitungsgruppen folgende Aufgabenfelder zu:
Abrechnung, Bestuhlung, Bühnenbeleuchtung, Eine-Welt-Spiel, Form, Geldanlage, Geschicklichkeitsspiele, Glücksspiele, Hilfsorganisationen, Hilfsprojekt, Kuchenbedarf, Land und Leute.
Vor der weiteren Planung müssen Andrea, Paul und Sophie zunächst entscheiden, welches Haus sie für das SMV-Treffen mieten wollen. Sie haben drei Angebote für zwei Übernachtungen eingeholt und vergleichen sie:

? Welches der drei Angebote scheint auf den ersten Blick das günstigste zu sein?

? Überprüfe deine Vermutung anhand einer geeigneten Darstellung in einem Koordinatensystem.

? Für welche Teilnehmerzahlen ist das Angebot der Pfarrgemeinde das günstigste?

? Bei welcher Teilnehmerzahl sind die Unterbringungskosten auf Burg „Siebenstein" und im Gemeindehaus gleich?

? Welches Angebot ist für 57 Teilnehmer das günstigste?

Vorbereitungen für das SMV-Wochenende (2)

Verpflegung

Andrea, Paul und Sophie konnten bereits vor Beginn des Wochenendes einen kleinen Erfolg verbuchen: Es haben sich insgesamt 54 Klassensprecherinnen und Klassensprecher der verschiedenen Klassenstufen angemeldet, sodass die Entscheidung für die Waldhütte eindeutig war. Die Vorbereitungen sind größtenteils abgeschlossen. Lediglich die Verpflegung für zwei Frühstücke und zwei Abendessen muss noch eingekauft werden. Paul und Sophie erklären sich bereit, den Einkauf zu übernehmen und vergleichen die folgenden Angebote:

SUPER-Markt informiert:

EINMALIGES ANGEBOT

Am heutigen Tag übernimmt Ihr SUPER-Markt die Mehrwertsteuer von 19%.
Machen Sie heute Ihren Großeinkauf bei uns!!!

ILDA informiert

Wir sind günstiger als „SUPER-Markt"!!!

	„SUPER"-Preis	unser Preis
Nudeln (500g)	0,59	0,48
1 Dose Tomatensoße	0,79	0,73
Fruchtsäfte (1l)	0,85	0,77
Mineralwasser (1,5l)	0,29	0,19
Apfelschorle (1,5l)	0,59	0,48
Stieleis (12 Stück)	1,99	1,84
Butter (250 g)	0,69	0,57
Brot (500 g)	0,59	0,44
Marmelade (200 g)	0,79	0,73
Tee (25 Beutel)	0,99	0,87
Pommes frites (750 g)	0,99	0,77
Fischstäbchen (450 g)	1,49	1,26
Ketchup (500 ml)	0,89	0,77
Mayonnaise (500 g)	0,99	0,81

Sophie bringt eine Einkaufsliste für 15 Personen mit, die sie noch von einer früheren Freizeit hat: 2 kg Nudeln, 2 Dosen Tomatensoße, je 20 Flaschen Fruchtsäfte, Mineralwasser und Apfelschorle, 15 Stieleis, 3 kg Brot, 750 g Butter, 3 Gläser Marmelade, 2 Packungen Tee, 1,8 kg Fischstäbchen, 3 kg Pommes frites, 500 ml Ketchup und 500 g Mayonnaise.

? Berechne auf der Basis der obigen Liste die benötigten Mengen für 57 Personen.

? Erstelle anhand deiner obigen Berechnungen eine Einkaufsliste für das Wochenende.

Paul ist der Meinung, dass bei dieser Menge das Angebot vom SUPER-Markt unschlagbar sei, denn 19 % vom Einkaufspreis könnte man bei Ilda auf gar keinen Fall sparen.

? Von welchen Einkaufskosten geht Paul aus? Sophie behauptet jedoch, dass Paul das Angebot nicht richtig gelesen hätte. Denn tatsächlich würde man bei dem Angebot im SUPER-Markt nur knapp 16 % sparen und somit wäre Ilda doch günstiger.

? Warum hat Sophie Recht? Berechne den Prozentsatz (gerundet auf zwei Dezimale), der im SUPER-Markt tatsächlich gespart wird.

? Welches ist das günstigere Angebot? Endlich ist es soweit, alle sind gut in der „Waldhütte" angekommen. Andrea, Paul und Sophie teilen die einzelnen Vorbereitungsgruppen ein, sodass alle mit Eifer an die Vorbereitung des Schulfestes gehen können.

SMV-Wochenende (1)

Vorbereitungsgruppe „Spiel-Angebote" – Zielwerfen 1
Stefanie, Philipp und Martin sammeln mit ihrer Gruppe Ideen für Spiele, die auf dem Schulfest angeboten werden könnten:

Einige von diesen Vorschlägen kennst du sicher, entweder aus dem Unterricht oder aufgrund eigener Spielerfahrungen.

? Entscheide für die oberen zehn Vorschläge, ob es sich bei den Spielen um einen Zufallsversuch oder ein mehrstufiges Zufallsexperiment handelt.

- Glücksrad
- Lose ziehen
- Roulette
- Mini-Lotto (4 aus 12)
- Bingo
- 17 und 4 (Kartenspiel)
- Eine-Wette-Spiel
- Schießbude (Dartpfeile auf Luftballons)
- Geschicklichkeitsspiele (z.B. Zielwerfen)
- Münze werfen
- Torwandschießen
- Quiz
- „6" gewinnt (unterschiedliche Würfel)
- Schweinerei (Lage des Gummischweins)

Stefanie, Philipp und Martin diskutieren über die Möglichkeit, Zielwerfen auf dem Schulfest anzubieten:
Sie wollen das abgebildete Muster auf ein rechteckiges Holzbrett aufmalen und mit einem Dartpfeil darauf werfen. Die Farbe des getroffenen Feldes entscheidet über Gewinn oder Verlust des Spielers. Der Einsatz beträgt 0,50 € und wird nach folgender Tabelle ausgezahlt:

gelb		grün
	blau	
		orange

Farbe	blau	grün	orange	gelb
Auszahlung	1	0,75	0,50	0

Ich denke, dass die meisten die Felder rein zufällig treffen werden. Dann machen wir einen Gewinn.

Eventuell bekommen wir aber Schwierigkeiten bei der Positionsbestimmung der Pfeile.

? Mit welcher Wahrscheinlichkeit trifft ein Spieler laut Stefanie ein grünes (oranges, gelbes, blaues) Feld?

? Mit welcher Wahrscheinlichkeit erhält ein Spieler demnach mehr als seinen Einsatz zurück?

? Nenne eine Pfeilposition, bei der es tatsächlich Schwierigkeiten geben könnte. Wie könnte man einen solchen Ausgang vermeiden?

? Anna hält es für realistischer, dass etwa ein Fünftel der Würfe das Holzbrett verfehlen werden. Bestimme die Wahrscheinlichkeit, mit der die SMV demnach einen Gewinn macht.

? Sebastian gefällt die Idee des Zielwerfens. Statt neun Feldern möchte er jedoch eine Landkarte verwenden. Wie könnte sein Entwurf aussehen?

Ernst Klett Verlag GmbH, Stuttgart 2010

SMV-Wochenende (2)

Vorbereitungsgruppe „Spiel-Angebote" – Zielwerfen 2
Sebastian erklärt seine Zielwurfidee: Zunächst fertigen wir eine Weltkarte in Petersprojektion an. Auf dieser Karte werden nur die Umrisse der Kontinente und die Wasserflächen blau eingezeichnet.

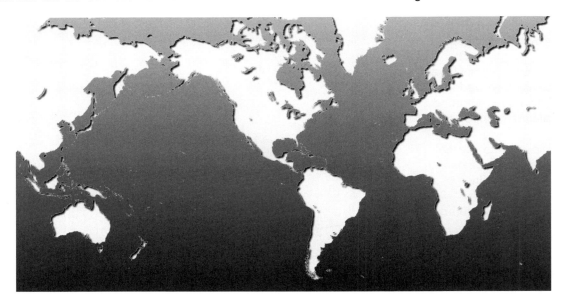

Bei dem Spiel wird aus 5 m Entfernung mit einer kleinen, runden Holzscheibe auf die Weltkarte geworfen. Der Spieleinsatz beträgt 50 ct. Der Gewinn oder Verlust eines Spielers richtet sich nach der Lage der Holzscheibe. Landet die Scheibe im Wasser (Ozean oder See), verliert der Spieler seinen Einsatz.
Landet die Scheibe auf dem Land, so richtet sich der Auszahlungsbetrag nach der Größe des Kontinents:

Anteil der Fläche an der Gesamtfläche aller Kontinente:	< 10 %	10 % - 20 %	> 20 %
Auszahlungsbetrag:	1,50 €	1 €	50 ct

? Informiere dich, was das Besondere an einer Petersprojektion ist. Warum ist gerade die Petersprojektion der Erde für dieses Spiel besonders geeignet?

? Bestimme den prozentualen Flächenanteil der einzelnen Kontinente (Afrika, Asien, Amerika, Europa, Antarktis und Australien) an der Gesamtfläche aller Kontinente. (Nimm ein Lexikon zu Hilfe.)

? Nur etwa 29 % der Gesamtoberfläche der Erde ist nicht von Wasser bedeckt. Wie viel Prozent der gesamten Erdoberfläche beträgt die Fläche Europas?

? Sara wendet ein, dass es Schwierigkeiten bei der Lagebestimmung der Scheibe geben kann. Nenne zwei Scheibenpositionen, die problematisch sind.

? Auf welchen Kontinenten müsste die Scheibe landen, damit ein Spieler mehr als seinen Einsatz zurückerhält?

? Mit welcher Wahrscheinlichkeit trifft der Spieler einen dieser Kontinente, wenn die endgültige Position der Holzscheibe als rein zufällig angenommen wird?

? Von welchen Voraussetzungen wird bei den obigen Überlegungen ausgegangen? Hältst du diese Voraussetzungen für realistisch?

SMV-Wochenende (3)

Vorbereitungsgruppe „Spiel-Angebote" – Eine-Welt-Spiel

Anna erklärt ihrer Gruppe, wie ihr Spielvorschlag, das Eine-Welt-Spiel, funktionieren soll:
Durch Lose werden die Mitspieler den Kontinenten Afrika, Asien, Nord-Amerika, Süd-Amerika und Europa
zugeordnet. Die so entstandenen Gruppen teilen sich später ihren Preis.

? Welche Kontinente finden bei der Auflistung keine Beachtung? Was könnte der Grund dafür sein?

? Bestimme für jeden der fünf Kontinente den prozentualen Bevölkerungsanteil an der Gesamtbevölkerung.

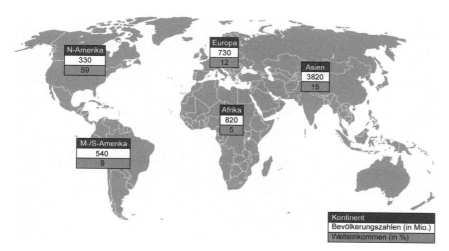

Kontinent
Bevölkerungszahlen (in Mio.)
Welteinkommen (in %)

Anna erklärt, dass 25 Kinogutscheine im Wert von je 12 € als Gewinn zur Verfügung stehen (Eintritt für eine Person, ein Getränk und eine Tüte Popcorn). Die Anzahl der Gutscheine, die einem einzelnen Kontinent zugeteilt werden, richtet sich nach dessen prozentualem Anteil am Welteinkommen. Ein Gutschein kann nicht auf zwei Kontinente verteilt werden.

? Bei der Berechnung fällt Paul auf, dass die Verteilung der Gutscheine nicht genau aufgeht. Wie werden demnach die Gutscheine den einzelnen Kontinenten zugeordnet?

? Die Arbeitsgruppe beschließt, 100 Lose à 2 € zu verkaufen. Jeder Schüler darf maximal ein Los kaufen. Wie hoch müsste der Lospreis sein, um die Gutscheine von den Einnahmen kaufen zu können?

? Die Anzahl der Lose, die mit dem Namen eines Kontinents beschriftet werden, richtet sich nach dem prozentualen Bevölkerungsanteil des jeweiligen Kontinents an der Weltbevölkerung. Es gibt also keine Nieten. Berechne, wie viele Lose jedem einzelnen Kontinent zugeordnet werden.

? Die Verteilung der Lose führt dazu, dass sich einzelne Gewinner einen Gutschein teilen müssen, z. B. alle Afrika-Losbesitzer die Afrika

zugeordneten Kinogutscheine. Mit welcher Wahrscheinlichkeit gewinnt ein Spieler mehr als einen Kinogutschein?

? Die Arbeitsgruppe beschließt, dass im Streitfall die Gutscheine von der SMV zurückgekauft werden können, sodass die Vertreter eines Kontinents den entsprechenden Gegenwert (12 €) unter sich aufteilen können. Mit welcher Wahrscheinlichkeit macht ein Spieler unter diesen Umständen einen Verlust?

? In welchen Kontinenten machen die Mitspieler einen Gewinn? Wie hoch ist folglich die Gewinnwahrscheinlichkeit?

? Beschreibe das Ergebnis des Spiels in eigenen Worten. Welche Meinung werden die verschiedenen Mitspieler haben?

SMV-Wochenende (4)

Vorbereitungsgruppe „Cafeteria"

Stellas Teilgruppe muss sich nun überlegen, wie viele Kuchen (Elternspenden) für das Schulfest benötigt werden. Die SMV rechnet mit 900 bis 1500 Besuchern und geht davon aus, dass jeder Besucher im Schnitt eineinhalb Stücke Kuchen isst. Ein Kuchen wird in 12 Stücke aufgeschnitten.

? Gib eine Formel für die Anzahl der benötigten Kuchenstücke an. Wie viele Kuchenstücke werden bei 900, bei 1200 bzw. bei 1500 Besuchern benötigt?

? Was ist bei der obigen Formel zu beachten, wenn nur von ganzen Kuchenstücken ausgegangen werden soll? Berechne dafür die Anzahl der benötigten Kuchenstücke für z. B. 945 oder 1115 Besucher.

? Bestimme eine Formel, mit der die Anzahl der benötigten Kuchen berechnet werden kann. Wie viele Kuchen werden bei 945, bei 1200 bzw. bei 1500 Besuchern benötigt?

? Florian nimmt an, dass ein Drittel aller Besucher Rührkuchen (z. B. Marmorkuchen) isst und dass von diesen Kuchen durchschnittlich zwei Stücke gegessen werden. Die Rührkuchen können in 15 Stücke, die runden Kuchen in jeweils 12 Stücke aufgeteilt werden. Welche Formeln für die Kuchenzahlen ergeben sich aus dieser Annahme? Wie viele Rührkuchen und wie viele runde Kuchen werden bei 900, bei 1200 bzw. bei 1500 Besuchern für das Fest benötigt?

? Welche Einnahmen ergeben sich bestenfalls für die SMV?

Währenddessen plant Kira mit ihrer Gruppe, wie die Bühne (3 m breit, 6 m lang) möglichst geschickt ausgeleuchtet werden kann. Es stehen sechs Lampen zur Verfügung, die einen runden Lichtkreis erzeugen. Werden sie in 3 m Höhe aufgehängt, so hat der Lichtkreis einen Durchmesser von 1,5 m. Frank – ein Schüler aus Klasse 9 – erinnert sich, dass die Zuordnung *Lampenhöhe → Lichtkreisdurchmesser* proportional ist. Kiras Gruppe überlegt nun, wie die Lampen aufgehängt werden müssen, um eine möglichst gute Ausleuchtung der Bühne zu erreichen.

? Wie lautet die Formel, mit der sich der Lichtkreisdurchmesser mithilfe der Höhe berechnen lässt?

? Überprüfe anhand einer Zeichnung, wie viele in 4 m Höhe aufgehängte Lampen nötig sind, um die Bühne lückenlos auszuleuchten.

? Wie hoch müssen sechs Lampen mindestens aufgehängt werden, damit die Ausleuchtung der Bühne vollständig ist? Wie hoch müssen die Lampen aufgehängt werden, damit zwei dieser Lampen ausreichen? Ist das sinnvoll?

? Die Deckenhöhe über der Bühne beträgt 7,5 m, sodass die Lampen höchstens 7 m hoch hängen können. Wie viele Lampen werden mindestens gebraucht, wenn die gesamte Höhe über der Bühne ausgenutzt wird?

SMV-Wochenende (5)

Hilfsorganisationen 1

Die SMV beschließt, die Einnahmen des Schulfestes zur Hälfte für SMV-Projekte auszugeben und die andere Hälfte an eine Hilfsorganisation zu spenden. Jens hat im Vorfeld Informationen über zwei Hilfsorganisationen gesammelt. Ihn interessiert natürlich, welcher Anteil einer Spende schließlich bei den bedürftigen Menschen ankommt.

Ausgaben 2003	
Gesamtausgaben: 17 464 805,40 €, davon entfallen auf:	
Projektarbeit	14 283 090,87
Informationsarbeit	1 403 829,47
Verwaltung und Spendenwerbung	1 296 059,46
Wirtschaftlicher Geschäftsbetrieb	392 044,60
Rücklagensaldo	89 781,00

Hilfe bei Katastrophen, wie der Flutwelle im ostasiatischen Raum 2005

Die Projetkausgaben in Höhe von 14 283 090,87 € verteilen sich auf:	
Lateinamerika	11,4 %
Asien	16,4 %
Afrika	12,7 %
Inland	8,4 %
Allgemeine Projektaufwendungen	10,4 %
Zweckgebundene und Drittmittel-Projekte	40,7 %

Bildung für Kinder ist ein Schwerpunkt der terre des hommes-Projektarbeit

? Wie viel Prozent der Gesamtausgaben entfiel 2003 auf die Projektarbeit von terre des hommes (tdh)?

? Ein Arzt spendet 10 000 € für ein Projekt. Wie viel Geld fließt dann in die Arbeit vor Ort?

? Erstelle ein Kreisdiagramm, das widerspiegelt, wie sich die Gesamtausgaben auf die Einzelposten (von Projektarbeit bis Rücklagensaldo) verteilen.

? Berechne die Beträge, die terre des hommes jeweils für Projekte in Lateinamerika, Afrika und Asien ausgegeben hat.

? Angenommen, der Anteil der Verwaltungs- und Spendenwerbungskosten für Projekte in Afrika entspricht den 12,7 % der Projektausgaben für Afrika. Wie viel Prozent der Gesamtausgaben entfällt dann auf die Verwaltungs- und Spendenwerbungskosten für Projekte in Afrika?

? Was versteht man unter „Nichtregierungsorganisationen"? Informiere dich im Internet über die Ziele der Hilfsorganisation terre des hommes. Woher kommt der Name der Organisation? Was bedeutet er?

SMV-Wochenende (6)

Hilfsorganisationen 2

Ferner hat sich Jens über die Hilfsorganisation DAHW informiert und folgendes Diagramm mitgebracht:

Ausgaben 2003

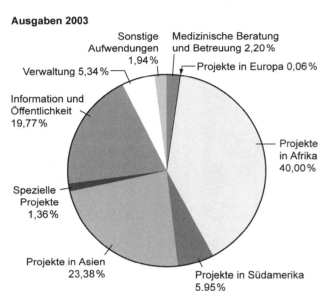

Vielen Menschen in Brasilien fehlt sauberes Trinkwasser. In den Stadtteilen der Armen und in den einsamen Dörfern auf dem Land gibt es meistens keine Wasserleitungen. Die Bewohner benutzen deswegen Wasser aus den Flüssen und Brunnen. Das Wasser ist oft sehr stark verschmutzt und enthält Krankheitserreger.

? Informiere dich im Internet unter www.dahw.de, um welche Hilfsorganisation es sich hier handelt. Ein Schwerpunkt ist die Arbeit gegen die Krankheit Lepra. Was für eine Krankheit ist das?

? Die Hilfsorganisation DAHW hat im Jahr 2003 Aufwendungen in Höhe von 16 663 741,50 € gehabt. Berechne die Beträge, die DAHW jeweils für Projekte in Südamerika, Afrika und Asien ausgegeben hat.

? In welchen Kontinenten hat die DAHW ihren Arbeitsschwerpunkt? Warum ist das vermutlich so?

? Welche der beiden Hilfsorganisationen tdh und DAHW hat 2003 mehr Geld in ihre Projekte investiert?

Jasmin hat folgende Kurzfassung des Rechenschaftsberichts 2003 der Hilfsorganisation Misereor dabei:

	Projektarbeit	Bildungsarbeit	Öffentlichkeitsarbeit	Verwaltung
Ausgaben (in Mio. EUR)	146,6	1,9	5,4	6,9

? Wie viel Prozent der Gesamtausgaben entfiel 2003 auf die Projektarbeit von Misereor?

? Wenn du die restlichen Ausgaben (also Gelder, die nicht direkt in Projekte geflossen sind) der drei Hilfsorganisationen vergleichst, lassen sich Unterschiede sowohl bei den Prozentsätzen als auch bei den Geldbeträgen feststellen. Veranschauliche diese Unterschiede in einem Balkendiagramm. Wie sind diese Unterschiede zu erklären?

? Das Spendensiegel des DZI ist für alle Hilfsorganisationen von großer Bedeutung. Warum ist dieses Siegel für eine Hilfsorganisation und für Spender so wichtig? Sind die von Jens genannten Organisationen mit diesem Siegel ausgezeichnet?

Deutsches Zentralinstitut für soziale Fragen/DZI

DZI Spenden-Siegel: Geprüft+Empfohlen

? Für eine Informationswand sollen verschiedene Projekte von Hilfsorganisationen vorgestellt werden. Wählt in Gruppen jeweils ein Projekt aus und begründet eure Entscheidung.

Sachthema: Schulfest

SMV-Wochenende (7)

Vorbereitungsgruppe „Geldfragen"

Die Vorbereitungsgruppe von Judith und Aleksei soll überlegen, was nach dem Schulfest mit dem eingenommenen Geld geschehen wird. Da sie eine Projektpatenschaft übernehmen möchten, wollen sie das Geld auf einer Bank anlegen. Judith, Aleksei und Frank vergleichen verschiedene Angebote:

Die Spar-bei-uns-Bank bietet folgende Konditionen an:
Pluskonto mit 1,9% Zinsen bei täglicher Verfügbarkeit ab einer Einlage von 2000 € und sogar 2,18% Zinsen ab 5000 €.

Die S-Bank bietet folgende Anlageform an:
• Hohe 2,2 %* Zinsen ab dem ersten Euro
• Tägliche Verfügbarkeit

*Zinsen werden auf ein Girokonto der S-Bank ausgezahlt!

Die Sparfuchs-Bank macht zurzeit mit folgendem Angebot Werbung:
„Unser Jugend-Konto zeichnet sich durch Flexibilität bei besonders hoher Rendite aus. Die Einlagen sind täglich verfügbar und werden mit 1,6% verzinst.
Der besondere Bonus:
Am Ende eines Sparjahres werden die nicht verfügten Einlagen mit einem Bonus von 0,5% verzinst. Wurde über eine Einlage zwei Jahre lang nicht verfügt, so wird für das zweite Jahr sogar ein Bonus von 1% gezahlt."

? Welches Konto ist bei einer einjährigen Festanlage in Höhe von 2000 € am profitabelsten?

? Welche Bank zahlt die meisten Zinsen, wenn diese Anlage zwei Jahre unberührt bleiben würde? Alle Angebote bieten die für eine Patenschaft wichtige Voraussetzung der kurzfristigen Verfügbarkeit. Die Gruppe muss nun nur noch überlegen, bei welcher Bank das Geld der SMV möglichst Gewinn bringend angelegt werden kann.

? Gehe zunächst von Einnahmen der SMV in Höhe von 3500 € und von einer Unterstützung des Projektes jeweils zu Beginn eines Monats in Höhe von 200 € aus. Bei welcher Bank ist das Geld für ein Jahr am besten angelegt?

? Ändert sich deine Entscheidung, falls die SMV wider Erwarten 5500 € einnehmen sollte?

? Bei Einnahmen in Höhe von 5500 € wäre auch eine längerfristige Unterstützung eines Projektes möglich. Wie lange kann die SMV damit das Projekt ohne neue Einnahmen unterstützen? Bei welcher Bank wäre unter diesen Umständen die Anlage effizienter?

In der Pause treffen sich Aleksei und Paul, der bei der Informationswand mitarbeitet. Paul erzählt Aleksei von den teilweise recht hohen Verwaltungskosten einzelner Hilfsorganisationen und fragt sich, ob es nicht effektiver wäre, das Geld direkt an ein Hilfsprojekt vor Ort zu überweisen.

? Ein Auslands-Orderscheck in Höhe von ca. 200 € kostet 12 € Gebühren und Versicherung. Welchem prozentualen Anteil entsprechen diese Zusatzkosten? Ein Auslands-Orderscheck wird stets in US$ ausgestellt. Was ist beim Kauf eines solchen Schecks zusätzlich zu bedenken? Wie viel von den 200 € bleiben für das Projekt übrig, wenn ein Auslands-Orderscheck verwendet wird?

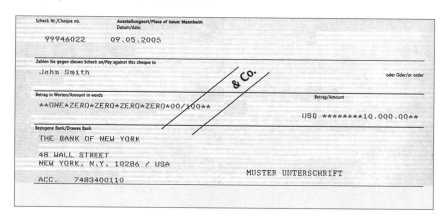

Rückblick auf das SMV-Wochenende

Schülerzeitungsartikel

Inzwischen sind alle vom SMV-Wochenende in den Schulalltag zurückgekehrt. Der Verlauf und die Ergebnisse der einzelnen Vorbereitungsgruppen waren für die Schülersprecher so positiv, dass sie in der Schülerzeitung des Erasmus-Gymnasiums einen Artikel schreiben.

Andreas hat zum Spaß alle Mädchen und Jungen, die Gruppen geleitet haben, verschlüsselt. Außer den neun Sätzen verrät er nur, dass alle aus verschiedenen Klassen kommen und verschiedene Nachnamen haben.

1. Andrea heißt mit Nachnamen Meier.
2. Becker geht weder in die 9. noch in die 10. Klasse.
3. Die Vorbereitungsgruppe „Hilfsorganisationen" leitete jemand aus der 9. Klasse.
4. Die Vorbereitungsgruppe „Cafeteria" leitete jemand, der weder in die 8. Klasse, die von Florian besucht wird, noch in die 11. oder 12. Klasse geht.
5. Die Vorbereitungsgruppe „Cafeteria" wurde nicht von Müller geleitet.
6. Die Vorbereitungsgruppe „Spielangebote" wurde nicht von May aus der 11. Klasse geleitet.
7. Die Vorbereitungsgruppe „Organisation" leitete Baier.
8. Regina leitete die Vorbereitungsgruppe „Geldfragen".
9. Sophie heißt mit Nachnamen weder Müller noch Becker.

? Versuche mit folgendem Schema, in dem du die Informationen nur durch + und – einträgst, die richtigen Leiterinnen und Leiter den Gruppen zuzuordnen:

	Baier	Becker	May	Meier	Müller	Cafeteria	Geldfragen	Hilfsorganisationen	Organisation	Spielangebote	Klasse 8	Klasse 9	Klasse 10	Klasse 11	Klasse 12
Andrea															
Paul															
Sophie															
Florian															
Regina															
Klasse 8															
Klasse 9															
Klasse 10															
Klasse 11															
Klasse 12															
Cafeteria															
Geldfragen															
Hilfsorganisationen															
Organisation															
Spielangebote															

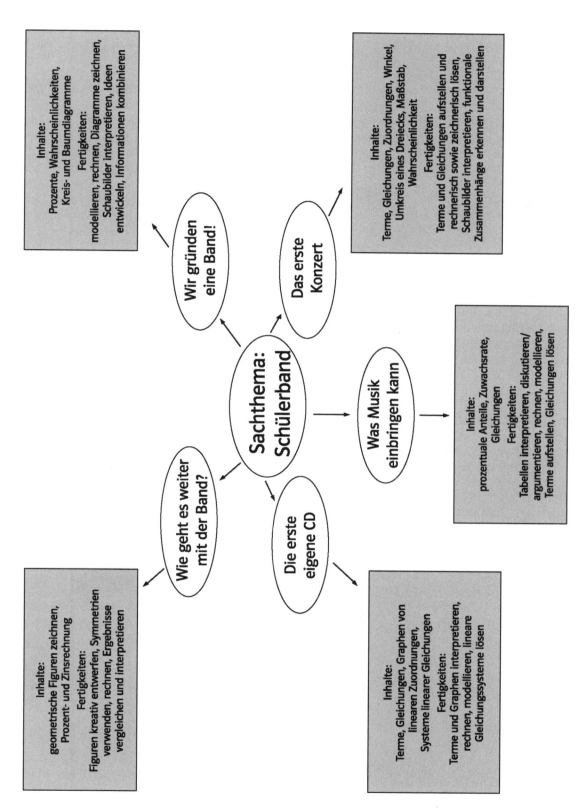

Wir gründen eine Band!

Inhalte:
Prozente, Wahrscheinlichkeiten, Kreis- und Baumdiagramme
Fertigkeiten:
modellieren, rechnen, Diagramme zeichnen, Schaubilder interpretieren, Ideen entwickeln, Informationen kombinieren

Das erste Konzert

Inhalte:
Terme, Gleichungen, Zuordnungen, Winkel, Umkreis eines Dreiecks, Maßstab, Wahrscheinlichkeit
Fertigkeiten:
Terme und Gleichungen aufstellen und rechnerisch sowie zeichnerisch lösen, Schaubilder interpretieren, funktionale Zusammenhänge erkennen und darstellen

Sachthema: Schülerband

Was Musik einbringen kann

Inhalte:
prozentuale Anteile, Zuwachsrate, Gleichungen
Fertigkeiten:
Tabellen interpretieren, diskutieren/argumentieren, rechnen, modellieren, Terme aufstellen, Gleichungen lösen

Wie geht es weiter mit der Band?

Inhalte:
geometrische Figuren zeichnen, Prozent- und Zinsrechnung
Fertigkeiten:
Figuren kreativ entwerfen, Symmetrien verwenden, rechnen, Ergebnisse vergleichen und interpretieren

Die erste eigene CD

Inhalte:
Terme, Gleichungen, Graphen von linearen Zuordnungen, Systeme linearer Gleichungen
Fertigkeiten:
Terme und Graphen interpretieren, rechnen, modellieren, lineare Gleichungssysteme lösen

Wir gründen eine Band!

Alex spielt begeistert Gitarre und Jonas übt schon seit der 5. Klasse regelmäßig das Schlagzeugspielen bei einem Freund aus seinem Musikverein. Zusammen besuchen sie die 7. Klasse ihres Gymnasiums in Altstadt-Feldsee. Wenn sie sich treffen, reden sie ständig über Sänger, Sängerinnen und vor allem über Bands. Nun machen sie Pläne für die Gründung einer eigenen Schülerband.
Das Gymnasium hat 650 Schülerinnen und Schüler. Alex und Jonas überlegen zunächst einmal, wie viele Schülerinnen und Schüler in ihrer Klasse ein Instrument spielen. Von den 30 Schülern ihrer Klasse spielen fünf Schüler Klavier, drei Schüler Gitarre oder Bass und zwei Schüler Trompete.

❓ Welche prozentualen Anteile ergeben sich für ihre Klasse? Runde dabei sinnvoll. Erstelle ein passendes Kreisdiagramm für die Klasse. Können die Anteile auf die anderen Klassen übertragen werden?

❓ Wie verändert sich das Diagramm, wenn noch weitere Musikanten oder eine Anzahl an Sängern/Sängerinnen vorkommen?

❓ Wie viele Klavierspieler wird es an ihrem Gymnasium geben, wenn die Anteile in jeder Klasse etwa gleich groß sind?

Jonas überlegt bereits weiter: „Es gibt doch viele Musikgruppen, die sich über Wettbewerbe, Anzeigen oder Inserate gefunden haben." „Und was machen wir?" „Wir hängen ein Plakat ans schwarze Brett! Dann sollen alle Interessierten zu einer Auswahl kommen", sagt Jonas, „so ein Plakat sehen sicher etwa 80 % aller Schülerinnen und Schüler!"
Alex ist einverstanden: „Klasse. Und ich frage gleich morgen den SMV-Lehrer wegen des Raums."

❓ Wie könnten die Jungen sonst noch Werbung für ihre Idee machen? „Lohnt sich der Aufwand überhaupt?" Die beiden Jungen rechnen ihre Chancen aus: „Bleiben wir mal dabei, dass in einer Klasse etwa 10 Leute ein Instrument spielen oder singen können. Wenn das mit den 80 % stimmt, dann erreichen wir vielleicht ..."

Vergesst die Charts!

Unsere Band ist besser!
Machst du mit?

Dann treffen wir uns am Freitag ab 16.00 Uhr in Raum 203 zum Casting!

Alex und Jonas (7a)

Der Andrang am Freitag ist tatsächlich groß, allerdings kommen ausschließlich Jungen. Am Ende haben sich Alex und Jonas auf fünf von ihnen aus verschiedenen Klassen geeinigt. Die Jungen sind 10, 11, 13, 14 und 15 Jahre alt.

❓ Findet mithilfe der Tipps heraus, wer welches Instrument spielt.

A) Der Klavierspieler ist drei Jahre jünger als Yannick.
B) Der Bassist ist ein Jahr älter als Daniel und außerdem auch älter als Martin.
C) Ein Schüler singt.
D) Leon ist ein Jahr jünger als der Gitarrist.
E) Thomas ist ein Jahr älter als der Trompeter.

Das erste Konzert

Sieben Jungen hatten sich bisher zu einer Band zusammengefunden. Inzwischen sind auch noch zwei Mädchen dazugekommen: Julia steigt bei den Vocals ein und Sarah-Marie hat die anderen davon überzeugt, dass auch Geigenspiel recht „fetzig" sein kann. Nun steht ihr erster Auftritt bevor.
Wo soll das Konzert stattfinden? Wie ist es mit der Technik (Verstärker, Lautsprecher, Mikrofone, Kabel usw.)? Welchen Unkostenbeitrag können sie verlangen? Alex und Stefan haben zwei Angebote vorliegen:

Sie überlegen, 3,50 € für den Eintritt zu verlangen.

? Bei welchen Besucherzahlen x bietet sich welches Angebot an? Stellt jeweils einen Term für den Gewinn y auf und bildet daraus ein lineares Gleichungssystem. Löst die Aufgabe rechnerisch und zeichnerisch. Achtet darauf, passende Einheiten im Koordinatensystem zu wählen, die auf den beiden Achsen unterschiedlich sein dürfen (Zehner- bzw. Hunderterschritte).

? Wie minimiert sich das Verlustrisiko (falls zu wenige Zuschauer kommen), wenn für den Eintritt 4 € verlangt werden?

? Für eine Bestuhlung des Saales würden sich bei Angebot B die Saalkosten noch einmal um 50 € erhöhen. Man könnte dann jedoch 5 € verlangen. Ab wie vielen Zuschauern macht das Sinn?

? Wie könnte der Plan für die Bühne (8 m breit, 6 m lang, Stromanschluss genau in der Mitte) aussehen? Erstellt in Partnerarbeit eine erste Skizze (Maßstab 1:50). Versucht dabei, möglichst viele Bedingungen zu erfüllen. Denkt auch an die optische Wirkung auf die Zuschauer.

? Wie nahe können die beiden Vokalisten ans Publikum?

? Jeder legt für sich fest, wo die restlichen Bandmitglieder stehen. Beschreibt in einem kurzen Konstruktionstext eine der Positionen und lasst die anderen diese dann einzeichnen.

Daniel und Julia legen am Tag vor dem Konzert in der Schule Wunschzettel für einige der Lieder aus, die sie geübt haben.

? Ein Titel wird gewählt. Wie groß ist die Wahrscheinlichkeit, dass bei 12 Titelvorschlägen eines der drei Lieblingsstücke von Daniel gewünscht wird? Welche Annahme machst du dabei? Wie könnten sich seine Chancen verringern?

Angebot A:

Schulturnhalle	0 €
technische Ausrüstung (muss ausgeliehen werden)	300 €

Angebot B:

private Halle	100 €
technische Ausrüstung (ist vorhanden)	0 €
Abgabe pro Besucher	2 €

Bühnenaufbau:

– Man braucht eine gleichmäßige Beleuchtung von allen Seiten durch drei Scheinwerfer mit 3-m-Kabelverbindung zur Steckdose in der Mitte der Bühne.
– Die Scheinwerfer strahlen ihr Licht in einem Winkel von 100° ab.
– Sänger und Sängerin sollen nebeneinander möglichst weit vorne stehen, hell angestrahlt und mit freiem Blick auf die Zuschauer.
– Das Schlagzeug steht in der Mitte der Bühne.

Wunschzettel

Ich heiße _____
und möchte folgende Songs hören:

☐ Leuchtturm
☐ Smoke on the water
☐ I will survive
☐ Walk this way
☐ Wish you were here
☐ …

Bitte maximal drei Titel ankreuzen!

978-3-12-734432-5 Lambacher Schweizer 7 NRW, Serviceband **S103**   Ernst Klett Verlag GmbH, Stuttgart 2010

Was Musik einbringen kann

Bei der Planung ihres Konzertes bekommen die Bandmitglieder vom Verbindungslehrer den Tipp, dass sie ein Konzert bei der GEMA* anmelden müssen. Im Internet finden sie hierzu einige Informationen.

GEMA

Die GEMA stellt sicher, dass Künstler für ihre Werke entlohnt werden und nicht jeder mit dem, was andere geschaffen haben, Geld verdienen kann. Wird z. B. im Radio der Song „Mensch" von Herbert Grönemeyer gespielt, so zahlt der Sender dafür der GEMA eine Gebühr, von welcher dann der Künstler einen Anteil bekommt.

Im Geschäftsjahr 2003 ergaben sich Erträge von 813 616 557,73 € (darunter z. B. 219,857 Mio. € Einnahmen aus dem Bereich Rundfunk und Fernsehen). Am Ende bleibt für die Künstler eine Verteilungssumme von 694 162 625,81 €.

❓ Findet heraus, seit welchem Jahr der Anteil der Verteilungssumme weniger als 86 % beträgt.

Obwohl die Erträge und auch die Verteilungssumme von Jahr zu Jahr steigen, sind die Verantwortlichen mit den Ergebnissen nicht zufrieden.

❓ Warum nicht? Vergleicht die jährliche prozentuale Zuwachsrate. Diskutiert mögliche Ursachen und Folgen dieser Entwicklung.

	Einnahmen und Ausgaben der GEMA in den letzten Jahren		
	Erträge	Personal- und Sachkosten	Auszahlungen an die Künstler und Rechteinhaber
2003	813,6 Mio.	119,4 Mio.	694,2 Mio.
2002	812,5 Mio.	118,7 Mio.	693,8 Mio.
2001	810,5 Mio.	117,9 Mio.	692,6 Mio.
2000	801,4 Mio.	116,9 Mio.	684,5 Mio.
1999	774,4 Mio.	114,9 Mio.	659,5 Mio.
1998	748,9 Mio.	103,4 Mio.	645,5 Mio.
1997	729,5 Mio.	98,5 Mio.	631,0 Mio.

(Quelle: Geschäftsbericht der GEMA zum Geschäftsjahr 2003)

Daniel hat bei der GEMA nachgefragt:
Für Jugendbands gibt es keine Vergünstigungen, wenn sie Unterhaltungsmusik wie Rock und Pop spielen. Rechnet deshalb mit folgenden Tarifen:

Auszug aus der Tarifübersicht 2005 für Veranstaltungen der GEMA für Livemusik

Größe des Veranstaltungs-raumes (in m²)	ohne Eintrittsgeld oder bis zu 1,00 €	bis zu 1,50 €	bis zu 2,50 €	bis zu 4,00 €	bis zu 6,00 €	Alle Beträge sind Nettobeträge und erhöhen sich um 7 % gesetzliche Umsatzsteuer!
bis 100 m²	20,30 €	28,20 €	44,00 €	59,30 €	74,50 €	
bis 133 m²	23,20 €	44,00 €	65,80 €	88,40 €	109,30 €	
bis 200 m²	32,50 €	60,00 €	91,90 €	118,00 €	145,50 €	

❓ Was ist günstiger für eine Band: Einen kleinen Veranstaltungssaal mit 100 m² für 100 Personen zu mieten und 3 € Eintritt zu verlangen oder in einem Saal mit einer Größe von 130 m² für 130 Personen mit 2,50 € Eintritt aufzutreten? Vergesst nicht die Umsatzsteuer (USt)!

❓ Wie viele Zuschauer müssen im kleineren Saal mindestens kommen, damit bei einem Eintritt von 1 € (2 €, 4 €, 5 €) die GEMA-Gebühren (mit USt; 7 %) bezahlt werden können? Stellt passende Terme bzw. Gleichungen auf.

*Gesellschaft für musikalische Aufführungs- und mechanische Vervielfältigungsrechte

---

Die erste eigene CD

> **Das Urheberrechtsgesetz (UrhG)**
>
> **§1** Die Urheber von Werken der Literatur, Wissenschaft und Kunst genießen für ihre Werke Schutz nach Maßgabe dieses Gesetzes.

Thomas und Alex schreiben zu Texten von Daniel und Julia auch selbst ein paar Songs. Um den Gewinn zu steigern, beschließen die Bandmitglieder, einige dieser Songs auf einer CD zu veröffentlichen. „Die CD könnten wir bei unseren Konzerten und privat an Freunde oder Geschwister verkaufen", meint Jonas begeistert. Yannicks Bruder erklärt sich bereit, für 100 € die Live-Aufnahmen zu bearbeiten.

? Stellt einen Term für die Gesamtausgaben bei c CDs auf, wenn der Preis für einen CD-Rohling 1 € beträgt.

? Zeichne den Graphen der Zuordnung *Anzahl der CDs $c \rightarrow$ Gesamtausgaben a* in ein geeignetes Koordinatensystem. Um welchen Zuordnungstyp handelt es sich dabei?

? Den Verkaufspreis will die Band auf 8 € festsetzen. Zeichne den Graphen der Zuordnung *Anzahl der CDs $c \rightarrow$ Gewinn g* in ein weiteres Koordinatensystem. Lies am Graphen ab, ab welcher Verkaufszahl die Band einen Gewinn erzielt.

? Wie würde sich der Graph der zweiten Zuordnung verändern, wenn man den Verkaufspreis auf 10 € erhöht? Würde die Band durch den höheren Verkaufspreis ihren Gewinn steigern?

Für die Bandmitglieder stellt sich nun die Frage, welche ihrer Stücke sie auf die CD nehmen. Einige Stücke sind mit etwa drei Minuten eher kurz. Daneben haben sie aber auch noch ein paar Stücke, die mit ungefähr sieben Minuten vergleichsweise lang sind.

? Gib einen Term für die Gesamtspieldauer an, wenn auf der CD zwei lange Stücke und n kurze Stücke gebrannt werden sollen.

? Wie viele kurze Songs könnte man neben den zwei langen Stücken noch höchstens auf die CD nehmen, wenn die Spielzeit auf 70 Minuten begrenzt ist? Wie viel Zeit würde in diesem Fall noch übrig bleiben?

? Gib verschiedene Möglichkeiten an, wie die Band die 70 Minuten einer CD mit ihren Liedern vollständig füllen kann.

? Wie viele kurze und wie viele lange Stücke müssten auf die CD, wenn die CD mit 14 Stücken genau gefüllt wird?

Die Jungen und Mädchen der Band überschlagen, dass jeder etwa zehn Personen kennt, die ihre CD wohl kaufen würden. Nach zwei Monaten haben sie nach Abzug ihrer Ausgaben nur 152 € verdient. Außerdem entdeckt Leon bei einem Freund eine ihrer CDs, die nicht das Logo der Band auf dem Label hat.

? Wie viele Raubkopien wurden vermutlich hergestellt? Schätzt den möglichen Verlust der Band ab.

Wie geht es weiter mit der Band?

Das erste Konzert hat die junge Band erfolgreich hinter sich gebracht. Nun sitzen einige der Bandmitglieder zusammen in Jonas' Zimmer und planen weiter: Bisher haben sie sich „Die beste Schulband, die es bisher bei uns gab" genannt. Jetzt suchen sie einen zugkräftigen Namen und ein dazu passendes Bandlogo für die neuesten Werbeplakate.
Jonas will einen kurzen, prägnanten Namen. Yannick findet, dass das Zeichen auch Buchstaben enthalten und möglichst symmetrisch sein sollte.

? Erfindet einen Namen für die Band und entwerft ein Erkennungszeichen.

Die Band meldet sich zu einem Nachwuchswettbewerb an und gewinnt tatsächlich den ersten Preis: Mit dem Scheck über 5000 € wollen sie damit beginnen, sich eine eigene technische Ausrüstung und weitere Instrumente zu kaufen.

Thomas erfährt, dass sie sich mit dem doppelten Betrag ein aktuelles Sonderangebot mit mehreren hochwertigen Geräten leisten könnten. Er informiert sich bei einer Bank über die Zinsen bei einer Kreditaufnahme.

? Bei einem recht günstigen Angebot liegt der Jahreszins bei 4 %. Wenn man also 5000 € für ein Jahr von der Bank leihen möchte, muss man 4 % von 5000 € zur geliehenen Summe dazurechnen. Verteilt man dann den Gesamtbetrag auf zwölf Raten, so erhält man die monatlichen Rückzahlraten. Wie hoch wären diese?

? Wie viel mehr ist monatlich zu zahlen, wenn die Band für ein Jahr mit 5,5 % Zinsen rechnen muss?

? Berechnet die Laufzeit des Kredits, wenn die Bank für die 5000 € einmalig 4 % berechnet und die Band monatlich 200 € zurückzahlt.

Ein anderes Angebot über zwei Jahre lautet so: Im ersten Jahr sind bei einem Kredit über 5000 € und einer monatlichen Rückzahlung von 200 € 4 % Zinsen zu zahlen. Im zweiten Jahr zahlt man für den Restbetrag 5 % Zinsen.

? Wie hoch ist die Monatsrate im zweiten Jahr?

? Wäre es günstiger, im ersten Jahr nur 150 € (schon 250 €) zu zahlen? Schätzt zuerst und rechnet dann.

Der Bankangestellte hat Thomas zunächst für älter gehalten. Deshalb erfährt dieser erst am Ende des Gesprächs, dass man volljährig sein muss, um einen Kredit aufnehmen zu können. Als der Angestellte von der Band und ihrem Erfolg hört, rät er dazu, manche Geräte weiterhin auszuleihen und das Geld fest anzulegen. Er gibt Thomas ein Faltblatt zum aktuellen Förderprogramm der Bank mit.

? Wie viel Zinsen könnte die Band bei einer Kontoeröffnung zum Jahresbeginn in den ersten beiden Jahren einnehmen?

? Berechnet den möglichen Kontostand am Ende des zweiten Jahres mit Zinseszins, wenn nach Konzertauftritten der Band jeweils am 1. Juli 500 € auf das Konto eingezahlt werden.

KOHLE FÜR KULTUR
Wir unterstützen die Jugend mit unserem Kulturförder-Programm:

➡ kostenlose Beratung
➡ günstige Kredite
➡ Sparkonten für Jugendabteilungen von kulturellen Vereinen und jugendliche Musikgruppen

* mit 7,5 % Zinsen in diesem Kalenderjahr
* mit 2,2 % Zinsen ab dem nächsten Jahr

Lösungen der Serviceblätter

Methodenlernen in Klasse 7

Kopiervorlage 1: Erstellen eines Mind-Maps, Seite S 2

Lösungsvorschlag:

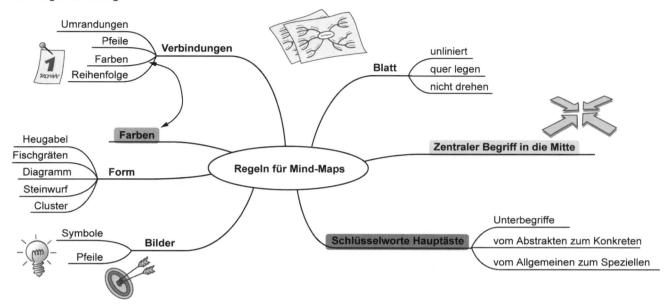

Kopiervorlage 2: Ein Thema – zwei Mind-Maps, Seite S 3

Jans Mind-Map:

☺ Gut:
- Papier im Querformat
- Thema in der Mitte und deutlich hervorgehoben
- sinnvolle Einteilung der Hauptäste
- Anordnung der Hauptäste im Uhrzeigersinn
- Überbegriffe in Druckbuchstaben

☹ Schlecht:
- Hauptäste nicht deutlich hervorgehoben
- Überbegriffe stehen nicht auf Ästen
- Zweige fehlen
- (fast) keine Zeichnungen und Symbole

Ulrichs Mind-Map:

☺ Gut:
- Papier im Querformat
- Ast und Zweige sind gezeichnet
- Zeichnungen und Symbole

☹ Schlecht:
- Thema nicht in der Mitte und nicht hervorgehoben
- unübersichtlich durch Überkreuzen von Ästen
- Blatt muss zum Lesen gedreht werden
- Äste und Zweige teilweise nicht verbunden
- Schreibschrift
- Hauptäste und Überbegriffe nicht deutlich hervorgehoben

Wie gestalte ich meine wachsende Formelsammlung?, Seite S 5

Individuelle Lösung.

Was ist gut – was schlecht? – Beispiele für Formelhefteinträge, Seite S 6

Lösungen sollten Klarheit, lesbare Schrift und Fehler thematisieren. Regeln usw. werden mit den Schülern erstellt.

Puzzle – Was gehört in welcher Reihenfolge zusammen?, Seite S 7

KAPITEL III

RATIONALE ZAHLEN

Negative Zahlen

NEGATIVE ZAHLEN IM ALLTAG:

- Geographie (Flüsse, Meere)
- Bankgeschäft (Aktien, Konto, ...)
- Temperaturen

Man unterscheidet Zahlen im negativen bzw. positiven Bereich, indem man die Negativen Zahlen mit einem − oder in rot und die Positiven Zahlen mit einem + oder in schwarz schreibt.

Die durch Erweiterung des Zahlenstrahls zur Zahlengeraden neu hinzukommenden Zahlen heißen negative Zahlen, die bisherigen Zahlen positive Zahlen. Die Zahl 0 ist weder positiv noch negativ.

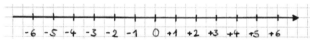

Auf der Zahlengeraden liegen negative und positive Zahlen spiegelbildlich zu 0. Man nennt deshalb z.B.−5 auch die Gegenzahl von 5.

Addieren rationaler Zahlen

BEISPIEL: a) (+3) + (−4)

b) (−4) + (+5)

c) (−1) + (−2)

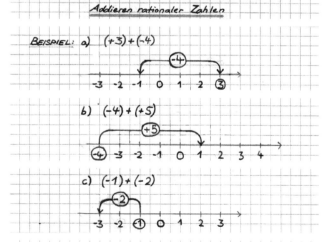

Beim Addieren rationaler Zahlen gehen wir auf der Zahlengeraden nach {rechts / links} wenn der zweite Summand {positiv / negativ} ist.

I Prozente und Zinsen

Wachsende Formelsammlung, Seite S 8

Individuelle Lösung.

Lernzirkel: 1. Anteile und Prozente, Seite S 10

1 a) $\frac{3}{4} = 75\,\%$ b) $\frac{1}{4} = 25\,\%$ c) $\frac{1}{2} = 50\,\%$

d) $\frac{1}{3} = 33\frac{1}{3}\,\%$ e) $\frac{1}{2} = 50\,\%$ f) $\frac{4}{10} = 40\,\%$

g) $\frac{1}{6} = 16\frac{2}{3}\,\%$ h) $\frac{1}{2} = 50\,\%$ i) $\frac{3}{8} = 37,5\,\%$

j) $\frac{3}{8} = 37,5\,\%$ k) $\frac{9}{16} = 56,25\,\%$ l) $\frac{7}{16} = 43,75\,\%$

m) $\frac{1}{4} = 25\,\%$ n) $\frac{7}{20} = 35\,\%$ o) $\frac{11}{20} = 55\,\%$

p) $\frac{23}{40} = 57,5\,\%$

2 a) $\frac{12}{24} = \frac{1}{2} = 50\,\%$ b) $\frac{12}{30} = \frac{4}{10} = 40\,\%$

c) $\frac{13}{25} = \frac{52}{100} = 52\,\%$ d) $\frac{19}{40} = 47,5\,\%$

In der Fläche von c) ist der gefärbte Anteil am größten.

3 a) 18 % b) 125 % c) 75 % d) 78 %

e) 9 % f) $133\frac{1}{3}\,\%$ g) 60 % h) 40 %

i) 7 % j) 12,5 % k) 275 % l) 85 %

m) 125 % n) $33\frac{1}{3}\,\%$

4 a) $\frac{3}{5}$ b) $\frac{2}{25}$ c) $\frac{19}{20}$ d) $\frac{1}{25}$ e) $\frac{1}{10}$ f) 1 g) $\frac{9}{4}$

5 z. B.

a)
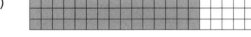

b)
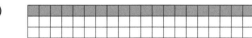

c)
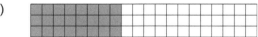

d)

e)

Lernzirkel: 2. Prozentsätze bestimmen, Seite S 11

1 a) 15 % b) 52 %

c) 0,2 % d) 14,28 oder $14\frac{2}{7}\,\%$

e) 31,25 % f) 81 %

2 a) 11,5 %   b) 35 %   c) 0,85 %
d) 110 %   e) 24 %   f) 6,75 %
g) 16 %   h) 200 %   i) 17 %

3

	Eiweiß	Kohlenhydrate	Ballaststoffe
a)	6,15 %	75,42 %	18,44 %
b)	7,56 %	58,14 %	34,30 %
c)	6,29 %	81,76 %	11,95 %
d)	10 %	70 %	20 %
e)	2,27 %	81,82 %	15,91 %

4 a) Keine Preissenkung! Preis pro kg jetzt 3,00 €,
vorher 2,99 €
b) Keine Preissenkung! Preis pro kg jetzt 1,98 €,
vorher 1,95 €

5 a) um 41 %, ja   b) um 27 %, nein
c) um 38 %, nein   d) um 40 %, ja
e) um 50 %, ja   f) um 28 %, nein

**Lernzirkel: 3. Prozentwerte bestimmen,
Seite S 12**

1 a) 9 €   b) 341,7 kg   c) 0,3 t
d) 6 h   e) 380 m²   f) 6,46 m

2 a) 57,60 €   b) 4,6 kg   c) 57,6 m
d) 16,25 h   e) 73,5 g   f) 418,5 km
g) 30,6 cm   h) 0,85 €   i) 79,21 dm

3 a) 143,55 €; 278,4 m; 4,35 t; 21,75 h
b) 59,50 €; 98,77 €; 1428 €; 58,31 € (bei 19 % Mwst.)

4 Preis mit 19 % Mwst.: 289,77 €

5

	Zucker	Traubenzucker	Kakao	sonstige Zusätze
a) Mittelpunktswinkel	180°	90°	72°	18°
b) pro 800 g-Packung	400 g	200 g	160 g	40 g

6

	1 l	500 cm³	750 cm³	0,7 l	1,5 l
100 %	1000 ml	500 ml	750 ml	700 ml	1500 ml
25 %	250 ml	125 ml	187,5 ml	175 ml	375 ml
6 %	60 ml	30 ml	45 ml	42 ml	90 ml
3 %	30 ml	15 ml	22,5 ml	21 ml	45 ml

7 a) 0,72 €   b) 14,99 €   c) 101,40 €
d) 35,40 €   e) 209,40 €   f) 131,40 €

Lernzirkel: 4. Grundwerte bestimmen, Seite S 13

1 a) 50 ha   b) 700 g   c) 2350 €
d) 1300 m   e) 5200 ha   f) 24 kg

2 a) 400 km   b) 500 l   c) 2050 km
d) 30 000 g   e) 600 kg   f) 625 hl
g) 56,25 cm   h) 80 ha   i) 1300 h

3

	15 %	25 %	18 %
75 g	G = 500 g	G = 300 g	$G = 416\frac{2}{3}$ g
375 g	G = 2500 g	G = 1500 g	$G = 2083\frac{1}{3}$ g
135 g	G = 900 g	G = 540 g	G = 750 g

4 a) Wasserverlust   Gewicht vor dem Räuchern
     60 g   1000 g
     45 g   750 g
     150 g   2500 g
b) nach dem Räuchern   ursprüngliches Gewicht
     1880 g   2000 g
     1410 g   1500 g
     1128 g   1200 g

5 a) W = 28,8   b) G = 60   c) p = 4 %
d) G = 500   e) W = 0,6   f) p = 35 %
g) G = 510   h) W = 122,1   i) p = 13,5 %

6 a) 4,00 €   b) 59,98 €   c) 300 €
d) 198 €   e) 550 €   f) 700 €

**Lernzirkel: 5. Vermischtes – Kreuzworträtsel,
Seite S 14**

¹E		²S	E	S	S	E	³L			⁴B	O	E	⁵E
⁶I	G	E	L			⁷G	E	I	G	E		⁸I	S
⁹S	O	G		¹⁰L		¹¹O	I	L		I			S
		E	¹²S		¹³S		S		¹⁴S		¹⁵S		E
¹⁶E	¹⁷I	L	E		¹⁸L	E		I		I			
	S		¹⁹E	I	B	E		²⁰H	E	G	E	L	
²¹L	O	²²S		²³O	S	L	O		²⁴O	B		²⁵B	
I		I	²⁶L	E	E		²⁷B	I	B	E	²⁸L		
E		²⁹S	O	S		³⁰H	E	L	I		O		
³¹B	L	E	I	B	E		³²E	L		³³B	G	B	
E			L		³⁴S			³⁵E	G	E	L		
	³⁶B	I	O	L	O	G	I	E		I	S		

**Lernzirkel: 6. Zinsen und Zinseszinsen,
Seite S 15**

1 a) 36 €   b) 4 %   c) 5800 €
d) 22 €   e) 1,2 %   f) 4000 €

2 a) 8 €   b) 125 €   c) 210 €
d) 15,75 €   e) 6,25 €   f) 0,75 €

3 a) 10,7 % b) 3,75 %

4 a) 506,25 € b) 1,75 €

5 a) 13 500 € b) 175 000 €

6 Überziehungszinsen für 18 Tage: 2,79 €

7 Zinsen am Jahresende: 7,10 €
Guthaben am Jahresende: 352,10 €
(Die Einzahlungstage werden verzinst; jeder Monat hat 30 Tage.)

8 Guthaben nach 6 Jahren: 15 167,27 €
(Auch Bruchteile von € werden verzinst.)

9 Gewinn: 1155 €

10 Angebot A: Zinsen pro Jahr + Gebühr: 232,90 €
Angebot B: Zinsen pro Jahr: 221,40 €
Das Angebot B ist günstiger.

Lernzirkel: 7. Überall Prozente, Seite S 16

1 Alexander: 5,1 %, Luisa: 2,9 %
Alexander hat prozentual mehr Wörter falsch geschrieben.

2

Fettgehalt Kondensmilch	a) 316 ml	b) 10 ml
7,5 %	23,7 ml	0,75 ml
4 %	12,64 ml	0,4 ml
10 %	31,6 ml	1 ml

3 35 % Abzüge

4 neuer Preis: 1096,50 €

5 Angebotspreis: 22 878 €

6 1250 Teller

7 10 Jungen sind 40 % → G = 25 Schüler
Mädchen: 15

8 1250 €

9 Tierarten in Deutschland:

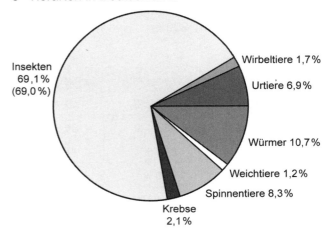

10 a) 3 ‰ b) 8 ‰ c) 15 ‰ d) 28 ‰
e) 7,5 ‰ f) 10 ‰ g) 0,3 ‰ h) 6 ‰
i) 2 ‰ j) 6 ‰ k) 26 ‰

11 Calcium: 0,126 ‰ Natrium: 0,097 ‰
Kalium: 0,017 ‰ Magnesium: 0,021 ‰

12 Haus mit Ziegeldach: 150,50 €
Haus mit Strohdach: 1182,50 €

Achtung: Gesichtskontrolle!, Seite S 17

a) $\dfrac{0,85^2 \cdot 100}{2,5^2} \approx 11,6\,\%$ (12 %) b) $\dfrac{0,75^2 \cdot 100}{2,5^2} = 9\,\%$

c) $\dfrac{2 \cdot 0,45^2 \cdot 100}{2,5^2} \approx 6,5\,\%$ d) $\dfrac{2 \cdot 1,3 \cdot 0,6 \cdot 100}{2,5^2\,\pi} \approx 8\,\%$

e) $\dfrac{(1,1^2 \cdot \pi - 0,09) \cdot 100}{2,5^2\,\pi} \approx 18,9\,\%$ (19 %) f) $\dfrac{0,75^2 \cdot 100}{2,5^2} = 9\,\%$

Der Mensch, Seite S 18

1 a) andere Stoffe: 8 %, Fett: 14 %
Eiweiß: 18 %, Wasser: 60 %

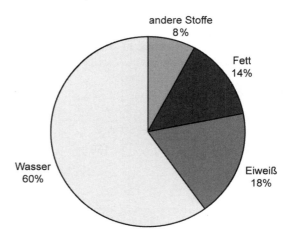

Fig. 1

Körperteil Knochen	Anzahl	Anteil als Bruch	Anteil in Prozent
Schädel	25	$\frac{25}{215} = \frac{5}{43}$	11,6
Wirbelsäule	35	$\frac{35}{215} = \frac{7}{43}$	16,3
Schultergürtel	4	$\frac{4}{215}$	1,9
Becken	6	$\frac{6}{215}$	2,8
Brustkorb	25	$\frac{25}{215} = \frac{5}{43}$	11,6
Arm	6	$\frac{6}{215}$	2,8
Hand	54	$\frac{54}{215}$	25,1
Bein	8	$\frac{8}{215}$	3,7
Fuß	52	$\frac{52}{215}$	24,2

b)

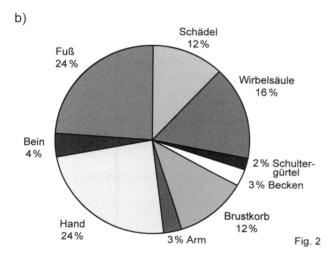

Fig. 2

3

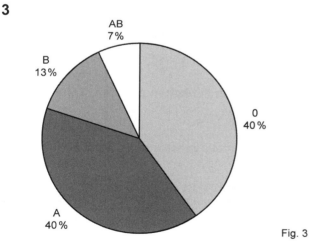

Fig. 3

Prozent – Puzzle, Seite S 19

p	G	W
0,5 %	200	1
1 %	87	0,87
5 %	225	11,25
10 %	777	77,7
12,5 %	104	13
15 %	80	12
20 %	345	69
25 %	17,2	4,3
30 %	7	2,1
$33\frac{1}{3}$ %	150	50
40 %	192,5	77
50 %	555	277,5
60 %	95	57
$66\frac{2}{3}$ %	333	222
75 %	88	66
80 %	145	116

Mögliche Ergänzungen:

90 % von 450 sind 405

oder

$111\frac{1}{9}$ % von 405 sind 450

Silbenrätsel: Was hast du beim Prozentrechnen gelernt?, Seite S 20

Prozentrechnen hat sehr viel mit BRUCHRECHNEN zu tun: Der Ausdruck 20 % ist nur eine andere Schreibweise für $\frac{20}{100}$. Um Größen und Anteile miteinander VERGLEICHEN zu können, sind Prozentangaben sehr geschickt.

Die Angabe, auf die man sich beim Vergleichen bezieht, ist der GRUNDWERT G.

Für $\frac{W}{G} = \frac{6}{50}$ ist G = 50. Den Zähler W nennt man PROZENTWERT. Das Ergebnis dieser Rechnung $\frac{W}{G} = \frac{6}{50} = \frac{12}{100} = 0,12 = 12$ % heißt PROZENTSATZ.

Rechnet man bei Geldgeschäften auf der Bank mit Prozenten, so nennt man die Prozente dort Zinsen. Erbringen die Zinsen auch im folgenden Jahr Zinsen, so nennt man dies ZINSESZINS.

Prozente findest du überall in deiner Umgebung, z. B. in Läden bei Sonderangeboten, auf Verpackungen von Lebensmitteln oder auch bei Umfragen und Statistiken. Kann man beim Einkauf einen prozentualen ANTEIL des ursprünglichen Preises einsparen, spricht man von RABATT. Vorsicht bei Gewichtsangaben: Beim BRUTTOGEWICHT wurde die Verpackung mitgewogen! Das NETTOGEWICHT ist dagegen allein das Gewicht der Ware.

1 Es bleibt am Ende mit den Restsilben der Titel „RÄTSEL- UND RECHENMEISTER".

2 a) Lückentext der Aufgabe:
[…] Victoria freut sich: „Ich habe einen **Rabatt** (oder: **Prozentwert**) von 12 % erhalten. Meine CD hat an der Kasse noch 13,20 € gekostet." – Jan erwidert: „Nach Abzug des **Rabatts** von **14** % musste ich zwar 4 € mehr zahlen als du, aber der **Grundwert** (auch möglich: **Preis**) meiner CD war ursprünglich 20 €."
b) Jan hat einen Nachlass von **14** % erhalten, also **2,80 €** weniger gezahlt. Der Grundwert von Victorias CD lag ursprünglich bei **15 €**. Sie hat zwar nur **12 %** Nachlass erhalten, musste aber **insgesamt weniger** zahlen. – Die Entscheidung, wer das bessere Geschäft gemacht hat, kann also unterschiedlich begründet werden.

Arbeitsplan zum Thema „Zinsen", Seite S 21

Vorüberlegungen
1 um 2,5 %

2 Zinssatz 8,5 %, 21,25 €

Kurztest
1 3,75 €

2 4,03 €

3 400 000 €

4 13,2 %

Phantasie gefragt, Seite S 22

Individuelle Lösung.

Mind-Map zum Thema „Prozente und Zinsen", Seite S 23

Individuelle Lösung.

II Relative Häufigkeiten und Wahrscheinlichkeiten

Vorstellungen über Wahrscheinlichkeiten, Seite K 19/20

Aufgabe 1 bzw 2: Alle angegebenen Möglichkeiten sind gleich wahrscheinlich bzw. unwahrscheinlich.

Aufgabe 3: Beides ist gleich wahrscheinlich.

Aufgabe 4: „gold" ist am wahrscheinlichsten (5/6).

Aufgabe 5: Fünfmal „gold" und einmal „schwarz" ist wahrscheinlicher (ca. 40%) als „Gold bei allen sechs Würfeln" (ca. 33%).

Aufgabe 6: Die Information reicht nicht aus, da die Höhe der Pyramide nicht genannt ist.

Aufgabe 7: Etwas weniger als $\frac{1}{10}$.

Aufgabe 8: Die Information reicht nicht zum Antworten; z.B. müsste man über einen längeren Zeitraum die Wetterprognosen des Wettermanns mit der Wirklichkeit vergleichen.

Wachsende Formelsammlung, Seite S 24

Individuelle Lösung.

Arbeitsplan zum Thema „Entscheidungshilfen", Seite S 25

Individuelle Lösung.

Fair play?, Seite S 26

Individuelle Lösung.

Mensch, ärgere dich nicht!, Seite S 27

Lösungswort: Belgrad

Mit Wahrscheinlichkeiten punkten, Seite S 28

Individuelle Lösung.

Passende Zufallsexperimente, Seite S 29

a)
– Du würfelst und gewinnst bei der 1.
– Du ziehst aus einer Urne mit 3 verschiedenen Buchstaben (z.B. P, O, T) dreimal und legst die Buchstaben in der gezogenen Reihenfolge hintereinander. Du gewinnst bei dem Wort „TOP".
b)
– Du legst 7 Kugeln mit den Zahlen 1 bis 7 in eine Urne und gewinnst, wenn du die 2 ziehst.
– Du gewinnst, wenn du im Jahr 2010 an einem Montag Geburtstag hast.

c)
- Du drehst ein Glücksrad mit neun gleichgroßen Feldern, auf denen die Zahlen 1 bis 9 stehen. Du gewinnst, wenn 8 oder 9 erscheint.
- In einer Urne liegen die Buchstaben J, A, J du ziehst einen Buchstaben, legst ihn zurück, mischst und ziehst noch ein zweites Mal. Die beiden Buchstaben werden in der gezogenen Reihenfolge hintereinander gelegt. Wenn dabei das Wort „JA" entsteht, hast du gewonnen.

Worauf setzt du?, Seite S 30

Man sollte auf das Ereignis C setzen, das mit der Wahrscheinlichkeit $\frac{1}{2}$ doppelt so wahrscheinlich ist wie A oder B.
Wenn man die beiden Spieler abwechselnd zuerst wählen lässt, worauf sie setzen wollen, ist das Spiel fair. Es wird auch fair, wenn man für A oder B den doppelten Gewinn von C erhält.

Kastanien (1) und (2), Seite S 31–32

– – – – – Online-Link
Lösungen
734432-1131

Autobahn – Diagramme interpretieren, Seite S 33

– – – – – Online-Link
Lösungen
734432-1131

Geschwindigkeiten:
Tagsüber sind die Geschwindigkeiten relativ konstant mit nur kleineren Schwankungen auf der Normalspur bei ca. 100 km/h, auf der Überholspur bei 110 km/h und auf der linken Spur bei 130 km/h. In Berufsverkehr gehen die gefahrenen Geschwindigkeiten auf allen Spuren nach unten, am stärksten ist der Abfall auf den Überholspuren, auch auf der linken Spur bewegt sich die Autoschlange nur mit ca. 110 km/h.
In den Nachtstunden wird auf allen Spuren deutlich schneller gefahren, wobei auch die Geschwindigkeitsschwankungen stark zunehmen, das erkennt man an den breiter werdenden Boxen. Die Autos haben mehr „Bewegungsfreiheit", sie fahren nicht Kolonne und müssen sich weniger nach dem Vordermann richten.

Verkehrsdichte
Tagsüber ist die Verkehrsdichte auf der linken Spur am höchsten mit 25 Fahrzeugen/Min. Dann kommt die Überholspur mit ca. 20 Fahrzeugen/Min und auf der Normalspur passieren nur ca. 15 Fahrzeuge/ Min, weil dort am langsamsten gefahren wird. Im Berufsverkehr passieren auf den beiden Überholspuren mit ca. 30 Fahrzeugen/Min fast doppelt so viele Fahrzeuge wie auf der Normalspur. Nachts ist die Verkehrsdichte deutlich geringer, die meisten Fahrzeuge fahren auf der Normalspur, wenige auf der Überholspur und auf der linken Spur

fahren nur ganz wenige Fahrzeuge, weil die Autobahn frei ist.

Boxplots in Excel zeichnen, Seite S 34

– – – – – Online-Link
Lösungen
734432-1131

Würfelspiel, Seite S 35

Jeder Spieler hat die gleiche Chance zu gewinnen, es handelt sich um ein reines Glücksspiel. Im Mittel hat man nach jedem Spielzug weniger Steine als vorher. Entweder man verliert seinen Stein oder man gewinnt 4 Steine, letzteres passiert aber nur mit der Wahrscheinlichkeit $\frac{1}{6}$. Das verleidet einem den Spaß an dem Spiel.

(Erwarteter Gewinn: $-1 \cdot \left(\frac{5}{6}\right) + 4 \cdot \left(\frac{1}{6}\right) = -\frac{1}{6}$)

Wenn man bei der 6 seinen Einsatz wieder herausbekommt und noch 5 Steine zusätzlich, dann hat man im Mittel nach einem Spielzug genau so viele Steine wie vorher und das Spiel wird interessanter.

(Erwarteter Gewinn: $5 \cdot \left(\frac{1}{6}\right) - 1 \cdot \left(\frac{5}{6}\right) = 0$)

Finde deinen Weg! (1) und (2), Seite S 36 und S 37

Man sollte einen Weg wählen, bei dem die Aufgabenfelder besonders einfach zu bewältigen sind. So ist 6 mit Wahrscheinlichkeit $\frac{4}{6}$ einfacher zu bewältigen als 1. 4 und 5 stellen mit den Wahrscheinlichkeiten $\frac{5}{6}$ bzw. $\frac{31}{32}$ praktisch keine Hindernisse dar und 3 ist mit der Wahrscheinlichkeit $\frac{5}{6}$ auch sehr einfach zu überwinden.

Es bietet sich der Weg über 6, 4, 5, 3, Z an.

1 Die mittlere Wartezeit auf „Erfolg" ist der Kehrwert der „Erfolgswahrscheinlichkeit".
Für die einzelnen Aufgaben ergeben sich damit die Wartezeiten:
auf einem weißen Feld: 2
auf Feld 1: Wartezeit 32
auf Feld 2: Wartezeit 6
auf Feld 3: Wartezeit $\frac{6}{5}$
auf Feld 4: Wartezeit $\frac{6}{5}$
auf Feld 5: Wartezeit $\frac{32}{31}$
auf Feld 6: Wartezeit $\frac{6}{4}$
auf Feld 7: Wartezeit 8
auf Feld 8: Wartezeit 32

2 Die mittlere Wartezeit für den Weg über 6, 4, 5, 3, Z beträgt dann

$$5 \cdot 2 + \frac{6}{4} + \frac{6}{5} + \frac{32}{31} + \frac{6}{5} = 14,73$$

Zum Weiterforschen:
(Begründung der „Kehrwertregel")
Bei 100 Ziehungen wird man im Mittel 25-mal Kreuz erhalten. Für 25-mal Kreuz muss man im Mittel 100 Ziehungen durchführen, auf ein Kreuz muss man also im Mittel 4 Züge warten.

III Zuordnungen

Mit einem Mind-Map in das neue Thema, Seite S 38

Individuelle Lösung.

Wachsende Formelsammlung, Seite S 39

Individuelle Lösung.

Sinn und Unsinn – Was ist hier wirklich wichtig?, Seite S 40

Beziehungen zwischen Größen kannst du über ~~fröhliche~~ Zuordnungen angeben. Die Werte einer solchen Zuordnung veranschaulichst du ~~jeden Tag~~ in einem Koordinatensystem. ~~Dieses Koordinatensystem musst du natürlich ganz besonders schön zeichnen, schließlich soll sich der Lehrer ja freuen.~~
Schätze zunächst ab, wie viel Platz du brauchen wirst: Überlege ~~laut vor dich hinmurmelnd~~, wie groß die Werte für x und für y in deiner Tabelle höchstens werden, und zeichne dann die Achsen entsprechend. ~~Lobe dich für diese Leistung.~~
Als Nächstes kannst du, ~~wenn du Lust hast~~, die

Werte der Zuordnung als Punkte (x I y) im Koordinatensystem eintragen. So entsteht der Graph der Zuordnung. ~~Eine Zuordnung kann man nämlich in~~ ~~einem Koordinatensystem veranschaulichen~~!
Verbinde die ~~bunten~~ Punkte sinnvoll durch eine ihnen angepasste Linie zu einer Kurve. Auf ihr liegen unendlich viele~~, unglaublich viele, ja unvorstellbar viele~~ Millionen ~~und Milliarden von~~ Punkte~~n – oder noch mehr~~!
Hast du den Graphen exakt gezeichnet, dann lassen sich auch umgekehrt die Werte aus deiner ursprünglichen Tabelle ablesen und weitere Zwischenwerte können abgeschätzt werden.

Bärbel Bleifuß, Seite S 41

1 Bärbel fährt langsam aus dem Wohngebiet heraus, beschleunigt auf der Hauptstraße, muss aber wegen eines Traktors wieder abbremsen, bis dieser kurz vor der Autobahnauffahrt in ein Feld biegt. Danach gibt Bärbel Gas. Dann muss sie eine Vollbremsung hinlegen, da hinter einer Kuppe ein Stau aufgetaucht ist. Der Stau löst sich langsam auf und Bärbel nimmt die nächste Ausfahrt zu einer Raststätte, wo sie mit Schwung rückwärts einparkt, bevor sie ihre Pause mit Kaffee und Kuchen antritt.

2

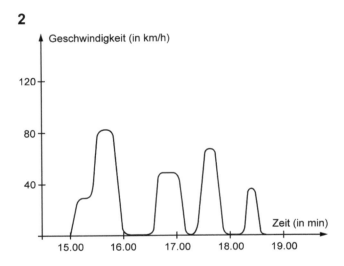

Gesetzmäßigkeiten erkennen und beschreiben, Seite S 42

1

a)

x	−8	−7	−6	−5	−4	−3	−2	−1	0	1	2	3	4	5	6	7	8
y	−24	−21	−18	−15	−12	−9	−6	−3	0	3	6	9	12	15	18	21	24

b)

x	−8	−7	−6	−5	−4	−3	−2	−1	0	1	2	3	4	5	6	7	8
y	−13	−11	−9	−7	−5	−3	−1	1	3	5	7	9	11	13	15	17	19

c)

x	−8	−7	−6	−5	−4	−3	−2	−1	0	1	2	3	4	5	6	7	8
y	−22	−19	−16	−13	−10	−7	−4	−1	2	5	8	11	14	17	20	23	26

d)

x	−8	−7	−6	−5	−4	−3	−2	−1	0	1	2	3	4	5	6	7	8
y	−64	−49	−36	−25	−16	−9	−4	−1	0	−1	−4	−9	−16	−25	−36	−49	−64

2

a) Der y-Wert ist das Doppelte des x-Wertes.

x	−8	−7	−6	−5	−4	−3	−2	−1	0	1	2	3	4	5	6	7	8
y	−16	−14	−12	−10	−8	−6	−4	−2	0	2	4	6	8	10	12	14	16

b) Der y-Wert ist Gegenzahl des x-Wertes.

x	−8	−7	−6	−5	−4	−3	−2	−1	0	1	2	3	4	5	6	7	8
y	8	7	6	5	4	3	2	1	0	−1	−2	−3	−4	−5	−6	−7	−8

c) Der y-Wert ist ein Zehntel des x-Wertes.

x	−8	−7	−6	−5	−4	−3	−2	−1	0	1	2	3	4	5	6	7	8
y	−0,8	−0,7	−0,6	−0,5	−0,4	−0,3	−0,2	−0,1	0	0,1	0,2	0,3	0,4	0,5	0,6	0,7	0,8

d) Der y-Wert ist Quadratzahl des x-Wertes.

x	−8	−7	−6	−5	−4	−3	−2	−1	0	1	2	3	4	5	6	7	8
y	64	49	36	25	16	9	4	1	0	1	4	9	16	25	36	49	64

3

a) $y = x : 2 = \frac{1}{2} \cdot x$

x	−8	−7	−6	−5	−4	−3	−2	−1	0	1	2	3	4	5	6	7	8
y	−4	−3,5	−3	−2,5	−2	−1,5	−1	−0,5	0	0,5	1	1,5	2	2,5	3	3,5	4

b) $y = -2x$

x	−8	−7	−6	−5	−4	−3	−2	−1	0	1	2	3	4	5	6	7	8
y	16	14	12	10	8	6	4	2	0	−2	−4	−6	−8	−10	−12	−14	−16

c) $y = x + 8$

x	−8	−7	−6	−5	−4	−3	−2	−1	0	1	2	3	4	5	6	7	8
y	0	1	2	3	4	5	6	7	8	9	10	11	12	13	14	15	16

d) $y = x \cdot 2 + 1 = 2x + 1$

x	−8	−7	−6	−5	−4	−3	−2	−1	0	1	2	3	4	5	6	7	8
	−15	−13	−11	−9	−7	−5	−3	−1	1	3	5	7	9	11	13	15	17

Experiment 1 – Gefäße, Seite S 43

1 Für die Wasserstandshöhe sollte ein linearer Zusammenhang mit der Zeit erhalten werden.

2, 3, 4 und Zusatzexperiment

Individuelle Lösung.

Experiment 2 – Wippe, Seite S 44

Individuelle Lösung.

2 Man erwartet eine Anitproportionalität.

Experiment 3 – Feder, Seite S 45

Individuelle Lösung.

IV Terme und Gleichungen

Das Schneckenrennen, Seite S 46

a) 309 (Brunhilde)
b) 0;
c) 1662 (Dagobert)
d) 353
e) −2174
f) 3913
g) 333 (Axel)
h) −751 (Cäsar)

Schwarze und rote Zahlen, Seite S 47

individuelle Lösungen.

Zahlenjagd, Seite S 48

individuelle Lösungen.

Wachsende Formelsammlung, Seite S 49

Individuelle Lösung.

Lernzirkel: 1. Terme aufstellen, Seite S 51

1 a) $-0,5 \cdot x + 4$ b) $-6 - 1,5 \cdot x$

c) $(x + 2) \cdot \frac{1}{3}$ d) $(x - 5)^2$

2 a)   z   Seitenlänge der Raute

b)   a   Kantenlänge des Würfels

c)   x   Alter von Sven

d)   y   Alter von Katja

3 Zum Beispiel:

a) Zum Fünffachen einer Zahl wird 3,5 addiert.

b) Von einer Zahl wird 3 subtrahiert und danach mit 7 multipliziert.

c) Von einer Zahl wird der Quotient aus 3 und -4 subtrahiert.

d) Die Hälfte einer Zahl wird mit der Summe aus 2 und dieser Zahl multipliziert.

e) Der Quotient aus einer Zahl und 5 wird mit sich selbst multipliziert.

4 a) $2 \cdot y - 25$ b) $4 \cdot x$ c) $g : 4$

d) $\frac{1}{2} h - 1$ e) $a + 25$ f) $2 \cdot z + 25$

5 z. B.:

a) $3 + (-5)$ b) $x - 3$

c) $3 \cdot (x - 5)$ d) $x : (-5)$

6 a) $U = 10 \cdot x$ b) $U = 5 \cdot a + 2 \cdot b$ c) $U = 7 \cdot y$

7 $K = 32 \cdot a$

8 a) $K = 22 \cdot a$

b) $O = 2 \cdot a \cdot b + 2 \cdot b \cdot c + 2 \cdot a \cdot c$

Lernzirkel: 2. Terme umformen, Seite S 52

1 a) 12,25; 15; 16,25; 32

b) -36,5; -12; 2; 103,5

2

	a) $0,5 \cdot z - 0,5$	b) $(a + 5) \cdot 4$	c) $k + 4 : 5$	d) $0,5c \cdot (c - 5)$
-12	$-6,5$	-28	$-11,2$	102
-3	-2	8	$-2,2$	12
$-\frac{1}{2}$	$-0,75$	18	0,3	1,375
0	$-0,5$	20	0,8	0
1,5	0,25	26	2,3	$-2,625$
15	7	80	15,8	75

3 a) $2,5x - 27,5$ ist äquivalent zu

$(x - 11) \cdot 2,5 = 2,5x - 27,5$

b) $13 - 5y$ ist nicht äquivalent zu $13y - 5$

c) $-3 \cdot x + 4 - 4 \cdot x + 5 = -7x + 9$ ist nicht äquivalent zu $2 + 2x$

d) $6z - 7 + z = 7z - 7$ ist äquivalent zu

$7(z - 1) = 7z - 7$

4 a) $6a - a = 5a$

b) Der Term lässt sich nicht weiter vereinfachen.

c) $-9c + c = -8c$

d) Der Term lässt sich nicht weiter vereinfachen.

5 a) $21x + 4$ b) $4 - 14y$

c) $-35z + 1$ d) $-7,2 a + 3,5$

6 a) $11x + 3$ b) $-4a - 3,5$ c) $-4,2b + 2$

d) $-1,1z - 8$ e) $3,4t - 11,5$ f) $-\frac{2}{7}e + \frac{31}{6}$

7 a) $36 + 144x$ b) $4,5y + 0,6$ c) $6 - 36z$

d) $-16 + 29b$ e) $-5,5c + 6$ f) $-2,5 + 6,25d$

8 a) $12(3 + 2x)$ b) $7(2y - 1)$

c) $-11(a + 11)$ d) $0,5(v - 34)$

9 a) $-2x + 8,5$ b) $-2,5a + 4,5$ c) $-8v - 1$

d) $-15t - 28,5$ e) $-5u + 11$ f) $-e - 1$

g) 0   h) $2,5s - 1,5$

10 $O = 2 (2 a^2 + 10 a^2 + 5 a^2) = 2 \cdot 17 a^2 = 34 a^2$

Lernzirkel: 3. Gleichungen lösen, Seite S 53

1 a) $x = -27$ b) $x = 42$ c) $x = 5$

d) $x = 1$ e) $x = 0,5$

2 a) $a = -\frac{1}{3}$ ist nicht äquivalent zu $a = -0,3$

b) $y = -2$ ist äquivalent zu $y = -2$

c) $b = 0$ ist äquivalent zu $b = 0$

d) $x = \frac{3}{2}$ ist nicht äquivalent zu $x = \frac{2}{3}$

3 a) $y = 4$ b) $x = 7$ c) $t = 16$

d) $z = -2,4$ e) $c = -2$ f) $a = -18,5$

g) $b = 5$ h) $f = 0,5$ i) $v = 0$

j) $n = -0,5$ k) $x = 0,1$ l) $u = 1,5$

4 a) 12   b) -19 c) -7 d) 0

5 z. B.:

a) $x + 5 = -1$ b) $x + \frac{1}{5} = 1$

    $-3x - 10 = 8$ $2x - 1 = 0,6$

    $3 + 2x = -9$ $5x - 4 = 0$

c) $5x + 4 = 15$ d) $4x + 5 = 2$

    $x - \frac{1}{5} = 2$ $1 - x = 1,75$

    $-10x + 10 = -12$ $0 = -2x - 1,5$

6 a) $x = 4$ b) nicht lösbar

c) $x = 0$ d) allgemein gültig

e) allgemein gültig   f) nicht lösbar

g) $x = -3$ h) $x = 0$

7 Tina: t   Opa: 5t   t + 5t = 78
13 Jahre   65 Jahre

8 Ein Kätzchen wiegt so viel wie ein Stein. Um den Hund aufzuwiegen, braucht man 9 Steine.

Lernzirkel: 4. Probleme lösen, Seite S 54

1 Zahlenrätsel
a) $-5x + 23 = -22$
$\qquad x = 9$
b) $(x + 3,5) \cdot 0,4 = 1,2$
$\qquad\qquad x = -0,5$
c) $(3x - 13) = 7x - 14$
$\qquad\qquad x = 0,25$
d) $x+(x+1)+(x+2)+(x+3) = 120$
$\qquad\qquad\qquad x = 28,5$
Es gibt keine solchen natürlichen Zahlen.

2 Geometrie
a) $2(4b + b) = 32$ b) $4(a + 7,5) = 4 \cdot 4a$
$\qquad b = 3,2$ $a = 2,5$
Seitenlängen: b = 3,2 cm   a = 2,5 cm
$\qquad\qquad\qquad a = 12,8$ cm
c) $4a + 8a + 12a \le 150$
$\qquad\qquad a \le 6,25$
Die Seite a kann höchstens 6,25 cm lang sein.

3 Altersrätsel
a) $v = 47$, $t = 11$; x Anzahl der Jahre
$\qquad\qquad 3(11 + x) = 47 + x$
$\qquad\qquad\qquad\quad x = 7$
In 7 Jahren wird der Vater dreimal so alt sein wie seine Tochter.
b) $m = 4s$; $m + 4 = 3(s + 4)$
$\qquad\qquad 4s + 4 = 3(s + 4)$
$\qquad\qquad\qquad s = 8 \quad m = 32$
Mutter und Sohn sind heute 32 und 8 Jahre alt.

4 Vermischtes aus dem Alltag
a) $1000 - 20x = 600$; $x = 20$ g
b) $4 - 12y = 0,4$; $y = 0,3$ l
c) $250 - 4z = 10$; $z = 60$ cm

Lernzirkel: 5. Kreuzzahlrätsel, Seite S 55

Lösungen gesucht, Seite S 56

Gleichungstennis, Seite S 57

✱✱ = 20	✌ = 9	☺ = 8	☼ = 18
☀ = 21	☂ = 11	❀ = 100	☎ = 6
♥ = 19	♘ = 7	☆ = 1	♕ = 31

Die beiden Lösungswörter heißen:
linke Seite: ZAEHNE   rechte Seite: NAESSE

Die 7b bastelt, Seite S 58

1 a) Tobias: 2y   Lisa: 6x
b) Tobias: 200 cm = 2 m
Lisa: 300 cm = 3 m
Zusammen: 500 cm = 5 m

2 a) 6x   b) 48 cm ≈ 0,5 m

3 21x; für x = 4,5 cm → 94,5 cm; ja, es reicht

4 a) $54x + 7y$ b) $84x + 11y$ c) $168x + 22y$
d) Holzstäbe: 306x; für x=2,5 cm → 765 cm = 7,65 m
Rundholz: 40y; für y = 8 cm → 320 cm = 3,20 m

5 a) Ohne Beachtung der Gehrung:
Term: 16 a
benötigte Länge: 1,65 m.
Mit Beachtung der Gehrung:
Term: 14 a + b
benötigte Länge: 1,22 m.
b) a kann höchstens 7 cm sein. Mit a = 8,5 m reicht 1 m Holz nicht.

Modeschmuck, Seite S 59

1 a) N1: 5a ; N2: 2a + b; N3: 4a + 2c;
N4: 2a + 4c + s
b) 5a + 2a + b = 7a + b

2 a) $6a + 6c + s$ b) $14a + 3b$
c) $23a + 16c + s$

3 a) A1: $6a + 6d$ $\rightarrow$ 19,2 cm
A2: $12a + 3c + 3e$ $\rightarrow$ 18,3 cm
A3: $20a + 5b + 5s$ $\rightarrow$ 19,0 cm
b) 1,54€

4 Individuelle Lösung.

Wettbewerb: Wer erstellt das beste Mind-Map zu „Terme und Gleichungen"?, Seite S 60

Individuelle Lösung.

V Beziehungen in Dreiecken

Zur Deckung gebracht, Seite S 61

Puzzleteile: 1 und 5 sind kongruent
Schlüssel: 1 und 6 sind kongruent
Fußabdrücke: 2 und 7 sind kongruent
Dreiecke: 1 und 6 sind kongruent
Drachen: 1 und 4 sind kongruent
Skylines: 1 und 6 sind kongruent
Vierecke: 1 und 7 sind kongruent
Fische: 2 und 7 sind kongruent

Gruppenpuzzle Kongruenzsätze
Expertengruppe 1:
Kongruenzsatz sss, Seite S 63

1 a)

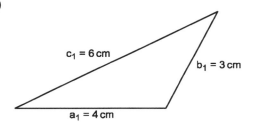

b)

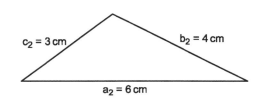

c)

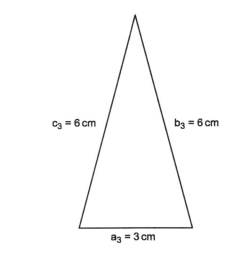

d)

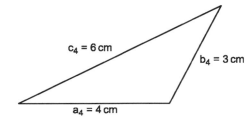

Die Dreiecke a, b und d sind kongruent zu Tinas Dreieck, da sie mit diesem in allen drei Seiten übereinstimmen.

2 Tina müsste auch die dritte Seite des Dreiecks angeben. Zwei Dreiecke sind kongruent, wenn sie in drei Seiten übereinstimmen (Kongruenzsatz sss).

3 a) kongruent   b) nicht kongruent
c) nicht kongruent

Expertengruppe 2:
Kongruenzsatz sws, Seite S 64

1 a)

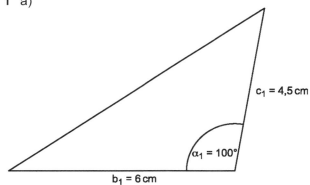

b)

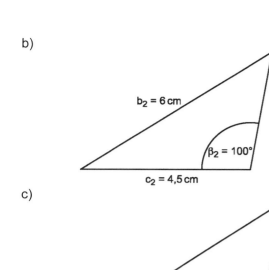

$b_2 = 6\,cm$

$\beta_2 = 100°$

$c_2 = 4,5\,cm$

c)

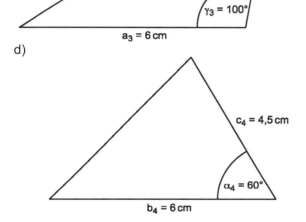

$b_3 = 4,5\,cm$

$\gamma_3 = 100°$

$a_3 = 6\,cm$

d)

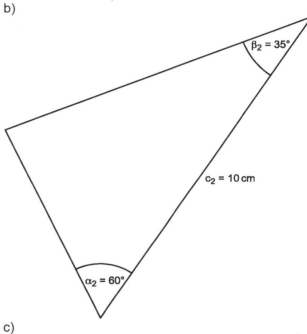

$c_4 = 4,5\,cm$

$\alpha_4 = 60°$

$b_4 = 6\,cm$

Die Dreiecke a und c sind kongruent, da sie in zwei Seiten und dem eingeschlossenen Winkel übereinstimmen.

2 Die Ingenieure müssten zusätzlich den Winkel bei P messen. Zwei Dreiecke sind kongruent, wenn sie in zwei Seiten und dem eingeschlossenen Winkel übereinstimmen (Kongruenzsatz sws).

3 a) kongruent   b) nicht kongruent
c) nicht kongruent

1 a)

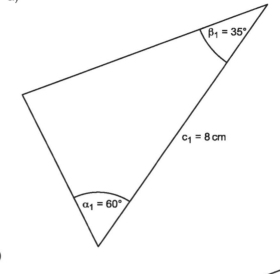

$\beta_1 = 35°$

$c_1 = 8\,cm$

$\alpha_1 = 60°$

b)

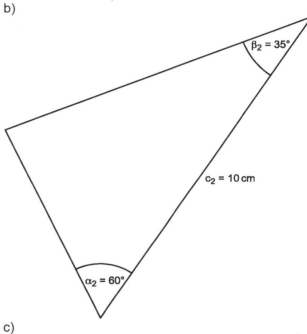

$\beta_2 = 35°$

$c_2 = 10\,cm$

$\alpha_2 = 60°$

c)

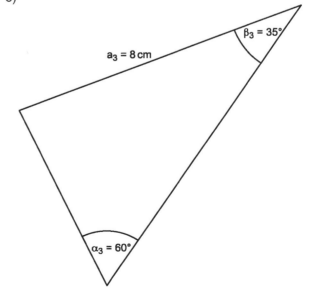

$\beta_3 = 35°$

$a_3 = 8\,cm$

$\alpha_3 = 60°$

d)

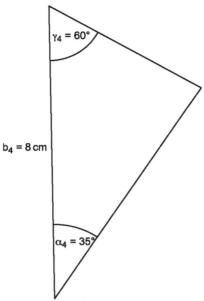

$\gamma_4 = 60°$

$b_4 = 8\,cm$

$\alpha_4 = 35°$

Die Dreiecke a und d sind kongruent, da sie in zwei Winkeln und der eingeschlossenen Seite übereinstimmen.

2 Die Baubehörde müsste zusätzlich die Breite des Giebels vorschreiben.
Zwei Dreiecke sind kongruent, wenn sie in zwei Winkeln und der eingeschlossenen Seite übereinstimmen (Kongruenzsatz wsw).

3 a) kongruent   b) nicht kongruent
c) kongruent

Expertengruppe 4:
Kongruenzsatz Ssw, Seite S 66

1 a)

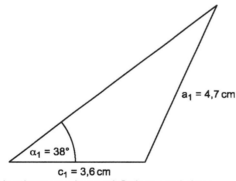

$a_1 = 4,7\,cm$

$\alpha_1 = 38°$

$c_1 = 3,6\,cm$

Übereinstimmung in zwei Seiten und dem Gegenwinkel der längeren Seite.

b)

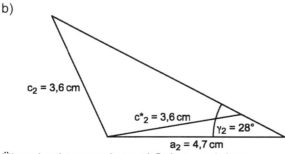

$c_2 = 3,6\,cm$

$c^*_2 = 3,6\,cm$

$\gamma_2 = 28°$

$a_2 = 4,7\,cm$

Übereinstimmung in zwei Seiten und dem Gegenwinkel der kürzeren Seite.

c)

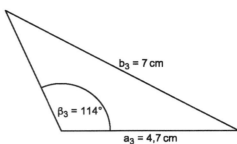

$b_3 = 7\,cm$

$\beta_3 = 114°$

$a_3 = 4,7\,cm$

Übereinstimmung in zwei Seiten und dem Gegenwinkel der längeren Seite.

d)

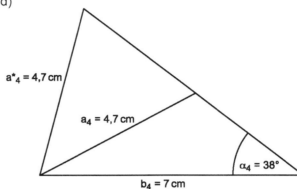

$a^*_4 = 4,7\,cm$

$a_4 = 4,7\,cm$

$\alpha_4 = 38°$

$b_4 = 7\,cm$

Übereinstimmung in zwei Seiten und dem Gegenwinkel der kürzeren Seite.

Bei der Konstruktion von a und c ergibt sich nur ein zum abgebildeten Dreieck kongruentes Dreieck.

Bei der Konstruktion von b und d ergeben sich jeweils zwei Lösungsdreiecke, wovon je eines zum abgebildeten Dreieck nicht kongruent ist.

2 Zwei Dreiecke sind kongruent, wenn sie in zwei Seiten und dem Gegenwinkel der längeren Seite übereinstimmen (Kongruenzsatz Ssw).

3 a) kongruent   b) keine Aussage möglich
c) nicht kongruent

Dreieckskonstruktionen am Computer,
Seite S 67

1 a) eigene Beobachtungen
b) Damit ein Dreieck vorliegt, muss die Dreiecksungleichung $\overline{AB} - \overline{AC} < \overline{AC} < \overline{AB} + \overline{BC}$ erfüllt sein.
Hier also $4\,cm < \overline{AC} < 14\,cm$.

2 a) $\gamma = 100°$
b) Die Winkelweiten bleiben gleich, die Dreiecksseiten verändern sich.
Da die entstehenden Dreiecke nicht kongruent sind, kann es keinen Kongruenzsatz www geben.

3 a) Sie sind nicht kongruent, da sie nur in zwei Seiten und dem Gegenwinkel der kürzeren Seite übereinstimmen.
b) Für $r \geq 7\,cm$.
c) Mit dieser Figur kann der Kongruenzsatz Ssw veranschaulicht werden.

Dreieckskampf (1) und (2), Seite S 68 und S 69

Individuelle Lösung.

Walbeobachtung mit Folgen – Wo ist die Kamera?, Seite S 70

Das 2. Tauchteam könnte an der falschen Stelle suchen, da die Lösung nicht eindeutig ist. K1 und K2 sind die möglichen Orte, an denen sich die Unterwasserkamera befinden kann:

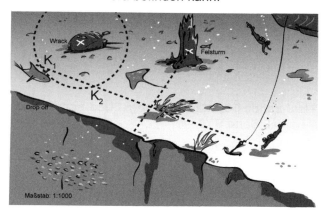

Eine Stadtrallye nach Plan (1) und (2), Seite S 71 und S 72

Lösungswort: Ortslinien

Und was kommt jetzt?, Seite S 73

1 (verkleinert)

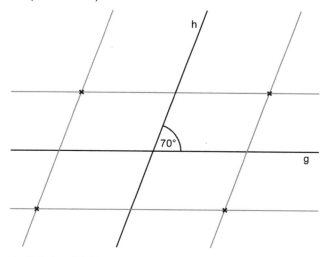

1. Schritt: (3) Zeichne die Gerade g.
2. Schritt: (4) Wähle einen Punkt auf g und zeichne dort unter einem Winkel von 70° die Gerade h ein.
3. Schritt: (1) Zeichne eine Parallele zu g im Abstand 2 cm.
4. Schritt: (5) Zeichne eine Parallele zu h im Abstand 3 cm.
5. Schritt: (2) Der Schnittpunkt der beiden Parallelen ist der gesuchte Punkt.
Reihenfolge der Kärtchen: 3 – 4 – 1 – 5 – 2
Oder: 3 – 4 – 5 – 1 – 2

Anmerkung: Es gibt vier verschiedene Stellen, an denen P liegen kann.

2 (verkleinert)

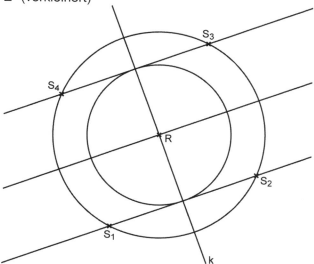

1. Schritt: (5) Zeichne die Gerade k mit dem Punkt R auf k.
2. Schritt: (1) Zeichne einen Kreis um R mit Radius 3 cm.
3. Schritt: (2) Zeichne zwei zu k parallele Geraden im Abstand 2 cm.
4. Schritt: (3) Der Kreis schneidet die beiden Parallelen in vier Schnittpunkten S_1, S_2, S_3 und S_4.
5. Schritt: (6) Die vier Schnittpunkte sind von R 3 cm und von k 2 cm entfernt.

Reihenfolge der Kärtchen: 5 – 1 – 2 – 3 – 6
(4 gehört nicht dazu und ist nicht sinnvoll!)
Oder: 5 – 2 – 1 – 3 – 6

3 Gleiche Winkelangaben ergeben aufgrund der Ähnlichkeit nicht unbedingt gleiche/kongruente Dreiecke.

Ordnung ist das halbe Leben, Seite S 74

1 Das Lösungswort ist KRETA.

(1: K) Zeichne die Strecke $\overline{AB}$.
(2: R) Trage β in B an $\overline{AB}$ ab.
(3: E) Zeichne einen Kreis k um A mit dem Radius 5,5 cm.
(4: T) k schneidet die Schenkel von β in den zwei Schnittpunkten C und D.
(5: A) Beide Dreiecke können Lösung sein. Es gibt zwei Möglichkeiten!

2 Man erhält C(5|5), U(4,5|1,5) und v = 3,5 cm. Das Lösungswort ist FASNET (für „Fastnacht", „Fasching").

(1: F) Zeichne $\overline{AB}$ in einem Koordinatensystem ein.
(2: A) Trage α in A und β in B ab. Du erhältst C.
(3: S) Zeichne das Dreieck ABC ein.
(4: N) Konstruiere die Mittelsenkrechten von a und von c.

(5: E) Der Schnittpunkt von m_a und m_c ist U.
(6: T) Zeichne den Umkreis ein mit Mittelpunkt U
und Radius $\overline{UA}$.

Sinn und Unsinn – Was ist hier wirklich wichtig?, Seite S 75

Wie man einen ganz besonderen Punkt in einem Dreieck finden kann – Eine Konstruktionsbeschreibung.
Zeichne ein ~~großes~~ Dreieck ABC mit den Seitenlängen a = 6,5 cm, b = 8 cm und c = 9 cm ~~und den Eckpunkten A, B und C. a liegt A gegenüber, b liegt B und c liegt C gegenüber. Zeichne dieses Dreieck. Achte darauf, exakt zu zeichnen und die Punkte richtig zu verbinden. Spitze deinen Bleistift rechtzeitig.~~
Konstruiere die Mittelsenkrechte zur Seite c, indem du zwei Kreise mit gleich großem Radius um ~~den Punkt~~ A und ~~den Punkt~~ B ziehst und durch die Schnittpunkte der beiden Kreise eine Gerade zeichnest. ~~Das ist die Mittelsenkrechte zur Seite c, also zur Strecke $\overline{AB}$.~~
Konstruiere ebenso die Mittelsenkrechten zu den Seiten a und b. ~~Zeichne zwei Kreise um B und C mit gleich großem Radius und verbinde wie oben die Schnittpunkte der beiden Kreise. Das ist die Mittelsenkrechte zur Seite a, also zur Strecke $\overline{BC}$. Ziehe nun zwei Kreise um A und C mit gleich großem Radius und verbinde wieder die Schnittpunkte der beiden Kreise. Das ist die Mittelsenkrechte zur Seite b, also zur Strecke $\overline{AC}$.~~
Markiere den Schnittpunkt der drei Mittelsenkrechten ~~mit Farbe~~ und nenne ihn M. Ziehe einen ~~sauberen~~ Kreis um M mit Radius r = $\overline{MA}$. Der ~~schöne~~ Kreis geht durch den Punkt A. ~~Schaue ganz genau hin:~~ Der Kreis geht ~~überraschenderweise~~ auch durch ~~den Punkt~~ B und durch ~~den Punkt~~ C.
Man nennt diesen Kreis Umkreis und den Punkt M Umkreismittelpunkt.

Winkelsumme im Dreieck – Ein Arbeitsplan, Seite S 76

Vorüberlegungen: Ergebnissumme jeweils um 180°. (α = 25°; β = 50°; γ = 105°)

Wer ist eigentlich Thales? – Ein Referat, Seite S 77

Individuelle Lösung.

Wachsende Formelsammlung – Überschrift und Beispiel, Seite S 78

Individuelle Lösung.

Mokabeln – Zur Wiederholung von Mathe-Vokabeln, Seite S 79 und S 80

Individuelle Lösung.

Geometrie? Hatten wir schon!, Seite S 81

Individuelle Lösung.

„Mathe ärgert mich nicht!" – Aufgabenkarten, Seite S 82

Individuelle Lösung.

VI Systeme linearer Gleichungen

SC Gleichungssystemia, Seite S 86

	Gerd	Gunter	Gustav	Gerhardt
Konishiki	x = 2	x = $\frac{108}{13}$	x = $\frac{210}{61}$	unendlich viele Lsg.
Yoshino	x = $\frac{2}{3}$	x = $\frac{60}{13}$	x = $\frac{126}{61}$	keine Lsg.
Kikuo	unendlich viele Lsg.	x = $-\frac{36}{23}$	x = -42	x = 2
Tatsuo	x = -42	x = $\frac{28}{51}$	unendlich viele Lsg.	x = $\frac{210}{61}$
Kozo	keine Lsg.	x = $-\frac{12}{23}$	x = -21	x = $\frac{8}{3}$
Hachiro	x = $\frac{132}{23}$	keine Lsg.	x = $\frac{140}{17}$	x = $-\frac{60}{13}$
Takamo	x = $-\frac{36}{23}$	unendlich viele Lsg.	x = $\frac{28}{51}$	x = $\frac{108}{13}$
Naoko	x = 63	x = $-\frac{84}{17}$	keine Lsg.	x = 0

Aufgabentheke, Seite S 87 und Seite S 88

Lösungswort: Daniel Bernoulli

Familienstammbaum, Seite S 89

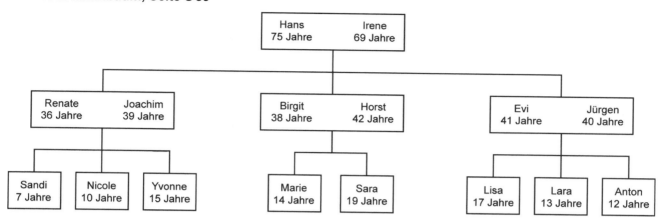

Sachthema: Schulfest

Vorbereitungen für das SMV-Wochenende (1), Seite S 91

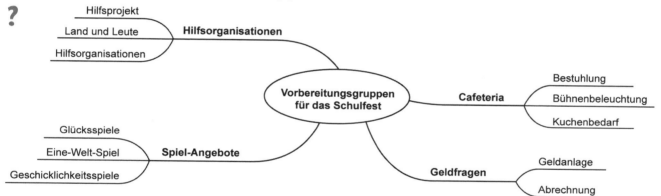

Ohne Zuordnung: Form

? Auf den ersten Blick scheint das Angebot der Burg Siebenstein das günstigste zu sein, allerdings abhängig von der Gruppengröße.

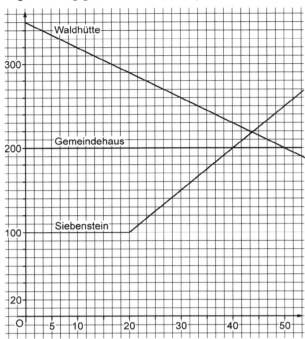

? Für 41 bis 49 Personen ist das Gemeindehaus der Pfarrgemeinde St. Peter am günstigsten.

? Für 40 Personen sind die Unterbringungskosten gleich.

? Für 57 Teilnehmer ist die Waldhütte am günstigsten.

Vorbereitungen für das SMV-Wochenende (2), Seite S 92

? 16 · 500 g Nudeln, 8 Dosen Tomatensoße, je 76 Flaschen Fruchtsäfte, Mineralwasser und Apfelschorle, 5 · 12 Stieleis, 23 · 500 g Brot, 12 · 250 g Butter, 12 Gläser Marmelade, 8 Packungen Tee, 16 · 450 g Fischstäbchen, 16 · 750 g Pommes frites, 4 · 500 ml Ketchup und 4 · 500 g Mayonnaise.

? Paul geht bei Ilda von 209,48€ aus und zieht beim SUPER-Markt von 249,96€ 19% ab, so dass sich ein Preis von 202,47€ ergibt.

? Weil die Mehrwertsteuer nicht auf den Bruttopreis sondern auf den Nettopreis bezogen ist. Der eingesparte Prozentsatz beträgt rund 15,97 %.

? Tatsächlich ist das Angebot von Ilda um 0,57 € günstiger. Im SUPER-Markt müsste Paul nämlich tatsächlich rund 210,05€ bezahlen.

SMV-Wochenende (1) Vorbereitungsgruppe „Spiel-Angebote" – Zielwerfen 1, Seite S 93

? Zufallsversuche: Glücksrad, Roulette, Münzwurf, Schweinerei. Mehrstufige Zufallsexperimente: Lose ziehen, Mini-Lotto, Bingo, 17 und 4. Bei den anderen Spielen handelt es sich nicht um zufällige Ereignisse.

? grün: $\frac{1}{3}$; orange: $\frac{2}{9}$; gelb: $\frac{1}{3}$; blau: $\frac{1}{9}$

? p = $\frac{4}{9}$ für „Spieler erhält mehr als seinen Einsatz zurück".

? Wenn ein Pfeil genau auf einer Linie landet. Möglichkeiten dies zu vermeiden: Linien einfärben oder Linien mit einer Erhöhung aus Blech versehen (vgl. Dartscheiben).

? Die SMV macht mit p = $\frac{7}{15}\left(=\frac{1}{3}\cdot\frac{4}{5}+\frac{1}{5}=\frac{7}{15}\right)$ einen Gewinn.

? Individuelle Lösungen, z. B. die Bundesländer oder eine Karte aus der Umgebung (Unterscheidung Straßen, Wald, Wasser …), siehe als Beispiel auch das Service-Blatt S 87.

SMV-Wochenende (2) Vorbereitungsgruppe „Spiel-Angebote" – Zielwerfen 2, Seite S 94

? Bei einer Petersprojektion werden die Kontinente flächentreu dargestellt. Für dieses Spiel bedeutet es, dass der Flächenanteil auf dem Brett dem der Wirklichkeit entspricht und die Wahrscheinlichkeiten unter der Annahme eines rein zufälligen Treffens über die Landesfläche berechnet werden können.

?	Fläche (Mio km^2)	Fläche (%)
Afrika	30,3	20,4
Asien	44,4	29,8
N-Amerika	23,5	15,8
M/S-Amerika	18,3	12,3
Europa	10,5	7,1
Antarktis	14	9,4
Australien	7,7	5,2

? Die Fläche Europas beträgt 2,06 % der gesamten Erdoberfläche.

? Schwierigkeiten können auftreten, wenn die Scheibe sowohl Land als auch Wasser berührt oder wenn die Scheibe zwischen Nord- und Mittelamerika liegen bleibt, bzw. wenn die Scheibe zu groß gewählt wird, könnten an engen Stellen auch zwei andere Kontinente betroffen sein. Lösbar z. B. durch die Regel, dass die Scheibe ganz in einem Kontinent liegen muss und der Wurf ansonsten als Fehlwurf gewertet wird (damit aber Verschiebung der Trefferwahrscheinlichkeiten, dies würde eine interessante Modellierungsaufgabe für Flächenabschätzungen für die Schüler darstellen). Geeigneter ist die Mitte der Scheibe als Trefferpunkt zu definieren (evtl. Loch in die Scheibe bohren).

? N-Amerika, M/S-Amerika, Europa, Antarktis und Australien wären gewinnbringende Treffer.

? Einer dieser Kontinente wird mit einer Wahrscheinlichkeit von 14,4 % getroffen.

? Es wird davon ausgegangen, dass jeder Wurf ein Treffer ist und dass die Lage der Scheibe rein zufällig ist. Beide Annahmen entsprechen nicht der zu erwartenden Realität.

SMV-Wochenende (3) Vorbereitungsgruppe „Spiel-Angebote" – Eine-Welt-Spiel, Seite S 95

? Die Antarktis und Australien finden keine Beachtung, da sie aufgrund ihrer geringen Bevölkerungszahlen für dieses Spiel ohne ausschlaggebende Bedeutung sind.

?
	Anteil an der Gesamtbevölkerung (%)
Afrika	13,1
Asien	61,2
N-Amerika	5,3
M/S-Amerika	8,7
Europa	11,7

?
	Anzahl der Gutscheine (es wird gerundet)	Gewinn in €
Afrika	1	12
Asien	4	48
N-Amerika	15	180
M/S-Amerika	2	24
Europa	3	36

? 25 Gutscheine haben einen Gesamtwert von 300 €, so dass ein Los 3 € kosten müsste.

?
	Losanzahl	Kosten in €
Afrika	13	26
Asien	61	122
N-Amerika	5	10
M/S-Amerika	9	18
Europa	12	24

? Mehr als einen Gutschein gewinnen nur die Teilnehmer, die ein N-Amerika-Los erhalten. Die Wahrscheinlichkeit hierfür beträgt 5 %.

? Ein Spieler macht mit einer Wahrscheinlichkeit von 74 % einen Verlust bei diesem Spiel.

? Die Mitspieler machen in N-Amerika, Europa und M/S-Amerika einen Gewinn.
Die Gewinnwahrscheinlichkeit beträgt folglich 26 %.

? Individuelle Lösungen:
Die Mitspieler werden die Verteilung der Gutscheine als ungerecht empfinden. Mit dem Spiel wird die ungleiche Veteilung des Welteinkommens erfahrbar.

SMV-Wochenende (4) Vorbereitungsgruppe „Cafeteria", Seite S 96

? $y = 1,5 \cdot x$.
900 Besucher essen 1350 Stück Kuchen.
1200 Besucher essen 1800 Stück Kuchen.
1500 Besucher essen 2250 Stück Kuchen.

? Bei der obigen Formel können auch halbe Kuchenstücke im Ergebnis vorkommen, so dass die Zahl aufgerundet werden muss.
Bsp.: 945 Besucher essen 1417,5 ≈ 1418 Stücke.
1115 Besucher essen 1672,5 ≈ 1673 Stücke.

? $y = (1,5 \cdot x) : 12 = \frac{1}{8} x$
Für 945 Besucher sind 118,125 ≈ 119 Kuchen nötig. Für 1200 Besucher sind 150 Kuchen nötig. Für 1500 Besucher sind 187,5 ≈ 188 Kuchen nötig.

? Rührkuchen: $y = \left(\frac{1}{3} x \cdot 2\right) : 15 = \frac{2}{45} x$

runde Kuchen: $y = \left(\frac{2}{3} x \cdot 1,5\right) : 12 = \frac{1}{12} x$

Besucher	Rührkuchen	runde Kuchen
900	40	75
1200	$53\frac{1}{3} \rightarrow 54$	100
1500	$66\frac{2}{3} \rightarrow 67$	125

? Hier sollen die Schüler modellieren und Annahmen über Preise und Kosten zugrunde legen. Hierbei müssen unterschiedliche Preise für die Kuchen zumindest als Möglichkeit betrachtet werden. Rabatte für Vielesser bzw. für ganze Kuchen machen das Modell noch komplexer.

? $y = 0,5 \cdot x$

? Für eine lückenlose Ausleuchtung sind hier 10 Lampen notwendig.

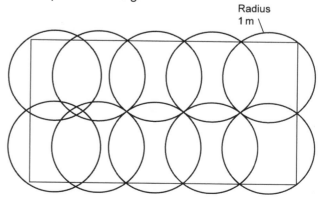

Radius 1 m

? Die 6 Lampen müssen mindestens 5 m hoch
• aufgehängt werden damit die Bühne vollständig
ausgeleuchtet wird. 2 Lampen müssen ungefähr
8,5 m hoch aufgehängt werden damit die Bühne
vollständig ausgeleuchtet wird.

? Es werden mindestens 4 Lampen benötigt. Auch
• hier wird die Lichtstärke nicht berücksichtigt, d. h.,
es muss von ausreichend starken Strahlern ausgegangen werden.

SMV-Wochenende (5), Hilfsorganisationen 1, Seite S 97

? Auf die Projektarbeit entfielen 81,78 %.
•

? Von den 10 000 € werden somit 8178 € in die
• Projektarbeit vor Ort fließen können.

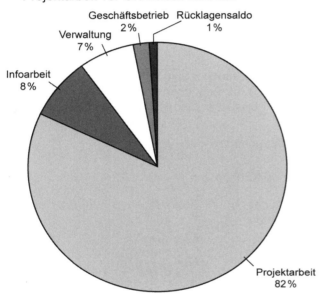

Geschäftsbetrieb 2%
Rücklagensaldo 1%
Verwaltung 7%
Infoarbeit 8%
Projektarbeit 82%

? Lateinamerika: 1 628 272,36 €
• Asien: 2 342 426,90 €
Afrika: 1 813 952,54 €

? Es würden dann 0,94 % der Spenden-
• werbungskosten auf die Projekte in Afrika
entfallen.

? Nichtregierungsorganisationen (NRO) sind auf
• private Initiative hin gegründete Gruppierungen,
Vereine, Gesellschaften und Organisationen (z. B.
Frauen- oder Umweltverbände), die weder einer
Verwaltung noch einer Regierung angehören sowie
nicht profitorientiert arbeiten (NGOs, auch non
governmental organisations, engl.). Bei „terre des
hommes" handelt es sich um ein Kinderhilfswerk,
das besonders in Kriegsgebieten Waisenkinder
betreut. Der Name terre des hommes
kommt aus dem Französischen und bedeutet Erde
der Menschlichkeit.

SMV-Wochenende (6), Hilfsorganisationen 2, Seite S 98

? Es handelt sich hier um die „Deutsche Lepra- und
• Tuberkulosehilfe e.V.". Die vier Buchstaben
stehen für den ursprünglichen Namen „Deutsches
Aussätzigen Hilfswerk".

? Südamerika: 991 492,62 €
• Asien: 3 895 982,76 €
Afrika: 6 665 496,60 €

? Die Arbeitsschwerpunkte liegen in Asien und
• Afrika, da in vielen Ländern dieser Kontinente
eine größere Lepra- und Tuberkulosegefahr
herrscht bzw. viele arme Menschen sich die
Behandlung und Heilung von diesen Krankheiten
nicht leisten können.

? Tdh hat mehr Geld in ihre Projektarbeit fließen
• lassen, da DAHW fast ein Fünftel der
Spendengelder allein in die Information und
Öffentlichkeitsarbeit investiert hat.

? 2003 entfielen 91,2 % auf die Projektarbeit von
• Misereor.
Misereor ist ein kirchliches Hilfswerk, das sehr eng
mit „Brot für die Welt" zusammenarbeitet. Misereor
leistet im wesentlichen Hilfe zur Selbsthilfe.
Schwerpunkte der Arbeit sind Asien, Lateinamerika
und Afrika.

?
•

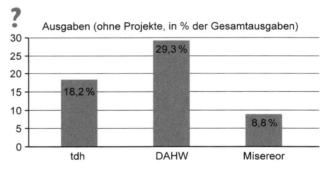

Ausgaben (ohne Projekte, in % der Gesamtausgaben)

30 — 25 — 20 — 18,2% (tdh) — 29,3% (DAHW) — 8,8% (Misereor)

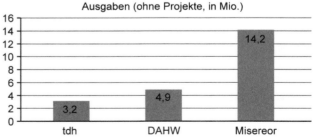

Ausgaben (ohne Projekte, in Mio.)

16 — 3,2 (tdh) — 4,9 (DAHW) — 14,2 (Misereor)

Die Unterschiede ergeben sich aus den relativ
hohen Grundkosten in den Bereichen Verwaltung
und Öffentlichkeitsarbeit, sodass eine Hilfsorganisation mit sehr hohem Spendenaufkommen
prozentual geringe Kosten auflisten kann, obwohl
die Zahlenwerte deutlich höher sind als bei kleineren Hilfsorganisationen.

? DZI steht für Deutsches Zentralinstitut für soziale Fragen. Das Spendensiegel wird auf Antrag gemeinnützigen Organisationen zuerkannt, deren Verwendung der Spendengelder zweckgerichtet und sparsam ist, die wahre, eindeutige und sachliche Werbung betreiben, ihre Rechnungslegung eindeutig und nachvollziehbar gestalten und ihre Jahresrechnung prüfen lassen. Somit stellt das Spenden-Siegel eine Art Gütesiegel dar, welches für Spender eine Orientierung gibt, ob die Hilfsorganisation mit dem gespendeten Geld professionell und nachvollziehbar umgeht.
Terre des hommes, Misereor und die DAHW sind mit diesem Siegel ausgezeichnet.

? Individelle Lösungen. Hier sollen sowohl die finanziellen Zahlen eine Rolle spielen, wie auch die inhaltlichen und den aktuellen Gegebenheiten entsprechenden Informationen, persönliche Erfahrungen (Landeserfahrung) etc.

SMV-Wochenende (7), Vorbereitungsgruppe „Geldfragen", Seite S 99

? Die höchsten Jahreszinsen bei einer Festanlage von 2000 € bietet die S-Bank.

? Bei zwei Jahren Festanlage ist die Sparfuchs Bank profitabler, da bei der S-Bank die Zinsen nicht weiterverzinst werden, sondern auf ein Extrakonto gezahlt werden.

Zeit	Spar-bei-uns	S-Bank	Sparfuchs
	2000,00 €	2000,00 €	2000,00 €
nach 1 Jahr	2038,00 €	2044,00 €	2042,00 €
nach 2 Jahren	2076,72 €	2088,00 €	2095,09 €

? Bei der S-Bank ist das Geld am besten angelegt.

Zeit	Spar-bei-uns	S-Bank	Sparfuchs
1. Monat	3300,00 €	3300,00 €	3300,00 €
2. Monat	3100,00 €	3100,00 €	3100,00 €
3. Monat	2900,00 €	2900,00 €	2900,00 €
4. Monat	2700,00 €	2700,00 €	2700,00 €
5. Monat	2500,00 €	2500,00 €	2500,00 €
6. Monat	2300,00 €	2300,00 €	2300,00 €
7. Monat	2100,00 €	2100,00 €	2100,00 €
8. Monat	1900,00 €	1900,00 €	1900,00 €
9. Monat	1700,00 €	1700,00 €	1700,00 €
10. Monat	1500,00 €	1500,00 €	1500,00 €
11. Monat	1300,00 €	1300,00 €	1300,00 €
12. Monat	1100,00 €	1100,00 €	1100,00 €
Verzinsung	1141,80 €	1148,40 €	1140,70 €

? Nein, die S-Bank bleibt am profitabelsten.

Zeit	Spar-bei-uns	S-Bank	Sparfuchs
1. Monat	5300,00 €	5300,00 €	5300,00 €
2. Monat	5100,00 €	5100,00 €	5100,00 €
3. Monat	4900,00 €	4900,00 €	4900,00 €
4. Monat	4700,00 €	4700,00 €	4700,00 €
5. Monat	4500,00 €	4500,00 €	4500,00 €
6. Monat	4300,00 €	4300,00 €	4300,00 €
7. Monat	4100,00 €	4100,00 €	4100,00 €
8. Monat	3900,00 €	3900,00 €	3900,00 €
9. Monat	3700,00 €	3700,00 €	3700,00 €
10. Monat	3500,00 €	3500,00 €	3500,00 €
11. Monat	3300,00 €	3300,00 €	3300,00 €
12. Monat	3100,00 €	3100,00 €	3100,00 €
Verzinsung	3182,23 €	3192,40 €	3182,70 €

? Das Geld würde für eine Unterstützung von 2 Jahren und 4 Monaten reichen.

Zeit	Spar-bei-uns	S-Bank	Sparfuchs
1. Monat	5300,00 €	5300,00 €	5300,00 €
2. Monat	5100,00 €	5100,00 €	5100,00 €
3. Monat	4900,00 €	4900,00 €	4900,00 €
4. Monat	4700,00 €	4700,00 €	4700,00 €
5. Monat	4500,00 €	4500,00 €	4500,00 €
6. Monat	4300,00 €	4300,00 €	4300,00 €
7. Monat	4100,00 €	4100,00 €	4100,00 €
8. Monat	3900,00 €	3900,00 €	3900,00 €
9. Monat	3700,00 €	3700,00 €	3700,00 €
10. Monat	3500,00 €	3500,00 €	3500,00 €
11. Monat	3300,00 €	3300,00 €	3300,00 €
12. Monat	3100,00 €	3100,00 €	3100,00 €
Verzinsung	3182,23 €	3192,40 €	3182,70 €
13. Monat	2982,23 €	2900,00 €	2982,70 €
14. Monat	2782,23 €	2700,00 €	2782,70 €
15. Monat	2582,23 €	2500,00 €	2582,70 €
16. Monat	2382,23 €	2300,00 €	2382,70 €
17. Monat	2182,23 €	2100,00 €	2182,70 €
18. Monat	1982,23 €	1900,00 €	1982,70 €
19. Monat	1782,23 €	1700,00 €	1782,70 €
20. Monat	1582,23 €	1500,00 €	1582,70 €
21. Monat	1382,23 €	1300,00 €	1382,70 €
22. Monat	1182,23 €	1100,00 €	1182,70 €
23. Monat	982,23 €	900,00 €	982,70 €
24. Monat	782,23 €	700,00 €	782,70 €
Verzinsung	817,99 €	832,00 €	820,65 €
25. Monat	617,99 €	500,00 €	620,65 €
26. Monat	417,99 €	300,00 €	420,65 €

27. Monat	217,99 €	100,00 €	220,65 €
28. Monat	17,99 €	32,00 €	20,65 €

Bei einer längerfristigen Anlage wäre die S-Bank am lukrativsten.

? Die Zusatzkosten entsprechen einem prozentualen Anteil von ca. 5,7 %. Beim Kauf eines Auslands-Orderschecks ist durchaus auch der Dollartageskurs eine bedenkenswerte Größe. Außerdem kommt noch das Porto für einen Brief „Wert international" in Höhe von 4,05 € bei einem Wert von 200 € hinzu.
Beim Auslands-Ordercheck kommen ca. 188 € beim Projekt vor Ort an. Bei einer Spende an eine Hilfsorganisation liegt der Betrag der das Projekt erreicht zwischen 145,90 € und 182,40 €. Hierbei ist allerdings die Sicherheit, die eine Hilfsorganisation bietet, nicht zu unterschätzen. Oft ist auch eine kontinuierliche Arbeit, wie sie von Hilfsorganisationen geleistet werden kann, gegenüber einer einmaligen Aktion vorzuziehen.

Rückblick auf das SMV-Wochenende, Seite S 100

?

Vorname	Nachname	Vorbereitungs-gruppe	Klasse
Andrea	Meier	Cafeteria	10
Paul	Müller	Hilfs-organisationen	9
Sophie	Baier	Organisation	12
Florian	Becker	Spiele	8
Regina	May	Geldfragen	11

Sachthema: Schülerband

Wir gründen eine Band!, Seite S 102

? **Prozentuale Anteile für ihre Klasse:**
Klavier: $\frac{5}{30} \approx 16,7\,\%$, Gitarre: $\frac{3}{30} = 10\,\%$,
Trompete: $\frac{2}{30} \approx 6,7\,\%$, kein Instrument: $\frac{20}{30} \approx 66,7\,\%$.

? **Prozentuale Anteile in den 7. Klassen zusammen:**
Kreisdiagramm: Klavier: $\frac{1}{6} \cdot 360° = 60°$,
Gitarre: $\frac{1}{10} \cdot 360° = 36°$, Trompete: $\frac{1}{15} \cdot 360° = 24°$

? Individuelle Lösungen für Gesang oder andere Instrumente verändern nur den Restanteil des Kreises, nicht die Kreisausschnitte für Klavier, Gitarre oder Trompete.

? Bei gleichen Anteilen wird es an der Schule etwa 108 Klavierspieler geben.

? **Weitere Werbeideen:** Einzelne direkt ansprechen, mehrere Plakate verteilen, Flyer verteilen, eine Durchsage machen, in den Klassenzimmern die Idee selbst vorstellen ...

? **Wer spielt welches Instrument?**

Leon	10	Klavier
Martin	11	Gitarre
Yannick	13	Gesang
Daniel	14	Trompete
Thomas	15	Bass

Man muss mit Hinweis A anfangen und dabei zwei Möglichkeiten überlegen.

Das erste Konzert, Seite S 103

Eintritt: 3,50 €
$y = 3,5x - 300$
$y = 1,5x - 100$
Rechnerisch: Für $x = 100$ Zuschauer sind beide Angebote gleich gut. Kommen weniger als 86 Zuschauer (Angebot A) oder 67 Zuschauer (Angebot B), zahlt die Band sogar drauf. Für 67 bis 99 Zuschauer wäre Angebot B sinnvoller, erscheinen mehr als 100 Zuschauer lohnt sich Angebot A.

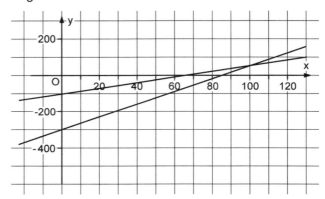

Eintritt: 4 €
Gewinn: $4x - 300$ (Verlust bei weniger als 75 Zuschauern)
Gewinn: $2x - 100$ (Verlust bei weniger als 50 Zuschauern)

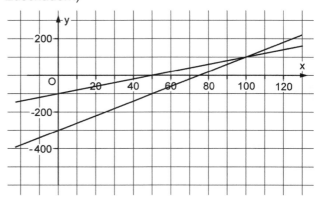

Bestuhlung und Eintritt: 5€

Gewinn: 5x – 350

Gewinn: 3x – 150

Die Bestuhlung macht Sinn, wenn Platz für mehr als 50 Zuschauer ist.

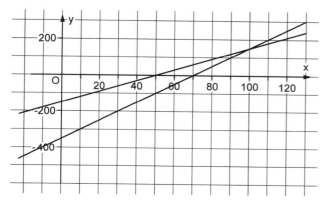

Bühnenaufbau:

Verteilt man die Schweinwerfer gleichmäßig auf einem Kreis mit einem Radius von 3 m auf der Bühne, so ergibt sich der Umkreis eines gleichseitigen Dreiecks (gepunktete Linie) mit je einem Scheinwerfer links und rechts „vorne"; wenn die Sänger noch angestrahlt werden sollen, können sie bis etwa 0,55 m an den Bühnenrand herangehen.

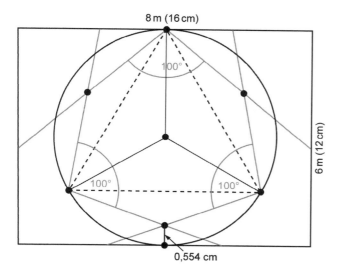

Wunschzettel:

? Daniel: Die Wahrscheinlichkeit für einen seiner Wunschtitel liegt, bei der Annahme einer gleichmäßigen Verteilung der Wünsche auf alle Titel, bei $\frac{3}{12}$ = 0,25 = 25%.

Da normalerweise bestimmte Songs favorisiert werden, verschlechtern sich Daniels Chancen, wenn ihm ein eher ungewöhnliches bzw. unbekannteres Lied besonders gut gefällt.

Was Musik einbringen kann, Seite S 104

? Der Anteil der Verteilungssumme beträgt ab dem Jahr 1999 weniger als 86%.

? Die prozentuale Zuwachsrate nimmt Jahr für Jahr ab und liegt schon unter 1 %. Probleme ergeben sich z. B. durch professionelle Raubkopierer, aber auch durch das widerrechtliche Herunterladen und Weiterverbreiten von Songs aus dem Internet; weitere Stichworte: Kaufkraft der Haushalte lässt nach, überteuerte Eintritts- und Tonträgerpreise, Konkurrenz durch andere Freizeitangebote, Qualität der produzierten Ware ... Mögliche Folgen: Weniger Einnahmen für den Einzelnen, Fördergelder werden eingeschränkt, das Risiko, auf unbekannte Künstler zu setzen, wird weniger oft eingegangen, alleinige Konzentration auf erfolgreiche Sparten ...

? Man muss zuerst die 7 % Umsatzsteuer addieren:

Größe des Veranstaltungsraumes (in m²)	bis zu 2,50 €	bis zu 4,00 €
bis 100 m²	47,08 €	≈ 63,45 €
bis 133 m²	≈ 70,41 €	≈ 94,59 €

Saal mit 100 m² für 100 Personen und 3,00 € Eintritt: 300 € – 63,45 € = 236,55 €

Saal mit 130 m² für 130 Personen und 2,50 € Eintritt: 325 € – 70,41 € = 254,59 €

? Mindestzahl an Zuschauern für den Ausgleich der GEMA-Gebühren:

Eintritt	Mindestzahl an Zuschauern	Geichungen
1 €	22	x · 1 – 21,72 = 0
2 €	24	x · 2 – 47,08 = 0
4 €	16	x · 4 – 63,45 = 0
5 €	16	x · 5 – 79,72 = 0

Die erste eigene CD, Seite S 105

Eigene CDs verkaufen:

? Gesamtausgaben: c + 100

? a = c + 100 ist eine lineare Zuordnung.

? g = 7c – 100; sie müssen mindestens 15 CDs verkaufen, um Gewinn zu machen.

? Der Gewinn wird bei einem Verkaufspreis von 10 € größer: Bereits bei 12 verkauften CDs macht die Band Gewinn, sie verdient an jeder CD 2 € mehr. Allerdings kann man annehmen, dass die Verkaufszahlen der CD aufgrund des höheren Preises geringer werden. (Term: g = 9c – 100)

? Term für die Gesamtspieldauer: n · 3 + 2 · 7 = 3n + 14

? Anzahl der kurzen Stücke: 3n + 14 < 70, also ist n ≈ 18,67; es könnten maximal 18 kurze Titel sein, sodass noch 2 Minuten übrig bleiben.

? Vollständiges Auffüllen: z. B. sieben 3-Minuten-Stücke und sieben 7-Minuten-Songs oder auch nur zehn 7-Minuten-Stücke.

? 14 Stücke: Mit 3n + 7x = 70 und n + x = 14 ergibt sich n = x = 7.

Raubkopien:

? Mit dem Term 7x – 100 berechnet man die Einnahmen. Die 9 Bandmitglieder könnten demnach etwa 530 € erwarten. Der mögliche Verlust beträgt 378 € (54 CDs), 36 CDs wurden verkauft.

Wie geht es weiter mit der Band?, Seite S 106

Bandname und -logo:

? Individuelle Lösungen sind möglich; die Symmetrie-Vorgabe für das Zeichen sollte zumindest ansatzweise eingehalten werden.

Angebot der Bank für einen Kredit:

? 5000 € · 4 % = 200 €; 5200 € : 12 ≈ **433,33 €**

? 5000 € · 5,5 % = 275 €; 5275 € : 12 ≈ **439,58 €**
Man muss also etwa **6,25 €** mehr bezahlen.

? Laufzeit: 5200 € : 200 € = 26. Der Kredit läuft 2 Jahre und 2 Monate.
Zweijahresangebot:
1. Jahr: 5000 € · 4% = 200 €;
5200 € – 12 · **200 €** = 2800 €
2. Jahr: 2800 € · 5 % = 140 €
2940 € : 12 = **245 €**
Gesamtkosten:
12 · 200 € + 12 · 245 € = 2400 € + 2940 € = **5340 €**

? 1. Jahr: 5000 € · 4 % = 200 €
5200 € – 12 · **150 €** = 3400 €
2. Jahr: 3400 € · 5 % = 170 €
3570 € : 12 = 297,50 €
297,50 € – 245 € = 52,50 €
Gesamtkosten:
12 · 150 € + 12 · 297,50 €
= 1800 € + 3570 € = **5370 €**
1. Jahr: 5000 € · 4 % = 200 €
5200 € – 12 · **250 €** = 2200 €
2. Jahr: 2200 € · 5 % = 110 €
2310 € : 12 = 192,50 €; 245 € – 192,50 € = 52,50 €
Gesamtkosten:
12 · 250 € + 12 · 192,50 €
= 3000 € + 2310 € = **5310 €**
Es ist günstiger, gleich 250 € zurückzuzahlen.

Angebot der Bank (Sparkonto):
Kulturförder-Programm „Kohle für Kultur":
1. Jahr: 7,5 % Zinsen für 5000 € entsprechen **375 €**.
2. Jahr: 2,2 % Zinsen für 5375 € entsprechen **118,25 €**.
Gesamtzins: **493,25 €**, neuer Kontostand: **493,25 €**.

Mit zusätzlichen Einzahlungen:
1. Jahr (Beginn im Januar):

6 Monate Zinsen für 5000 €:
$\frac{180}{360}$ · 375 € = 187,50 €;
6 Monate Zinsen für 5500 €:P
$\frac{180}{360}$ · 412,50 € = 206,25 €;
neuer Kontostand: **5893,75 €**
2. Jahr:
6 Monate Zinsen für 5893,75 €:
$\frac{180}{360}$ · 129,66 € = 64,83 €;
6 Monate Zinsen für 6393,75 €:
$\frac{180}{360}$ · 140,66 € = 70,33 €;
neuer Kontostand: **6528,91 €**

Forschungsheft

Name: ______________________________ **Klasse:** ______________________________

Thema: ____

Die ____ **Arbeitsstunde** **Datum:** ______________________________

Aufgabe/Problemstellung:

____

____

____

Erste Überlegungen:

____

____

____

So bin ich/sind wir vorgegangen: Was habe ich heute gemacht und gedacht?

____

____

____

____

____

Wissensspeicher: Was habe ich heute Neues gemacht?

____

____

Anmerkung:

____

____

____

Einzelarbeit

Forschungsheft

Name: _____ **Klasse:** _____

Thema: _Das kann evtl. auch später ergänzt werden_ _____

Die ____ Arbeitsstunde **Datum:** _____

Aufgabe/Problemstellung:

_____

_____

_____

Erste Überlegungen:

Dazu gehören: - Vermutungen, Ideen, - Fragen: Was habe ich an der Aufgabe noch nicht verstanden?

- Wissenslücken: Was muss ich wiederholen, um die Aufgabe zu lösen?

- Plan zum weiteren Vorgehen: Wie teilen wir die Arbeit auf und ein? In welchen Schritten gehen wir vor?

So bin ich/sind wir vorgegangen: Was habe ich heute gemacht und gedacht?

z. B.: - So sieht mein Plan zum Lösen der Aufgabe aus: ...

- Bei diesen Beispielen habe ich besonders viel verstanden: ...

- Aha-Erlebnisse: Diese Idee hat mich besonders weit gebracht: ...

- Das hätte ich besser machen können: ...

- Das ist meine Lösung: ...

Wissensspeicher: Was habe ich heute Neues gelernt?

Hier ist alles Wichtige zusammengefasst wie in einem Merkheft oder einer Formelsammlung.

Mein Merkheft zu dieser Aufgabe lautet: ...

Anmerkungen:

- Das Thema hat mir gut gefallen, weil ..., - Besonders schwer war ..., - Besonders einfach war ...

- Mit dem Ergebnis bin ich zufrieden, weil ...

I Prozente und Zinsen

Lösungshinweise Kapitel I – Erkundungen

1. Schnäppchen gesucht

Günstigstes Angebot
Bei einem Verkaufspreis unter 13,33 € ist das Angebot „Jeder Kunde erhält bei Vorlage des Gutscheins einen Rabatt von 10 €" am günstigsten. Bei einem höheren Verkaufspreis ist das Angebot „Alle Preise auf 1/4 reduziert" am günstigsten.

Vergleich der Angebote

Angebote	Ersparnis
„Alle Preise auf 1/4 reduziert"	75%
„Rabatt-Woche im Schlussverkauf, Samstag"	60%
„Rabatt-Woche im Schlussverkauf, Freitag"	50%
„Wegen Räumungsverkauf alle Preise halbiert"	50%
„Rabatt-Woche im Schlussverkauf, Donnerstag"	40%
„Jetzt zugreifen!!! Beim Kauf von zwei T-Shirts erhalten Sie ein drittes gratis!"	33%
„Rabatt-Woche im Schlussverkauf, Mittwoch"	30%
„Alle Preise um 1/4 reduziert"	25%
„Rabatt-Woche im Schlussverkauf, Dienstag"	20%
„20% auf alles (außer bereits reduzierte Ware)"	20%
„Am kommenden Montag sparen Sie bei uns die Mehrwertsteuer!"	19%
„Rabatt-Woche im Schlussverkauf, Montag"	10%
„Alle Preise um 4% reduziert"	4%
„Jeder Kunde erhält bei Vorlage des Gutscheins einen Rabatt von 10 €"	nicht möglich

Rabatte in Prozente
Werden die Rabatte in Prozenten angegeben, so lassen sie sich besonders leicht vergleichen.

3. Prozente im Straßenverkehr

Wichtigkeit der Schilder für den Straßenverkehr. Steigt eine Straße stark an, so muss man mit langsam fahrenden Lkw rechnen. Außerdem weiß man als Fahrradfahrer, dass die weitere Fahrt (je nach Steigung) sehr anstrengend sein wird. Fällt eine Straße stark ab, muss man mit einem längeren Bremsweg rechnen.

Verkehrsschilder zu Fig. 2: 12%; 14%; 40%; 25%. Eine Straße mit einer Steigung von 100% hat einen Steigungwinkel von 45°.

Bestimmt in einem Experiment, welcher Winkel zu welcher Prozentangabe gehört.

Winkel	0°	5°	10°	15°	20°	25°	30°
Prozente	0	9%	18%	27%	36%	47%	58%

Winkel	35°	40°	45°	50°	55°	60°
Prozente	70%	84%	100%	119%	143%	173%

4. Zinsen

Wenn man 1200,– € zu den genannten Konditionen anlegen würde, ergäbe sich nach einem Jahr folgendes Guthaben:
Prima Sparplan:
1200 € + (1 + 2 + 3 + … + 12) € = 1278 €
2 x Weihnachten:
1200 € + 12 € + 12,12 € = 1224,12 €
Sparen ohne Schnickschnack:
1200 € + 24 € = 1224 €

1 Prozente – Vergleiche werden einfacher

1 Anteile in Prozent
a) 7% b) 27% c) 6% d) 94%
e) 5% f) 16% g) 25% h) 60%
i) 70% j) 5% k) 0,5% l) 37,5%

2

	a)	b)	c)	d)	e)	f)
Prozent	23%	10%	75%	99%	60%	72%
Bruchzahl	$\frac{23}{100}$	$\frac{1}{10}$	$\frac{3}{4}$	$\frac{99}{100}$	$\frac{3}{5}$	$\frac{18}{25}$
Dezimalzahl	0,23	0,1	0,75	0,99	0,6	0,72

	g)	h)	i)	j)	k)	l)
Prozent	11%	70%	120%	0,5%	300%	7,2%
Bruchzahl	$\frac{11}{100}$	$\frac{7}{10}$	$\frac{6}{5}$	$\frac{1}{200}$	$\frac{3}{1}$	$\frac{9}{125}$
Dezimalzahl	0,11	0,7	1,2	0,005	3,0	0,072

m) Individuelle Lösung.

3 a) $\frac{7}{10} = 70\%$　　b) $\frac{19}{20} = 95\%$

c) $\frac{22}{25} = 88\%$　　d) $\frac{80}{400} = \frac{20}{100} = 20\%$

e) $\frac{40}{100} = \frac{2}{5} = 40\%$　　f) $\frac{35}{25} = \frac{7}{5} = 140\%$

g) $\frac{18}{20} = \frac{9}{10} = 90\%$　　h) $\frac{3}{25} = 12\%$

4 a) 50%　b) 20%　　c) 200%　d) 1%
e) 5%　　f) 4%　　g) 100%　h) 300%

5 Anteile der gefärbten Flächen in Prozent:
75% – 60% – 40% – 50% – 25% – $66\frac{2}{3}\%$ – $66\frac{2}{3}\%$.
Der Größe nach geordnet: 25% – 40% – 50% –
60% – $66\frac{2}{3}\%$ – $66\frac{2}{3}\%$ – 75%

Lösungswort: TREFFER

6 Prozentangaben, gerundet auf eine
Dezimalstelle:
a) 22,5%　b) 75%　　c) 0,6%　　d) 23,75%
e) 16,7%　f) 77,8%　g) 3,3%　　h) 42,9%
i) 140%　j) 66,7%　k) 33,3%　l) 120%
m) (a) 22,5% sind 22,5 cm = 225 mm
(b) 75% sind 75 cm = 750 mm
(c) 0,6% sind 0,6 cm = 6 mm
(d) 23,75% sind 23,75 cm = 237,5 mm
(e) 16,7% sind 16,7 cm = 167 mm
(f) 77,8% sind 77,8 cm = 778 mm
(g) 3,3% sind 3,3 cm = 33 mm
(h) 42,9% sind 42,9 cm = 429 mm
(i) 140% sind 1,4 m = 140 cm = 1400 mm
(j) 66,7% sind 66,7 cm = 667 mm
(k) 33,3% sind 33,3 cm = 333 mm
(l) 120% sind 1,2 m = 120 cm = 1200 mm

7 a) Zehn Prozent der Westfalen sind zwischen
6 und 15 Jahren alt.
b) 50 Prozent der Bergunfälle sind Lawinenunglücke.
c) Ein Meisterschütze trifft bei 90 Prozent seiner
Schüsse ins Schwarze.
d) 3,75% der Eisberge, die jährlich von Westgrön-
land ausgehen, driften in den Nordatlantik und
gefährden dort die Schifffahrt.

8 a) 60% < 65%　　b) 75% > 74%
c) 27,5% < 28%　　d) 99% < 99,5%

9

Klasse	7a	7b	7c
Schüler	30	32	28
Stimmen	Tanja 16	Daniel 17	Steffi 15
Anteil	53,3%	53,1%	53,6%

Steffi hat mit 53,6% den größten Stimmenanteil.

10 Jeff: $\frac{5}{11} \approx 45,45\%$

Luca: $\frac{4}{7} \approx 57,14\%$

Ron: $\frac{8}{13} \approx 61,54\%$

Ron hat mit 61,54% die beste Trefferquote.

11 a) 5% < 8%　　b) 20% < $\frac{1}{4}$　　c) 0,65 < $\frac{5}{6}$

d) $\frac{4}{5}$ > $\frac{7}{11}$　　e) 5,6% < 5,6　　f) $\frac{9}{11}$ < 99%

12 Der Mandelanteil bei der 100-g-Tafel Schoko-
lade beträgt 23%, der bei dem 30-g-Knusperriegel
23,3%, also ist der Anteil der Mandeln bei dem
Riegel größer.

13 a) Ausverkauf: 30%; 50%
Sparkasse: 2,5%; 1,5%; 4%
b) 2,5% = 25 m: im ersten Teil der ersten Kurve
30% = 300 m: am Anfang der Gegengeraden
50% = 500 m: am Anfang der Zielgeraden
99% = 990 m: 10 m vor dem Ziel
1,5% = 15 m: 15 m vom Start entfernt
200% = 2000 m: am Start
4% = 40 m: fast auf halber Höhe der ersten Kurve
1000% = 10 000 m: am Start

14 Individuelle Lösung.

15 Individuelle Lösung.

2 Prozentsatz – Prozentwert – Grundwert

1 a)

W	5	5	5	30	12	50	2	7	14	1	37
G	10	20	25	40	40	40	40	35	35	8	37
p	50%	25%	20%	75%	30%	125%	5%	20%	40%	12,5%	100%

b) z. B. W = 20 und G = 100, W = 10 und G = 50,
W = 5 und G = 25 oder W = 40 und G = 200.

2 a) 15,8%　b) 60%　　c) 9,7%　　d) 95%
e) 105,3%　f) 50%　　g) 90,9%　h) 100%
i) Individuelle Lösung, z. B.:
a) W = 9,5 und G = 60　　b) W = 6 und G = 10
c) W = 3,1 und G = 32

3 Kirschen: $\frac{65}{500} = 0,13 = 13\%$

Orangen: $\frac{13,8}{150} = 0,092 = 9,2\%$

Nudeln: $\frac{360}{500} = 0,72 = 72\%$

4 a)

	a)	b)	c)	d)	e)	f)
W	8	9	18	18	12,5	8
G	10	25	40	18	50	100
p	80%	36%	45%	100%	25%	8%

b)

	a)	b)	c)	d)	e)	f)
W	10	25	40	18	50	8
G	8	9	18	18	200	100
p	125%	277,8%	222,2%	100%	25%	8%

Seite 17

5

	a)	b)	c)	d)	e)
x	15	6	7	12	1,1
y	10	5	4	7	1
„x > y"	50%	20%	75%	71,4%	10%
„y < x"	33,3%	16,7%	42,9%	41,7%	9,1%

	f)	g)	h)	i)	j)
x	50	30	1,3	1400	8
y	33	29,9	1,25	500	10
„x > y"	51,5%	0,3%	4%	280%	−20%
„y < x"	34%	0,3%	3,8%	64,3%	−25%

6 1. Aussage: „je größer".
2. Aussage: „je kleiner".

7 a) 33,3% der Schüler haben Angst anderen bei Gewaltübergriffen zu helfen. 20% wurden selbst schon mal angegriffen, 25% geben an, dass ihre Mitschüler bei Gewalt wegsehen.
b) 33,3% entsprechen 333 Schüler.
20% entsprechen 200 Schüler.
25% entsprechen 250 Schüler.

8 Mögliche Werte für Prozent- und Grundwert:
a) Daniels Taschengeld erhöht sich z.B. um $W = 1€$ von $G = 5€$ auf $G = 6€$.
b) Der Preis der Jeans wird z.B. von $G = 50€$ um $W = 20€$ reduziert.
c) Wenn z.B. $G = 20$ Millionen zu der betreffenden Zeit ferngesehen haben, dann haben $W = 2,4$ Millionen die Spielshow angeschaut.

9 a) Noemis Quote beträgt 31,25%, Roberts Quote 31,7%. Also ist Roberts Comics-Quote etwas höher.
b) Bei Anna beträgt der Anteil von „a" 6,56%, der Anteil von „n" 9,75%. Nena zählte 2850 Buchstaben; bei ihr beträgt der Anteil von „a" 6,60%, der Anteil von „n" 9,82%, der Anteil von „e" 17,12%.

10 a) Bekannt sind $W = 16$ Millionen und $p\% = 20\% \dots 30\%$.
b) Überprüfung der Prozentangabe, falls man von 80 Millionen Deutschen ausgeht: $\frac{16}{80} = 20\%$, also passt die Angabe zu den Daten.
c) Da die Anzahl der Schüler einer Klasse relativ klein ist, können durchaus Abweichungen auftreten.

11

	p	W	G
Käse	45%	Fettgewicht in der Trockenmasse	Gewicht vom gesamten Käse
Stiefel	50%	halber Preis	ganzer Preis
Verurteilte	45%	Zahl der Verkehrssünder	Zahl der Verurteilten

3 Grundaufgaben der Prozentrechnung

Seite 19

1 a) 14% von 72 = 10,08
b) 9% von 700 = 63
c) 1,5% von 2345 = 35,175
d) 16% von 450€ = 72€
e) 99% von 620€ = 613,8€
f) 0,15% von 400kg = 0,6kg
g) 0,4% von 18ha = 0,072ha
h) 110% von 2dm³ = 2,2dm³

Seite 20

2 a) 106; 212; 530; 10600 ist um 6% größer als 100; 200; 500; 10000
b) 15; 30; 75; 1500 ist um 85% kleiner als 100; 200; 500; 10000

3 a)

	800	92	3,5	7100
5%	40	4,6	0,175	355
9%	72	8,28	0,315	639
15%	120	13,8	0,525	1065
45%	360	41,4	1,575	3195

b)

	20	70	0,8	13
7%	1,4	4,9	0,056	0,91
0,7%	0,14	0,49	0,0056	0,091
14%	2,8	9,8	0,112	1,82
77%	15,4	53,9	0,616	10,01

4

	a)	b)	c)	d)	e)	f)	g)	h)	i)	j)
p	50%	25%	10%	5%	1%	5,3%	1,5%	5%	1,2%	125%
W	100	40	33	5	22	44	123	1,75	12	120
G	200	160	330	100	2200	830,2	8200	35	1000	96

5

	a)	b)	c)	d)	e)
p	4%	4%	4%	8%	16%
W	0,48	0,24	0,72	1,92	0,48
G	12	6	18	24	3

	f)	g)	h)	i)	j)
p	3%	6%	9%	10%	11%
W	0,69	1,38	2,07	2,3	1,32
G	23	23	23	23	12

	k)	l)	m)	n)	o)
p	4%	4%	8%	16%	8%
W	4	2	2	2	1
G	100	50	25	12,5	12,5

	p)	q)	r)	s)	t)
p	23%	23%	23%	24%	25%
W	134	268	67	134	134
G	582,61	1165,2	291,31	558,33	536

6 a) 39,99 € b) 54,99 €

7 a) Einkaufspreis: 125 €
b) Preis vor Preissenkung: 187,50 €

8 1971 gab es etwa 217 000 Gymnasiasten.

9 a) 694,18 € b) 691,49 € c) 3,08 %

Seite 21

10 a) Der Kühlschrank kostet 307,38 €.
b) Bei Barzahlung kostet der Kühlschrank 303,79 € und ist damit billiger als bei Jehle.

11 a) 403,59 € b) 384,60 €
c) 399 € d) 452,20 €
Angebot b) ist am günstigsten.

12 a) 89,9%; 88,2%; 93,2%; 80,3%
b) Die prozentuale Einsparung, also die Einsparung im Vergleich zum alten Preis, ist bei dem Angebot mit dem alten Preis 1,22 € am größten. Insofern hat Lisa recht. Es kommt natürlich beim Einkauf darauf an, wie viel man einkauft. Die absolute Einsparung ist zum Beispiel viel größer bei dem Artikel mit

dem alten Preis 169 €, wenn man je einen der reduzierten Artikel vergleicht.

13 a) 24 kg
b) 17,1 kg. Es ist nicht genügend Zink vorhanden. Das Kupfer würde für 21,5 kg genügen.

14 a) 600 g
b) Erste Möglichkeit: Es kommen nochmals 120 g hinzu, also hat man 840 g. Als Grundwert wurde die ursprüngliche Packungsgröße gewählt.
Zweite Möglichkeit: Es kommen 144 g hinzu, also hat man 864 g. In diesem Fall wurde die neue Packungsgröße (720 g) als Grundwert gewählt.

15 a) Rechnung Autohaus Sayler

Menge	Bezeichnung	Preis	Summe
4	Reifenmontage	14,20	**56,80**
4	Winterräder	**81,59**	326,36
1	Mehrwertsteuer 19%		**72,80**
	Summe		**455,96**
	Nachlass Barzahlung 2,0%		**9,12**
	zu zahlen		**446,84**

b) Rechnung Autohaus Sauter

Menge	Bezeichnung	Preis	Summe
4	Reifenmontage	**13,00**	**52,00**
4	Winterräder	**79,83**	**319,32**
1	Mehrwertsteuer 19%		**70,55**
	Summe		**441,87**
	Nachlass Barzahlung **3,0%**		**13,26**
	zu zahlen		**428,61**

Autohaus Sauter ist in allen Posten günstiger und gewährt auch noch mehr Rabatt.

Seite 22

16 a) 60% Kohlehydrate entsprechen 1200 kcal Kohlehydrate = 300 g Kohlehydrate
30% entsprechen 600 kcal Fett = 66,7 g Fett
10% Eiweiß entsprechen 120 kcal Eiweiß = 30 g Eiweiß.
b) Kohlehydrate: 47,5 g, entspricht 15,8% der Tagesdosis
Fett: 37,8 g, entspricht 56,7% der Tagesdosis
Eiweiß: 37,4 g, entspricht 124,7% der Tagesdosis.
c) Wenn man z. B. 150 g Müsli, 50 g Marmelade, 300 g Vollkornbrot und 300 g Äpfel zu sich nimmt, ist der Tagesbedarf aller Inhaltsstoffe gedeckt, allerdings hat man dann deutlich mehr Eiweiß zu sich genommen als notwendig.

17 a)

	Eiweiß	Kohlenhydrate	Fett
Anteil vorher (in %)	11,7	73,7	1,4
Anteil nachher (in %)	4,2	25,5	0,5
Abnahme (in %)	64,1	65,4	64,3

Die Spaghetti nehmen beim Kochen viel Wasser auf.
b) 400 g (gekochte Spaghetti)

18 Spiel

19 Individuelle Lösung.

20 Mögliche Fragen mit Antworten:
a) Wie viel Prozent der deutschen Grenze beträgt
die Grenze mit Frankreich? Etwa 11,9 %.
b) Wie viel Prozent wurden für Schüler von Gymnasien mehr ausgegeben als im Durchschnitt? Etwa
21,4 %.
c) Wie viele Lehrer wurden etwa im Schuljahr
2000/2001 in Deutschland beschäftigt? Etwa 792 500
Lehrer.
d) Wie groß war der Anteil der Türken im Jahre
2001 in Deutschland an der ausländischen Bevölkerung mindestens? Etwa 27 %.
e) Wie weit ist der Jupiter etwa von der Sonne entfernt? Etwa 780 Millionen km.

21 Individuelle Lösung.

22 Individuelle Lösung.

23 A(1,5|2,5), B(2,5|1,5), C(−2,5|0,5), D(2|−2),
E(−3|−2,5)

24 A′(1,5|−2,5), B′(−2,5|1,5)

25

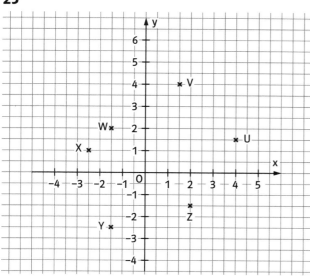

4 Zinsen

1

	a)	b)	c)	d)
Guthaben (in €)	500	500	4000	2400
Zinssatz (in %)	3	4	5	2,5
Jahreszinsen (in €)	15	20	200	60

	e)	f)	g)
Guthaben (in €)	7124	4866	15,86
Zinssatz (in %)	1,5	3,5	2,75
Jahreszinsen (in €)	106,86	170,31	0,44

2 a) 2,5 %   b) 4 %
c) 8,61 €; 86,10 €   d) 3000 €
e) 6000 €; 2500 €

3

	a)	b)	c)
Guthaben (in €)	1200	150	70 000
Zinssatz	3 %	1,5 %	3,5 %
Tage	100	70	1
Zinsen (in €)	10	0,44	6,81

	d)	e)	f)
Guthaben (in €)	7000	7000	7700
Zinssatz	3,5 %	7 %	7 %
Tage	10	50	10
Zinsen (in €)	6,81	68,06	14,97

4 a) 4 %   b) 4 %

5 a) 19,69 €   b) 131,25 €
c) 721,88 €   d) 4068,75 €

6 618,75 € bzw. 360 €

7 a) 3,34 €   b) 1,62 €

8 a) Zinsen 2005: 4,77 €; Guthaben: 154,77 €
b) 157,09 €   c) Zinsen 2005: 5,53 €

9 Preis mit 2 % Nachlass: 1176 €
Kosten für Überziehungszinsen: 2,38 €
Es ist eindeutig günstiger, den Barzahlungsrabatt
zu nehmen und das Konto dafür zu überziehen.

10 Kosten bei Ratenzahlung beim Käufer: 904,99 €
Die Kreditzinsen betragen rund 16,59 €. Die Ratenzahlung beim Händler ist also wesentlich günstiger.

11 23,12 €

12 a) 40,63 €   b) 1,70 €
c) Ja. Die Überziehungszinsen sind wesentlich geringer als die Guthabenzinsen.

5 Zinseszinsen

Seite 28

1 a) bei 3% Zinsen:

Jahr	Guthaben ohne Zinsen	Zinsen	Guthaben mit Zinsen
2006	1500,00 €	45,00 €	1545,00 €
2007	1545,00 €	46,35 €	1591,35 €
2008	1591,35 €	47,74 €	1639,09 €
2009	1639,09 €	49,17 €	1688,26 €
2010	1688,26 €	50,65 €	1738,91 €

b) bei 6% Zinsen:

Jahr	Guthaben ohne Zinsen	Zinsen	Guthaben mit Zinsen
2006	1500,00 €	90,00 €	1590,00 €
2007	1590,00 €	95,40 €	1685,40 €
2008	1685,40 €	101,12 €	1786,52 €
2009	1786,52 €	107,19 €	1893,71 €
2010	1893,71 €	113,62 €	2007,33 €

c) bei 1,5% Zinsen:

Jahr	Guthaben ohne Zinsen	Zinsen	Guthaben mit Zinsen
2006	1500,00 €	22,50 €	1522,50 €
2007	1522,50 €	22,84 €	1545,34 €
2008	1545,34 €	23,18 €	1568,52 €
2009	1568,52 €	23,53 €	1592,05 €
2010	1592,05 €	23,88 €	1615,93 €

d) bei 4,5% Zinsen:

Jahr	Guthaben ohne Zinsen	Zinsen	Guthaben mit Zinsen
2006	1500,00 €	67,50 €	1567,50 €
2007	1567,50 €	70,54 €	1638,04 €
2008	1638,04 €	73,71 €	1711,75 €
2009	1711,75 €	77,03 €	1788,78 €
2010	1788,78 €	80,50 €	1869,28 €

2

	a)	b)	c)	d)	e)
Kapital (in €)	300	1000	5000	1200	3000
Zinssatz	3,5%	1,5%	4,12%	2,8%	4%
Jahre	2	3	4	6	4,5
Endkapital (in €)	321,37	1045,68	5876,34	1416,25	3579,77

3 Die Zunahme beträgt in jedem Fall 21,55%.

Kapital (in €)	1450	270	9999
Zinssatz	5,00%	5,00%	5,00%
Jahre	4	4	4
Endkapital (in €)	1762,48	328,19	12153,85

4 Spartakus-Bank: 2121,80 €
Rhodos-Bank: 2112,68 €
Das Angebot der Spartakus-Bank ist besser.

Seite 29

5 a) Falsch. Bereits ohne Zinseszinsen würde sich das Kapital verdoppeln. Mit Zinseszinsen kommt man auf 259,37 €.
b) 15 Jahre (24 Jahre)
c) 14,9%

6 Im Verlauf der 5. Generation würde das Guthaben auf mehr als eine Million Euro anwachsen.

7 Nach etwas mehr als 20 Jahren verdoppelt sich das Kapital unabhängig vom Anfangskapital.
Begründung: Wenn man eine Gleichung zur Lösung des Problems aufstellt, kann man auf beiden Seiten durch das Anfangskapital dividieren und erhält immer die Gleichung $1,035^x = 2$.

8 a) Bei der blauen Kurve werden die Zinsen ebenfalls verzinst.
b) Mit zunehmender Zeitdauer wächst das Kapital bei der blauen Kurve durch den Zinseszinseffekt immer schneller.
c) Der Zinseszinseffekt macht 289,79 € aus.

9

Jahr	Zinssatz	Kapital
0. Jahr		5000,00 €
1. Jahr	0,50%	5025,00 €
2. Jahr	1,25%	5087,81 €
3. Jahr	2,00%	5189,57 €
4. Jahr	2,75%	5332,28 €
5. Jahr	3,50%	5518,91 €
6. Jahr	4,00%	5739,67 €
7. Jahr	4,00%	5969,26 €

Hannah bekommt 5969,26 € zum 1.1.2016 ausbezahlt.

6 Überall Prozente

1 Etwa 60,2 Millionen Autos werden im Jahre 2030 auf deutschen Straßen fahren.

2 a) etwa 21,2 %   b) etwa 23,3 %

3 a) 25 %   b) 20 %

4 alter Preis: 255 €; neuer Preis: 191,72 €; gespart: etwa 24,8 %

5 a) Etwa 40,3 Millionen Einwohner in Deutschland sind männlich (Quelle: Statistisches Bundesamt, Daten von 2001). Es leiden dann etwa 2,8 Millionen männliche Bundesbürger an Dichromasie.
b) Um zu schätzen, wie viele Schülerinnen und Schüler die Schule hat, geht man davon aus, dass an der Schule der Anteil derjenigen, die an Dichromasie leiden, ungefähr der gleiche ist wie in der gesamten Bevölkerung.
Für die Schätzung der Anzahl männlicher Schüler gehen wir also davon aus, dass 7 % der Jungen an Dichromasie leiden. Der Prozentwert beträgt $W_J = 35$, der Prozentsatz $p_J = 7\%$, gesucht ist der Grundwert G_J (Anzahl der männlichen Schüler).
$G_J = 35 : 0,07 = 500$
(die Schule hat ungefähr 500 männliche Schüler).
Für die Schätzung der Anzahl der weiblichen Schüler gehen wir davon aus, dass 1 % der Mädchen an Dichromasie leiden. Der Prozentwert beträgt $W_M = 6$, der Prozentsatz $p_M = 1\%$, gesucht ist der Grundwert G_M (Anzahl der Schülerinnen).
$G_M = 6 : 0,01 = 600$
(die Schule hat ungefähr 600 Schülerinnen).
Die Schule hat folglich etwa 1100 Schülerinnen und Schüler. Die Schätzung ist jedoch sehr ungenau, da die Anteile, der Schülerinnen und Schüler der Schule, die an Dichromasie leiden, von denen in der Gesamtbevölkerung abweichen können.

6 a) bei z. B. 30 Schülern etwa 8
b) bei z. B. 800 Schülern: 208
c) etwa 104 000

7 a)

Zahl der Tore	0	1	2	3	4	5
Zahl der Spiele	18	42	79	68	52	28
Prozente	5,9 %	13,7 %	25,8 %	22,2 %	17,0 %	9,2 %

Zahl der Tore	6	7	8	9	10
Zahl der Spiele	7	8	2	1	1
Prozente	2,3 %	2,6 %	0,7 %	0,3 %	0,3 %

Bei den insgesamt 306 Spielen fielen durchschnittlich 2,9 Tore pro Spiel.
b) Die Prozentzahlen der Tabelle sind ähnlich. Dahinter steckt eine statistische Gesetzmäßigkeit (Poissonverteilung).

8 Die Schulterhöhen werden durch Abmessen bestimmt: Equus: 6,0 cm; Merychippus: 2,0 cm; Eohippus: 0,9 cm.
a) etwa 220 %   b) etwa 650 %   c) etwa 300 %

9 Siehe Seite L8

10 a) 44,10 €   b) 12 €   c) 150 €

11 etwa 36,2 %

12 a) Das Nettogewicht beträgt 80 % des Bruttogewichtes, die Tara 20 % des Bruttogewichtes.
b) 12,5 kg

13 a) Die Mehrwertsteuer beträgt
$W = 4800 € \cdot 0,19 = 912 €$.
Der Rechnungsbetrag beträgt 5712 €.
b) Von $G = 5712 €$ werden 3 % abgezogen.
$W = 5712 € \cdot 0,03 = 171,36 €$.
Es werden 171,36 € von 5712 € abgezogen.
Es sind bei Barzahlung 5540,64 € zu zahlen.
c) Das Ergebnis ist jeweils gleich.
d) Gegeben sind der Grundpreis $G = 4800 €$ und der Prozentwert $W = 5540,64 €$. Gesucht ist der Prozentwert p.
$p = W : G = 1,1543 = 115,43 \%$.
Der Endpreis ist somit 15,43 % höher als der Grundpreis.

14 Eine Flasche Bier enthält etwa 0,025 Liter Alkohol, ein Körper mit 80 kg Masse enthält etwa 64 Liter Wasser. Wenn der Alkohol sich gleichmäßig im gesamten Körperwasser verteilt, beträgt der Alkoholanteil $\frac{0,025}{64} = 0,00039 \approx 0,4 ‰$. Man darf sich also nicht nur auf die 5 Liter Blut beziehen.

15 a) $5 \cdot (7 + 13) = 5 \cdot 20 = 100$
oder $5 \cdot (7 + 13) = 5 \cdot 7 + 5 \cdot 13$
ausmultipliziert, weiter bei b)
b) $5 \cdot 7 + 5 \cdot 13 = 35 + 65 = 100$
c) $5 \cdot (7 \cdot 13) = 5 \cdot 91 = 455$
d) $(5 \cdot 7) \cdot 13 = 35 \cdot 13 = 455$
e) $(5 \cdot 7) \cdot (5 \cdot 13) = 35 \cdot 65 = 2275$

16 Rechenbaum zu dem Term $12 \cdot (5 + 3 \cdot 8) - 27$

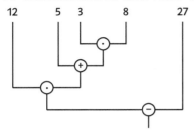

17 a) $(35 - 19) \cdot 5 = 35 - 19 \cdot 5$ ist falsch ausmultipliziert
b) $35 - 19 \cdot 5 = (7 - 19) \cdot 5$ ist richtig ausgeklammert,
denn $35 = 5 \cdot 7$
c) $(13 + 15) + 17 = 13 + 17 + 15$ ist richtig, da AG und
KG angewendet wurden.

Wiederholen – Vertiefen – Vernetzen

1

	a)	b)	c)	d)	e)	f)	g)	h)	i)	j)
p	3%	41,7%	25%	25%	1,75%	1,75%	32%	16%	105%	116%
W	6	250	350	1,8	4,9	4,9	448	448	294	870
G	200	600	1400	7,2	280	280	1400	2800	280	750

2 a) 6,89 €   b) 54 €
c) G = 52 €
Der Rucksack von Jana war 11,7% billiger.
Der Rucksack von Jan war 13,3% teurer.

3 a)

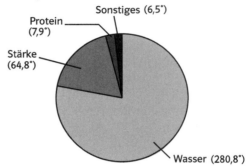

b) 1,95 kg Wasser; 0,45 kg Stärke; 0,055 kg Protein
c) 1,28 kg Kartoffeln enthalten 1 Liter Wasser.

zu Aufgabe **9**

Textstelle	a) Angabe in Prozent	b) Andere Formulierung
„…, dass sie nur vierzig Prozent der Freiwürfe verwandelt hätten,…"	–	„… nur 3 von 5…"; „… nur 6 von 10…" „… nur 3 Fünftel…"
„Schon der dritte von fünf Freiwürfen, den der nicht reinbekommen hat!"	„Er hat schon 60% der Freiwürfe nicht reinbekommen."	–
„Nach dem dritten Viertel…"	„Nach 75% der Spielzeit…"	–
„Mit links aus dem vorderen Mittelfeld kommen bei dem nur dreißig Prozent aller Flanken an."	–	„… nur 3 von 10…" „… nur 6 von 20…" „… nur etwa ein Drittel…"
„Mit dem Kopf trifft er das Tor nur in achtzig Prozent der Fälle."	–	„Bei 10 Kopfstößen hat er nur 8 Mal das Tor getroffen." „Nur vier Fünftel der Kopfstöße gehen aufs Tor."
„… bei Fastbreaks habe, nur siebzig Prozent Trefferquote…"	–	„… nur 7 von 10 Fastbreaks erfolgreich abgeschlossen habe…" „… nur sieben Zehntel der Fastbreaks verwerten konnte…"
„… hundertprozentige Chancen."	–	„Chancen, die man verwerten muss."
„…, dass die 37 schon sieben von 13 Angriffen geblockt habe."	„…etwa 54% der Angriffe geblockt hat."	
„Hundert Pro."		Auf jeden Fall.

c) Individuelle Lösungen.

4 Werte vor dem Umbau:
$U = 40\,m$; $A = 96\,m^2$; $V = 624\,m^3$;
Werte nach dem Umbau:
$U' = 49\,m$; $A' = 117{,}5\,m^2$; $V' = 699{,}25\,m^3$
a) 22,5 %   b) 22,4 %   c) 12,1 %

5 a) 0,25 % von 35 % von 510 Mio. km^2 = 0,25 %
von 178,5 Mio. km^2 = 0,45 Mio. km^2.
b) 38,8 %
c) etwa 258 %
d) (35 % von 510 Mio. km^2) · 4,282 km = 764 Mio. km^3;
e) 764 Mio. km^3 : 357 000 km^2 = 2140 km.
Der See wäre 2140 km (!) tief.

Seite 35

6 a) In einer $2\frac{1}{2}$-kg-Packung sind 0,625 kg Heu,
1 kg Gerste, 0,5 kg Trockengemüse und 0,375 kg
Mais enthalten.
b)

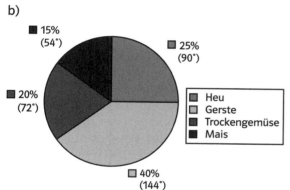

7 Kreisdiagramm

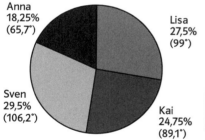

Kandidat	Stimmen
Lisa	110
Kai	99
Sven	118
Anna	73
Summe	400

8 a) Winkel durch Ausmessen bestimmt; Anteile
in Prozent:

	Hafer-flocken	Rosinen	Hasel-nüsse	Sonnen-blumenkerne
Winkel	100°	40°	140°	80°
Anteil	27,8 %	11,1 %	38,9 %	22,2 %

b) Etwa 308 g Müsli ist in dem Glas.
c) Etwa 68 g Sonnenblumenkerne.
d) Man kann die Winkel (oder die Prozentzahlen)
als Teile zählen. Dann sind noch 320 Teile da,
also $\frac{100}{320}$ = 31,25 % Haferflocken, $\frac{140}{320}$ = 43,75 %
Haselnüsse und $\frac{80}{320}$ = 25 % Sonnenblumenkerne.

9 a) Gesamtzahl der Sitze: 187

	Kreisausschnitt	Anteil	Anzahl Sitze
SPD	143°	39,7 %	74
CDU	171°	47,5 %	89
Grüne	23°	6,4 %	12
FDP	23°	6,4 %	12

b) Zum Beispiel:

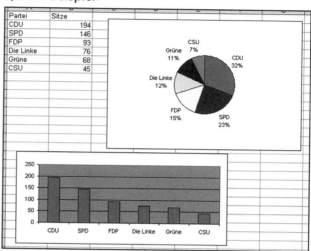

Seite 36

10

Ballspiel	Fußball	Basketball	Tennis	Eishockey
Zeit netto	58 min	40 min	39 min	60 min
Zeit brutto	94 min	88 min	168 min	133 min
Lösungen	62 %	120 %	331 %	122 %

11 Wochenpost:
Das Wort „sogar" deutet auf mehr hin, aber $\frac{1}{3} > \frac{1}{4}$!
Süddeutsche Zeitung:
$\frac{1}{10} < \frac{1}{5}$, also wäre die Zahl der zu schnellen Fahrer
gestiegen. Offenbar wird $\frac{1}{10}$ mit 10 %, $\frac{1}{5}$ mit 5 % iden-
tifiziert (vgl. b), c)).
Badische Neueste Nachrichten:
69 % + 52,4 % = 121,4 %
Die Summe müsste 100 % ergeben.
Leipziger Volkszeitung:
Gemeint ist wohl: Der Zustand eines 70-Jährigen
war der eines 10 Jahre jüngeren.

12 Mögliche Lösung:
a) Das Auto kostet bei Auto-Meier 10 999 €.
Bei Auto-Kayser kostet es
12 999 € · 0,85 = 11 049,15 €.
Das Auto ist bei Auto-Meier günstiger. Denkbar ist
auch, dass in der Lösung von a) die Finanzierung-
sangebote für die Begründung verwendet werden.

b) Auto-Meier: Familie Schmidt zahlt
$48 \cdot 270 € = 12960 €$.
Auto-Kayser: Familie Schmidt zahlt
$11049,15 € \cdot (1 + 0,04)^4 \approx 12925,94 €$.
Es ist günstiger, das Finanzierungsangebot von
Auto-Kayser in Anspruch zu nehmen als bei Auto-
Meier die 48 Monatsraten zu zahlen.
c) Der Prozentwert beträgt $W = 180 €$. Der Prozentsatz beträgt $p = 35\%$. Gesucht ist der Grundwert G.
$G = \frac{W}{p} = 180 : 0,35 = 514,29 €$.
Der Versicherungsbeitrag würde etwa 514,30 € betragen, wenn man 100 % des Beitrags zahlen muss.
d) Der Wert des Autos beträgt, wenn man von einem Neupreis von 12 999 € ausgeht:

nach einem Jahr:	$12999 € \cdot 0,9 = 11699,10 €$
nach 2 Jahren:	$12999 € \cdot 0,9^2 = 10529,19 €$
nach 3 Jahren:	$12999 € \cdot 0,9^3 \approx 9476,27 €$
nach 4 Jahren:	$12999 € \cdot 0,9^4 \approx 8528,64 €$
nach 5 Jahren:	$12999 € \cdot 0,9^5 \approx 7675,78 €$
nach 6 Jahren:	$12999 € \cdot 0,9^6 \approx 6908,20 €$
nach 7 Jahren:	$12999 € \cdot 0,9^7 \approx 6217,38 €$

Nach der Faustregel ist das Auto nach 7 Jahren weniger als die Hälfte des ursprünglichen Preis wert.
Das Ergebnis ist unabhängig davon von welchem
Preis man als Neupreis ausgeht.
e) Individuelle Lösung.

Exkursion: Von großen und kleinen Tieren

Seite 38

1 a) 20 %
b) 0,6 m (mittelgroßer Hund)

2 Elefant: 78 %, Strauß: 92 %, Krokodil: 57 %

3 180 cm

4 a) Es sind etwa 45 000 Arten von Wirbeltieren
bekannt.
b) 20 700 Fischarten, 5400 Säugetierarten, 8550 Vo-
gelarten, 7200 Kriechtierarten und 3150 Lurcharten.

Seite 39

5 56 % der Säugetiere sind Nagetiere und 14 %
der Säugetiere sind Fledertiere.

6 In den Wäldern leben 25 % der Säugetiere
auf den Bäumen, 67 % am Boden und 8 % unter-
irdisch.
In den Steppen leben 0 % der Säugetiere auf den
Bäumen, 51 % am Boden und 49 % unterirdisch.
In den Wüsten leben 0 % der Säugetiere auf den
Bäumen, 28 % am Boden und 72 % unterirdisch.

7 a) 7 °C
b) Die Anzahl der Herzschläge geht um etwa 99 %,
die des Atemholens um etwa 95 % zurück.

8

Tier	Geburtsgewicht bezo-gen auf das Gewicht der Mutter	Zunahme bezogen auf das Geburtsgewicht
Afrikanischer Elefant	4 %	2400 %
Riesen-känguru	0,003 %	ca. 3 000 000 %
Zwerg-fledermaus	20 %	400 %
Seehund	10 %	900 %
Mensch	5,7 %	ca. 1700 %

II Relative Häufigkeiten und Wahrscheinlichkeiten

Lösungshinweise Kapitel II – Erkundungen

Seite 44

1. Euro im Gitternetz

Der Druchmesser der Euromünze beträgt 2,325 cm.
Wenn ihr Mittelpunkt in einem Quadrat mit der Seitenlänge 3 cm – 2,325 cm = 0,675 cm (Flächeninhalt 0,456 cm²) liegt, verschwindet die ganze Euromünze in einem Quadrat mit Flächeninhalt 9 cm² des Wurfgitters („Treffer").
Die Trefferwahrscheinlichkeit beträgt also ca.
$\frac{0,456}{9}$ = 0,05 = 5 %
Wenn man das Quadratgitter auf einen Abstand von 3,5 cm vergrößert, erhöht sich die Trefferwahrscheinlichkeit auf $\frac{(3,5 - 2,325)^2}{3,5^2}$ = 11,3 %
Wenn man das Quadratgitter auf einen Abstand von 2,5 cm verkleinert, vermindert sich die Trefferwahrscheinlichkeit auf $\frac{(2,5 - 2,325)^2}{3,5^2}$ = 0,25 %.

2. Würfelentscheidungen

Beim ersten Forschungsauftrag gewinnen Janina und Nina jeweils mit 45,8 %. Mit 8,3 % endet das Würfeln unentschieden.
Beim zweiten Forschungsauftrag gewinnt Mario nur mit 42,1 %. Mario sollte also nicht auf Ullas Vorschlag eingehen.

Seite 45

3. Schlechte Noten

Beim Würfeln der Klassenarbeitsnoten ist die Wahrscheinlichkeit, dass das Ergebnis „unter 4" liegt, $\frac{2}{6} = \frac{1}{3}$.
Wenn man fünf Münzen wirft (32 Ergebnismuster, z. B. ZZWZW → 2 Wappen → Note 3) führen sechs Muster auf eine Note „unter 4", nämlich fünf Muster (WWWWZ ... ZWWWW) zur Note 5 und ein Muster (WWWWW) zur Note 6. Damit sinkt die Wahrscheinlichkeit auf $\frac{6}{32}$ = 18,75 %.

1 Wahrscheinlichkeiten

Seite 48

1 a) Schätzung 1: Lego-Vierer, da die Augenzahlen 1, 2, 5 und 6 gleich wahrscheinlich sind.
Schätzung 2: Lego-Achter, da die Augenzahlen 2 und 5 unwahrscheinlicher sind als beim Lego-Sechser.

Schätzung 3: Lego-Sechser
b) Pauls Schätzung ist brauchbar, denn die relativen Häufigkeiten liegen in der Nähe der angenommenen Wahrscheinlichkeiten.
c) und d) Individuelle Lösung.

2 a)

	Würfe	davon Kopf	
Helena	250	177	70,8 %
Susanne	500	342	68,4 %
Pascal	750	446	62,1 %
Schätzung	1500	985	65,7 %

Pascal addiert die absoluten Häufigkeiten und bestimmt die relative Häufigkeit für Kopf des gesamten Experiments. Pascals Vorgehen ist sinnvoll.
b) Die (unbekannte) Wahrscheinlichkeit hängt nicht vom Zufall (den experimentellen Ergebnissen) ab, aber die Schätzwerte für die unbekannte Wahrscheinlichkeit orientieren sich an den beobachteten relativen Häufigkeiten.

3 a)

Quader	1	2	3	4	5	6	
Fläche (in cm²)	2,99	2,6	4,6	4,6	2,6	2,99	20,38
Anteile an der Gesamtfläche (in %)	14,7	12,8	22,6	22,6	12,8	14,7	100,0

b)

Dreiecks-würfel	1	2	3	4	5	
Fläche (in cm²)	3,46	1,60	1,60	1,60	3,46	11,73
Anteile an der Gesamtfläche (in %)	29,5	13,6	13,6	13,6	29,5	100,0

c) Weder beim Quader noch beim Dreieckswürfel sind die nach Jakobs Flächenidee berechneten Wahrscheinlichkeiten zur Vorhersage der relativen Häufigkeiten brauchbar.

4 Die Angaben sind relative Häufigkeiten, da sie in einem Versuch (bzw. einer Umfrage) ermittelt wurden. Die Symmetrieüberlegung ist hier unsinnig.

Seite 49

5 Kleine Anfangsziffern 1, 2, 3,... sind in Hausnummern viel wahrscheinlicher als große 7, 8, 9. Die 10 Endziffern treten dagegen mit gleichen Wahrscheinlichkeiten auf. Die folgenden Häufigkeiten stammen aus über 5000 verschiedenen Hausnummern.

Anfangsziffern		Endziffern	
1	33%	0	9%
2	17%	1	11%
3	11%	2	11%
4	9%	3	10%
5	7%	4	10%
6	6%	5	11%
7	6%	6	10%
8	5%	7	9%
9	5%	8	9%
		9	9%
			100%

6 a) Der Anteil $\frac{5}{22}$ = 22% von 13 Kugeln sind 2,9 Kugeln. Man wird also auf 3 blaue Kugeln tippen. Es könnten aber genauso gut auch 2 oder 4 Kugeln blau sein.
b) Der Anteil $\frac{31}{100}$ = 31% von 13 Kugeln sind 4,03 Kugeln. Man wird wohl doch auf 4 blaue Kugeln tippen, weil die 100 Versuche eine größere Aussagekraft haben als die 22.
c) Individuelle Lösung.

7 Individuelle Lösung.

2 Laplace-Wahrscheinlichkeiten, Summenregel

Seite 51

1 a) linkes Glücksrad: $\frac{1}{6}$;
mittleres Glücksrad: $\frac{1}{8}$;
rechtes Glücksrad: $\frac{1}{12}$
b) linkes Glücksrad: $\frac{1}{6}$; 40-mal
mittleres Glücksrad: $\frac{1}{8}$; 30-mal
rechtes Glücksrad: $\frac{1}{12}$; 20-mal

2 a) linkes Glücksrad: rechtes Glücksrad:
blau: $\frac{1}{2}$ blau: $\frac{1}{4}$
gelb: $\frac{1}{6}$ gelb: $\frac{1}{4}$
grün: $\frac{1}{3}$ grün: $\frac{1}{2}$

b) Man addiert die Wahrscheinlichkeiten für gelb und blau.
linkes Glücksrad: $\frac{2}{3}$; rechtes Glücksrad: $\frac{1}{2}$

3 a) Durch 5 teilbar sind 5 und 10, die Wahrscheinlichkeit ist $\frac{1}{6}$.
b) Gerade Zahlen sind 2, 4, 6, 8, 10 und 12, die Wahrscheinlichkeit beträgt $\frac{1}{2}$.
c) ebenfalls $\frac{1}{2}$
d) Primzahlen sind 2, 3, 5, 7 und 11, die Wahrscheinlichkeit beträgt also $\frac{5}{12}$.

Seite 52

4 a) $\frac{1}{32}$ b) $\frac{1}{2}$ c) $\frac{1}{4}$
d) $\frac{3}{4}$ e) $\frac{12}{32} = \frac{3}{8}$

5

	Würfel	Lego-Achter	Quader
a)	16,7%	0,5%	8,0%
b)	83,3%	99,5%	92,0%
c)	33,3%	57,0%	42,0%
d)	66,7%	43,0%	58,0%

6 a) Ca. $\frac{2}{6}$ von 300, also ca. 100-mal müsste Michael zahlen, Svea müsste ca. 200-mal zahlen.
b) Michael müsste bei „kleiner als 4" zahlen.
c) Michael müsste in 10,5% von 300 Spielen, also in ca. 31,5 Spielen zahlen.

7 Wenn alle drei Unternehmungen mit der gleichen Wahrscheinlichkeit $\frac{1}{3}$ gemacht werden sollen, könnte man so entscheiden:

	Eis	Kino	Rad
Dodekaeder	1, 2, 3, 4	5, 6, 7, 8	9, 10, 11, 12
Würfel	1, 2	3, 4	5, 6

8

		Würfel	Lego-Achter
a)	3 oder 4	$\frac{1}{3}$ = 33,3%	79%
b)	5 oder 6	$\frac{1}{3}$ = 33,3%	10,5%
c)	1 oder 2	$\frac{1}{3}$ = 33,3%	10,5%

Seite 53

9 Es gibt 36 mögliche Würfelkombinationen, von denen folgende zur angegebenen Situation gehören:
a) 2 – 1; 3 – 2; 4 – 3; 5 – 4; 6 – 5
Die Wahrscheinlichkeit beträgt $\frac{5}{36}$ = 13,9%.

b) 2 –2; 2 – 3; 2 – 4; 2 – 5; 2 – 6; 3 – 3; 3 – 4;
3 – 5; 3 – 6; 4 – 4; 4 – 5; 4 – 6; 5 – 5; 5 – 6; 6 – 6;
Die Wahrscheinlichkeit beträgt $\frac{15}{36}$ = 41,7 %.
c) Wenn Jan zwei Positionen Vorsprung hat, gehören zu den fraglichen Situationen folgende Ergebnisse: 3 – 1; 4 – 2; 5 – 3; 6 – 4.
Die Wahrscheinlichkeit beträgt $\frac{4}{36}$ = 11,1 %.
3 – 2; 3 – 3; 3 – 4; 3 – 5; 3 – 6; 4 – 3; 4 – 4; 4 – 5;
4 – 6; 5 – 4; 5 – 5; 5 – 6; 6 – 5; 6 – 6
Die Wahrscheinlichkeit beträgt $\frac{14}{36}$ = 38,9 %.

10 a) Es können 12 Worte mit zwei Buchstaben entstehen.
b) Die Wahrscheinlichkeit beträgt $\frac{1}{12}$.
c) Es können 24 Worte mit drei Buchstaben enstehen. Die Wahrscheinlichkeit beträgt $\frac{1}{24}$.

11 a) Bei Socke 1 ist die Wahrscheinlichkeit für „EI" = $\frac{1}{2}$ (eines von zwei möglichen Worten)
Bei Socke 2 ist die Wahrscheinlichkeit für „EI" = $\frac{1}{3}$ (2 von 6 möglichen Worten)
Bei Socke 3 ist die Wahrscheinlichkeit für „EI" = $\frac{1}{3}$ (4 von 12 möglichen Worten)
b) Bei Socke 1 ist die Wahrscheinlichkeit für „EI" = $\frac{1}{4}$ (eines von vier möglichen Worten)
Bei Socke 2 ist die Wahrscheinlichkeit für „EI" = $\frac{2}{9}$ (2 von 9 möglichen Worten)
Bei Socke 3 ist die Wahrscheinlichkeit für „EI" = $\frac{1}{4}$ (4 von 16 möglichen Worten)

12 Viviane hat Recht, denn die 21 von Patrick notierten Ergebnisse sind nicht gleich wahrscheinlich. Während 11 nur auf eine Weise realisiert werden kann, steht 12 auch für 21. 12 ist doppelt so wahrscheinlich ($\frac{2}{36}$) wie 11 ($\frac{1}{36}$).

13 a) Annähernd gerechtfertigt, da die Monate nicht alle die gleiche Anzahl an Tagen haben.
b) Die Laplace-Annahme ist nicht gerechtfertigt. Mitunter (insbesondere in Problemfällen) wird die Geburt vor dem Wochenende eingeleitet, da dann die medizinische Versorgung besser gewährleistet ist.
– Gerechtfertigt, da die Wochentage der Geburtstage jährlich wechseln.
– Nicht gerechtfertigt, da der erste Advent immer auf einen Sonntag fällt.
c) Annähernd gerechtfertigt, aber die Butter-Seite ist etwas schwerer.
d)
– Nein, die Laplace-Annahme ist nicht gerechtfertigt. Wörter sind keine zufällige Aneinanderreihung von Buchstaben. Einige Buchstaben treten häufiger auf.

– Auch hier ist die Laplace-Annahme nicht gerechtfertigt. Vokale treten aufgrund der Sprechbarkeit von Wörtern häufiger auf als ihrer Anzahl im Alphabet entsprechend.
e) Nein, Groß- und Kleinschreibung von Buchstaben tritt nicht zufällig auf, sondern ist an Regeln geknüpft. Damit lässt sich keine Aussage über Wahrscheinlichkeiten treffen.

Seite 54

14 Individuelle Lösung.

15 a) 15 Drehungen: Man erwartet Blau ca. 8-mal, Rot und Grün je ca. 4-mal.
60 Drehungen: Man erwartet Blau 30-mal, Rot und Grün je 15-mal.
b) – d) Individuelle Lösung.

16 Individuelle Lösung.

17 Ja, denn 25·0,72 t + 25·0,045 t = 19,125 t < 20 t

18 a) 488,36 €   b) 420 €

19 Setze A als Endpunkt einer Kreisdiagonalen. Trage an diese beidseitig jeweils einen Winkel von 50° an. Die Schnittpunkte der Schenkel mit dem Kreis ergeben B und C (gleichschenkliges Dreieck β = γ = 40°).

3 Boxplots

Seite 56

1 a)
– Die Sechstklässler springen im Mittel weiter als die Fünftklässler.
– Es gibt „viele" Fünftklässler, die weiter springen als Sechstklässler.
– Die Sechstklässler springen zwischen 2,50 m und 4,25 m weit, die Fünftklässler zwischen 2,10 m und 3,90 m.
– Der Hauptteil der Sechstklässler springt zwischen 3,20 m und 3,75 m.
– Bei den Fünftklässlern liegt der Hauptteil der Sprungweiten zwischen 3,10 m und 3,50 m.
– Bei den Sechstklässlern liegt das arithmetische Mittel über, bei den Fünftklässlern unter dem Median.
– Der Median beträgt bei den fünften Klassen ca. 3,3 m, bei den sechsten Klassen ca. 3,4 m.
– Über die Klassenstärke kann man keine Aussage machen.

b) Ein Boxplot der 7. Jahrgangsstufe würde ähnlich wie die der 5. und 6. Jahrgangsstufe aussehen. Dabei würde er im Vergleich zur 6. Jahrgangsstufe etwas weiter nach oben verschoben sein.

c) Wenn der beste Springer noch einen Meter weiter gesprungen wäre, würde das Maximum um 1 zunehmen. Die obere Antenne würde sich daher verlängern. Der Mittelwert würde größer, der Median bliebe unverändert.

Wenn ein mittelguter Springer einen Meter weiter gesprungen wäre, würden sich weder die Antenne noch die Box verändern. Nur der Mittelwert und evtl. auch der Median würden sich vergrößern.

Wenn alle Springer einen Meter weiter gesprungen wären, würde sich der gesamte Plot um 1 m nach oben verschieben.

2 a) Die Antennen gehen bis 1 bzw. 15; der Median ist 4. Die Box geht von 2 (unteres Quartil) bis 6,5 (oberes Quartil).

b) Die Box geht nun von 2,17 (Mittelwert der unteren Datenhälfte) bis 8 (Mittelwert der oberen Datenhälfte). Im Inneren der Box wird 5,08 (als Mittelwert aller Daten) markiert.

3 a) Die Box und die Enden der Antenne verschmelzen zu einem einzigen Strich.

b) Die Box geht von 20 bis 30; es gibt keine Antennen und der Median liegt bei 25.

c) 0 10 10 10 10 10 10 20

Unteres und oberes Quartil müssen gleich groß sein. Das Minimum um 10 kleiner, das Maximum um 10 größer.

Seite 57

4 a)

Schläge je 15 Sekunden

b) Der Pulsschlag nimmt unterschiedlich stark zu. (Nach 10 Kniebeugen steigt er durchschnittlich um 10,8; nach 20 Kniebeugen um 3,6; nach 30 Kniebeugen um 2,3)

c) individuelle Lösung

5 a) Für den Erlös der Pralinenfirma ist Einstellung 1 am günstigsten, da die Packungen hier am leichtesten sind. Es wird aber Reklamationen geben wegen zu geringer Verpackungsgewichte. Möchte die Firma dies ausschließen, wird sie Einstellung 4 wählen.

b) Am meisten Ware können Kunden bei Einstellung 2 bekommen. Allerdings ist da auch das Risiko relativ groß, zu wenig Ware zu erhalten. Soll dieses Risiko ausgeschlossen werden, so bietet sich Einstellung 3 an.

c) Für die Firma wäre eine Maschine ideal, bei der alle Packungen exakt 500 g wiegen. Die Box hätte dann die Länge 0 und keine Antennen.

6 **Säulendiagramm (1):**
a) In dieser Klasse gab es keine Schüler, die im Test zwischen 6 und 9 Punkte geschrieben haben. Die Ergebnisse teilen sich auf in fast gleich große Gruppen, von denen eine zwischen 1 und 5 Punkten (mit größter Häufigkeit von 3 Punkten) und die andere zwischen 10 und 14 Punkten (mit größter Häufigkeit von 12 Punkten) liegt. Das Maximum liegt bei 14 Punkten, das Minimum bei einem Punkt.

b) Das Säulendiagramm entspricht aufgrund obiger Beschreibung Boxplot (B3).

Säulendiagramm (2):
a) Der Test ist in dieser Klasse am besten ausgefallen, da das arithmetische Mittel am höchsten ist. Keiner der Schüler hat weniger als 6 Punkte in dem Test erhalten. Die erzielten Punktzahlen liegen im Vergleich mit den anderen Klassen sehr nah beieinander, da sie nur zwischen 6 und 14 variieren. Das Maximum ist daher 14, das Minimum 6.

b) Das Säulendiagramm entspricht aufgrund obiger Beschreibung Boxplot (B1).

Säulendiagramm (3):
a) Die Punktzahlen, die erreicht wurden, haben eine Spanne von 0 bis 14 Punkte. Das Maximum ist daher 14, das Minimum 0. Das arithmetische Mittel ist gering im Vergleich zu den beiden anderen Klassen.

b) Das Säulendiagramm entspricht aufgrund obiger Beschreibung Boxplot (B2).

4 Simulation, Zufallsschwankungen

1 a) Für Rot muss eine Augenzahl des Würfels stehen, für Grün zwei Augenzahlen und für Blau drei Augenzahlen. Zum Beispiel: 1 steht für Rot, 2 und 3 stehen für Grün und 4, 5, 6 für Blau.
b) Bei 30 Drehungen erwartet man ca. 5-mal Rot, 10-mal Grün und 15-mal Blau.
Im Mittel wird man 6-mal probieren müssen, bis Rot kommt.
c) und d) Individuelle Lösungen.

2 a) Man könnte einen normalen Würfel benutzen und bei 5 und 6 einfach weiterwürfeln.
b) Man schreibt 1, 2, 3, 4 auf vier Zettel, mischt und zieht dann.
c) Individuelle Lösung.

3 Die Wartezeiten schwanken um $1 + \frac{3}{2} + 3 = 5,5$.

4 Individuelle Lösung.
a) Beim Würfeln könnten 1 und 2 bedeuten: Unentschieden; 3 und 4: Mo gewinnt; 5 und 6: Britta gewinnt.
b) Man benötigt im Mittel 6,2 Knobelschritte bis zur Entscheidung.
Auf der Begleit-CD zum Schülerbuch findet man eine Excel-Simulation zu dieser Aufgabe.

5 Individuelle Lösung.
a) Im Mittel haben solche Familien 6 Kinder.
b) Die Wahrscheinlichkeit, dass schon die ersten drei Kinder sämtlich Mädchen sind, beträgt $\frac{1}{8}$.
Auf der Begleit-CD zum Schülerbuch findet man eine Excel-Simulation zu dieser Aufgabe.

6 a)
(1) Es werden Zufalls-Dezimalzahlen zwischen 0 und 1 erzeugt.
(2) Es werden 0 oder 1 je mit der Wahrscheinlichkeit $\frac{1}{2}$ geliefert.
(3) Es werden 0 und 1 je mit der Wahrscheinlichkeit $\frac{1}{2}$ erzeugt.
2*Zufallszahl liefert Dezimalzahlen zwischen 0 und 2, davon wird der ganzzahlige Anteil, also entweder 0 oder 1 genommen.
(4) Es wird 0 mit der Wahrscheinlichkeit 0,7 und 1 mit der Wahrscheinlichkeit 0,3 geliefert.
(5) Zufallsziffern 0, 1, …, 9 je mit der Wahrscheinlichkeit $\frac{1}{10}$.
(6) Es wird ein Würfel simuliert, der 1, …, 6 je mit Wahrscheinlichkeit $\frac{1}{6}$ liefert.

b) Es werden nun nicht mehr die Ziffern 0 und 1, sondern die Worte „Wappen" oder „Zahl" ausgegeben. Die Wahrscheinlichkeit für „Zahl" nimmt verschiedene Werte (0 %, 100 %, 1 % …) an.
c) = Ganzzahl (5*Zufallszahl ( ))
  = Ganzzahl (5*Zufallszahl ( )) + 1
d) In jeder Zelle der Tabelle steht die Formel (5).

7 Die Lösungsdatei ist auf der Begleit-CD zum Schülerbuch zu finden.
Die Augensumme von zwei Würfeln ist „dreiecksförmig" verteilt, die von mehr als 2 Würfeln ist glockenförmig verteilt.

8 Individuelle Lösung.

9 Die Lösungsdatei ist auf der Begleit-CD zum Schülerbuch zu finden.
Wenn man den Versuchsumfang vervierfacht, halbiert sich die Länge der Box (also der Quartilabstand.
Kurz: Vervierfachen des Stichprobenumfanges halbiert die Zufallsschwankungen.

Wiederholen – Vertiefen – Vernetzen

1 a) Die oberen Angaben gehören eher zu Anjas Rundholz, weil ein höherer Zylinder leichter umfällt.
b) Siehe Tabelle. Es ist dabei wegen der Symmetrie der Zylinder sinnvoll, für A und B gleiche Werte zu nehmen.
Mögliche Schätzwerte:

	A	B	R
Anja	0,29	0,29	0,42
Nico	0,14	0,14	0,72

2 a)

	Wahrscheinlichkeiten
Plein	0,027
Cheval	0,054
Carré	0,11
Kolonne	0,32
Rouge	0,49
Impair	0,49

b) Man könnte 37 Zahlen auf Zettel schreiben und einen Zettel zufällig ziehen.

3
a) 512, 513, 514, 516   b) $\frac{1}{120}$ c) $\frac{1}{30}$
   521, 523, 524, 526
   531, 532, 534, 536
   541, 542, 543, 546
   561, 562, 563, 564

4 Individuelle Lösung.

Seite 63

5 a) Sie entspricht der Prozentzahl der Haushalte, die Niedersachsen von der Gesamtbevölkerung hat, auf die Gesamtzahl der angeschlossenen Haushalte gerechnet. Anteil Niedersachsen an den Haushalten Deutschlands: $\frac{453}{5640} = 8\%$.
b) Der Prozentanteil der befragten Haushalte wird auf alle Haushalte übertragen.
c) 18,5 % von 12 Millionen = 2,22 Millionen, davon 8 % in Niedersachsen sind etwa 177 600.
d) Ein Haushalt steht stellvertretend für 2128 andere Haushalte und für ca. 5000 Personen.

6 a) Man könnte die Zahlen auswürfeln oder auf Zettel schreiben und zufällig ziehen.
b) und c) Individuelle Lösung.
d) Man nimmt an, die letzte Kombination wäre die richtige, dann erhält man:

10 mögliche Kombinationen		4 – 5 richtig
1	2	0
1	3	0
1	4	1
1	5	1
2	3	0
2	4	1
2	5	1
3	4	1
3	5	1
4	5	2

	Wk	Gewinn	erwartete Einnahmen bei 1000 Besuchern
0 Treffer	0,3	1	300,00 €
1 Treffer	0,6	0	0,00 €
2 Treffer	0,1	–3	–300,00 €
			0,00 €

Im Mittel werden die Abiturienten gar nichts einnehmen
e) Individuelle Lösung.

f)

15 mögliche Kombinationen:		2 aus 6
		5 – 6 richtig
1	2	0
1	3	0
1	4	0
1	5	1
1	6	1
2	3	0
2	4	0
2	5	1
2	6	1
3	4	0
3	5	1
3	6	1
4	5	1
4	6	1
5	6	2

	Wahrscheinlichkeit	Gewinn	erwartete Einnahmen bei 1000 Besuchern
0 Treffer	$\frac{6}{15}$	1	400,00 €
1 Treffer	$\frac{8}{15}$	0	0,00 €
2 Treffer	$\frac{1}{15}$	–4	–266,7 €
	1		133,3 €

Im Mittel werden die Abiturienten 133,3 € einnehmen

7 Eine Simulation findet sich auf der Begleit-CD zum Schülerbuch. 5 oder 6 Würfel sind optimal.

Würfelzahl	mittlere Punktezahl
1	2,5
2	4,2
3	5,2
4	5,8
5	6,0
6	6,0
7	5,9
8	5,6
9	5,2
10	4,8

Exkursion: Schokotest

Seite 65

W-keit 0 Treffer: $\frac{9}{24}$

W-keit 1 Treffer: $\frac{8}{24}$

W-keit 2 Treffer: $\frac{6}{24}$

W-keit 3 Treffer: 0

W-keit 4 Treffer: $\frac{1}{24}$

III Zuordnungen

Lösungshinweise Kapitel III – Erkundungen

Seite 70

1. An der Obst- und Gemüsewaage

– Neben der Obstsorte und dem Datum findet man auf dem Etikett den Preis für 1 kg, das Nettogewicht sowie den Preis für das Nettogewicht. Unter dem Nettogewicht versteht man das Obstgewicht (ohne Verpackung oder Aufkleber).
– Bei einem Nettogewicht von 3,136 kg würde ein Preis von 15,65 € angegeben sein.
– Da 1 kg Kirschen knapp 5,00 € kosten, wird man für 2,50 € die Hälfte, also 0,5 kg Kirschen erhalten.
Um den Preis für 1,5 kg Kirschen zu bestimmen, muss man den Preis für 1 kg Kirschen mit 1,5 multiplizieren. Gerundet erhält man 4,9 · 1,5 ≈ 7,49, also einen Preis von 7,49 €.

Seite 71

2. Wenn ein Rechteck „die Kurve kratzt"

– Mögliche Lösung:

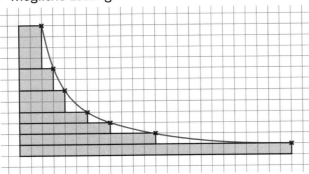

– Durch Veränderung der Seitenlänge passiert Folgendes: Wenn die eine Seitenlänge ein halbes Kästchen lang ist, muss die andere Seite 48 Kästchen lang sein; bei einem Viertelkästchen wäre die zweite Seite 96 Kästchen lang.
– Der Zusammenhang zwischen den Seitenlängen besteht über das Produkt dieser, welches dem jeweils vorgegebenen Flächeninhalt entsprechen muss.
– Folgende Formel beschreibt den Zusammenhang zwischen Seitenlängen und Flächeninhalt: Man erhält die zweite Seitenlänge, indem man 24 durch die erste Seitenlänge teilt.
Als Formel ergibt sich $b = \frac{24}{a}$ (a: erste Seitenlänge; b: zweite Seitenlänge.)

– Bei 36 Kästchen wäre die Formel: $b = 36/a$ und bei 20 Kästchen entsprechen $b = 20/a$ (a: erste Seitenlänge; b: zweite Seitenlänge.)

1 Zuordnungen und Graphen

Seite 73

1 a)

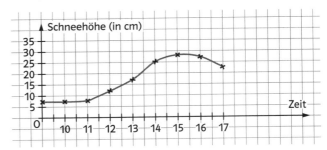

b) Um 12.30 Uhr wird der Schnee etwa 14 cm hoch gelegen haben.
c) Da die Schneehöhe zwischen 11.00 Uhr und 15.00 Uhr ansteigt, wird es vermutlich in diesem Zeitraum geschneit haben.
d) Graph wie bei Teilaufgabe a), allerdings um 7 Einheiten nach unten verschoben.

Seite 74

2 a)

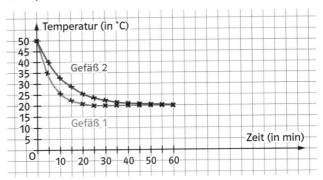

b) Nach 22 Minuten beträgt die Temperatur des Wassers im ersten Gefäß etwa 21 °C und im zweiten Gefäß etwa 25 °C.
c) Da die Temperatur im zweiten Gefäß langsamer abnimmt, könnte es z. B. besser isoliert sein.
Die Umgebungstemperatur wird vermutlich 20 °C betragen.

3 a) Mögliche Lösung:
Da es zwischen den Messwerten auch Zwischenwerte gegeben hat, ist die Verbindung der Punkte sinnvoll. Im Graphen von Fig. 2 wurden die Punkte allerdings nur gerade verbunden; der dazugehörige Geschwindigkeitsverlauf wäre sehr unwahrscheinlich. Der Graph von Fig. 3 stellt die Zuordnung daher am besten dar.
b) Aus einer Tabelle lassen sich die Werte exakt ablesen. Allerdings kann man beim Graphen hingegen auf einem Blick erkennen, in welchen Bereichen die zugeordneten Werte
− positiv oder negativ sind,
− am größten oder kleinsten sind,
− ansteigen oder abfallen.
Ein Nachteil des Graphen ist es, dass einzelne Werte nur umständlich und meist ungenau abgelesen werden können.
c) Individuelle Lösung.

4 Individuelle Lösung.

5 Graph a) gehört zu Gefäß 3,
Graph b) zu Gefäß 2,
Graph c) zu Gefäß 4,
Graph d) zu Gefäß 1.

Seite 75

6 a) Möglicher Text für den roten Weg: „Zunächst beschleunigt man den Wagen in Stadt A und fährt dann auf der Straße bis kurz vor Stadt B mit konstanter Geschwindigkeit. In Stadt B fährt man langsamer, um dann wieder bis zu den Serpentinen schneller zu fahren. Nachdem man die Kurven langsamer durchfahren hat, fährt man auf dem letzten Stück wieder schneller."
b) Mögliche Graphen:

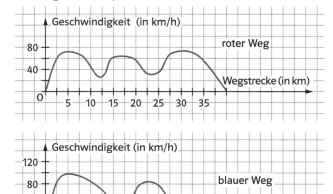

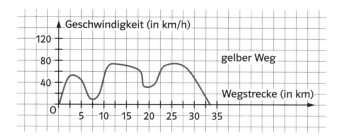

7 Individuelle Lösung.

8 a) Um 21.00 Uhr betrug der Wasserverbrauch etwa 1,6 m³/h, um 19.15 Uhr etwa 3,8 m³/h.
b) Das Spiel begann vermutlich um 19.30 Uhr, Halbzeit wäre dann von 20.15 Uhr bis 20.30 Uhr gewesen. Da der Wasserverbrauch nach der regulären Spielzeit um 21.15 Uhr stark anstieg, wird es vermutlich keine Verlängerung gegeben haben.
c) Mögliche Graphen:

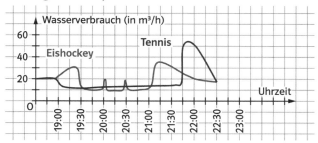

9 a) Der Busfahrer hat seine Fahrt um 4.45 Uhr begonnen und um 11.05 Uhr beendet.
Der Busfahrer hat zwischen 9.45 Uhr und 10.20 Uhr eine Pause eingelegt.
Die Höchstgeschwindigkeit betrug etwas mehr als 100 km/h.
Der Bus fuhr vermutlich zwischen 7.45 Uhr und 9.30 Uhr auf der Autobahn, da die Geschwindigkeit in dieser Zeit durchgehend sehr hoch war.
b) Individuelle Lösung.

Seite 76

10 a) Der Graph des tatsächlichen Temperaturverlaufs dürfte keine Knicke haben.
b) Möglicher Graph:

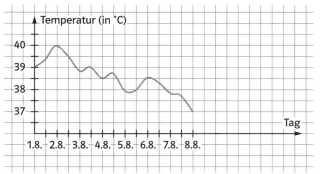

11 Lässt man die Kugel im höchsten Punkt los, so beschleunigt sie zunächst, bremst nach der Mulde etwas ab um dann im letzten Abschnitt der Bahn wieder zu beschleunigen. Zur Zuordnung *Zeit t → Geschwindigkeit v* gehört der rechte Graph.

12 Linker Graph:
1) Die Zuordnung *Zeit t → Geschwindigkeit v* bei einer Kugel, die durch eine Mulde rollt.
2) Die Zuordnung *Zeit t → Höhe h* eines Wanderers, der über einen Berg läuft.
Mittlerer Graph:
1) Die Zuordnung *Zeit t → Geschwindigkeit v* bei einer Kugel, die mit Schwung eine Anhöhe hoch rollt.
2) Die Zuordnung *Zeit t → Höhe h* eines Skifahrers, der einen Hang hinunterfährt.
Rechter Graph:
Die Zuordnung *Zeit t → Geschwindigkeit v* bei einem Auto, das anfährt, kurz bremst und dann weiter beschleunigt.

13 Individuelle Lösung.

14 a) Fig. 5: A′ = B; B′ = A; C′ = C
Fig. 6: A′ = B; B′ = A; C′ = D; D′ = C
Fig. 7: A′ = A bzw. A′ = C; B′ = D bzw. B′ = B
      C′ = C bzw. C′ = A; D′ = B bzw. D′ = D
b) Fig. 5: $\overline{AC} = \overline{BC}$ und die Winkel bei A und B sind gleich groß.
Fig. 6: $\overline{AB} = \overline{CD}$, $\overline{BC} = \overline{AD}$ und alle Winkel sind gleich groß.
Fig. 7: $\overline{AB} = \overline{BC} = \overline{CD} = \overline{AD}$ und gegenüberliegende Winkel sind gleich groß.
c) Fig. 5: Keine weiteren Symmetrieachsen, keine Punktsymmetrie
Fig. 6: Es gibt eine weitere Symmetrieachse, Punktsymmetrie liegt vor
Fig. 7: Keine weiteren Symmetrieachsen, Punktsymmetrie liegt vor
Fig. 8: Unendlich viele weitere Symmetrieachsen, Punktsymmetrie
d) Fig. 5: Gleichschenkliges Dreieck
Fig. 6: Rechteck
Fig. 7: Raute
Fig. 8: Kreis

2 Gesetzmäßigkeiten bei Zuordnungen

Seite 78

1 a) Fig. 1: A = 3·s²; Fig. 2: A = 2·s
b) Fig. 1:

s (in cm)	1	2	3	4	5
A (in cm²)	3	12	27	48	75

Fig. 2:

s (in cm)	1	2	3	4	5
A (in cm²)	2	4	6	8	10

c) Individuelle Lösung.

2 a) A = k³
b)

k (in cm)	0,5	1	2	3	4
V (in cm³)	0,125	1	8	27	64

c) Bei einer Kantenlänge von etwa 2,71 cm beträgt das Volumen des Würfels etwa 20 cm³.

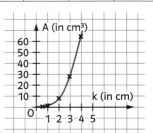

d) Olivers Aussage ist falsch. Wenn man die Kantenlänge eines Würfels verdoppelt, wird das Volumen des Würfels achtmal so groß.

3 a)

l (in cm)	150	155	160	165	170	175	180	185	190	195
g (in kg)	50	55	60	65	70	75	80	85	90	95

b) g = l − 100
Für Menschen deren Körpergröße unter einem Meter ist, kann die Formel nicht gelten.
c) Der Body-Mass-Index (BMI) ist eine Maßzahl für die Bewertung des Körpergewichts eines Menschen: Er berechnet sich mit der Formel
$$BMI = \frac{\text{Körpergewicht}}{(\text{Körpergröße})^2}.$$
Ein 20-jähriger Erwachsene mit einem „Normalgewicht" hat einen BMI von 20 kg/m².

4 a) $s = \frac{v}{10} \cdot \left(\frac{v}{10} = \frac{v}{10} \right)^2$
b)

v (in km/h)	20	30	50	100
s (in m)	4	9	25	100

Entsprechend dem Graphen müsste ein Bremsweg in einer 30er-Zone höchsten 9 m lang sein, in einer geschlossenen Ortschaft höchstens 25 m und auf einer Landstraße höchstens 100 m lang sein.

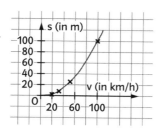

c) Da der Bremsweg mit 12 m länger als der in b) bestimmte Bremsweg für 30 km/h ist, muss der Fahrer zu schnell gefahren sein. Am Graphen lässt sich ablesen, dass der Fahrer mindestens mit einer Geschwindigkeit von 34 km/h gefahren sein dürfte.

5 a) Der y-Wert lässt sich mit der Formel $y = 6 \cdot x$ berechnen:

x	0	1	2	3	4	5
y	0	6	12	18	24	30

b) Der y-Wert lässt sich mit der Formel $y = x^2$ berechnen:

x	1	2	3	4	5	9
y	1	4	9	16	25	81

Seite 80

6 y-Werte sind auf eine Dezimale nach dem Komma gerundet; Graphen sind korrekt gezeichnet.

a)

x	−5	−4	−3	−2	−1	0	1	2	3	4	5
y	−15	−12	−9	−6	−3	0	3	6	9	12	15

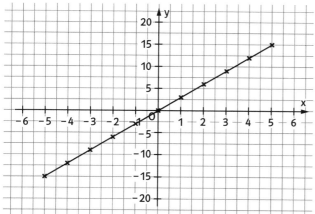

b)

x	−5	−4	−3	−2	−1	0	1	2	3	4	5
y	5	4	3	2	1	0	−1	6	−2	−4	−5

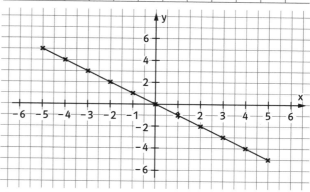

c)

x	−5	−4	−3	−2	−1	0	1	2	3	4	5
y	−0,2	−0,3	−0,3	−0,5	−1		1	0,5	0,3	0,3	0,2

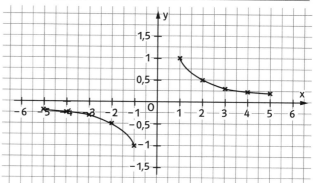

d)

x	−5	−4	−3	−2	−1	0	1	2	3	4	5
y	0	0,1	0,1	0,3	1		1	0,3	0,1	0,1	0

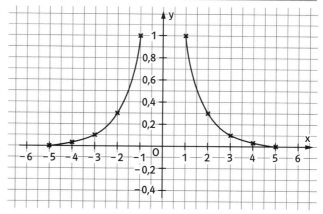

e)

x	−5	−4	−3	−2	−1	0	1	2	3	4	5
y	−21	−12	−5	0	3	4	3	0	−5	−12	−21

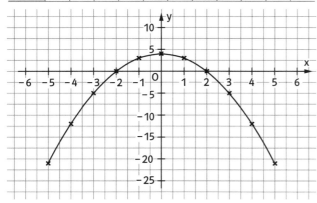

f)

x	−5	−4	−3	−2	−1	0	1	2	3	4	5
y	−125	−64	−27	−8	−1	0	1	8	27	64	125

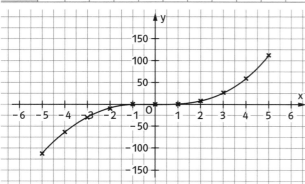

g)

x	−5	−4	−3	−2	−1	0	1	2	3	4	5
y	625	256	81	16	1	0	1	16	81	256	625

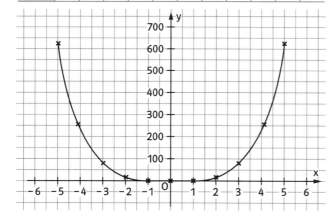

h)

x	−5	−4	−3	−2	−1	0	1	2	3	4	5
y	−95	−40	−9	4	5	0	−5	−4	9	40	95

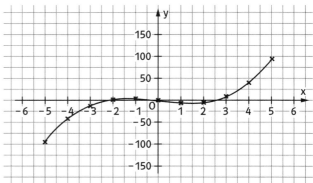

i) Individuelle Lösung.

7 a) Für den Flächeninhalt F (in cm²) gilt:
$F = 100 − x^2$
b) zum Beispiel

x (in cm)	1	2	3	4	5
F (in cm²)	99	96	91	84	75

c)

x	0	1	2	3	4	5	6	7	8	9	10
F	100	99	96	91	84	75	64	51	36	19	0

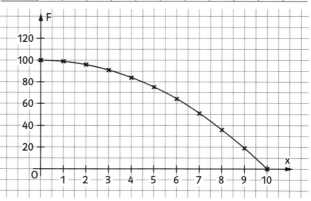

d) Zum y-Wert 50 kann man am Graphen den zugehörigen x-Wert ≈ 7 ablesen.

8 a) r → U

r	0	1	2	3	4	5	6	7	8	9	10
U	0	6,3	13	19	25	31	38	44	50	57	63

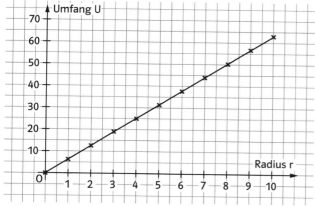

r → F

r	0	1	2	3	4	5	6	7	8	9	10
F	0	3,1	13	28	50	79	113	154	201	254	314

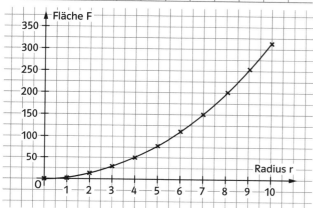

r → O

r	0	1	2	3	4	5	6	7	8	9	10
O	0	12,6	50,3	113	201	314	462	616	804	1018	1257

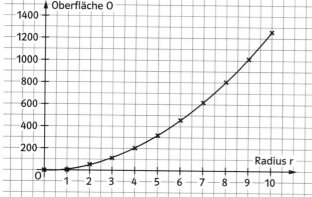

r → V

r	0	1	2	3	4	5	6	7	8	9	10
V	0	4,19	33,5	113	268	524	905	1437	2145	3054	4189

b) Alle vier Graphen gehen durch den Punkt (0|0). Außerdem nehmen bei allen vier Zuordnungen die zugeordneten Werte mit dem Radius r zu.
Der erste Graph liegt auf einer Geraden, die übrigen drei Graphen sind „nach oben gebogen".
c) Für einen Fußball (r = 11 cm) erhält man etwa: O = 1520,53 cm² und V = 5575,8 cm³.
Für die Erde (r = 6371 km) erhält man etwa:
O = 510 064 472 km² und V = 1 083 206 916 845 km³.

9 a) 14,5   b) 12   c) 6,5   d) $\frac{196}{13}$

10 a) 200 a = 2 ha   b) 27,5 %; 60 %; 12,5 %
c) 54 a

3 Proportionale Zuordnungen

Seite 82

1 a) Da jedes Blatt die gleiche Dicke besitzt, ist die Zuordnung *Anzahl der Blätter → Höhe des Stapels* proportional.
b) Die Zuordnung *Alter → Körpergewicht* ist nicht proportional. Mit 40 ist man nicht doppelt so schwer wie mit 20.
c) Bei einem Holzquader ist die Zuordnung *Oberfläche → Gewicht* nicht proportional, da sich bei einer Verdopplung der Oberfläche das Gewicht nicht verdoppelt.
Die Zuordnung *Volumen → Gewicht* ist hingegen proportional: ein doppelt so großer Quader hat auch ein doppelt so großes Gewicht.
d) Bei einem Quadrat ist die Zuordnung *Seitenlänge → Umfang* proportional, da sich bei einer Verdopplung der vier Seitenlängen auch der Umfang verdoppelt.

Die Zuordnung *Seitenlänge → Flächeninhalt* ist hingegen nicht proportional: Bei einer Verdopplung der Seitenlängen vervierfacht sich der Flächeninhalt.

Seite 83

2 a)

x	0	1	2	3	5	7
y	0	2	4	6	10	14

b)

x	0	1	2	4	5	8
y	0	1,5	3	6	7,5	12

c)

x	3,5	7	10,5	14	28	35
y	11	22	33	44	88	110

d)

x	0,02	0,05	0,1	0,5	1	8,5
y	25	62,5	125	625	1250	10 625

3

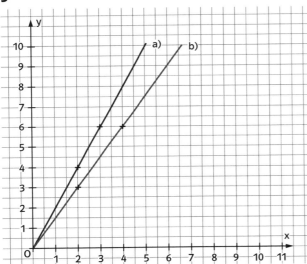

Beide Graphen sind Geraden, die durch den Ursprung gehen. Die Gerade von 4a) steigt etwas schneller an als die Gerade von 4b).

4 a) 2400 g Mehl   b) ca. 32,66 €
c) 2,73 €   d) 450 ml
e) 490 m²   f) 62,5 ml

5 a)

Zeit (in s)	Volumen (in l)
10	5
8	4
25	12,5

Gewicht (in kg)	Preis (in €)
0,5	0,75
1,2	1,80
4,3	6,45

Länge (in m)	Gewicht (in kg)
5	43
3,8	32,68
6,2	53,32

Zeit (in min)	Strecke (in km)
30	12,5
120	50
125	52,08

b)

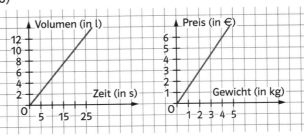

c) $V = 0,5 \cdot t$; $P = 1,5 \cdot g$; $g = 8,6 \cdot l$ und $s = 5/12 \cdot t$
d) Mögliche Lösungen:
1. Zuordnung: Aus einem gleichmäßig fließenden Wasserrohr fließt in 10 Sekunden 5 l Wasser in einen Behälter. Wie viele Wasser fließt in 8 Sekunden oder 25 Sekunden in den Behälter?
2. Zuordnung: 0,5 kg Bananen kosten 0,75 €. Wie viel kosten 1,2 kg Bananen oder 4,324 kg Bananen?
3. Zuordnung: Ein fünf Meter langer Balken wiegt 43 kg. Wie viel wiegt ein Balken mit der Länge 3,8 m oder 6,2 m?
4. Zuordnung: Ein Mofa fährt in 120 Minuten eine Strecke von 50 km. Wie weit kommt er in 30 Minuten bzw. 125 Minuten, wenn er genauso schnell fährt?

6 Individuelle Lösung.

7 Der Dreisatz für proportionale Zuordnungen lässt sich bei den Kartoffeln und der Wurst anwenden.
Je-mehr-desto-weniger-Dreisatz: Meerschweinchenfutter.

Seite 84

8 a) Die Zuordnung *Anzahl der Heftklammern → Gewicht* ist proportional. 80 Heftklammern wiegen 4 g.
b) Die Zuordnung ist nicht proportional.
Aus einem doppelt so großen Fenster wird man vermutlich ebenfalls 300 m weit sehen können.

c) Die Zuordnung *Gewicht → Anzahl der Bonbons* ist näherungsweise proportional, wenn die Bonbons gleich groß sind. Eine 400 g-Packung wird vermutlich 96 Bonbons enthalten.

d) Die Zuordnung ist nicht proportional. Vermutlich werden sie zu viert genauso lang brauchen wie zu dritt.

e) Die Zuordnung *Gewicht → Kalorien* ist proportional. 125 g enthalten 543,75 Kalorien

9 a) Alle Brezeln müssen gleich viel kosten.
b) Familie Glück muss mit ihrem Auto etwa gleichschnell fahren.
c) Der Grundstückspreis muss für jeden Quadratmeter gleichgroß sein.
d) Lara muss während des 5000-m-Laufes gleichschnell laufen.

10 Birnen: Preis/kg = 2,98 €;
Nettogewicht = 2,145 kg; Preis: 6,39 €.
Bananen: Preis/kg = 1,59 €;
Nettogewicht = 1,144 kg; Preis: 1,82 €.
Kirschen: Preis/kg = 4,49 €;
Nettogewicht = 0,6414 kg; Preis: 2,88 €.
Äpfel: Nicht eindeutig. Mögliche Lösung:
Preis/kg = 1,29 €;
Nettogewicht: 2,000 kg; Preis: 2,58 €.

Seite 85

11 a) 1,50 €   b) 8 Minuten

12 Berechnete Zeiten:
für   500 m: 0:36,92 min
für 1500 m: 1:50,75 min
für 5000 m: 6:09,15 min
Je länger die Strecke ist, desto „schlechter" ist der Weltrekord, da die Läuferinnen ihre Kräfte einteilen müssen.
Der 500 m Weltrekord ist „schlechter" da hier die langsame Startphase stärker zu Buche schlägt.

13 Schwarze Johannisbeere: ca. 42,4 g
Erdbeere: ca. 117,2 g
Rote Johannisbeere: ca. 208,3 g
Stachelbeere: ca 214,3 g
Himbeere: 300 g
Blaubeere: ca. 340,9 g
Brombeere: ca. 441,2 g

14 a) $y = 0{,}625\,x$

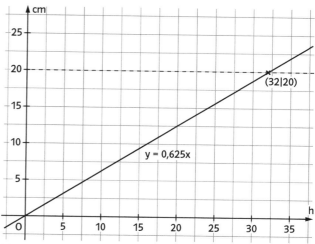

b) Der Zeiger hat nach 32 Stunden 20 cm zurückgelegt.

15 a) $y = \frac{7}{3}x$

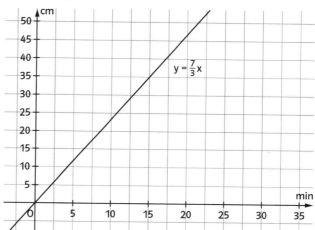

b) Der Wasserspiegel müsste doppelt so schnell ansteigen. Die Gerade zu der Zuordnung ist daher steiler.

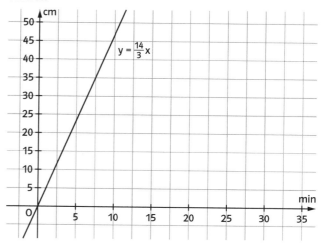

c) Die Graphen werden entsprechend steiler. Bei der doppelten Menge Wasser erhält man bei dem Gefäß aus a) die Gleichung $y = \frac{14}{3}x$; bei der dreifachen Menge Wasser entsprechend $y = 7x$.

16 a) In den USA darf man auf den Highways (je nach Bundesstaat) zwischen 55 und 75 Meilen pro Stunde fahren, was ungefähr 88 bis 120 km pro Stunde entspricht.
b) Der Geschwindigkeit von 100 km/h entspricht etwa der Geschwindigkeit von 62,5 mph.
c) Die Zuordnung *Geschwindigkeit (in km/h)* → *Geschwindigkeit (in mph)* ist proportional. Die dazugehörige Umrechnungsformel lautet $g_{mph} = 0,625 \cdot g_{km/h}$.
Die Zuordnung *Geschwindigkeit (in mph)* → *Geschwindigkeit (in km/h)* ist ebenfalls proportional. Die dazugehörige Umrechnungsformel lautet $g_{km/h} = 1,6 \cdot g_{mph}$.

Seite 86

17 Individuelle Lösung.

18 Man betrachte die Quotienten aus Volumen und Gewicht:
Probe I: $\frac{67\,cm^3}{120,6\,g} \approx 0,56\,\frac{cm^3}{g}$
Probe II: $\frac{93\,cm^3}{223,2\,g} \approx 0,42\,\frac{cm^3}{g}$
Probe III: $\frac{112\,cm^3}{268,8\,g} \approx 0,42\,\frac{cm^3}{g}$
Probe IV: $\frac{84\,cm^3}{151,2\,g} \approx 0,56\,\frac{cm^3}{g}$
Probe V: $\frac{102\,cm^3}{244,8\,g} \approx 0,42\,\frac{cm^3}{g}$

Die Proben I und IV könnten aus dem gleichen Material sein, ebenso wie die Proben II, III und V, denn die Quotienten aus Volumen und Gewicht sind jeweils gleich.

19 a) Für die Quotienten $\frac{\text{Ausdehnung}}{\text{Gewicht}}$ erhält man:
$\frac{2,5}{10} = 0,25$; $\frac{3,7}{15} \approx 0,247$; $\frac{6,3}{25} = 0,252$; $\frac{10,1}{40} = 0,2525$;
$\frac{13,7}{55} \approx 0,249$; $\frac{14,8}{60} \approx 0,247$; $\frac{16,3}{65} \approx 0,25$

Alle Quotienten sind annähernd gleich. „Annähernd" bedeutet in diesem Zusammenhang, dass die meisten Quotienten nicht genau 0,25 betragen, sondern nur nahe bei 0,25 liegen.

b)

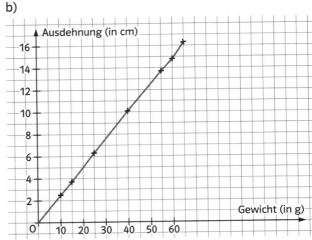

c) Aus dem Graphen kann man ablesen, dass man eine Ausdehnung von 7,5 cm erwarten kann.

20 Individuelle Lösung. In einem bestimmten Bereich, der abhänig vom jeweiligen Gummiband ist, ist die Zuordnung proportional.

4 Antiproportionale Zuordnungen

Seite 88

1 a) Die Zuordnung *Dicke der Brotscheiben* → *Anzahl der Brotscheiben* ist antiproportional, da bei einer Verdopplung der Dicke einer Brotscheibe die Anzahl der Brotscheiben halbiert wird.
b) Die Zuordnung *zurückgelegte Strecke* → *verbleibende Strecke* bei einer Wanderung ist nicht antiproportional. Auf der Hälfte der Strecke sind zurückgelegte und verbleibende Strecke gleichgroß. Am Ende der Wanderung hat sich demgegenüber die zurückgelegte Strecke verdoppelt, die verbleibende Strecke aber nicht halbiert.
c) Die Zuordnung *Schrittlänge* → *Anzahl der Schritte* bei einer Wanderung ist antiproportional, da bei einer Verdopplung der Schrittlänge die Anzahl der Schritte halbiert wird.
d) Die Zuordnung *Gewicht der Kugel* → *Wurfweite* beim Kugelstoßen ist nicht antiproportional. Wäre die Zuordnung antiproportional, so wäre es auch möglich eine entsprechend kleine Kugel mehrere kilometerweit zu werfen.
e) Die Zuordnung *1. Seitenlänge* → *2. Seitenlänge* bei einem Rechteck mit dem Flächeninhalt 1 dm² ist antiproportional, da bei einer Verdopplung der 1. Seitenlänge die 2. Seitenlänge halbiert werden muss, damit das Produkt (Flächeninhalt) gleich bleibt.

Seite 89

2 a)

x	4	6	8	12	16	24
y	30	20	15	10	7,5	5

b)

x	3	4	6	8	24	60
y	20	15	10	7,5	2,5	1

c) Gleichung zu a): $y = \frac{120}{x}$

Gleichung zu b): $y = \frac{60}{x}$

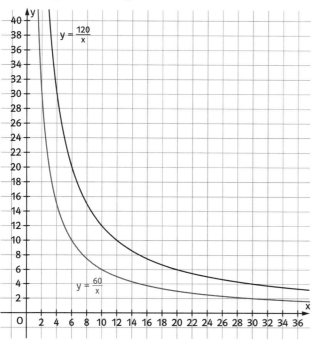

3 a)

a (in cm)	0,5	1	2	3	4	5	6	8	10	12
b (in cm)	24	12	6	4	3	2,4	2	1,5	1,2	1

b) $b = \frac{12}{a}$

c)

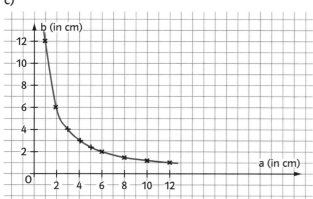

Weitere Wertepaare (gerundet):
(7|1,7), (9|1,3), (11|1,1).

4 a) 3 Gramm   b) 160 Tage
c) 8 Stunden   d) 435 Seiten
e) 56 Tage   f) 480 Flaschen

5 a) Bei einer Breite der Ordner von je 4 cm passen in das Regal 10 Stück hinein.
b) 25 Mathematikbücher würden 20 kg wiegen.
c) Bei einer Füllmenge von 0,25 l pro Glas könnte man 12,5 Gläser füllen.
d) Lara würde mit ihrer Clique etwa drei Minuten benötigen, um die Chipstüte leer zu essen. Wie lange ihre Klasse bzw. die gesamte Schule hierfür benötigen würde, lässt sich nicht berechnen.
e) Die 15 Musiker würden auch 30 Minuten für das Musikstück benötigen.
f) Die Zuordnung *Dicke der Ordner → Anzahl der Ordner* ist antiproportional, da bei einer Verdopplung der Dicke eines Ordners die Anzahl der Ordner halbiert wird. Der Dreisatz für antiproportionale Zuordnungen lässt sich also anwenden.
Die Zuordnung *Anzahl der Mathematikbücher → Gesamtgewicht der Mathematikbücher* ist proportional, da sich bei einer Verdopplung der Anzahl der Mathematikbücher das Gesamtgewicht auch verdoppelt. Der Dreisatz für proportionale Zuordnungen lässt sich also anwenden.

6 a) Da die Wertepaare produktgleich sind
$(1 \cdot 48 = 2 \cdot 24 = 3 \cdot 16 = 4 \cdot 12 = 6 \cdot 8 = 8 \cdot 6)$, kann diese Zuordnung antiproportional sein.
b) Die Wertepaare sind hingegen nicht produktgleich $(2 \cdot 2, = 5$ und $20 \cdot 0,3 = 6)$, die Zuordnung kann also nicht antiproportional sein.
c) Individuelle Lösung.

Seite 90

7 a) Ein Strauß mit 15 (20; 25; 30) Rosen kostet 18,75 € (25,00 €; 31,25 €; 37,50 €). Die Zuordnung *Anzahl der Rosen → Preis des Straußes* ist proportional.
b) Wenn sich 15 (20; 25; 30) Personen zu gleichen Teilen an den Kosten beteiligen, muss jeder 2,00 € (1,50 €; 1,20 €; 1,00 €) bezahlen. Die Zuordnung *Anzahl der Personen → Kosten pro Person* ist antiproportional.

8 Individuelle Lösung.

9 Individuelle Lösung.

10 a) 4 Tage   b) 48 km   c) $y = \frac{336}{x}$

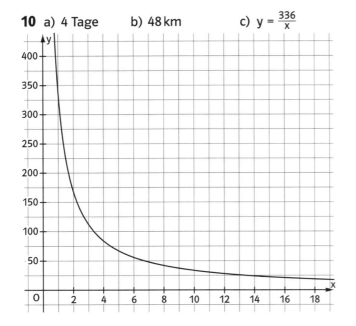

Seite 91

11 a) Als Quotient $\frac{y}{x}$ erhält man stets 1,4. Daher ist die Zuordnung proportional mit $y = 1,4x$.
b) Die Zuordnung kann weder proportional noch antiproportional sein, denn die Quotienten $\frac{y}{x}$ sind nicht gleich (z. B. $\frac{4}{1} = 4$ und $\frac{5}{2} = 2,5$) und die Produkte $x \cdot y$ sind ebenfalls nicht alle gleich (z. B. $1 \cdot 4 = 4$ und $2 \cdot 5 = 10$).
c) Die Zuordnung ist antiproportional, da die Produkte $x \cdot y$ stets gleich sind. Die zugehörige Gleichung lautet: $y = \frac{180}{x}$.
d) Die Zuordnung kann weder proportional noch antiproportional sein, denn die Quotienten $\frac{y}{x}$ sind nicht gleich (z. B. $\frac{7}{1} = 7$ und $\frac{10}{2} = 5$) und die Produkte $x \cdot y$ sind ebenfalls nicht alle gleich (z. B. $1 \cdot 7 = 7$ und $2 \cdot 10 = 20$).

12 a)

Benzinpreis in € pro l	0,9	0,95	1	1,05	1,1	1,15
Tankmenge in l	27,78	26,32	25,00	23,81	22,73	21,74

Benzinpreis in € pro l	1,2	1,25	1,3	1,35	1,4	1,45
Tankmenge in l	20,83	20,00	19,23	18,52	17,86	17,24

Benzinpreis in € pro l	1,5	1,55	1,6	1,65
Tankmenge in l	16,67	16,13	15,63	15,15

b) Ja, denn das Produkt aus Preis und Tankmenge ergibt stets 25 €. Die zugehörige Gleichung lautet: $y = \frac{25}{x}$

13 a) und b)

1. Wert	1	1,5	2	3	4	6	8	12
2. Wert	5,7	3,84	2,85	1,9	1,425	0,95	0,7125	0,475

Kleinere Abweichungen in der Lösung sind möglich, da die Werte nicht ganz exakt der Grafik entnommen werden können.

14 a) Roter Graph: A (1 | 4,2), also $y = \frac{4,2}{x}$
Blauer Graph: B (1 | 3,2), also $y = \frac{3,2}{x}$
Grüner Graph: C (1 | 2), also $y = \frac{2}{x}$
b) Roter Graph:

x	1	2	3	4	5	6
y	4,2	2,1	1,4	1,05	0,84	0,7

Dies entspricht ungefähr den Werten in der Grafik. Der rote Graph könnte also zu einer antiproportionalen Zuordnung gehören.
Blauer Graph:

x	1	2	3	4	5	6
y	3,2	1,6	1,07	0,8	0,64	0,53

Dies entspricht ungefähr den Werten in der Grafik. Der blaue Graph könnte also zu einer antiproportionalen Zuordnung gehören.
Grüner Graph:

x	1	2	3	4	5	6
y	2	1	0,67	0,5	0,4	0,33

Dies entspricht ungefähr den Werten in der Grafik. Der grüne Graph könnte also zu einer antiproportionalen Zuordnung gehören.

15 a) $y = \frac{2,4}{x}$
b)

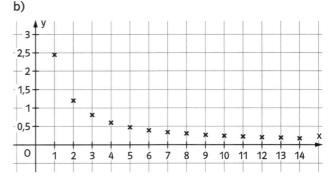

Es ist nicht sinnvoll, die Punkte zu verbinden, denn die Anzah der Stücke, d.h., die x-Werte können nur natürliche Zahlen sein. Daher ist es nicht sinnvoll, z. B. den Wert für $x = 1,5$ zu berechnen und einzuzeichnen.

16 a) Bei 348 Personen reicht der Vorrat noch für 12 Tage. Bei 426 Personen reicht er dann für nicht ganz 10 Tage.

b) Bei 12 restlichen Tagen könnte man 348 Personen versorgen. Bei 8 restlichen Tagen reicht der Vorrat für 522 Personen. Man könnte also 174 Personen an Bord nehmen.

5 Lineare Zuordnungen

Seite 94

1 a) Die Zuordnung *Sandmenge (in m³) → Kosten* ist linear, weil die Kosten immer um 60 € zunehmen, wenn die Sandmenge um 1 m³ zunimmt.
b) Wenn Familie Kern 8 m³ (22 m³) Sand bestellt, muss sie 570 € (1410 €) bezahlen.
c) Die Kosten k (in €) lassen sich mit der Sandmenge s (in m³) mit der Formel $k = 60 \cdot s + 90$ berechnen.
d) Würde das Unternehmen mit einer proportionalen Zuordnung rechnen, so würde es bei kleinen Lieferungen wegen der Anfahrtskosten einen Verlust machen. Mit der Formel aus c) erkennt man, dass das Unternehmen bei einer Lieferung 90 € für die Anfahrt berechnet.

2 a) Die Zuordnung *Zeit t → Füllhöhe h* ist linear, weil die Füllhöhe pro Sekunde immer um 1,4 cm sinkt.
b)

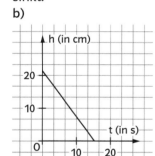

c) $h = -1,4 \cdot t + 22$

3 a) In den Gefäßen (1) und (2) steht das Wasser zu Beginn der Messung 2 cm hoch.
b) In Gefäß (3) steigt das Wasser 1 cm pro Sekunde.
c) In Gefäß (4) ist zu Beginn der Messung kein Wasser vorhanden.
d) In Gefäß (2) steigt das Wasser um 2 cm pro Sekunde.
e) In Gefäß (4) steigt Wasser am schnellsten, in Gefäß (3) am langsamsten.

f)

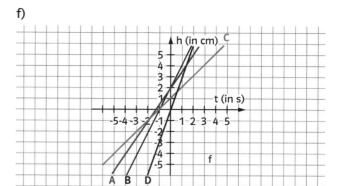

4 Die Zuordnungen b) und f) sind proportional.

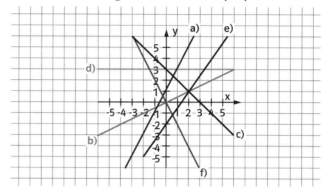

5 a) Bei den Zuordnungen b) und c) nehmen die y-Werte für wachsende x-Werte zu.
b) Bei den Zuordnungen d) und e) nehmen die y-Werte für wachsende x-Werte ab.
c) Bei den Zuordnungen a) und f) sind die y-Werte konstant.
d) Die Zuordnungen a), b) und d) haben für x = 0 einen positiven y-Wert.

6 a) $y = -x$ b) $y = \frac{1}{2}x - 2$ c) $y = 2x + 3$
d) $y = -5 \cdot x$ e) $y = -\frac{1}{2} \cdot x - 1$ f) $y = -5$

Seite 95

7 a) $-2 \cdot 5 + 1 = -9$; der Punkt P(5|−9) liegt also auf dem Graphen.
$-2 \cdot (-3) + 1 = 7$; der Punkt Q(−3|6) liegt also nicht auf dem Graphen.
$-2 \cdot \frac{3}{4} + 1 = -\frac{1}{2}$; der Punkt R$\left(\frac{3}{4}\middle|-\frac{1}{2}\right)$ liegt also auf dem Graphen.
$-2 \cdot 2,5 + 1 = -4$; der Punkt S(2,5|−3,5) liegt also nicht auf dem Graphen.

b)

x	-2	-1	0	1	2	3
y	-1	1	3	5	7	9

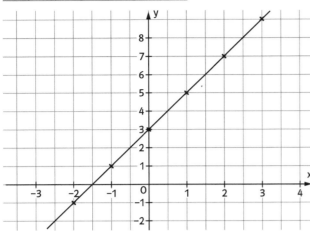

8 a) Ja, denn die Zunahme des Preises pro km ist jeweils gleich.

b) Angebot A: y = 50 + 0,4 x
   Angebot B: y = 70 + 0,3 x

c)

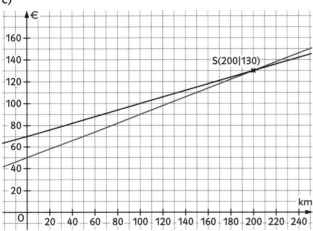

d) Die Graphen schneiden sich in S(200/130). Also ist für 200 gefahrene km der Preis bei beiden Angeboten gleich. Bei mehr als 200 km ist Angebot B günstiger als A.

9

a) und b)

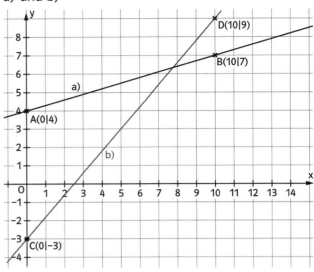

c) und d)

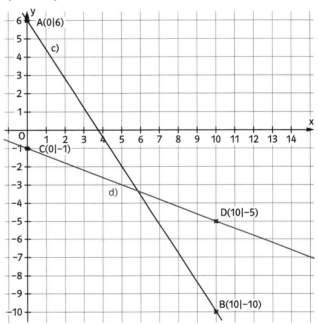

10 a) und b)

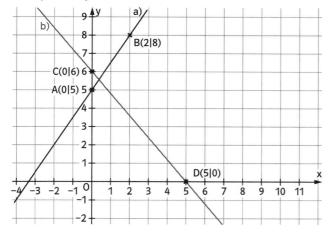

c) und d)

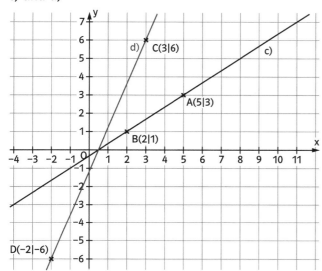

e) und f)

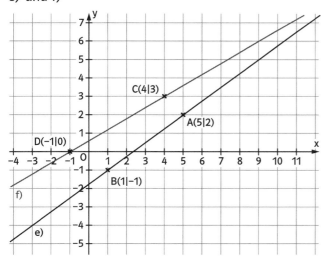

11 a) Keine lineare Zuordnung
Die ersten fünf Wertepaare könnten zwar zu einer linearen Zuordnung gehören, denn der y-Wert erhöht sich um eine Einheit, wenn der x-Wert sich um eine Einheit erhöht. Allerdings stimmt dies nicht für das letzte Wertepaar. Der y-Wert müsste dort dann 21 betragen.
b) Keine lineare Zuordnung.
Bei den ersten vier Wertepaaren verringert sich der y-Wert jeweils um 3 Einheiten, wenn man den x-Wert um eine Einheit erhöht bzw. um 1,5 Einheiten, wenn man den x-Wert um eine halbe Einheit erhöht. Allerdings müsste dann bei dem letzten Wertepaar der y-Wert −14 betragen.
c) Lineare Zuordnung
Wenn man den x-Wert um 0,2 Einheiten erhöht verringert sich der y-Wert um 200 Einheiten. Entsprechend erhöht sich der y-Wert um 200 Einheiten, wenn man den x-Wert um 0,2 Einheiten verkleinert.

12 a) Die Zuordnung ist proportional, also auch linear. Die gefahrene Strecke nimmt bei jeder Umdrehung des Rades um den Umfang des Rades zu. Es können allerdings kleine Ungenauigkeiten bei der Zuordnung sein, denn der Kilometerzähler zeigt die gefahrene Strecke nicht ganz exakt an, z.B. werden bei digitalen Anzeigen nur gerundete Werte angezeigt.
b) Man weiß nicht, ob die Kosten pro Besucher um den gleichen Preis ansteigen, daher kann man keine Aussage darüber machen, ob die Zuordnung linear ist. Vermutlich werden die Kosten aber nicht linear steigen, sondern bis zu einer bestimmten Zahl von Besuchern etwa gleich hoch bleiben, da die Kosten für Heizung, Personal, Wasser, Reinigung etc. nicht unbedingt wachsen, wenn einige Besucher mehr im Schwimmbad sind.
c) Die Zuordnung ist vermutlich nicht linear, denn die Geschwindigkeit des Zuges muss nicht konstant sein. Der Zug hält auch an anderen Bahnhöfen und fährt auf verschiedenen Streckenabschnitten mit unterschiedlicher Geschwindigkeit.

13 a)

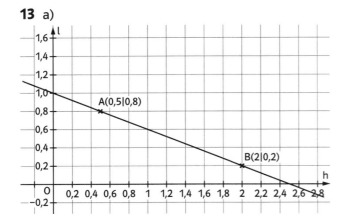

b) Zu Beginn war etwa 1 Liter in der Flasche.
Die Flasche wird nach etwa 2,5 Stunden leer sein.
c) Pro Stunde nimmt der Inhalt etwa um 0,4 Liter ab.
d) $y = -0,4x + 1$

14 a) Siehe Teilaufgabe c).
b) Nach 1,5 Stunden ist Freddy Friedlich 135 km gefahren, nach $2\frac{1}{4}$ Stunden etwas mehr als 200 km (202,5 km).
c)

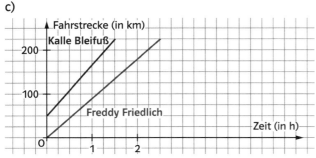

d) Die Gerade von Kalle Bleifuß steigt schneller an; pro Stunde legt er mehr Kilometer als Freddy Friedlich zurück (Freddy: 90 km/h; Kalle: 196,7 km/h).

15 a) 30 m Kabel wiegen 5,1 kg (9,5 − 4,4 = 5,1). Somit wiegen 10 m Kabel 1,7 kg und 20 m entsprechend 3,4 kg. 20 m Kabel mit Trommel wiegen 4,4 kg, somit wiegt die Trommel mit dem Stecker etwa 1 kg.
b) Da 10 m Kabel 1,7 kg wiegen, wiegt 1 m Kabel entsprechend 0,17 kg = 170 g.

16 a) 10,4 b) 2,43 c) $\frac{9}{5} = 1,8$ d) 4

17 Bei fehlenden Klammern muss man von links nach rechts rechnen.
a) 4 b) 12,5 c) 15
d) 2,5 e) 1,5 f) 160 €

Wiederholen – Vertiefen – Vernetzen

1 Der Holzbestand beträgt nach 25, 41, 51 und 53 Jahren 300 m³;
der Holzbestand beträgt nach 50, 63, 76 und 84 Jahren 400 m³;
der Holzbestand beträgt nach 24, 26, 38 und 52 Jahren 275 m³.
b) Das erste Mal wurde der Wald nach 25 Jahren durchforstet, das zweite Mal nach 50 Jahren und das dritte Mal nach 75 Jahren. Insgesamt wurden bei den Durchforstungen etwa 400 m³ Holz geschlagen.

2 a) Im Jahre 1800 werden vermutlich 900 Millionen Menschen auf der Erde gelebt haben.
b)

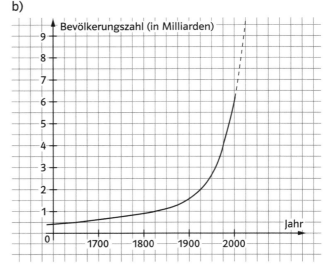

Am Graphen erkennt man, dass die Weltbevölkerung bei etwa gleich bleibendem Verlauf bis zum Jahr 2050 auf sicher 9,3 Milliarden anwachsen kann.

3 Da das Auto in der Kurve abbremsen wird, gehört der dritte Graph zur Zuordnung
Zeit t → Geschwindigkeit v.

4 a) Da keine weiteren Angaben gemacht werden, kann für die Zuordnung *Uhrzeit → Temperatur* keine Gesetzmäßigkeit angegeben werden.
b) Die Zuordnung Anzahl von *Brötchen → Preis* ist proportional.
c) Für die Zuordnung *Alter eines Kindes → Körpergröße* gilt: Je älter das Kind ist, desto größer ist es in der Regel. Allerdings ist die Zuordnung nicht proportional.
d) Die Zuordnung *Anzahl der Arbeiter → Arbeitszeit* ist in den meisten Fällen antiproportional.

5 a)

Zeit (in h)	0	1	2	3	4	5	6
Höhe (in m)	0	2,5	5	4	3	5,5	8

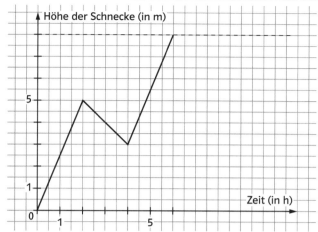

b) Die Schnecke ist nach 6 h oben angekommen.
c) Nach 1,6 h = 1 h 36 min, nach 3 h und schließlich nach 4,4 h = 4 h 24 min befindet sich die Schnecke in einer Höhe von 4 m, der Hälfte der Gesamthöhe.

6

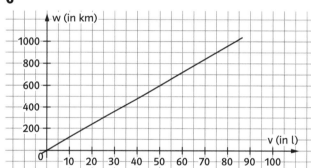

Mögliche Wertepaare:
(5 | 60); (10 | 120); (20 | 240); (30 | 360); (40 | 480)
Wenn Herr Wassenberg energiesparender fährt, müsste die Gerade etwas weniger stark ansteigen.

Seite 98

7 a) Die Zuordnung *Teegewicht → Anzahl der Teebeutel* ist antiproportional, da bei einer Verdopplung des Teegewichtes die Anzahl der Teebeutel halbiert wird. Der Dreisatz für antiproportionale Zuordnungen lässt sich also anwenden.
b) Die Zuordnung *Anzahl der Schüler → Zeit zum Lösen einer Mathematikaufgabe* ist weder proportional noch antiproportional. Wäre die Zuordnung proportional, so müssten doppelt so viele Schüler auch doppelt so lange für die Bearbeitung der Aufgabe benötigen. Wäre die Zuordnung antiproportional, so müssten doppelt so viele Schüler die Aufgabe in der Hälfte der Zeit bearbeiten können. Dies gelingt aber nur bei einer sehr guten Arbeitsteilung, was bei 20 Schülern kaum möglich sein wird.

c) Die Zuordnung *Dieselmenge → Preis* ist proportional. Für die doppelte Dieselmenge muss man auch den doppelten Preis bezahlen. 20 Liter kosten 26,67 €

8 Stefan betrachtet die Zuordnung *Personenanzahl → Pilzmenge (in kg)*. Er nimmt Proportionalität an und erhält ausgehend von 1,6 kg bei zwei Suchenden 0,8 kg je Person, bei insgesamt fünf Suchenden also 4 kg.
Die Annahme ist nur bedingt richtig, weil die zur Verfügung stehende Pilzmenge begrenzt ist und nicht mit der Anzahl von Pilzsuchern anwächst. Der erfolg beim Pilze-Suchen hängt in erster Linie von anderen Einflussgrößen ab: Witterung, Konkurrenzsituation (Ist bereits abgeerntet?), …

Tom betrachtet die Zuordnung *Personenanzahl → Zeitdauer, um 1,6 kg Pilze zu finden (in h)* und nimmt Antiproportionalität an. Die Annahme ist aus den genannten Gründen ebenso unrealistisch wie Stefans Annahme.

9 a) (1): proportional, (2): lineare Zuordnung, (3): antiproportionale Zuordnung, (4): kein Zuordnungstyp (scheinbar antiproportional, aber (4 | 8) passt nicht)
b)

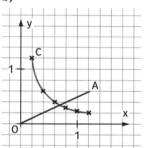

10 a) Es handelt sich um lineare Zuordnungen.
b) F_1: $h = 2 \cdot t + 1000$; F_2: $h = 3 \cdot t + 1000$; F_3: $h = -4{,}5 \cdot t + 5000$.
c)

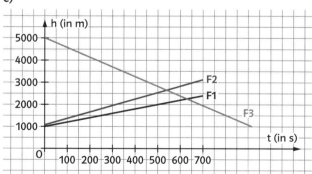

Die Flugzeuge F1 und F3 haben nach etwa 615 s die gleiche Höhe, die Flugzeuge F2 und F3 nach etwa 530 s.

11 a) Die drei Graphen gehören zu einer linearen Zuordnung. Wird der x-Wert um eine Einheit erhöht, so nimmt der y-Wert jeweils um zwei Einheiten zu. Die Graphen unterscheiden sich, weil die Achsen unterschiedlich beschriftet wurden.
b) Der erste Graph stellt die Zuordnung am besten dar. Beim zweiten Graphen ist nur ein kleiner Teil der Gerade abgebildet, beim dritten Graphen wurde die Skalierung auf der y-Achse zu groß gewählt.
c) Individuelle Lösung.

Seite 99

12 a) $y = 3x - 1$ b) $y = \frac{1}{2}x + 2$ c) $y = \frac{2}{3}x + 1$
d) $y = -3x - 6$ e) $y = -\frac{1}{2}x - 3$ f) $y = 0$

13 Der Punkt $P(3 \mid -5)$ liegt auf den Graphen von b) und c).

14 Individuelle Lösung.

15 a) Da sich die Fahrtkosten pro gefahrenen km immer um 2,50 € erhöhen, ist die Zuordnung *Fahrtstrecke → Fahrkosten* linear.
b) Eine Fahrt von 12 km Länge würde 32 € kosten.
c) Für 22 € könnte man 8 km weit fahren.
d) Individuelle Lösung.

16 a) Das Gefäß wird nach etwa 21,4 min überlaufen.
b) Wenn aus dem Wasserhahn die dreifache Wassermenge in gleicher Zeit tropft, würde das Gefäß nach 7,1 min überlaufen.
Das Gefäß würde nach 10,7 min überlaufen, wenn eine Seite halb so lang ist, und es würde nach 5,35 min überlaufen, wenn beide Seiten halb so lang sind.
c) Es wird sich vermutlich um eine proportionale Zuordnung handeln. Die Gerade geht durch den Ursprung und wurde „nach Augenmaß" so gewählt, dass sich die Abweichungen der Punkte nach oben und unten möglichst gut ausgleichen. Da der Punkt $P(20 \mid 37)$ weit von der Geraden entfernt liegt, kann man annehmen, dass Lilian hier falsch gemessen hat. Nach 20 Minuten stand das Wasser vermutlich etwa 21,5 cm hoch.
d)

Exkursion: Ausgleichsgeraden

Seite 100

1. Gummiband
Graph:

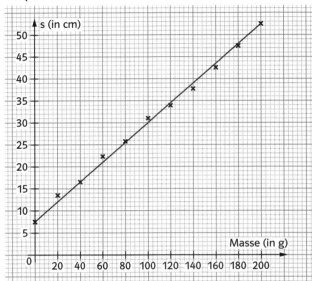

Wertetabelle:

Massen (in g)	0	20	40	60	80	100
Strecke s (in cm)	7,5	13,8	16,5	22,4	25,7	31,2

Massen (in g)	120	140	160	180	200
Strecke s (in cm)	33,9	37,8	42,5	47,5	52,0

2. Gummiband
Graph:

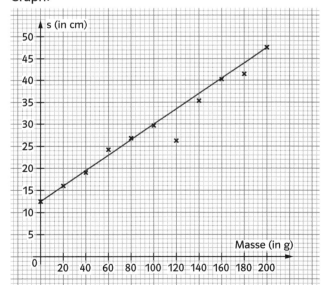

Der Wert (120 | 26,1) wurde für die Ausgleichsgerade nicht berücksichtigt.

Wertetabelle:

Massen (in g)	0	20	40	60	80	100
Strecke s (in cm)	12,5	16,0	19,0	24,1	26,5	29,7

Massen (in g)	120	140	160	180	200
Strecke s (in cm)	26,1	35,1	40,1	41,4	45,0

Aus den Wertetabellen und den Graphen lässt sich entnehmen, dass das erste Gummiband kürzer ist als das zweite Gummiband und dass es sich gegenüber dem zweiten Gummiband leichter dehnen lässt.

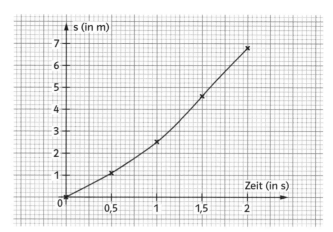

Seite 101

Kresse

Zeit (in Tagen)	0	3	4	5	6	7	8	9
Höhe der Blume (in cm)	0	1,6	2	2,6	3,2	3,7	4,0	4,6

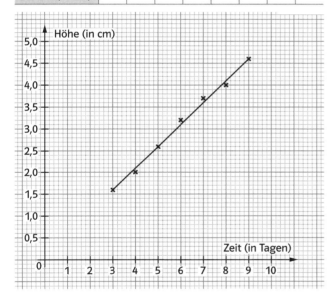

Für den Messraum kann man näherungsweise von einer linearen Zuordnung ausgehen. Wenn man annimmt, dass die Zuordnung auch für den Zeitraum 3. Tag bis 9. Tag gilt, erhält man mithilfe des Graphen für den dritten Tag die Höhe 1,6 cm und für den neunten Tag die Höhe 4,6 cm.
Die Kresse kann allerdings nicht beliebig hoch wachsen. Aus diesem Grund ist der Zeitraum, in der man eine lineare Zuordnung annimmt, begrenzt.

Filmanalyse: Auto
Wertetabelle:

Zeit (in s)	0	0,5	1	1,5	2
Zurückgelegter Weg auf Foto (in cm)	0	0,6	1,3	2,3	3,4
Weg (in m)	0	1,2	2,6	4,6	6,8

Filmanalyse: Läufer
Wertetabelle:

Zeit (in s)	0	0,5	1	1,5	2
Zurückgelegter Weg auf Foto (in cm)	0,1	1,1	1,8	2,5	3,3
Weg (in m)	0,2	2,2	3,6	5,0	6,6

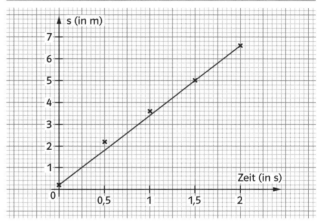

Da der zum Fahrzeug gehörende Graph nicht auf einer Geraden liegt, erkennt man, dass das es nicht mit konstanter Geschwindigkeit gefahren wurde. Während der Messzeit wurde das Fahrzeug leicht beschleunigt. Der Graph des Läufers liegt hingegen annähernd auf einer Gerade, er lief also mit einer konstanten Geschwindigkeit.
Gegen Ende der Messzeit war das Fahrzeug schneller als der Läufer (der Graph des Autos verläuft etwas steiler als der des Läufers).
Die Geschwindigkeit gibt an, welche Strecke pro Zeiteinheit zurückgelegt wird. Dies lässt sich beim Läufer mithilfe der Ausgleichsgeraden bestimmen. In 2 Sekunden legte der Läufer etwa 6,5 m (Wert der Ausgleichsgerade) zurück. Als Geschwindigkeit erhält man:

$$v = \frac{s}{t} = \frac{6,5\,m}{2\,s} = 3,25\,\frac{m}{s}.$$

IV Terme und Gleichungen

Lösungshinweise Kapitel IV – Erkundungen

Seite 106

1. Rechengesetze erkunden und anwenden

Bei den einzelnen Aufgaben der drei Karten ist die Anwendung folgender Gesetze hilfreich (Kommutativgesetz – K, Assoziativgesetz – A, Distributivgesetz – D):

Karte 1:

1) K – Lösung: 530   2) D – Lösung: 200
3) K – Lösung: 48 900   4) K, D – Lösung: 2200

Karte 2:

1) A – Lösung: 213,5   2) K – Lösung: 1
3) K; D – Lösung: 351   4) K – Lösung: 400

Karte 3:

1) D – Lösung: 40   2) K, A – Lösung: 150
3) D – Lösung: 1   4) K, A – Lösung: 137

Das Kommutativgesetz gilt für die Addition und die Multiplikation, aber nicht nicht für die Subtraktion und Division.
Das Assoziativgesetz gilt ebenfalls nur für die Addition und die Multiplikation.
Die Regeln für das Distributivgesetz können explizit notiert werden.
Beim Einsatz des Taschenrechners könnte man Tastenfolgen notieren lassen. Für die Karten 2 und 3 könnten diese wie folgt aussehen (die abgebildete Symbolfolge soll die Tastenfolge darstellen).

Karte 2:

1) $5 + 2 = : 7 + 212 + 0,5 =$
2) $3 : 3 \cdot 9 : 9 \cdot 5 : 5 \cdot 7 : 7 =$
3) $13,2 + 12 + 1,8 = \cdot 13$
4) $555 - 47 - 45 - 63$

Karte 3:

1) $2,25 + 7,5 = \cdot 4 =$
2) $2,5 \cdot 1,2 \cdot 10 \cdot 5$
3) $7 : 14 + 4,5 \cdot 7 : 63 =$
4) $77 - 13 + 4 + 63 + 6 =$

Seite 107

2. Knackt die Box

Forschungsauftrag 1: Boxen füllen
Durch Ausprobieren kann man ermitteln, dass in den blauen Boxen jeweils 2 Hölzchen liegen müssen. Um weitere Boxen zu füllen, kann man so vorgehen, dass die Boxen in gewünschter Anzahl zunächst leer aufgestellt werden, um sie dann anschließend mit Hölzchen zu füllen bzw. abschlie-ßend fehlende Hölzchen auf den beiden Seiten des Gleichheitszeichens zu ergänzen.

Forschungsauftrag 2: Boxen und Gleichungen
(1) $3 \cdot h = 3 + 2 \cdot h$
oder $h + h + h = 2 + h + 1 + h$
(2) $2 + h + 5 = h + 3 + 2 \cdot h$
oder $h + 7 = 3 \cdot h + 3$
(3) $4 \cdot h = 2 \cdot h + 6$
oder $2 \cdot h + h + h = h + 3 + h + 3$
(4) $2 \cdot h + 7 = 3 \cdot h + 1$
oder $h + 7 + h = 2 \cdot h + 1 + h$
Begründungen:
Durch Abzählen der einzelnen Boxen- und Hölzchenanzahlen kann man die Gleichungen leicht zuordnen.
Ergebnisse:
(1) 3 Hölzchen pro Box
(2) 2 Hölzchen pro Box
(3) 3 Hölzchen pro Box
(4) 6 Hölzchen pro Box
Bei der Situation im Forschungsauftrag 1 muss die Gleichung dann $2h + 5 = 3h + 3$ lauten.

Forschungsauftrag 3: Boxenfolgen legen
Die Ausgangssituation wird nochmals dargestellt. Im 1. Schritt wird auf beiden Seiten des Gleichheitszeichens jeweils ein Hölzchen entfernt. Im 2. Schritt wird auf beiden Seiten des Gleichheitszeichens jeweils eine Box entfernt. Man kann diese Handlungen jeweils durchführen, weil man auf beiden Seiten des Gleichheitszeichens das gleiche durchführt – an der Gleichheit ändert sich nichts. Im 2. Schritt ist daher gleichzeitig das Ergebnis angegeben.

Boxenfolge für den Forschungsauftrag 1:

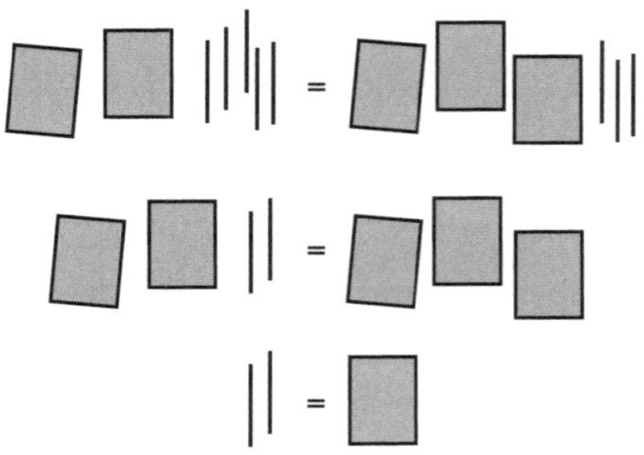

Also sind in einer Box 2 Hölzchen.

Boxenfolge für den Forschungsauftrag 2:
(1)

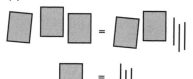

Also sind in einer Box 3 Hölzchen.
(2)

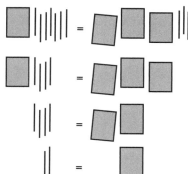

Also sind in einer Box 2 Hölzchen.
(3)

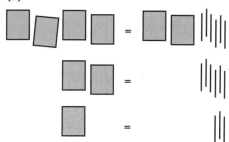

Also sind in einer Box 3 Hölzchen.
(4)

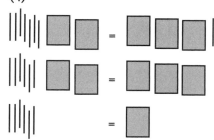

Also sind in einer Box 6 Hölzchen.
Wenn man die Idee der Boxenfolgen auf Gleichungen überträgt, ergeben sich folgende Gleichungsfolgen, indem man die Bilder einfach in Gleichungen überführt:
Forschungsauftrag 3:

2h + 1 = h + 5	(Ausgangssituation)
2h = h + 4	(1. Schritt)
h = 4	(2. Schritt)

Forschungsauftrag 1:

2h + 5 = 3h + 3
2h + 2 = 3h
2 = h

Forschungsauftrag 2:
(1)　　3h = 2h + 3
　　　　h = 3
(2)　h + 7 = 3h + 3
　　h + 4 = 3h
　　　　4 = 2h
　　　　2 = h
(3)　　4h = 2h + 6
　　　2h = 6
　　　　h = 3
(4) 7 + 2h = 3h +1
　　6 + 2h = 3h
　　　　6 = h

1 Rechnen mit rationalen Zahlen

Seite 110

1
a) −1　　　　b) −1　　　　c) −2
　　1　　　　　　2　　　　　　2
d) −126　　　e) −84　　　f) −9
　−71　　　　　11　　　　　−88

2
a) 0　　　　　b) −23　　　c) −4
　−24　　　　　−5　　　　　−1

3　a) 18　　　　b) −5　　　　c) 19
　　d) ? = 225　　e) ? = −39　　f) ? = −65

4
a) −84　　　　b) −162　　　c) −104
　91　　　　　　260　　　　　−6600
d) −45　　　　e) 180
　65　　　　　　−1800

5
a) −5　　　　b) 6　　　　　c) −10
　11　　　　　　4　　　　　　−11
　9　　　　　　−4　　　　　　11
　−5; 9; 11　　−4; 4; 6　　　−11; −10; 11
d) −5　　　　e) 4
　−5　　　　　　−5
　0　　　　　　−3
　−5; −5; 0　　−5; −3; 4

6

	Klammerregel	Ausmultiplizieren	Vergleich
a)	$4,2 \cdot (7 + 3) = 4,2 \cdot 10 = 42$	$4,2 \cdot (7 + 3) = 4,2 \cdot 7 + 4,2 \cdot 3 = 29,4 + 12,6 = 42$	Klammerregel einfacher
b)	$12 \cdot (30 + 5) = 12 \cdot 35 = 420$	$12 \cdot (30 + 5) = 12 \cdot 30 + 12 \cdot 5 = 360 + 60 = 420$	Ausmultiplizieren einfacher
c)	$12 \cdot \left(\frac{7}{8} - 4\right) = 12 \cdot \left(\frac{7}{2} - \frac{8}{2}\right) = 12 \cdot \left(-\frac{1}{2}\right) = -6$	$12 \cdot \left(\frac{7}{2} - 4\right) = 12 \cdot \frac{7}{2} - 12 \cdot 4 = 42 - 48 = -6$	Gleichwertig
d)	$(60 - 4) \cdot 4 = 56 \cdot 4 = 224$	$(60 - 4) \cdot 4 = 60 \cdot 4 - 4 \cdot 4 = 240 - 16 = 224$	Ausmultiplizieren einfacher
e)	$-0,4 \cdot (20 - 5) = (-0,4) \cdot 15 = -6$	$-0,4 \cdot (20 - 5) = (-0,4) \cdot 20 - (-0,4) \cdot 5$ $= -8 + 2 = -6$	Ausmultiplizieren einfacher
f)	$\left(\frac{2}{3} - \frac{1}{6}\right) \cdot 4 = \left(\frac{4}{6} - \frac{1}{6}\right) \cdot 4 = \frac{1}{2} \cdot 4 = 2$	$\left(\frac{2}{3} - \frac{1}{6}\right) \cdot 4 = \frac{2}{3} \cdot 4 - \frac{1}{6} \cdot 4 = \frac{8}{3} - \frac{2}{3} = 2$	Klammerregel einfacher
g)	$1,2 \cdot (-1,4 - 3,6) = 1,2 \cdot (-5) = -6$	$1,2 \cdot (-1,4) - 1,2 \cdot 3,6 = -1,68 - 4,32 = -6$	Klammerregel einfacher
h)	$\left(0,005 - \frac{3}{200}\right) \cdot (-200)$ $= \left(\frac{1}{200} - \frac{3}{200}\right) \cdot (-200)$ $= \left(-\frac{1}{100}\right) \cdot (-200) = 2$	$\left(0,005 - \frac{3}{200}\right) \cdot (-200)$ $= 0,005 \cdot (-200) - \frac{3}{200} \cdot (-200)$ $= -1 + 3 = 2$	Ausmultiplizieren einfacher

7

	Ausklammern	Punkt-vor-Strich-Regel	Vergleich
a)	$4,2 \cdot 6 + 4,2 \cdot 4 = 4,2 \cdot (6 + 4) = 42$	$4,2 \cdot 6 + 4,2 \cdot 4 = 25,2 + 16,8 = 42$	Ausklammern einfacher
b)	$15 \cdot 20 + 8 \cdot 15 = 15 \cdot (20 + 8)$ $= 15 \cdot 28 = 420$	$15 \cdot 20 + 8 \cdot 15 = 300 + 120 = 420$	Punkt-vor-Strich einfacher
c)	$3 \cdot (-1,2) + (-1,2) \cdot 2 = (-1,2) \cdot (3 + 2)$ $(-1,2) \cdot 5 = -6$	$3 \cdot 2 = -3,6 - 2,4 = -6$	Gleichwertig
d)	$56 \cdot 8 - 4 \cdot 56 = 56 \cdot (8 - 4)$ $= 56 \cdot 4 = 224$	$56 \cdot 8 - 4 \cdot 56 = 448 - 224 = 224$	Ausklammern einfacher
e)	$\frac{2}{3} \cdot (-6) - 3 \cdot \frac{2}{3} = \frac{2}{3} \cdot (-6 - 3)$ $= \frac{2}{3} \cdot (-9) = -6$	$\frac{2}{3} \cdot (-6) - 3 \cdot \frac{2}{3} = -4 - 2 = -6$	Punkt-vor-Strich einfacher
f)	$(-7) \cdot 0,5 - 0,5 \cdot (-11)$ $= 0,5 \cdot ((-7) - (-11)) = 0,5 \cdot 4 = 2$	$(-7) \cdot 0,5 - 0,5 \cdot (-11)$ $= (-3,5) + 5,5 = 2$	Gleichwertig
g)	$1200 \cdot 0,3 + 1200 \cdot 0,05 = 1200 \cdot (0,3 + 0,05)$ $= 1200 \cdot 0,35 = 420$	$1200 \cdot 0,3 + 1200 \cdot 0,05 = 360 + 60 = 420$	Punkt-vor-Strich einfacher
h)	$1,2 \cdot 1,4 - 1,2 \cdot 6,4$ $= 1,2 \cdot (1,4 - 6,4) = 1,2 \cdot (-5) = -6$	$1,2 \cdot 1,4 - 1,2 \cdot 6,4 = 1,68 - 7,68 = -6$	Ausklammern einfacher
i)	$-22,3 \cdot 4,5 + 44,5 \cdot 22,3 = 892$	$-22,3 \cdot 4,5 + 44,5 \cdot 22,3 =$ $-100,35 + 992,35 = 892$	Punkt-vor-Strich einfacher

8

	Ergebnis	Benutzte Regel
a)	$4{,}7 - (1{,}7 + 4{,}7) = -1{,}7$	Minusklammerregel
	$4{,}7 - (1{,}7 - 4{,}7) = 7{,}7$	Klammerregel
	$4{,}7 - (-1{,}7 + 4{,}7) = 1{,}7$	Minusklammerregel
	$4{,}7 + (-1{,}7 - 4{,}7) = -1{,}7$	Plusklammerregel
b)	$15 \cdot 100 - 15 \cdot 4 = 1440$	Punkt-vor-Strich-Regel
	$15 \cdot 104 - 15 \cdot 4 = 1500$	Ausklammern
	$15 \cdot (-100) - 15 \cdot 4 = -1560$	Punkt-vor-Strich-Regel
	$15 \cdot (-96) + 15 \cdot (-4) = -1500$	Ausklammern
c)	$\frac{3}{4} \cdot \left(\frac{5}{7} + \frac{9}{7}\right) = \frac{3}{2}$	Klammerregel
	$\frac{6}{5} \cdot \left(\frac{5}{3} + \frac{5}{2}\right) = 5$	Ausmultiplizieren
	$\frac{3}{4} \cdot \frac{2}{7} + \frac{3}{4} \cdot \frac{5}{7} = \frac{3}{4}$	Punkt-vor-Strich-Regel
d)	$\frac{15}{14} \cdot \left(\frac{7}{10} - \frac{14}{15}\right) = -\frac{1}{4}$	Ausmultiplizieren
	$\frac{15}{14} \cdot \left(\frac{4}{11} - \frac{8}{22}\right) = 0$	2. Faktor = 0
	$\frac{3}{5} \cdot \frac{1}{9} - \frac{4}{9} \cdot \frac{3}{5} = -\frac{1}{5}$	Punkt-vor-Strich-Regel

Ordnen: a) $-1{,}7$; $-1{,}7$; $1{,}7$; $7{,}7$
b) -1560; -1500; 1440; 1500
c) $\frac{3}{4}$; $\frac{3}{2}$; 5
d) $-\frac{1}{4}$; $-\frac{1}{5}$; 0

9 a) Nein, da man ohne Klammer nur durch 49 dividieren und anschließend dieses Zwischenergebnis mit 56 multiplizieren würde, anstelle durch das Produkt von 49 und 56 zu dividieren.
$78 : (49 \cdot 56) = \frac{78}{2744} \approx 0{,}028$ ist ungleich dem Ergebnis $78 : 49 \cdot 56 = \frac{78}{49} \cdot 56 \approx 89$.
b) Ja, wie bei der Plusklammerregel.
c) Nein, da man ohne die Klammer die 12 nur mit 4 und nicht mit dem Ergebnis der Klammer (14) multiplizieren würde.
$12 \cdot (4 + 23 - 13) = 12 \cdot 14 = 168$ ist ungleich dem Ergebnis $12 \cdot 4 + 23 - 13 = 58$.
d) Nein, da man ohne Klammer nur die „13" subtrahieren würde und die „4 · 2" addieren und nicht subtrahieren würde.
$4 \cdot 3 - (13 + 4 \cdot 2) = 12 - 21 = -9$ ist ungleich dem Ergebnis $4 \cdot 3 - 13 + 4 \cdot 2 = 12 - 13 + 8 = 7$.

10 $\frac{4}{7} : 2 - \frac{12}{7}$; $\frac{4}{7} : \left(2 - \frac{12}{7}\right) = 2$
$\frac{7}{3} - \frac{2}{3} : \frac{1}{3} - 1$; $\left(\left(\frac{7}{3} - \frac{2}{3}\right) : \frac{1}{3}\right) - 1 = 4$
$\frac{8}{3} - \frac{4}{3} : -\frac{2}{3} + 1$; $\left(\frac{8}{3} - \frac{4}{3}\right) : \left(-\frac{2}{3} + 1\right) = 4$
$0{,}5 \cdot 7 + 0{,}5 : 0{,}5 + 1{,}5 - 1$;
$(0{,}5 \cdot 7) + 0{,}5 : ((0{,}5 + 1{,}5) - 1) = 4$

11 a) Individuelle Eingaben in den Taschenrechner in Abhängigkeit von dem Rechner.
b) und c) Individuelle Eingaben in den Taschenrechner. Es gibt verschiedene Möglichkeiten.
Man kann den Bruch in Klammern eingeben oder den Bruch als Division lesen: $-7 : 2 \cdot 2$.

12 Individuelle Lösung.

13 Individuelle Lösung.

14 Das Haus besitzt eine achsensymmetrische Fassade. Die Achse liegt dabei senkrecht mittig zwischen den oberen Fenstern.
Der obere Dachteil ist trapezförmig. Oberhalb der größeren Fenster sind im Dach Dreiecke zu erkennen. Die Fenster selber bestehen aus Dreiecken, Rechtecken und Quadraten.
Die nebeneinander liegenden Gauben (kleine oben und größere unten), der Fensterbereich in den Gauben und die Fensterbereiche in der Hauswand haben jeweils gleiche Formen und Abmessungen.
Unterschiede:
– Kleines Fenster auf der rechten Hälfte des Daches
– Hausnummer an der Wand in der rechten Hälfte des Hauses neben den Fenstern
Die Lage der Zimmer in beiden Haushälften ist vermutlich gleich. So könnte es sein, dass die Bäder beider Haushälften nebeneinander in der Mitte des ganzen Hauses liegen. Dies hat Vorteile bei der Installation der Wasserrohre und der Abwässer.

15
a) Beginn: 180 €
Nach 1 Jahr: 183,24 €
Nach 2 Jahren: 186,54 €
Nach 3 Jahren: 189,90 €
Nach 4 Jahren: 193,32 €
Nach 5 Jahren: 196,80 €
Sie erhält 16,80 € Zinsen.
b) Beginn: 180 €
Nach 1 Jahr: 181,80 €
Nach 2 Jahren: 184,35 €
Nach 3 Jahren: 187,67 €
Nach 4 Jahren: 191,80 €
Nach 5 Jahren: 196,79 €
Sie erhält 16,79 € Zinsen.
Es wäre um 1 ct schlechter.

2 Mit Termen Probleme lösen

Seite 114

1 a) Festbetrag für die Reparaturkosten: 20 €
Kosten pro Viertelstunde: 11 €
b)

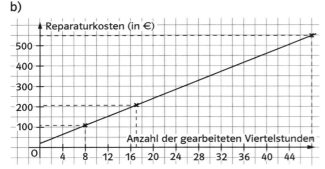

Die geforderten Werte sind am Graphen eingezeichnet.
c) 2 Stunden Arbeitszeit entsprechen 8 Viertelstunden. Die Reparaturkosten ergeben sich mit
R = 20 + 11·8 = 108, also 108 €.
4,5 Stunden ≙ 18 Viertelstunden, also
R = 20 + 11·18 = 218, also 218 €.
12 Stunden ≙ 48 Viertelstunden, also
R = 20 + 11·48 = 548, also 548 €.
d) Die Lösungen kann man beispielsweise am Graphen ablesen. Bei 75 € hat er 5 Viertelstunden, also 1 Stunde und 15 Minuten gearbeitet. Bei 350 € sind es 30 Viertelstunden, also 7,5 Stunden und bei 295 € sind es 25 Viertelstunden also 6 Stunden und 15 Minuten gewesen.

2 a) Sei e die Entfernung des Blitzes (in km) und z die Zeit zwischen Blitz und Donner (in s). Den Werten der Tabelle entnimmt man: e = z:3.
b) z = 12, also e = 12:3 = 4, also ist das Gewitter 4 km entfernt.
z = 15, also e = 15:3 = 5, also 5 km Entfernung.
z = 18, also e = 18:3 = 6, also 6 km Entfernung.
c)

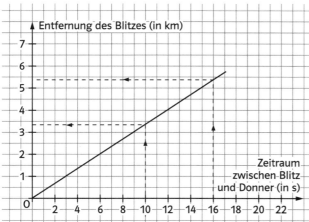

Mögliche Werte sind (die gestrichelten Linien geben an, wie man die Werte ablesen kann):
z = 10, also e ≈ 3,3 (genauer Wert: e = 3,$\overline{3}$)
z = 6, also e = 2
z = 16, also e ≈ 5,4 (genauer Wert: e = 5,$\overline{3}$)
z = 0, also e = 0, der Blitz ist direkt „über" der Person.
d) e = 12 km; durch Ausprobieren erhält man z = 36, denn 36:3 = 12.
Also ist der Zeitraum zwischen Blitz und Donner 36 Sekunden.
z = 6, also e = 2

3 a)

Anzahl der Sprossen	Anzahl der Hölzer
1	5
2	8
3	11
4	14
n	2 + n·3
1008	2 + 1008·3 = 3026

b) Individuelle Lösung.

4 a) Alle Kantenlängen im Oktaeder sind gleich lang. Sei K die Länge einer Kante und D die benötigte Drahtlänge. Dann ist: D = 12·K.
K = 5, also D = 12·5 = 60, also benötigt man 60 cm Draht.
K = 8,5, also D = 12·8,5 = 102, also 102 cm Draht.
K = 0,7 m, also D = 12·0,7 = 8,4, also 8,4 m Draht.
b) Mögliche Antworten:
– Zum Befestigen der Drähte an den Ecken muss man Schlaufen drehen, die zusätzlichen Draht benötigen.
– Beim Bauen könnte sich der Draht leicht biegen, sodass für eine Kante mehr Draht benötigt wird.

Seite 115

5 a) Term: 0,21 x + 9,95
Situation: Betrag einer monatlichen Telefonrechnung in € bei x telefonierten Einheiten. Jede Einheit kostet dabei 0,21 €, die Grundgebühr für den Anschluss beträgt 9,95 €.
b) Term: 2x + 8
Situation: Umfang eines Rechtecks in cm mit Länge x cm und Breite 4 cm.
c) Term: 9 + 2x
Situation: Zahlenrätsel: Multipliziere 2 mit einer gedachten Zahl und addiere das Ergebnis zu 9.

6 a) Sei b die Breite der quadratischen Pflastersteine (in cm) und A die Anzahl der benötigten Steine.

Dann ist $A = (480:b)\cdot(480:b)$, denn die Anzahl der Steine pro Reihe ergibt sich aus dem Term $480:b$ (beide Angaben in cm) und im quadratischen Hof gibt es ebenfalls $480:b$ Reihen.
b) $b = 4$, also $A = (480:4)\cdot(480:4) = 14\,400$, also werden $14\,400$ Pflastersteine benötigt.
$b = 5$, also $A = (480:5)^2 = 9216$, also 9216 Steine.
$b = 6$, also $A = (480:6)^2 = 6400$, also 6400 Steine.
$b = 8$, also $A = (480:8)^2 = 3600$, also 3600 Steine.
c) Sei P der Preis für alle Steine (in €) und p der Preis pro Stein (in €).
Dann ist: $P = A\cdot p$.
$b = 4$, also $P = 14\,400\cdot0,05 = 720$, also 720 €.
$b = 5$, also $P = 9216\cdot0,08 = 737,28$, also $737,28$ €.
$b = 6$, also $P = 6400\cdot0,12 = 768$, also 768 €.
$b = 8$, also $P = 3600\cdot0,21 = 756$, also 756 €.
Mögliche Antworten:
– Ich würde die Steine mit der Breite 4 cm kaufen, da sie insgesamt am günstigsten sind.
– Ich würde die großen Steine kaufen ($b = 8$), weil ich sie am hübschesten finde und sie auch nicht am teuersten sind.
– Ich würde die großen Steine kaufen ($b = 8$), weil sie am schnellsten verlegt sind.

7   a) Term: $2,5 + 1,5\,x$
(Preis in € bei x gefahrenen km)

Strecke x (in km)	3	4	5	6	7	10
Preis $2,5 + 1,5\,x$	7	8,5	10	11,5	13	17,5

b) Term ab 5 km: $2,5 + 1,5\cdot4 + (x - 4)1,4$ oder $2,5 + 1,5\cdot4 + 1,4 + (x - 5)1,4$
(Preis in € bei x gefahrenen km)

Strecke x (in km)	5	6	7	10
Preis $8,5 + (x - 4)1,4$	9,9	11,3	12,7	16,9

c)

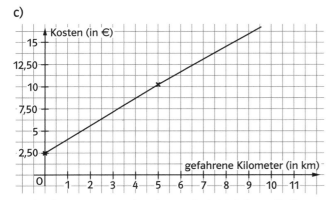

Verlauf: Die Kosten beginnen bei $2,50$ €, weil dies die Grundgebühren sind. Danach steigt der Graph für die Kosten gleichmäßig an (pro gefahrenen Kilometer um $1,50$ €) bis zu 5 gefahrenen Kilometern. Da die Kosten pro Kilometer ab dem $5.$ km günstiger sind ($1,40$ € pro Klometer) verläuft der Graph nun flacher – aber weiterhin gleichmäßig.

d) Lösung, grafisch oder durch Probieren: Für $5,50$ € kann man 2 km fahren, für $29,50$ € kann man 19 km fahren, für $40,00$ € kann man $26,5$ km fahren.

3 Gleichwertige Terme – Umformen

Seite 117

1   a)

x	$5\cdot x - 1$	$7\cdot x - 1 - 3\cdot x$	$-x + 6\cdot x - 1$
3	14	11	14
15	74	59	74
−5	−26	−21	−26
−7	−36	−29	−36

Umgeformt zunächst nach dem Kommutativgesetz und anschließend zusammengefasst.

x	$1 + 4\cdot x - 2$	$(x - 1) + 4\cdot x$	$4\cdot x + 1$
3	11	14	13
15	59	74	61
−5	−21	−26	−19
−7	−29	−36	−27

b) $5\cdot x - 1 = -x + 6\cdot x - 1 = (x - 1) + 4\cdot x$ (alle drei Terme sind äquivalent)
Begründung: $-x + 6\cdot x - 1 = 5\cdot x - 1$
$(x - 1) + 4\cdot x = x + 4\cdot x - 1 = 5\cdot x - 1$
$7\cdot x - 1 - 3\cdot x = 1 + 4\cdot x - 2$ (die beiden Terme sind äquivalent)
Begründung: $7\cdot x - 1 - 3\cdot x = 7\cdot x - 3\cdot x - 1 = 4\cdot x - 1$
$1 + 4\cdot x - 2 = 4\cdot x + 1 - 2 = 4\cdot x - 1$
Umgeformt jeweils zunächst nach dem Kommutativgesetz.
Alle Terme, die man durch Umformungen nicht ineinander überführen kann, sind nicht äquivalent.
Beispiele: $5\cdot x - 1$, $7\cdot x - 1 - 3\cdot x$ und $4\cdot x + 1$ oder $-x + 6\cdot x - 1$, $1 + 4\cdot x - 2$ und $4\cdot x + 1$ …

Seite 118

2   a) $4\cdot s$ b) $5\cdot x$ c) $5\cdot t$ d) $-5\cdot d$
e) 0 f) k g) $6\,b$ h) $19\cdot f$
i) $30\,g$ j) $3,6\,s$ k) $3,2\,t$ l) $20,3\,y$

3   a) $9\cdot x$; also 18; 27; -36 bzw. -45
b) $12\cdot x$; also 24; 36; -48 bzw. -60
c) $3,8\cdot x$; also $7,6$; $11,4$; $-15,2$ bzw. -19
d) $-1,04\cdot x$; also $-2,08$; $-3,12$; $4,16$ bzw. $5,2$
e) $\frac{7}{3}\cdot x$; also $\frac{14}{3} = 4\frac{2}{3}$; $\frac{21}{3} = 7$; $-\frac{28}{3} = -9\frac{1}{3}$
bzw. $-\frac{35}{3} = -11\frac{2}{3}$
f) $\frac{13}{12}\cdot x$; also $\frac{26}{12} = 2\frac{1}{6}$; $\frac{39}{12} = 3\frac{1}{4}$; $-\frac{52}{12} = -4\frac{1}{3}$
bzw. $-\frac{65}{12} = -5\frac{5}{12}$

g) $-\frac{11}{16} \cdot x$; also $-\frac{22}{16} = -1\frac{3}{8}$; $-\frac{33}{16} = -2\frac{1}{16}$; $\frac{44}{16} = 2\frac{3}{4}$ bzw. $\frac{55}{16} = 3\frac{7}{16}$

h) $\frac{5}{12} \cdot x$; also $\frac{10}{12} = \frac{5}{6}$; $\frac{15}{12} = 1\frac{1}{4}$; $-\frac{20}{12} = -1\frac{2}{3}$ bzw. $-\frac{25}{12} = -2\frac{1}{12}$

4 a) $7 \cdot d$ b) $1000 \cdot x$ c) $11 \cdot f$ d) 0
e) $-x$ f) 0 g) $1\frac{2}{9} \cdot x$ h) $2\frac{1}{6} \cdot x$
Bei allen Aufgaben muss man zunächst das Kommutativgesetz anwenden, um anschließend zusammenfassen zu können.

5 Mögliche Lösungen:
a) $-2n + 12$; $6 + n + (n + 6) - n \cdot 4$;
$2 - n - 10 + (-5) \cdot (-4) - n$; $12 - n - n$
b) $-20n$; $(-10) \cdot n \cdot 2$; $5n - 10 \cdot n + 3 \cdot n \cdot (-5)$;
$-10n - n \cdot 10$; $n \cdot (-5) \cdot (-4)$
c) $2{,}83n$; $n \cdot (-2{,}83) \cdot (-1)$; $n \cdot 1{,}2 + 1{,}3 \cdot n + n \cdot 0{,}33$;
$n \cdot 0{,}13 - 5n + 7{,}7 \cdot n$
d) $n \cdot 13 \cdot (-1)$; $5n - n \cdot 6 - 12n$; $-13n$; $(-3) \cdot n \cdot 4 - n$

6 a)

d	0	1	18	-7
$5d - 3d - 1$	-1	1	35	-15
$3d + (1 - d)$	1	3	37	-13
$d + 2d + 3$	3	6	57	-18
$(1 - d) + 3d$	1	3	37	-13
$2d - 1$	-1	1	35	-15
$6d$	0	6	108	-42

b) $3 \cdot d + (1 - d) = (1 - d) + 3 \cdot d$, denn umgeformt ist
$3 \cdot d + (1 - d) = 3 \cdot d + 1 - d = 3 \cdot d - d + 1 = 2 \cdot d + 1$
und $(1 - d) + 3 \cdot d = 1 - d + 3 \cdot d = 1 + 2 \cdot d = 2 \cdot d + 1$
$5 \cdot d - 3 \cdot d - 1 = 2 \cdot d - 1$, wegen $5 \cdot d - 3 \cdot d = 2 \cdot d$.
Die anderen Terme sind jeweils nicht äquivalent, weil man sie durch Umformen nicht ineinander überführen kann.
Für die Begründung reicht es nicht aus, mehrere Zahlen einzusetzen und die Werte miteinander zu vergleichen, denn so müsste man alle existierenden Zahlen prüfen, was unmöglich ist.
c) Die Terme $3 \cdot d + (1 - d)$ und $(1 - d) + 3 \cdot d$ kann man zu $2 \cdot d + 1$ umformen – alle drei Terme sind äquivalent. Wenn nun d die Anzahl der Dreiecke beschreibt, kann man mit dem Term $2 \cdot d + 1$ die Anzahl der Streichhölzer berechnen:
$d = 1 \Rightarrow$ 3 Hölzer
$d = 2 \Rightarrow$ 5 Hölzer
$\vdots$ $\vdots$
$d = 4 \Rightarrow$ 9 Hölzer
Pro Dreieck werden 2 Hölzer benötigt und am Ende benötigt man noch 1 Streichholz, um das letzte Dreieck zu „schließen".

Da nun alle drei Terme äquivalent sind, kann man mit allen drei Termen die Anzahl der Streichhölzer berechnen.
d) Weil es keine negativen Anzahlen von Dreiecken gibt, kann d nicht negativ sein.
Deshalb hat Frank Recht.

7

	$12x - 5$	$2(6x - 3) + 1$	$-(x - 11x) - 3$	$7 - (2 - 5x) \cdot 2 - 6$	$-(5 - 12x)$
-5	-65	-65	-53	-53	-65
-2	-29	-29	-23	-23	-29
-1,5	-23	-23	-18	-18	-23
7,5	85	85	72	72	85
12	139	139	117	117	139
20	235	235	197	197	235

Die drei Terme $12x - 5 = 2(6x - 3) + 1 = -(5 - 12x)$ sind äquivalent und
die zwei Terme $-(x - 11x) - 3 = 7 - (2 - 5x) \cdot 2 - 6$ sind äquivalent, wie man durch Umformen zeigen kann.

8 a)

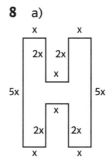

Horst fasst von oben bis zur Mitte zusammen, dann von unten bis zur Mitte. Am Schluss addiert er die beiden langen Seitenstücke.

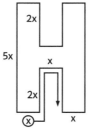

Helmut geht reihum: Er beginnt links unten und addiert alle Teilstücke.

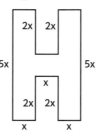

Hanna: außer bei den Stücken der Länge x fasst Hanna immer die Stücke einer Länge zusammen.
$2 \cdot (3 \cdot x)$
$4 \cdot (2 \cdot x)$
$2 \cdot (5 \cdot x)$

b) Horst
$2 \cdot x + 2 \cdot 2 \cdot x + x + 2 \cdot x + 2 \cdot 2 \cdot x + x + 2 \cdot 5 \cdot x$
$= 2x + 4x + x + 2x + 4x + x + 10x$
$= 24x$

Helmut

$x + 2 \cdot x + x + 2 \cdot x + x + 5 \cdot x + x + 2 \cdot x + x + 2 \cdot x + x$
$\quad + 5 \cdot x$

$= x + 2x + x + 2x + x + 5x + x + 2x + x + 2x + x + 5x$

$= 24x$

Hanna

$2 \cdot (3 \cdot x) + 4 \cdot 2x + 2 \cdot 5x$

$= 6x + 8x + 10x$

$= 24x$

Alle drei Terme kann man zu $24x$ umformen, weshalb sie äquivalent sind.

c) Mit dem äquivalenten Term $24x$ kann man die Drahtlänge für jedes x sehr schnell berechnen.

9 a) $4 \cdot s + s - s$, $s \cdot 4$ und $2 + s \cdot 1 + 3s - 2$, denn alle drei Terme kann man zu $4s$ vereinfachen.

$3s + 4 - s$, $-1 - 5s + 5 + 7s$, denn beide Terme kann man zu $2s + 4$ vereinfachen.

$3 \cdot s - 5$ und $-8 + s + 1 + 2s + 2$, da der zweite Term ebenfalls zu $3 \cdot s - 5$ umgeformt werden kann.

$4s - 5 + s$ ist zu keinem anderen Term äquivalent.

b) $3x + 1 - x$, $x + 1 + x$ und $0{,}8 + 2{,}1 + x \cdot 2 - 1{,}9$, denn alle drei Terme kann man zu $2x + 1$ vereinfachen.

$x + x + x + 5$ und $\frac{5}{2} \cdot x + 7{,}3 + 0{,}5x - 2{,}3$, denn beide Terme lassen sich zu $3x + 5$ vereinfachen.

$x + 10 + x - 5 + 2x$, $4x + 5$ und $-2 \cdot x + 3 + 6x + 2$, denn alle Terme lassen sich zu $4x + 5$ umformen.

c) Individuelle Lösung.

10 a) Sei r die Anzahl der gelaufenen Runden, R das Sponsorengeld von Ruth (in €) und V das Sponsorengeld des Vaters (in €). Dann sind

$R = 9 + 4 \cdot r$ und $V = 7 + 5 \cdot r$

b) $r = 4$, also $R = 9 + 4 \cdot 4 = 25$, sie erhält also $25\,€$.

$r = 5$, also $R = 9 + 4 \cdot 5 = 29$, sie erhält also $29\,€$.

$r = 9$, also $R = 9 + 4 \cdot 9 = 45$, sie erhält also $45\,€$.

$r = 4$, also $V = 7 + 5 \cdot 4 = 27$, sie erhält also $27\,€$.

$r = 5$, also $V = 7 + 5 \cdot 5 = 32$, sie erhält also $32\,€$.

$r = 9$, also $V = 7 + 5 \cdot 9 = 52$, sie erhält also $52\,€$.

c) Zusammen erhalten sie pro Runde $(R + V)$:

$9 + 4 \cdot r + 7 + 5 \cdot r = 16 + 9 \cdot r$; $r = 7$, also

$16 + 9 \cdot 7 = 79$; beide zusammen erlaufen bei 7 Runden ein Sponsorengeld von $79\,€$.

d) Ja sie hat Recht, weil man beide Terme (wie in c)) addieren kann zu $16 + 9 \cdot r$.

e) Beispielsweise durch Zeichnen der beiden Graphen und durch Ablesen des Schnittpunktes der Graphen erhält man die folgende Lösung: Nach 2 Runden erhalten beide gleich viel Geld. Man kann die Lösung auch durch Ausprobieren erhalten.

f) Ruth hat einen Sponsor, der eine höhere Teilnahmegebühr zahlt als der Sponsor von ihrem Vater, dafür erhält ihr Vater pro gelaufene Runde mehr Geld. Wer mehr Geld erläuft hängt deshalb von den

gelaufenen Runden ab. Wenn beide sehr sportlich sind und viele Runden laufen, ist der Sponsor vom Vater im Vergleich „besser". Wenn nur eine Runde gelaufen wird, ist hingegen Ruths Sponsor der Bessere.

11 a) $n = 2$ b) $n = 3$ c) $n = 8$ d) $n = \frac{8}{3}$
e) $n = 20$ f) $n = 40$ g) $n = 8$ h) $n = 5$

12 Individuelle Lösung.

4 Ausmultiplizieren und Ausklammern – Distributivgesetz

Seite 121

1 a) $4 \cdot d + 20$ b) $6 \cdot x + 12$ c) $2 \cdot s - 12$
d) $24t - 60$ e) $3 + 18 \cdot x$ f) $-z - 2$
g) $-6 + 15 \cdot k$ h) $5 \cdot x + 10$

2 a) $5x - 20$ b) $6d + 13$ c) $2s + 8$
d) $9x + 14$ e) $3{,}5d - 4{,}9$ f) $-4 - 2d$
g) $2s + 1{,}5$ h) $18k + 9$

3 a) $8 \cdot (x + 2)$ b) $5 \cdot (3 - 7 \cdot a)$ c) $24 \cdot (d - 2)$
d) $9(-4 + x)$ e) $\frac{1}{2} \cdot (b - 3)$ f) $\frac{5}{8} \cdot (3x + 1)$
g) $3{,}5 \cdot (v - 3)$ h) $\frac{1}{4} \cdot (3 - 2c)$

4 Individuelle Lösungen. Mögliche Lösungen sind:
a) $2(10x - 5)$ und $10(2x - 1)$; für beispielsweise $x = 2$ und $x = 4$ kommt jeweils 30 bzw. 70 heraus.
b) $4(2s + 1 + 1)$ und $2(4s + 2 + 2)$; für beispielsweise $s = 2$ und $s = 4$ kommt jeweils 24 bzw. 40 heraus.
c) $1{,}4(-2 + k)$ und $-1{,}4(2 - k)$; für beispielsweise $k = 2$ und $k = 4$ kommt jeweils 0 bzw. 2,8 heraus.
d) $3(-27x - 3)$ und $-9(9x + 1)$; für beispielsweise $x = 2$ und $x = 4$ kommt jeweils -171 bzw. -333 heraus.
e) $6(1 - 2 + 2s)$ und $3(2 - 4 + 4s)$; für beispielsweise $s = 2$ und $s = 4$ kommt jeweils 18 bzw. 42 heraus.
f) $7(d + 6d - 14)$ und $-7(-d - 6d + 14)$; für beispielsweise $d = 2$ und $d = 4$ kommt jeweils 0 bzw. 98 heraus.
g) $2(0{,}6x - 1{,}4 + 0{,}6x)$ und $-4(-0{,}3x + 7 - 0{,}3x)$; für beispielsweise $x = 2$ und $x = 4$ kommt jeweils 2 bzw. 6,8 heraus.
h) $2(0{,}5k + 1 + 4k + 5)$ und $-2(-0{,}5k - 1 - 4k - 5)$; für beispielsweise $k = 2$ und $k = 4$ kommt jeweils 30 bzw. 48 heraus.

5 Die Terme aus a), b), g) und h) sind äquivalent zu $6x$.

6 a) Die linke Figur beschreibt den Term
$4 \cdot p - 4$ anschaulich. Jede Reihe enthält p Pfähle.
Da es 4 Reihen gibt, benötigt man $4 \cdot p$ Pfähle, wobei jetzt die Ecken jeweils doppelt gezählt wurden.
Deshalb müssen insgesamt 4 Pfähle wieder abgezogen werden (die markierten Ecken). Es ergibt sich
der Term $4 \cdot p - 4$.
Wenn man beim Zaun jeweils die rechteckig un-
terlegten Pfähle zählt, ergeben sich 4 Reihen mit
jeweils $p - 1$ Pfählen. Deshalb ergeben sich alle
Pfähle des Zauns mit dem Term $4 \cdot (p - 1)$ (rechte
Figur).
b)

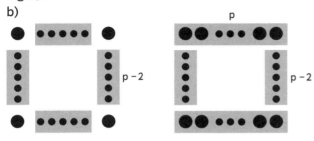

$4 \cdot (p - 2) + 4$ $2 \cdot p + 2 \cdot (p - 2)$
$4 \cdot (p - 2) + 4$ $2 \cdot p + 2 \cdot (p - 2)$

c) $p = 3$, also $4 \cdot 3 - 4 = 8$; man benötigt 8 Pfähle.
$p = 5$, also $4 \cdot 5 - 4 = 16$; man benötigt 16 Pfähle.
$p = 25$, also $4 \cdot 25 - 4 = 96$; man benötigt 96 Pfähle.
$p = 31$, also $4 \cdot 31 - 4 = 120$;
man benötigt 120 Pfähle.
$p = 46$, also $4 \cdot 46 - 4 = 180$;
man benötigt 180 Pfähle.

d)

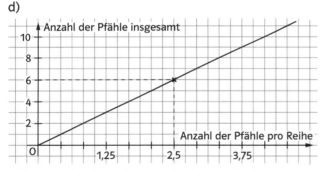

Bei $p = 2{,}5$ würde die Anzahl der Pfähle insgesamt 6 betragen. Das liefert auch die Rechnung
($4 \cdot 2{,}5 - 4$). Allerdings gibt es keine 2,5 Pfähle pro
Reihe, daher ist die Fragestellung nicht realistisch.
Daraus folgt weiter:
Für p müssen natürliche Zahlen eingesetzt werden,
weil es keine halbe bzw. anteilige Anzahl von Pfählen gibt. Die Variable p muss des Weiteren größer
als 1 sein. Denn wenn $p = 1$ wäre, würde sich kein
quadratisches Grundstück einzäunen lassen,
weil dann pro Reihe insgesamt nur ein Pfahl zur
Verfügung steht.
Rechnerische Begründung: Die Terme liefern für
$p = 1$ das Ergebnis 0, man würde also 0 Pfähle
benötigen.

Seite 122

7 a) $4 \cdot (5 + x) + 3 \cdot (2x - 4)$
$= 20 + 4 \cdot x + 6 \cdot x - 12$ Distributivgesetz
$= 4x + 6x + 20 - 12$ Kommutativgesetz
$= 10x + 8$
b) $7 \cdot (n - 2) + 5(1 + 2n)$
$= 7n - 14 + 5 + 10n$ Distributivgesetz
$= 7n + 10n - 14 + 5$ Kommutativgesetz
$= 17n - 9$
c) $5 \cdot (d + 3) + 4(2 - 2d)$
$= 5d + 15 + 8 - 8d$ Distributivgesetz
$= 5d - 8d + 15 + 8$ Kommutativgesetz
$= -3d + 23$
d) $-5 \cdot (4 + 2v) + 1{,}5 \cdot (2 - 4v)$
$= -20 - 10v + 3 - 6v$ Distributivgesetz
$= -10v - 6v - 20 + 3$ Kommutativgesetz
$= -16v - 17$
e) $-\frac{3}{5} \cdot \left(\frac{5}{2} \cdot x + 1\right) + \frac{1}{4} \cdot \left(\frac{3}{2} - 4x\right)$
$= -\frac{3}{2}x - \frac{3}{5} + \frac{3}{8} - x$ Distributivgesetz
$= -\frac{3}{2}x - x - \frac{3}{5} + \frac{3}{8}$ Kommutativgesetz
$= -2\frac{1}{2}x - \frac{9}{40}$
f) $-\frac{5}{6}\left(\frac{3}{4}b - \frac{4}{9}\right) - \left(-\frac{3}{7}\right) \cdot \left(14 - \frac{7}{9}b\right)$
$= -\frac{5}{8}b + \frac{10}{27} + 6 - \frac{1}{3}b$ Distributivgesetz
$= -\frac{5}{8}b - \frac{1}{3}b + \frac{10}{27} + 6$ Kommutativgesetz
$= -\frac{23}{24}b + 6\frac{10}{27}$

8 a) Term 1: $(3 \cdot x + 5) + 10 \cdot x = 13x + 5$
Term 2: $4 \cdot (1 - x) - 7 = -4x - 3$
Term 3: $-4x + 3$
Term 4: $(3x + 5) \cdot 5 - x = 14x + 25$
Term 5: $32 + 7 \cdot (2x - 1) = 14x + 25$
Term 6: $2 \cdot (-x) + 22 + 3 \cdot x = x + 22$
Term 7: $9x - 3$
Term 8: $13x + 5$
Term 9: $2 \cdot (5 - 2 \cdot x) - 13 = -4x - 3$
Term 10: $7 \cdot x - (3 - 2 \cdot x) = 9x - 3$
Term 11: $7 + x \cdot 2 + 15 - x = x + 22$
Term 12: $5 \cdot x + 3 - 9 \cdot x = -4x + 3$
Äquivalent sind daher folgende Termpaare:
1 und 8; 2 und 9; 3 und 12; 4 und 5; 6 und 11; 7
und 10.
b) Individuelle Lösung.

9 a) $2 + d \cdot 4 = 2 + 4d = 4d + 2$, also äquivalent
b) $2 \cdot (1 + 2x) = 2 + 4x$ ist nicht äquivalent zu $4 + 4x$
c) $s \cdot 7 - 27 = 7s - 27$ ist nicht äquivalent zu
$27 - 7s = -7s + 27$
d) $5a - 55 = 5 \cdot (a - 11)$, also äquivalent
e) $3 \cdot (0{,}5 + 2t) = 1{,}5 + 6t$ ist nicht äquivalent zu
$6t + 2{,}5 = 6t + 1{,}5$
f) $5 \cdot x + 2{,}5 = 5 \cdot (x + 0{,}5) = (x + 0{,}5) \cdot 5$, also äquivalent; $(x + 0{,}5) \cdot 5 = 5x + 2{,}5$

10 a) $4x + (2x - 5) = 4x + 2x - 5 = 6x - 5$
b) $9v - (2 - 5v) + 10 = 9v - 2 + 5v + 10 = 14v + 8$
c) $- (7 - 6x) + 4x + 5 = -7 + 6x + 4x + 5 = 10x - 2$
d) $r \cdot 13 + 3 \cdot (5r + 7) = 13r + 15r + 21 = 28r + 21$
e) $(-10) \cdot d - (7 + 7d) \cdot 2 = -10d - 14 - 14d$
$\qquad\qquad\qquad\qquad = -24d - 14$
f) $5 \cdot (-8z) - 2(6z + 20) = -40z - 12z - 40$
$\qquad\qquad\qquad\qquad = -52z - 40$
g) $5a + [3a - (4a + 1)] = 5a + [3a - 4a - 1] = 4a - 1$
h) $[(7x - 4) - (5x + 8)] + 9 = [7x - 4 - 5x - 8] + 9$
$\qquad\qquad\qquad\qquad = 2x - 3$
i) $\frac{3}{5}d - \left[\left(\frac{4}{5}d - \frac{1}{3}\right) + \frac{5}{3}\right] = \frac{3}{5}d - \left[\frac{4}{5}d - \frac{1}{3} + \frac{5}{3}\right]$
$\qquad\qquad = \frac{3}{5}d - \frac{4}{5}d - \frac{4}{3} = -\frac{1}{5}d - \frac{4}{3}$

11 Länge des Drahtes =
$10 + 3x + 2 + 9 + x + 1 + x + 3x + 2 = 8x + 24$

12 Individuelle Lösungen. Mögliche Lösung:

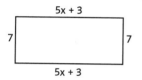

Seite 123

13 a) Mutter
b bezeichnet die Breite des Grundrisses und die halbe Länge beträgt 6 m. Der Term $6 \cdot b$ beschreibt damit die farblich unterlegte Fläche. Nun muss man die mit x schraffierte Fläche wieder abziehen $(-3 \cdot 4)$. Da der Grundriss symmetrisch ist, benötigt man diesen zusammengesetzten Term $6 \cdot b - 3 \cdot 4$ zweimal.
Tochter
$b - 3$ ist das untere Teilstück der Breite des Grundrisses. Mit dem Term $12 \cdot (b - 3)$ berechnet man somit die farblich unterlegte Fläche (unteres Rechteck). Mit dem Term $2 \cdot 3$ bestimmt man die mit x schraffierte Fläche – diese gib es zweimal.
Also $12 \cdot (b - 3) + 2 \cdot (2 \cdot 3)$.
b) Vater   Sohn

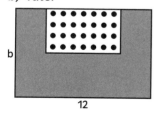   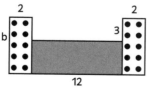

c) $12 \cdot b - 3 \cdot 8 = 12b - 24$ (Vater)
$2 \cdot (6 \cdot b - 3 \cdot 4) = 2 \cdot (6b - 12) = 12b - 24$ (Mutter)
$12 \cdot (b - 3) + 2 \cdot (2 \cdot 3) = 12b - 36 + 2 \cdot 6 = 12b - 24$
(Tochter)
$8 \cdot (b - 3) + 2 \cdot (2 \cdot b) = 8b - 24 + 4b = 12b - 24$
(Sohn)

Alle Terme lassen sich zu $12b - 24$ umformen, womit die Äquivalenz gezeigt wurde.
d) $b = 7m$, $12 \cdot 7 - 24 = 60$ Die Fläche beträgt $60\,m^2$.
$b = 8m$, $12 \cdot 8 - 24 = 72$ Die Fläche beträgt $72\,m^2$.
$b = 10m$, $12 \cdot 10 - 24 = 96$ Die Fläche beträgt $96\,m^2$.
Es wurde der Term $12b - 24$ zur Berechnung gewählt, weil er am schnellsten zu berechnen ist.
e) durch Ausprobieren erhält man $b = 9m$: Die Probe ergibt: $12 \cdot 9 - 24 = 84$.

14 a) und b)

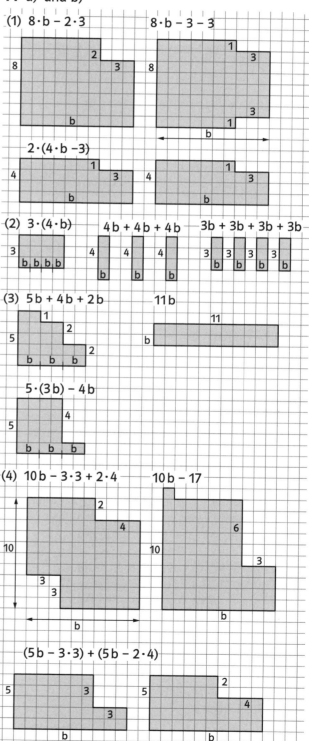

c) Individuelle Lösung.

15 a) Die Variable a steht für die Anzahl der Tafeln.
b) a · 55 stellt die Kosten für a Tafeln Alpenstolz dar.
(12 − a) beschreibt die Anzahl der Tafeln Sportglück
und (12 − a) · 45 gibt die Kosten für (12 − a) Tafeln
Sportglück an.
c) Erste Umformung: Ausmultiplizieren der
Klammer;
zweite Umformung: Vereinfachen
a · 55 − a · 45 = a · 10 und 12 · 45 = 540;
dritte Umformung: durch Ausprobieren erhält man
a = 4.
d) Timo kauft vier Tafeln Alpenstolz und acht Tafeln
Sportglück.

Seite 124

16 a) für x = 5 gilt: $\frac{4}{(5+5)} = \frac{4}{10}$ und $\frac{4}{5} + \frac{4}{5} = \frac{8}{5} = \frac{16}{10}$;
Die Summe des Nenners wurde auseinandergeris-
sen – diese Umformung ist falsch.
b) für x = 1 gilt: 5 + 2 : (1 + 3) = 5,5 und $\frac{2}{1} + 5\frac{2}{3} =$
$7\frac{2}{3}$;
Hier wurde das Distributivgesetz falsch angewendet. Hier kann man es nicht verwenden, die Division
kann nur als Bruch geschrieben werden: $5 + \frac{2}{x+3}$
c) für x = 0 gilt: 10 · (3 · 0 + 2) + 0 = 20 und
50 · 0 + 0 = 0. Hier wurde die Klammer falsch zusammengefasst: 3x + 2 kann man aber nicht
weiter zusammenfassen. Richtig wäre 10 · (3x + 2)
= 30x + 20 + x = 31x + 20
d) für x = 0 gilt: 3 · (0 − 2) − (0 − 6) = 0 und
2 · 0 = 0 für x = 2 gilt: 3 · (2 − 2) − (2 − 6) = 4
und 2 · 2 = 4
Hier stimmen die Proben überein. Der erste Term
und der dritte (letzte) Term sind auch äquivalent.
Der mittlere Term ist zwar auch zu den anderen beiden äquivalent, aber dies ist Zufall. Hier wurde bei
der ersten Umformung das Vorzeichen nicht richtig
beachtet: Aus 3 · (−2) wurde nicht −6 sondern +6.
Da dieser Fehler in umgekehrter Form im hinteren
Term ein zweites Mal vorkommt, heben sich beide
Fehler zufälliger Weise gegenseitig auf.

17 a) Für die ersten 500 € erhält Guido
(5 % · 500 = 25) 25 €. Für die restlichen 1600 €
(2100 − 500 = 1600) erhält er (3 % · 1600 = 48) 48 €.
Insgesamt kann er also mit mindestens
(25 + 48 = 73) 73 € Finderlohn rechnen.
b) Für Beträge bis 500 €:
sei g der Geldbetrag und F der Finderlohn jeweils
in €. Dann ist $F = \frac{5}{100} \cdot g$.
Für Beträge über 500 €:
Dann ist $F = 25 + \frac{3}{100} \cdot (g - 500)$. 25 ist der Finderlohn (in €) der ersten 500 € des Geldbetrages.

(g − 500) ist der Restbetrag. Mit $\frac{3}{100} \cdot (g - 500)$
bestimmt man den Finderlohn für diesen Restbe-
trag.
c) Mit der Formel aus b) ist:
$F = 25 + \frac{3}{100} \cdot (8000 - 500) = 250$
Das Vierfache von 250 € ist 1000 €.
Dieser Betrag ist $\frac{1000}{8000} = 12,5\%$ des Wertes des
Diamanten.
d) 71 € ist über 25 €, womit der Betrag des Wertes
des gefundenen Ringes über 500 € betragen muss.
Die restlichen (71 − 25 = 46) 46 € stammen
demnach vom Mehrwert über 500 € des Ringes.
3 % des Mehrwertes sind 46 €. Der Mehrwert ist
also $\left(\frac{46}{3} \cdot 100 \approx 1533,33\right)$ 1533,33 €. Der Wert des
Rings beträgt ungefähr (500 + 1530 = 2030) 2030 €.

18 a) Die Umrechnungen von Elvira und Kilian sind
falsch. Markos Umrechnung ist richtig, aber sie ist
wenig aussagekräftig, weil er zwei gleiche Zahlen
voneinander abzieht.
Shans Umformung ist richtig und sie belegt durch
dieses Gegenbeispiel, dass man das Kommutativgesetz nicht auf die Subtraktion übertragen kann.
b) Das Assoziativgesetz gilt ebenfalls nicht für die
Subtraktion und die Division wie die beiden Gegenbeispiele zeigen:
(80 − 7) − 13 = 73 − 13 = 60; aber
80 − (7 − 13) = 80 − (−6) = 86
(120 : 6) : 2 = 10; aber 120 : (6 : 2) = 120 : 3 = 40.

19 a) Mögliche Beispiele:
5 + 6 + 7 = 18   ist durch 3 teilbar
4 + 5 + 6 = 15   ist durch 3 teilbar
21 + 22 + 23 = 66   ist durch 3 teilbar
Die Behauptung kann nur an einigen Beispielen
überprüft werden. Für eine allgemeine Begründung
müsste man alle existierenden Zahlen testen – dies
ist unmöglich.
b) Sei n die erste der drei aufeinander folgenden
Zahlen
– dann ist die Summe: n + (n + 1) + (n + 2),
  vereinfacht ergibt sich n + n + n + 1 + 2
  = 3 · (n + 1). Dividiert man die Summe durch 3, so
  erhält man die mittlere Zahl n + 1.
Es kann also keine Gegenbeispiele geben;
Jan muss einen Fehler gemacht haben.
c) Die Behauptung muss auch für negative Zahlen
gelten, weil die Begründung mit Termen allgemein ist. Stichproben: (−6) + (−5) + (−4) = −15;
−15 : 3 = −5. Der Unterschied besteht darin, dass
das Ergebnis immer eine negative Zahl ist, wenn
man drei negative Zahlen addiert.

20 Sei n die Zahl, dann wird die Summe mit dem
Term (n + 3) + 2 · n. Vereinfacht ergibt sich

$3 \cdot n + 3 = 3 \cdot (n + 1)$. Da sowohl $3 \cdot n$ als auch 3 durch 3 teilbar sind, ist auch die Summe $3 \cdot n + 3$ durch 3 teilbar, die Division durch 3 ergibt $n + 1$, die um Eins größere Zahl.

21 a) $5z + 3z = 8z$ b) $2z + 4 = 2(z + 2)$
c) $0,5z + 7 = 0,5(z + 14)$
d) $(z + 8) \cdot 3 - 20 = 3z + 4$

5 Gleichungen umformen – Aquivalenzumformungen

Seite 126

1 a) $8b = 3b + 5$ $| -3b$
      $5b = 5$
beide Gleichungen sind äquivalent
b) $7x - 2 = 3 - x$ $| + x$
    $8x - 2 = 3$ $| + 2$
      $8x = 5$
beide Gleichungen sind äquivalent
c) $5d + 10 = 2d + 16$ $| -10$
      $5d = 2d + 6$ $| -2d$
      $3d = 6$ $| :3$
        $d = 2$
beide Gleichungen sind äquivalent
d) $6n - 6 = 3 - 3n$ $| +3n$ $6n = 6$ $| :2$
    $9n - 6 = 3$ $| +6$ $3n = 3$
      $9n = 9$ $| :3$
      $3n = 3$
damit sind beide Gleichungen äquivalent
e) $15 - 3x = 0$ $| :3$ $2x = 5 + x$ $| -2x$
      $5 - x = 0$ $0 = 5 - x$
                $5 - x = 0$
also sind beide Gleichungen äquivalent
f) $2d + 3 - (+d) = -5d$
      $2d + 3 - d = -5d$ $|$ vereinfachen
        $d + 3 = -5d$ $| +5d$
        $6d + 3 = 0$

  $d + 4$ $= -2 - 11d$ $| + 11d$
  $12d + 4 = -2$ $| + 2$
  $12d + 6 = 0$ $| :2$
    $6d + 3 = 0$
also sind beide Gleichungen äquivalent

2
a) $5x - 10 = 25$ $| + 10$
      $5x = 35$ $| :5$
        $x = 7$

x	$5x - 10$
1	−5
10	40
9	35
8	30
7	25

b) $4k + 12 = 62$ $| -12$
      $4k = 50$ $| :4$
        $k = 12,5$

k	$4k + 12$
1	16
10	52
13	64
12	60
12,5	62

c) $3,4t + 83 = 100$ $| -83$
      $3,4t = 17$ $| :3,4$
        $t = 5$

t	$3,4t + 83$
1	86,4
10	117
5	100

d) $8b + 12 = 12$ $| -12$
      $8b = 0$ $| :8$
        $b = 0$

b	$8b + 12$
1	20
0	12

e) $5,5p + 10 = 26,5$ $| -10$
      $5,5p = 16,5$ $| :5,5$
        $p = 3$

p	$5,5p + 10$
1	15,5
10	65
2	21
3	26,5

f) $5 - 2,5y = 7,5$ $| -5$
      $-2,5y = 2,5$ $| :(-2,5)$
        $y = -1$

y	$5 - 2,5y$
1	2,5
2	0
−1	7,5

g) $0,1g + 8 = 18$ $| -8$
      $0,1g = 10$ $| \cdot 10$
        $g = 100$

g	$0,1g + 8$
1	8,1
10	9
100	18

h) $d \cdot (-3) = 15$ $| :(-3)$
        $d = -5$

d	$d \cdot (-3)$
1	−3
5	−15
−5	15

i) $\frac{1}{2}a + 6 = 13$ $\quad|-6$

$\quad\quad \frac{1}{2}a = 7$ $\quad|\cdot 2$

$\quad\quad\quad a = 14$

a	$\frac{1}{2}a + 6$
1	6,5
10	11
11	11,5
15	13,5
14	13

j) $\frac{1}{4} - x = \frac{3}{4}$ $\quad|-\frac{1}{4}$

$\quad\quad -x = \frac{2}{4}$ $\quad|\cdot(-1)$

$\quad\quad\quad x = -\frac{1}{2}$

x	$\frac{1}{4} - x$
1	$-\frac{3}{4}$
$-\frac{1}{2}$	$\frac{3}{4}$

k) $\frac{3}{4} = \frac{1}{4}b + 3$ $\quad|\cdot 4$

$\quad 3 = b + 12$ $\quad|-12$

$-9 = b$

b	$\frac{1}{4}b + 3$
1	3,25
-1	$2\frac{3}{4}$
-10	0,5
-8	1
-9	$\frac{3}{4}$

l) $7 - \frac{1}{2}x = 1$ $\quad|-7$

$\quad -\frac{1}{2}x = -6$ $\quad|\cdot(-2)$

$\quad\quad\quad x = 12$

x	$7 - \frac{1}{2}x$
1	6,5
10	2
11	1,5
12	1

Insgesamt gibt es Aufgaben, bei denen das systematische Probieren schneller geht, meistens wenn die Lösung ganzzahlig ist. Ist dies nicht der Fall, führen die Äquivalenzumformungen häufig schneller zur Lösung.

3

a) $9b + 3 = 7b + 11$ $\quad|-7b$

$\quad 2b + 3 = 11$ $\quad\quad|-3$

$\quad\quad 2b = 8$ $\quad\quad\quad|:2$

$\quad\quad\quad b = 4$

b) $5 + 7x = 45 + 3x$ $\quad|-3x$

$\quad 5 + 4x = 45$ $\quad\quad|-5$

$\quad\quad 4x = 40$ $\quad\quad\quad|:4$

$\quad\quad\quad x = 10$

c) $5d + 4 = 4 + d$ $\quad\quad|-d$

$\quad 4d + 4 = 4$ $\quad\quad\quad|-4$

$\quad\quad 4d = 0$ $\quad\quad\quad\quad|:4$

$\quad\quad\quad d = 0$

d) $16v + 7 = 15v + 1$ $\quad|-15v$

$\quad v + 7 = 1$ $\quad\quad\quad|-7$

$\quad\quad\quad v = -6$

e) $8n - 15 = 3n$ $\quad\quad|-3n$

$\quad 5n - 15 = 0$ $\quad\quad|+15$

$\quad\quad 5n = 15$ $\quad\quad\quad|:5$

$\quad\quad\quad n = 3$

f) $12k = 15k - 60$ $\quad|-15k$

$\quad -3k = -60$ $\quad\quad|:(-3)$

$\quad\quad k = 20$

g) $5,5 + 3t = t - 2,5$ $\quad|-t$

$\quad 5,5 + 2t = -2,5$ $\quad|-5,5$

$\quad\quad 2t = -8$ $\quad\quad\quad|:2$

$\quad\quad\quad t = -4$

h) $5,5z = -9 + 4,5z$ $\quad|-4,5z$

$\quad\quad z = -9$

i) $\frac{1}{2}a + 6 = 13 - a$ $\quad|+a$

$\quad \frac{3}{2}a + 6 = 13$ $\quad\quad|-6$

$\quad\quad \frac{3}{2}a = 7$ $\quad\quad\quad|\cdot\frac{2}{3}$

$\quad\quad\quad a = \frac{14}{3} = 4\frac{2}{3}$

j) $6 - \frac{1}{2}x = 1 + 2x$ $\quad|+\frac{1}{2}x$

$\quad\quad 6 = 1 + 2\frac{1}{2}x$ $\quad|-1$

$\quad\quad 5 = \frac{5}{2}x$ $\quad\quad\quad|\cdot\frac{2}{5}$

$\quad\quad 2 = x$

k) $\frac{3}{4}b = \frac{1}{4}b + 3$ $\quad|-\frac{1}{4}b$

$\quad \frac{2}{4}b = 3$ $\quad\quad\quad|\cdot 2$

$\quad\quad b = 6$

l) $(-\frac{1}{4})\cdot x = \frac{3}{4}x - 1$ $\quad|+\frac{1}{4}x$

$\quad\quad 0 = x - 1$ $\quad\quad|+1$

$\quad\quad 1 = x$

Man kann diese Aufgaben nicht durch rückwärts Rechnen lösen, weil auf beiden Seiten des Gleichheitszeichens eine Variable steht.

4 $\quad 2b - 3 = 3b + 1$ $\quad\quad\Rightarrow b = -4$

$10 - n = 23$ $\quad\quad\quad\quad\Rightarrow n = -13$

$6d + 2(d - 13) = d\cdot 5 - 5$ $\quad\Rightarrow d = 7$

$5\cdot(b + 3) = 25$ $\quad\quad\quad\Rightarrow b = 2$

$8 + 0,5x = 2,5x$ $\quad\quad\quad\Rightarrow x = 4$

$(v - 5)\cdot 3 + 5v + 3 = 4v$ $\quad\Rightarrow v = 3$

$\frac{4}{7}b = -8$ $\quad\quad\quad\quad\quad\Rightarrow b = -14$

$x : 8 = 5$ $\quad\quad\quad\quad\quad\Rightarrow x = 40$

$2\cdot(x + 1) = 10$ $\quad\quad\quad\Rightarrow x = 4$

$3,5\cdot(x + 1) = 10,5$ $\quad\quad\Rightarrow x = 2$

$(-\frac{3}{4} + k)\cdot 2 + \frac{5}{4} = \frac{1}{4}$ $\quad\Rightarrow k = \frac{1}{4}$

5 a) $15 = 3x$ $\quad\quad|-3x$

$\quad 15 - 3x = 0$ $\quad\quad|-15$

$\quad\quad -3x = -15$ $\quad|:(-3)$

$\quad\quad\quad x = 5$

b) Karl wollte, dass das x auf der linken Seite des Gleichheitszeichens steht, damit er am Ende die Lösung „x = ..." schreiben kann. Die ersten beiden Umformungen hätte man auch umgehen können, indem man die Terme auf den beiden Seiten des Gleichheitszeichens der Gleichung vertauscht:

$15 = 3x$ und $3x = 15$ sind äquivalent. Nun muss man auch nicht durch eine negative Zahl dividieren, um x auszurechnen.

6 a) Beide erhalten die Lösung $t = 6$.

b) Wenn man beim Rechnen mit Brüchen Schwierigkeiten hat, wäre der rechte Weg einfacher, weil man hier das Rechnen mit Brüchen umgeht.

c) mögliche Lösungen:

1. Weg:
$$2 + \tfrac{1}{3}x = \tfrac{2}{3}x + 4 \qquad | -\tfrac{1}{3}x$$
$$2 = \tfrac{1}{3}x + 4 \qquad | -4$$
$$-2 = \tfrac{1}{3}x \qquad | \cdot 3$$
$$-6 = x$$

2. Weg:
$$2 + \tfrac{1}{3}x = \tfrac{2}{3}x + 4 \qquad | -\tfrac{2}{3}x$$
$$2 - \tfrac{1}{3}x = 4 \qquad | -2$$
$$-\tfrac{1}{3}x = 2 \qquad | \cdot(-3)$$
$$x = -6$$

3. Weg:
$$2 + \tfrac{1}{3}x = \tfrac{2}{3}x + 4 \qquad | \cdot 3$$
$$6 + x = 2x + 12 \qquad | -x$$
$$6 = x + 12 \qquad | -12$$
$$-6 = x$$

Bei allen drei Wegen benötigt man drei Rechenschritte. Beim 3. Weg umgeht man die Bruchrechnung, in dem die Brüche zu ganzen Zahlen erweitert werden.

7

a)
$$32x + 43 - 20x = -25 - 45x + 30 \quad |\text{vereinfachen}$$
$$12x + 43 = -45x + 5 \qquad | +45x$$
$$57x + 43 = 5 \qquad | -43$$
$$57x = -38 \qquad | :57$$
$$x = -\tfrac{38}{57} = -\tfrac{2}{3}$$

Probe:
LS: $32 \cdot \left(-\tfrac{38}{57}\right) + 43 - 20 \cdot \left(-\tfrac{38}{57}\right) = -21\tfrac{1}{3} + 43 + 13\tfrac{1}{3} = 35$

RS: $-25 - 45 \cdot (-\tfrac{38}{57}) + 30 = 5 + 30 = 35$

b)
$$12 - 9b + 15 - 5b = 14 - 8b + 6 \quad |\text{vereinfachen}$$
$$27 - 14b = 20 - 8b \qquad | +14b$$
$$27 = 20 + 6b \qquad | -20$$
$$7 = 6b \qquad | :6$$
$$\tfrac{7}{6} = b$$

Probe: LS: $12 - 9 \cdot \tfrac{7}{6} + 15 - 5 \cdot \tfrac{7}{6} = 10\tfrac{2}{3}$

RS: $14 - 8 \cdot \tfrac{7}{6} + 6 = 10\tfrac{2}{3}$

c)
$$-41 + 26t = 2t + 20t - 53 + 72 \quad |\text{vereinfachen}$$
$$-41 + 26t = 22t + 19 \qquad | -22t$$
$$-41 + 4t = 19 \qquad | +41$$
$$4t = 60 \qquad | :4$$
$$t = 15$$

Probe: LS: $-41 + 26 \cdot 15 = 349$

RS: $2 \cdot 15 + 20 \cdot 15 - 53 + 72 = 349$

d)
$$4f + 49 - 13f - 78 + 23f = 0 \quad |\text{vereinfachen}$$
$$14f - 29 = 0 \qquad | +29$$
$$14f = 29 \qquad | :14$$

$$f = \tfrac{29}{14} = 2\tfrac{1}{14}$$

Probe: LS: $4 \cdot \tfrac{29}{14} + 49 - 13 \cdot \tfrac{29}{14} - 78 + 23 \cdot \tfrac{29}{14} = 0$

e)
$$3 \cdot (a - 4) + 3 \cdot (4 - a) + 2a - 1 = 3 \quad |\text{erstes Vereinfachen}$$
$$3a - 12 + 12 - 3a + 2a - 1 = 3 \quad |\text{vereinfachen}$$
$$2a - 1 = 3 \qquad | +1$$
$$2a = 4 \qquad | :2$$
$$a = 2$$

Probe: LS:
$3 \cdot (2 - 4) + 3 \cdot (4 - 2) + 2 \cdot 2 - 1 = -6 + 6 + 4 - 1 = 3$

f)
$$13 \cdot (s - 5) - 4 \cdot (s - 1) + s = 5 \quad |\text{Ausmultiplizieren}$$
$$13s - 65 - 4s + 4 + s = 5 \quad |\text{vereinfachen}$$
$$10s - 61 = 5 \qquad | +61$$
$$10s = 66 \quad | :18$$
$$s = \tfrac{66}{10} = 6\tfrac{3}{5}$$

Probe: LS: $13 \cdot \left(\tfrac{33}{5} - 5\right) - 4\left(\tfrac{33}{5} - 1\right) + \tfrac{33}{5}$

$= 13 \cdot \left(\tfrac{8}{5}\right) - 4 \cdot \left(\tfrac{28}{5}\right) + \tfrac{33}{5}$

$= \tfrac{104}{5} - \tfrac{112}{5} + \tfrac{33}{5} = 5$

g)
$$3 \cdot (2x - 5) + 6 = 5 \cdot (3 - 5x) + 6x \quad |\text{Ausmultiplizieren}$$
$$6x - 15 + 6 = 15 - 25x + 6x \quad |\text{vereinfachen}$$
$$6x - 9 = 15 - 19x \qquad | +19x$$
$$25x - 9 = 15 \qquad | +9$$
$$25x = 24 \qquad | :25$$
$$x = \tfrac{24}{25}$$

Probe: LS: $3 \cdot \left(2 \cdot \tfrac{24}{25} - 5\right) + 6 = -3{,}24$

RS: $5 \cdot \left(3 - 5 \cdot \tfrac{24}{25}\right) + 6 \cdot \tfrac{24}{25} = -3{,}24$

h)
$$4 \cdot (v + 3) - 5 \cdot (3v - 8)$$
$$= 12 - 2 \cdot (3v + 1) \quad |\text{Ausmultiplizieren}$$
$$4v + 12 - 15v + 40 = 12 - 6v - 2 \,|\,\text{vereinfachen}$$
$$-11v + 52 = 10 - 6v \qquad | +6v$$
$$-5v + 52 = 10 \qquad | -52$$
$$-5v = -42 \qquad | :(-5)$$
$$v = \tfrac{42}{5} = 8\tfrac{2}{5} = 8{,}4$$

Probe: LS: $4 \cdot (8{,}4 + 3) - 5 \cdot (3 \cdot 8{,}4 - 8) = -40{,}4$

RS: $12 - 2 \cdot (3 \cdot 8{,}4 + 1) = -40{,}4$

Seite 128

8 a) $x = \tfrac{44}{9}$ b) $x = \tfrac{15}{2}$ c) $x = \tfrac{82}{29}$ d) $x = -\tfrac{17}{106}$

9 a) richtig b) richtig
c) richtig d) falsch

10 a) $4l = 50$, also $l = 12{,}5\,\text{m}$
b) $2l + 2(l + 3) = 4l + 6 = 50$, also $l = 11\,\text{m}$
c) $2(l + 1) + 2l + 2 = 4l + 4 = 50$, also $l = 11{,}5\,\text{m}$
d) $2l + l + 1 + 3 = 3l + 4 = 50$, also $l \approx 15{,}33\,\text{m}$

11 a) $s + 6 + s + 4 = s + 4 + s + s + s$ | vereinfachen

$2s + 10 = 4s + 4$ | $-2s$

$10 = 2s + 4$ | -4

$6 = 2s$ | $:2$

$3 = s$

Die Seitenlänge s beträgt 3 Einheiten.

b) $5 + s + 5 + s =$

$s + 2s - 1 + s + 2 + s + 3 + 4 =$ | vereinfachen

$2 \cdot s + 10 = 5 \cdot s + 8$ | $-2s$

$10 = 3 \cdot s + 8$ | -8

$2 = 3 \cdot s$ | $:3$

$\frac{2}{3} = s$

Die Seitenlänge von s beträgt $\frac{2}{3}$ Längeneinheiten.

12 a) $400 - 35\,m$ beschreibt den Kontostand von Shanon, da sie anfangs $400\,€$ auf ihrem Konto hat und monatlich $35\,€$ abgezogen werden (Reitstunden).

b) Zur Beantwortung muss man die Gleichung lösen:

$400 - 35\,m = 150 + 15\,m$ | $+35\,m$

$400 = 150 + 50\,m$ | -150

$250 = 50\,m$ | $:50$

$5 = m$

Nach 5 Monaten haben Kilian und Shanon gleich viel Geld auf ihrem Konto. Der Kontostand beträgt dann $(150 + 15 \cdot 5 = 225)$ $225\,€$.

13

$\frac{1}{2}$: $20 = 5(3{,}5 + x)$

          $\frac{1}{2} \cdot x = \frac{1}{4}$

$-\frac{3}{4}$: $(4 \cdot x + 2) \cdot 3 = -3$

          $x + 6 + x = 4{,}5$

4: $2 \cdot x + 3 = 11$

          $(x - 2) \cdot 5 = 10$

7: $x \cdot 10 - 15 = x + 48$

          $(2 - x) \cdot 3 = -22 + x$

-5: $2 \cdot (x + 3) = -4$

-2: $3 \cdot (x + 5) + 1 = -5 \cdot x$

          $24 = -4 \cdot x + 4$

          $\frac{1}{2} \cdot x = -1$

$3{,}5$: $x + 2 \cdot x = 14 - x$

          $4 \cdot (x - 0{,}5) = 12$

$-1{,}7$: $10 \cdot (-x) = 17$

          $x + x = -3{,}4$

25: $4x = 100$

          $3x + 10 = x + 60$

$2{,}55$: $100x = 255$

          $10x + 0{,}5 = 26$

8: $3x = 2x + 8$

        $x + 7 + x = 30 - x + 1$

$11{,}5$: $10x + 5 = 120$

         $24 = x \cdot 2 + 1$

-12: $-10x = 120$

        $x + 30 = 2x + 42$

Seite 129

14 a) $4z + 26 = 6 \cdot z$ | $-4z$

          $26 = 2z$ | $:2$

          $13 = z$

Guido hat sich die Zahl 13 gedacht.

Im zweiten Schritt wurde die rechte Seite des Gleichheitszeichens nicht durch 2 geteilt.

b) Ich denke mir eine Zahl. Diese Zahl verdreifache ich, subtrahiere sieben und multipliziere das Ergebnis mit vier. Das erhaltene Ergebnis ist genauso groß wie das Achtfache der gedachten Zahl. Antwort: $(3 \cdot z - 7) \cdot 4 = 8 \cdot z$, also $z = 7$

Die gedachte Zahl war 7 (mögliche Schülerantwort).

15 a) Im ersten Schritt müssen 12 subtrahiert werden:

$12 + 2b = 22$ | -12

$2b = 10$ | $:2$

$b = 5$

Im zweiten Schritt wurde die rechte Seite des Gleichheitszeichens nicht durch 2 geteilt.

b) Im zweiten Schritt muss man ein d auf beiden Seiten subtrahieren und nicht durch d dividieren.

$2d + 3 = d + 3$ | -3

$2d = d$ | $-d$

$d = 0$

c) Im ersten Schritt wurde falsch ausmultipliziert und im letzten Schritt wurde x auf der linken Seite der Gleichung falsch subtrahiert.

$-2(x + 3) = x$ | vereinfachen

$-2x - 6 = x$ | $+6$

$-2x = x + 6$ | $-x$

$-3x = 6$ | $:(-3)$

$x = -2$

d) Im ersten Schritt wurde auf der rechten Seite falsch ausmultipliziert und die Äquivalenzumformungen im zweiten Schritt wurden falsch durchgeführt:

$3 \cdot (2 - s) = 2s - (s + 6)$ | vereinfachen

$6 - 3s = s - 6$ | $+ 6 + 3s$

$12 = 4s$ | $:4$

$3 = s$

16 a) und b)
Sei h die Anzahl der Hölzer in einer blauen Box.
Situation A:
$4h + 1 = 2h + 4$, also $h = 3{,}5$. Demnach liegen in einer blauen Box 7 halbe Hölzer.
Situation B:
$h + 5 = 4h + 1{,}5$, also $h = 1\frac{1}{6}$. Demnach liegen in einer blauen Box 7 Hölzer der Länge $\frac{1}{6}$ eines ganzen Hölzchens.
Man kann die Lösungen auch zunächst durch Ausprobieren erhalten.
c) Individuelle Lösung.

17 a) $2x + 3 = 7 \qquad |-3$
$\qquad\quad 2x = 4 \qquad |:2$
$\qquad\qquad x = 2$
Probe: $2 \cdot 2 + 3 = 7$

$\quad 3x - 7 = x + 1 \qquad |+7$
$\quad\quad 3x = x + 8 \qquad |-x$
$\quad\quad 2x = 8 \qquad |:2$
$\qquad x = 4$
Probe: $3 \cdot 4 - 7 = 5 = 4 + 1$
Der Fehler von Rolf lag darin, dass er mit 0 multipliziert hat.
b) Die Behauptung ist richtig, denn jeder Term, der mit Null multipliziert wird, ergibt Null. Demnach erhält man mithilfe dieser Umformung nicht die Lösungen einer Gleichung. Daher ist diese Umformung auch keine Äquivalenzumformung.

6 Lösen von Problemen mit Strategien

Seite 132

1 a) Susannes Freundin meint, dass sich der Abstand zwischen dem Alter von Susanne und dem Alter ihrer Mutter von gut 32 Jahren mit jedem Jahr verringert. Dies ist falsch, denn der Abstand bleibt immer derselbe.
b) Sei a die Anzahl der Jahre, bis die Mutter doppelt so alt ist wie ihre Tochter Susanne.
Dann ist: $(13 + a) \cdot 2 = 45 + a$, denn in a Jahren ist Susanne $13 + a$ und ihre Mutter $45 + a$ Jahre alt. Dann soll Susannes Mutter doppelt so alt sein wie Susanne.
Auflösen der Gleichung ergibt:
$(13 + a) \cdot 2 = 45 + a$
$\quad 26 + 2a = 45 + a$
$\qquad\quad a = 19$
In 19 Jahren ist Susanne 32 und ihre Mutter 64 Jahre alt, demnach ist die Forderung erfüllt.

2 Die Situation kann mit der Gleichung $75 + 14 \cdot k = 650$ beschrieben werden, wobei k die Anzahl der Wasserkisten beschreibt. Durch Auflösen erhält man $k \approx 41{,}07$. Also darf Fritz nicht mehr als 41 Kisten transportieren.

3 Die Situation kann mit der Gleichung $3 \cdot p = 20 - 11{,}03$ dargestellt werden, wobei p die Anzahl der Pakete beschreibt. Umgeformt ergibt sich: $p = 2{,}99$. Somit kostet ein Paket CD-Rohlinge $2{,}99 \, €$.

4
– Der Vater fährt mit 1300 m pro Minute. Sei t die Anzahl der Minuten, dann legt der Vater in t Minuten $1300 \cdot t$ Meter Wegstrecke zurück.
– Phillip legt in t Minuten $85 \cdot t$ Meter Wegstrecke zurück.
– Beide zusammen sollen $12\,km = 12\,000\,m$ zurücklegen, also: $1300 \cdot t + 85 \cdot t = 12\,000$
$\qquad\qquad 1385 \cdot t = 12\,000 \qquad |:1385$
$\qquad\qquad\qquad t \approx 8{,}66$
Beide treffen sich nach ca. 8,66 Minuten (8 Minuten 40 Sekunden).
b) Nach ca. 8,66 Minuten hat Phillip $85 \cdot 8{,}66 \approx 736{,}5$ Meter zurückgelegt.
Das sind $\frac{736{,}5}{12\,000} \approx 0{,}0614$, also ca. 6,14 % des Gesamtweges.
c) $1300 \, \frac{m}{min} = 78 \, \frac{km}{h}$ ist zu prüfen $\qquad 1\,km = 1000\,m$
$\qquad\qquad\qquad\qquad\qquad\qquad\qquad\qquad 1\,h = 60\,min$
also $78 \, \frac{km}{h} = 78 \cdot \frac{1000\,m}{60\,min} = 1300 \, \frac{m}{min}$

5 a) $n + (n + 1) + (n + 2) = 81$
$n = 26$; Es sind die Zahlen 26, 27, 28.
b) (1) $x - y = 70$ und (2) $3x = 4y$
aus (1): $x = 70 + y$
einsetzen in (2): $3(70 + y) = 4y$
$\qquad\qquad\qquad 210 + 3y = 4y$
$\qquad\qquad\qquad\qquad y = 210$
einsetzen in (1): $x - 210 = 70$
$\qquad\qquad\qquad\qquad x = 280$

Seite 133

6 Sei s die Länge einer Seite des Würfels. Dann benötigt Klaus für ein Paket die Klebebandlänge:
$6 \cdot \left(\frac{1}{2} \cdot s\right) + 3 \cdot s = 6 \cdot s$.

Pro Paket hat er $160\,m : 70 \approx 2{,}29\,m$ Klebeband zur Verfügung.
Also: $6 \cdot s \approx 2{,}29$
$\qquad s \approx 0{,}38$, demnach ist eine Seitenlänge des Würfels ca. 38 cm lang.

7 Aus den Informationen ergibt sich die Gleichung: $300 = 100 \cdot 0{,}80 + 200 \cdot p$, wobei p der neue Preis der Würstchen in € beschreibt. Der Term $200 \cdot p$ ergibt sich aus folgenden Überlegungen: Wenn schon 100 Würstchen verkauft wurden, bleiben noch 200 übrig, die zu dem neuen Preis p verkauft werden können. Insgesamt müssen alle Einnahmen 300 € ergeben.
Durch Auflösen erhält man: $p = 1{,}10$. Also müssen die restlichen 200 Würstchen für 1,10 € verkauft werden, damit die Kosten gedeckt werden.

8
– Florian läuft entgegen der Rollrichtung 4 Stufen pro Sekunde.
– Die Rolltreppe fährt 115 Stufen in 45 Sekunden, also $2{,}\overline{5}$ Stufen pro Sekunde.
– Da sich beide Bewegungen gegenseitig „aufheben", ergibt sich pro Sekunde eine effektive Laufleistung von $4 - 2{,}\overline{5} = 1{,}\overline{4}$ Stufen pro Sekunde.
– Sei t die Zeit in Sekunden, bis Florian unten angekommen ist, dann gilt
$1{,}\overline{4} \cdot t = 115$, also $t \approx 79{,}6$.
Demnach braucht Florian ca. 80 Sekunden, bis er entgegen der Rolltreppenlaufrichtung unten angekommen ist.

9 a) $[(4z + 14) \cdot 2 - z] : 7 \qquad = z + 4 \quad | \cdot 7$
$\qquad (4z + 14) \cdot 2 - z = 7 \cdot z + 28$
$\qquad\qquad 8z + 28 - z = 7z + 28$
$\qquad\qquad\qquad 7z + 28 = 7z + 28 \quad | - 28$
$\qquad\qquad\qquad\qquad 7z = 7z \qquad | : 7$
$\qquad\qquad\qquad\qquad\quad z = z$
Diese Gleichung ist für alle Zahlen erfüllt, denn $z = z$ gilt immer.
b)
– Vierfache einer Zahl: $\qquad 4z$
– addiere dann 14: $\qquad 4z + 14$
– verdopple das Ergebnis: $(4 \cdot z + 14) \cdot 2$
– ziehe die gedachte Zahl wieder ab:
$(4 \cdot z + 14) \cdot 2 - z$
– das Ergebnis durch 7 dividieren:
$[(4 \cdot z + 14) \cdot 2 - z] : 7$
$\Rightarrow [(4z + 14) \cdot 2 - z] : 7 \qquad$ durch Termumformungen
$= [8z + 28 - z] : 7$
$= [7z + 28] : 7$
$= z + 4$
Auf der linken Seite der Gleichung (die auszuführende Rechenvorschrift) steht ein komplex erscheinender Term. Wenn man diesen vereinfacht, erhält man den einfachen Term $z + 4$. Beide Terme sind äquivalent. Daher muss man von dem genannten Endergebnis 4 abziehen, um die Zahl z zu erhalten.
c) Beispiel für individuelle Lösung
$[(5 \cdot z - 8) \cdot 3 + z] : 8 = 2z - 3$

„Verfünffache die gedachte Zahl, ziehe 8 ab und multipliziere das Ergebnis mit 3. Addiere dann die gedachte Zahl und dividiere durch 8."
Beim erhaltenen Endergebnis muss man 3 addieren und dann halbieren, um die gedachte Zahl zu erhalten.

10 a) $0{,}5 \, kg \triangleq 100 \, \%$
$0{,}01 \, kg \triangleq 2 \, \%$ Fruchtfleisch
Nach einer gewissen Lagerzeit:
$0{,}01 \, kg \triangleq 4 \, \%$, da sich der Fruchtfleischanteil verdoppelt hat. Die Fruchtfleischmasse bleibt aber konstant, weil nur das Wasser verdunstet.
$\cdot 25 \quad\quad \cdot 25$
$0{,}25 \, kg \triangleq 100 \, \%$
Die Gurke wiegt jetzt 0,25 kg.
$W = 0{,}5 \cdot 0{,}02 = 0{,}01 \, kg \qquad G = 0{,}5 \, kg; \; p = 2 \, \%$
Der neue Grundwert entspricht der neuen Masse der Gurke:
$G = 0{,}01 : 0{,}04 = 0{,}25 \, kg \qquad W = 0{,}01 \, kg; \; p = 4 \, \%$
b) $0{,}01 \, kg \triangleq 6 \, \% \; \Rightarrow \; 0{,}17 \, kg \triangleq 100 \, \%$
Die Gurke wiegt $\frac{1}{3}$ ihres ursprünglichen Gewichts.

11 Sei g das Gewicht des Fisches in Pfund und a der %-Anteil des Mittelstückes des Fisches:
$\frac{1}{3} + \frac{1}{4} + a = 1$, also $a = \frac{5}{12}$ oder $\frac{1}{3}g + \frac{1}{4}g + 10 = g$
Also: $\frac{5}{12} \triangleq 10$ Pfund $\qquad \frac{7}{12}g + 10 = g$
$\qquad\quad 1 \triangleq 24$ Pfund $= g \qquad\qquad 10 = \frac{5}{12}g$
$\qquad\qquad\qquad\qquad\qquad\qquad\qquad 24 = g$
Der Fisch wiegt demnach insgesamt 24 Pfund.

Seite 134

12 a) Die Informationen ergeben die Gleichung $525 + 1 \cdot c = 8 \cdot c$, wobei c die Anzahl der CDs beschreibt. Auf der linken Seite des Gleichheitszeichens stehen sämtliche Kosten und auf der rechten Seite die Einnahmen jeweils pro CD. Durch Auflösen erhält man: $c = 75$. Demnach muss Tara mindestens 76 CDs verkaufen, damit die Einnahmen größer sind als die Ausgaben.
Grafische Lösung:

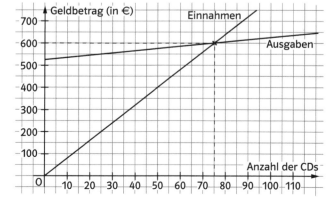

Am Schnittpunkt beider Geraden erkennt man, wann Einnahmen und Ausgaben gleich sind. Auch hier ist die Lösung c = 75.

b) Durch systematisches Ausprobieren oder durch rückwärts Rechnen erkennt man, dass sie ca. 1504 CDs verkaufen muss, damit sie 10000 € verdient. Auch durch eine Rechnung kann man dies bestätigen:

Einnahmen bei 1504 verkauften CDs:
8 · 1504 = 12032
Ausgaben bei 1504 verkauften CDs:
525 + 1 · 1504 = 2029
12032 − 2029 = 10003
Sie verdient dann also 10003 €.

13 a) K = 0,95 + 0,10 · a. Mit a = 36 folgt:
K = 0,95 + 0,10 · 36 = 4,55
Andrea muss 4,55 € für den Film bezahlen.
Hierbei beschreibt K die Kosten in € und a die Anzahl der Bilder.

b) Die Formel für das Format 10 × 15 für einen Film lautet: K = 0,95 + 0,15 · a.
Für vier Filme erhöht sich die Filmentwicklung:
K = 4 · 0,95 + 0,15 · a.
Mit K = 23,3 hat man die Gleichung
23,3 = 4 · 0,95 + 0,15 · a. Nun löst man nach a auf, um die Anzahl der Bilder zu erhalten:

$$23,3 = 4 \cdot 0,95 + 0,15 \cdot a \qquad | -(4 \cdot 0,95)$$
$$19,5 = 0,15 \cdot a \qquad | : 0,15$$
$$130 = a$$

Melanie hat demnach 130 Bilder entwickeln lassen.
Also hat sie (4 · 36 − 130 = 14) 14 Bilder zurückgegeben.

c) Die Formeln für 2 Filme lauten:
$K_{9 \times 13} = 2 \cdot 0,95 + 0,1 \cdot a$
$K_{10 \times 15} = 2 \cdot 0,95 + 0,15 \cdot a$
Mit a = 2 · 36 = 72 folgt:
$K_{9 \times 13} = 1,9 + 0,1 \cdot 72 = 9,1$
$K_{10 \times 13} = 1,9 + 0,15 \cdot 72 = 12,7$
Da beide Gleichungen nicht den Preis von 11,65 € ergeben, hat Klaus Bilder zurückgegeben.

Also: $K_{9 \times 13}$:
$$1,9 + 0,1 \cdot a = 11,65 \quad | -1,9$$
$$0,1 \cdot a = 9,75 \quad | : 0,1$$
$$a = 97,5$$
$K_{10 \times 13}$:
$$1,9 + 0,15 \cdot a = 11,65 \quad | -1,9$$
$$0,15 \cdot a = 9,75 \quad | : 0,15$$
$$a = 65$$

Da man nur ganze Bilder entwickeln lassen kann, hat Klaus das Format 10 × 15 gewählt und (2 · 36 − 65 = 7) 7 Bilder zurückgegeben.

14 a) Wanne A: 20 + 0,6 · m ⎫ m steht für die
Wanne B: 10 + 1,6 · m ⎬ Anzahl der Minuten
$$20 + 0,6 \cdot m = 10 + 1,6 m \qquad | -10 - 0,6 m$$
$$10 = 1 m$$

Nach 10 Minuten sind beide Wannen gleich hoch gefüllt.
b) 20 + 0,6 · 10 = 26 und 10 + 1,6 · 10 = 26
Das Wasser steht dann 26 cm hoch.

15 a) 10 Sekunden ≙ 2 Liter
1,5 Stunden = 90 Minuten = 5400 Sekunden
5400 Sekunden ≙ $2 \cdot \frac{5400}{10}$ Liter = 1080 Liter
Felix verbraucht jeden Abend ca. 1080 Liter Wasser.
b) 1000 Liter = 1 m³, denn
1 m³ = 1 m · 1 m · 1 m = 10 dm · 10 dm · 10 dm
   = 1000 dm³ = 1000 Liter
Damit kosten 1000 Liter Wasser 1,15 €.
c) 1000 Liter ≙ 1,15 €
1080 Liter ≙ 1,15 · 1,08 € = 1,242 € ≈ 1,24 €
Die abendliche Bewässerung kostet demnach 1,24 €.
d) Sei z die Bewässerungsdauer in Sekunden. Dann wurden $2 \cdot \frac{z}{10}$ Liter Wasser verbraucht (siehe a)).
Die Kosten kann man dann mit dem
Term $1,15 \cdot \left(2 \cdot \frac{z}{10} \right) : 1000$ berechnen (siehe c)).
Da 6,90 € bezahlt werden, muss man die Gleichung $1,15 \cdot \left(2 \cdot \frac{z}{10} \right) : 1000 = 6,9$ lösen. Zuerst vereinfacht man die linke Seite der Gleichung zu 0,00023 · z = 6,9. Durch Ausprobieren oder rückwärts denken erhält man z = 30000.
Die Bewässerungszeit ist demnach 30000 Sekunden = 500 Minuten = $8 \frac{1}{3}$ Stunden lang.
(Auch der Dreisatz kann als Lösungsweg verwendet werden.)

16 a) Normaltarif: ⎫ h steht für
4,70 + 0,1615 · h = Kosten ⎪ die Anzahl
Umwelttarif: ⎬ der Kilowatt-
$\frac{49,92}{12}$ + 0,2001 · h = Kosten ⎭ stunden
Die Kosten sind jeweils für einen Monat dargestellt.

Mit h = 206 kWh ist
$\text{Kosten}_{\text{Normaltarif}} = 4,7 + 0,1615 \cdot 206 = 37,969$

$\text{Kosten}_{\text{Umwelttarif}} = \frac{49,92}{12} + 0,2001 \cdot 206 = 45,3806$
Beim Normaltarif zahlen Janinas Eltern 37,97 € und beim Umwelttarif 45,38 €.
b)
$$4,7 + 0,1615 \cdot h = 4,16 + 0,2001 \cdot h \quad | -0,1615 \cdot h - 4,16$$
$$0,54 = 0,0386 \cdot h \quad | : 0,0386$$
$$13,989\ldots = h$$
Ab 14 kWh ist der Umwelttarif teurer als der Normaltarif.
Bis 13,99 kWh ist der Umwelttarif günstiger.

Grafische Lösung:

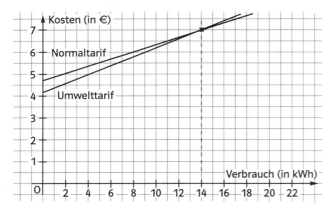

Am Schnittpunkt sind beide Tarife gleich teuer. Dies ist nach ca. 14 Stunden der Fall. Den genauen Wert kann man nur errechnen. Das Ablesen ist ungenauer (s. o.).

17 Umfang: $2a + 2b = 26$, wobei a und b die beiden Seitenlängen sind.
Es ist: $a = 4b$. Wenn man diese Gleichung in die erste einsetzt, erhält man: $2 \cdot (4b) + 2b = 10b = 26$, also $b = 2,6$ und $a = 4 \cdot 2,6 = 10,4$.
Die eine Seite ist höchstens 2,6 cm lang, die andere 10,4 cm.

Seite 135

18 Linke Seite: Billignet: 27 € Festkosten
Nochbilligernet: 4,50 € Grundgebühr und p € pro Onlineminute
Behauptung: $27 = 4,5 + 15 \cdot p$
Durch Auflösen erhält man: $p = 1,5$. Also müsste man beim Anbieter Nochbilligernet pro Onlineminute 1,50 € bezahlen. Dies ist unrealistisch.
Die Probe zeigt, dass kein mathematischer Fehler vorliegt, sondern die Angaben falsch sein müssen.
Rechte Seite:
Michael: $45 \frac{km}{h}$
Behauptung von Achim: bei 10 Minuten Vorsprung würde Michael 20 Minuten benötigen, um ihn einzuholen
Gesucht ist also die Geschwindigkeit von Achim, sei diese mit der Variablen v beschrieben:
Mit der Zeitumrechnung, dass 20 Minuten $\frac{1}{3}$ Stunden und 10 Minuten $\frac{1}{6}$ Stunden entsprechen folgt aus den Informationen die Gleichung:
$45 \cdot \frac{1}{3} = v \cdot \left(\frac{1}{6} + \frac{1}{3} \right)$, also $v = 30$.
Nach den Informationen müsste Achim also mit einer Geschwindigkeit von $30 \frac{km}{h}$ laufen, was recht unwahrscheinlich ist. Allerdings ist eine durchschnittliche Trainingsgeschwindigkeit von $45 \frac{km}{h}$ auch nicht wirklich realistisch.
Die Probe zeigt, dass kein mathematischer Fehler vorliegt, sondern die Angaben falsch sein müssen.

19 a) Sei k das heutige Alter des Nachwuchses.
Dann gilt: $35 + 4 = 10 \cdot (k + 4)$.
Durch Auflösen erhält man $k = -0,1$. Das bedeutet also, dass der Nachwuchs noch gar nicht geboren ist, sondern $\frac{1}{10}$ eines Jahres, also ca. 1,2 Monate vor seiner Geburt steht.
b) Individuelle Lösung.

20 Individuelle Lösung z. B.:
a) Sei a der Preis für eine große Portion Popcorn im Kino. Dann beschreibt die Gleichung
$14 \cdot a = 35$ die Kosten für 14 Portionen. Wie teuer ist dann eine Portion?
Antwort: Eine Portion kostet 2,50 €.
b) Sei e der Preis für eine Telefoneinheit. Dann beschreibt die Gleichung $120 \cdot e + 20 = 32$ die Telefonkosten eines Monats, wenn die Monatsgrundgebühren 20 € betragen und insgesamt 120 Einheiten vertelefoniert wurden. Wie viel kostet eine Einheit, wenn die Gesamtkosten 32 € betragen?
Antwort: Eine Einheit kostet 0,10 €.
c) $5 \cdot k = 50$. Eine Kinokarte kostet am Familientag 5 €. Franziska hat etwas weniger als 50 € zur Verfügung. Wie viele Personen könnte sie ins Kino einladen? Antwort: Sie könnte $K = 1, 2, 3, \ldots$ oder 9 Personen einladen.
d) Sei a die Anzahl von Getränkekisten. Wie viele Kisten muss man auf einer Mauer (Höhe: 1,60 m) übereinander stapeln, um eine Gesamthöhe von über 2,90 m zu erreichen, wenn eine Kiste 40 cm hoch ist?
Antwort: Aus $0,4 \cdot a + 1,6 = 2,9$ ergibt sich $a = 3,25$. Also benötigt man mindestens 4 Kisten.

21 Individuelle Lösung.

22 a) Achsenspiegelung
1. Man zeichnet durch den Punkt P eine Hilfslinie, die senkrecht zur Spiegelachse verläuft.
2. Man legt den Spiegelpunkt P' so auf der Hilfslinie fest, dass der Punkt P und der Spiegelpunkt P' den gleichen Abstand von der Spiegelachse haben.
Punktspiegelung
1. Man legt das Spiegelzentrum Z fest.
2. Man verbindet den Punkt P mit dem Spiegelzentrum Z und verlängert die Strecke über Z hinaus.
3. Man trägt die Länge der Strecke $\overline{PZ}$ nochmals an Z an. Der Endpunkt der Strecke ist der Spiegelpunkt P'.

b)

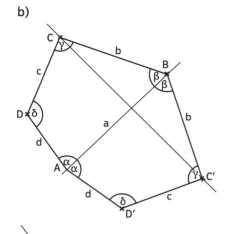

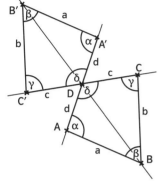

Wiederholen – Vertiefen – Vernetzten

1 a) $8a - 2$ b) $6c + 15$ c) $-5x - 1{,}1$
d) $-2g + 16$ e) $-8t + 5$ f) $16r - 8$
g) $3x - 13$ h) $6n + 30$

2 a) $x + 18 = 23$ b) $21 + 3v = 12$ c) $9 + v = 0$

3 a) $x = \frac{7}{3}$ b) $x = \frac{2}{3}$ c) $x = \frac{2}{3}$
d) $x = 2$ e) $x = -\frac{2}{3}$ f) nicht lösbar
g) $x = 1{,}2$ h) $x \approx 2{,}7668$

4 a) $3{,}2 \cdot 30 \cdot 25\,m^3 + 20 \cdot 25 \cdot 0{,}8\,m^3 = 2800\,m^3$
b) $x \cdot 30 \cdot 25 + 20 \cdot 25 \cdot 0{,}8 = 750x + 400$ (Rauminhalt des Beckens in m^3)
c) Gleichung: $750x + 400 = 2000$
Lösung (rückwärts rechnen):
$2000 - 400 = 1600$; $1600 : 750 \approx 2{,}13$
Ergebnis: Für 2 Millionen Liter muss man das Schwimmbecken ca. 2,13 m tief machen.
d) $2 \cdot 30 \cdot x + 2 \cdot 0{,}8 \cdot 20 + 0{,}8 \cdot 25 + 25 \cdot x + 30 \cdot 25$
$+ 25 \cdot (x - 0{,}8) + 20 \cdot 25 = 50 \cdot 25 + 2 \cdot 25 \cdot x + 2 \cdot 30 \cdot x$
$+ 2 \cdot 0{,}8 \cdot 20 = 110x + 1282$ (Fläche in m^2 bei Tiefe x des Schwimmbeckens in m).
e) Für 1000 € kann man 160 Liter Farbe kaufen ($1000 : 6{,}25 = 160$). Diese reicht für $1600\,m^2$.

Gleichung: $110x + 1282 = 1600$
Lösung (rückwärts rechnen): $1600 - 1282 = 318$;
$318 : 110 \approx 2{,}89$
Ergebnis: Für 1000 € kann man das Schwimmbecken ca. 2,89 m tief machen.

5 a)

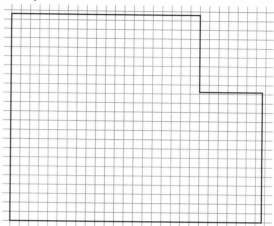

b) Umfang: $11{,}4\,m + 9{,}9\,m + 4{,}3\,m + 3{,}4\,m + 7{,}1\,m$
$+ 13{,}3\,m = 49{,}4\,m$
c) $11{,}4 + 9{,}9 + 4{,}3 + (x - 9{,}9) + 7{,}1 + x = 2x + 22{,}8$
(Umfang in m bei Seitenlänge x in m)
d) Gleichung: $2x + 22{,}8 = 52$
Lösung (rückwärts rechnen): $52 - 22{,}8 = 29{,}2$;
$29{,}2 : 2 = 14{,}6$
Ergebnis: Bei einem Umfang von 52 m ist das Grundstück 14,6 m lang.
e) $13{,}3 \cdot 7{,}1\,m^2 + 4{,}3 \cdot 9{,}9\,m^2$
$= 137\,m^2$ oder $11{,}4 \cdot 13{,}3\,m^2 - 4{,}3 \cdot 3{,}4\,m^2 = 137\,m^2$
f) $x \cdot 7{,}1 + 4{,}3 \cdot 9{,}9 = 7{,}1x + 42{,}57$ (Flächeninhalt in m^2 bei Seitenlänge x in m)
g) Judith: Fig. 5; Judith berechnet erst den Gesamtflächeninhalt $11{,}4 \cdot x$ und zieht dann den Flächeninhalt des Rechtecks rechts oben ab.
Pia: Fig. 6; Pia berechnet die drei Rechtecke links oben ($9{,}9 \cdot 4{,}3$), links unten ($9{,}9 \cdot 7{,}1$) und rechts ($7{,}1 \cdot (x - 9{,}9)$) separat und addiert dann ihre Flächeninhalte.
Katharina: Fig. 3; Katharina berechnet zunächst das linke Rechteck ($11{,}4 \cdot 9{,}9$), dann das rechte ($7{,}1 \cdot (x - 9{,}9)$).
Lukas: Fig. 4; Lukas berechnet zunächst das obere Rechteck ($9{,}9 \cdot 4{,}3$), dann das untere ($x \cdot 7{,}1$).
h) Gleichung: $7{,}1x + 42{,}57 = 172{,}5$
Lösung (rückwärts rechnen): $172{,}5 - 42{,}57 = 129{,}93$;
$129{,}93 : 7{,}1 = 18{,}3$
Ergebnis: Das Grundstück hat bei 1,725 a die Seitenlänge 18,3 m.

Seite 137

6 Wenn α der Winkel zu Sinas Anteil im Kreisdiagramm ist, so gehört zu Johannes der Winkel 2α, zu Jelena der Winkel 3α und zu Ida der Winkel 4α. Zusammen haben sie den Winkel
$\alpha + 2\alpha + 3\alpha + 4\alpha = 360°$.
Durch Probieren oder Rückwärtsrechnen mit
$\alpha + 2\alpha + 3\alpha + 4\alpha = 10\alpha$ und $360:10 = 36$ findet man, dass zu Sina der Winkel 36° gehört. Damit bekommt Johannes 72°, Jelena 108°, Ida 144°.

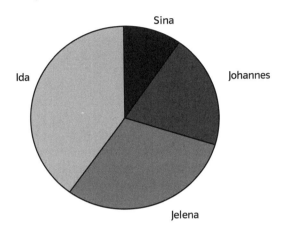

7 Eine Kante der quadratischen Basis ist 25 cm lang. Die Drahtstücke sind 8 mal 25 cm und 4 mal 75 cm.

8 Es gilt $7 \cdot a = 3 \cdot (a + 6\,cm)$. Die zweite Seite a ist 4,5 cm lang.

9 a)

n	Anzahl Kaninchen	Anzahl Zaunelemente	Fläche des Geheges (in m²)
1	1	12	2,25
2	4	24	9
3	9	36	20,25

b) n = 1: $2,25:1 = 2,25\,m^2$ für 1 Kaninchen
n = 2: $9:4 = 2,25\,m^2$ für 1 Kaninchen
n = 3: $20,25:9 = 2,25\,m^2$ für 1 Kaninchen
Getestet an den 3 Beispielen hat Alina Recht.
c) Anzahl der Kaninchen: $K = n^2$, denn
bei n = 1 gibt es eine Reihe mit 1 Kaninchen;
bei n = 2 gibt es zwei Reihen mit je zwei Kaninchen;
bei n = 3 gibt es drei Reihen mit je drei Kaninchen;
⋮
Anzahl der Zaunelemente: $Z = 12 \cdot n$, denn pro Kaninchen am Zaun gibt es drei Zaunelemente, also $3 \cdot n$. Da es 4 Seiten gibt, kann man die Gesamtzahl der Zaunelemente mit $4 \cdot 3n = 12n$ berechnen.

Fläche des Geheges: $A = 2,25 \cdot n^2$, denn pro Kaninchen am Zaun gibt es drei Zaunelemente je 0,50 m, also $3 \cdot 0,5 = 1,5\,m$.
Bei n Kaninchen pro Reihe ergibt sich eine Länge von $1,5 \cdot n$. Die Fläche ergibt sich dann aus $1,5 \cdot n \cdot 1,5 \cdot n = 2,25 \cdot n^2$.

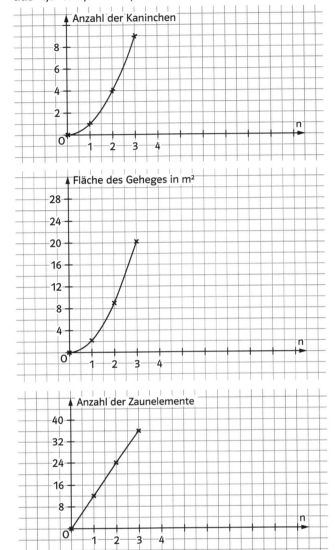

d) An den Graphen der Zuordnungen aus c) kann man erkennen, dass der Graph für die Anzahl der Kaninchen immer steiler wird, wobei der Graph für die Anzahl der Zaunelemente konstant ansteigt (proportionale Zuordnung). Daher nimmt die Anzahl der Kaninchen im Vergleich schneller zu!

10 a)
– Der Term $\frac{10}{55} \cdot t - \frac{10}{90} \cdot t$ beschreibt, wie viel Liter Wasser pro Sekunde (t beschreibt die Anzahl der Sekunden) effektiv abläuft, wenn der Wasserhahn geöffnet ist.
– Die Gleichung $\frac{10}{55} \cdot t - \frac{10}{90} \cdot t = 5$ beschreibt nun, nach wie viel Sekunden 5 l Wasser effektiv abgelaufen sind.

b) $\frac{10}{55} \cdot t - \frac{10}{90} \cdot t = 5$ | vereinfachen

     $0,\overline{07} \cdot t = 5$ $|:0,\overline{07}$

        $t \approx 70,71$

Der Messwert und der berechnete Wert stimmen gut überein. Die Differenz ergibt sich aus experimentellen Ungenauigkeiten.

– Aus dem Wasserhahn kommen in 1,5 Minunten (gleich 90 Sekunden) 10 l Wasser, also $\frac{10}{90}$ l pro Sekunde.

– 10 l Wasser laufen in 55 Sekunden durch den Abfluss, also $\frac{10}{55}$ l pro Sekunde.

– Wenn das Becken halb gefüllt ist, fasst es 5 l Wasser.

c) Individuelle Lösung.

d) Die Ungleichung $\frac{10}{55} \cdot t - \frac{10}{90} \cdot t \geq 5$ beschreibt, nach wie viel Sekunden 5 l oder mehr abgelaufen sind.

Seite 138

11 a) Zunächst werden die Gleichungen zu beiden Tarifen aufgestellt:

Tarif 1: $y = 0,15 x$

Tarif 2: $y = 0,09 x + 4,95$

Welcher Tarif für Tina günstiger ist, hängt davon ab, wie viele Minuten sie im Monat telefoniert. Um eine differenzierte Antwort geben zu können, wird der Schnittpunkt der beiden Geraden zunächst zeichnerisch bestimmt.

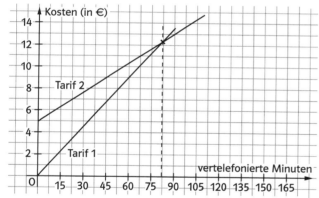

Grafische Lösung: Der Schnittpunkt der beiden Geraden liegt bei etwa 82 Minuten, d.h. wenn Tina weniger als 82 Minuten im Monat telefoniert, sollte sie sich für Tarif 1 entscheiden, wenn sie mehr als 82 Minuten telefoniert, sollte sie sich für Tarif 2 entscheiden.

b) Tarif 1: da sich ab schon 82 Minuten der Tarif 2 lohnt und Tina in diesem Fall nur 12,38 € monatlich zahlt, braucht der Vergleich der Flatrate nur mit Tarif 2 errechnet werden.

Tarif 2: Ab 168 Minuten monatlich (nur am Wochenende) lohnt sich die Telefonflatrate.

c) Beim linken Graphen beschreibt x die verbrauchten Minuten insgesamt und y die Gesamtkosten. Beim rechten Graphen sind die Kosten getrennt

voneinander dargestellt. x beschreibt hier im Vergleich nur die verbrauchten Minuten bei den einzelnen Teiltarifen.

Die Kosten berechnen sich durch

$122 \cdot 0,49 + 176 \cdot 0,19 + 58 \cdot 0,09$ und $40 \cdot 0,15 = 104,44$.

Er müsste also 104,44 € bezahlen.

d) An der Rechnung aus c) erkennt man, dass der Term die Zusammensetzung der einzelnen Teiltarife und den entsprechenden Teilkosten ist. Wenn nun bei allen Teiltarifen gleichviele Minuten verbraucht wurden, kann man mit dem Term $0,49 x + 0,19 x + 0,09 x + 0,15 s$ die Kosten berechnen, wobei x die Anzahl der jeweils verbrauchten Minuten und s die Anzahl der SMS beschreibt. Der Term $0,77 x + 0,15 s$ ergibt sich aus dem obigen Term durch Vereinfachen (Zusammenfassen). Demnach hat Sebastian Recht.

12 Sei a die Anzahl der Lotusblüten.

$\frac{a}{3} + \frac{a}{5} + \frac{a}{6} + \frac{a}{4} = \frac{20}{60}a + \frac{12}{60}a + \frac{10}{60}a + \frac{15}{60}a = \frac{57}{60}a$

Also ist der Rest: $\frac{3}{60}a = 6$ $|\cdot\frac{60}{3}$

$a = \frac{6 \cdot 60}{3} = 120$.

Das Bündel enthält 120 Lotusblüten.

Oder: $a - \frac{a}{3} - \frac{a}{5} - \frac{a}{6} - \frac{a}{4} = 6$

            $\frac{1}{20}a = 6$

              $a = 120$

Seite 139

13 a) Weg in drei Stücke unterteilt. Betrachte zuerst eines davon. Beachte: n ist Grundlinienzahl außen.

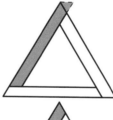

$3 \cdot 2 (n - 1) - 3 \cdot 1$

$2 (n - 1)$ grau

1 Überstand

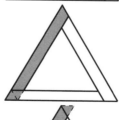

$3 \cdot (2 n - 1) - 3 \cdot 2$

$2 n - 1$ grau

2 stehen über

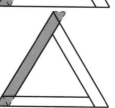

$3 \cdot (2 n - 3)$

$2 n$ ist grau

3 stehen über

b) $3 \cdot (2 n - 3) = 6 n - 9$

$3 \cdot (2 n - 1) - 3 \cdot 2 = 6 n - 3 - 6 = 6 n - 9$

$3 \cdot 2 (n - 1) - 3 \cdot 1 = 6 n - 6 - 3 = 6 n - 9$

Damit sind alle drei Terme äquivalent.

c) Kantenlänge der Platten: 2 m
$50:2 = 25$. Entlang einer Grundseite der Pyramide können 25 Platten anliegen. Damit liegen an einer Außenseite des Weges 28 Platten an.
Also $n = 28$. Dann ist $6 \cdot n - 9 = 6 \cdot 28 - 9 = 159$.
Man benötigt 159 Platten.
Kantenlänge: 2,50 m
$50:2,5 = 20$. Also $20 + 3 = 23$ Platten liegen an einer Außenseite des Weges an.
Dann: $6 \cdot 23 - 9 = 129$.
Man benötigt 129 Platten.

14 a) Sei die Anzahl der Sitzplätze im oberen Rang mit o, im mittleren Rang mit m und im unteren Rang mit u beschrieben.
Dann gilt: $o + m + u = 66\,000$
Ferner ist: $o = 1,1 \cdot u$, da im oberen Rang 10 % mehr Sitzplätze sind als im unteren. Aus dieser Gleichung folgt: $u = \frac{o}{1,1}$.
Ferner ist: $m = o + 2000$.
Wenn man nun in die erste Gleichung die anderen beiden Gleichungen einsetzt, erhält man eine Gleichung nur mit der Variablen o, die man dann auflösen kann.
Aus $o + m + u = 66\,000$ wird dann
$o + (o + 2000) + \frac{o}{1,1} = 66\,000$. Durch Auflösen erhält man $o = 22\,000$.
Nun kann man m und u berechnen: $m = 24\,000$ und $u = 20\,000$. Also sind im unteren Rang 20 000 Sitzplätze, im mittleren Rang 24 000 Sitzplätze und im oberen Rang 22 000 Sitzplätze.
b) Individuelle Lösung.

15 a) $5(4x - 6) = -10(3 - 2x)$
$\qquad 20x - 30 = -30 + 20x \quad | +30$
$\qquad\qquad 20x = 20x \qquad\quad | :20$
$\qquad\qquad\quad x = x$
Diese Gleichung ist allgemein, also für alle Zahlen gültig.
b) $5(3x - 6) = -10(3 - 2x)$
$\qquad 15x - 30 = -30 + 20x \quad | +30$
$\qquad\quad 15x = 20x \qquad\quad | -15x$
$\qquad\qquad 0 = 5x \qquad\qquad | :5$
$\qquad\qquad 0 = x$
Diese Gleichung hat die Lösung $x = 0$.
c) $5(4x - 6) = -10(2 - 3x)$
$\qquad 20x - 30 = -20 + 30x \quad | +30$
$\qquad\qquad 20x = 10 + 30x \quad | -30x$
$\qquad\quad -10x = 10 \qquad\quad | :(-10)$
$\qquad\qquad\quad x = -1$
Diese Gleichung hat die Lösung $x = -1$.
d) $5(4x - 6) = -10(4 - 2x)$
$\qquad 20x - 30 = -40 + 20x \quad | -20x$
$\qquad\quad -30 = -40$
Diese Gleichung ist unwahr, da $-30 \neq -40$. Deshalb ist sie nicht lösbar.

e) $6x - 14 = 2(-7 + 2x) + 2x$
$\qquad 6x - 14 = -14 + 4x + 2x \quad | +14$
$\qquad\qquad 6x = 6x \qquad\qquad\quad | :6$
$\qquad\qquad\quad x = x$
Diese Gleichung ist allgemein gültig.
f) $6x - 14 = 2(-4 + 3x) + 2x$
$\qquad 6x - 14 = -8 + 6x + 2x \quad | +8$
$\qquad 6x - 6 = 8x \qquad\qquad\quad | -6x$
$\qquad\quad -6 = 2x \qquad\qquad\quad | :2$
$\qquad\quad -3 = x$
Diese Gleichung hat die Lösung $x = -3$.
g) $6x - 14 = 2(-7 + 3x) + 2x$
$\qquad 6x - 14 = -14 + 6x + 2x \quad | +14$
$\qquad\qquad 6x = 8x \qquad\qquad\quad | -6x$
$\qquad\qquad 0 = 2x \qquad\qquad\quad | :2$
Diese Gleichung hat die Lösung $x = 0$.
h) $6x - 14 = 2(-6 + 2x) + 2x$
$\qquad 6x - 14 = -12 + 4x + 2x \quad | +14$
$\qquad\qquad 6x = 2 + 6x \qquad\quad | -6x$
$\qquad\qquad 0 = 2$
Diese Gleichung ist nicht lösbar, da $0 \neq 2$.

16 a) $x \cdot (x - 2) = 0$
Bei $x = 0$ ist $0 \cdot (0 - 2) = 0$ und
bei $x = 2$ ist $2 \cdot (2 - 2) = 2 \cdot 0 = 0$.
Demnach sind $x = 0$ und $x = 2$ die Lösungen der Gleichung $x \cdot (x - 2) = 0$.
b) Zu Rolf: Rolf erhält die Lösung $x = 2$. Diese Lösung ist zwar richtig, aber unvollständig. Wenn man durch x dividiert, fällt also eine Lösung ($x = 0$) weg. Außerdem müsste man voraussetzen, dass $x \neq 0$ gilt, wenn durch x dividiert werden sollte.
Zu Nina: Wenn man Gleichungen mit 0 multipliziert, ergibt sich immer die Gleichung $0 = 0$. Der Wert und damit die Anzahl der Lösungen bleibt aber nicht erhalten – bei der veränderten Gleichung kommen mehr Lösungen in Frage, als bei der Originalgleichung. Das kann nicht stimmen.
c) $(x - 5) \cdot x = 0$;
hier sind die Lösungen $x = 0$ und $x = 5$
$0 = x \cdot (6 - x)$;
hier sind die Lösungen $x = 0$ und $x = 6$
Regel: Wenn man eine Gleichung in der Form $A \cdot B = 0$ schreiben kann, so erhält man die Lösungen, indem man die Gleichungen $A = 0$ und $B = 0$ löst. Dieses Verfahren funktioniert, weil $A \cdot B = 0$ gilt, wenn $A = 0$ oder $B = 0$ erfüllt ist.

Exkursion: Zahlenzauberei

1 a) $(z + 1) \cdot 100 + z \cdot 10 + (z - 1) \cdot 1 - [(z - 1) \cdot 100$
$+ z \cdot 10 + (z + 1) \cdot 1]$
$= 100z + 100 + 10z + z - 1 - [100z - 100 + 10z + z + 1]$
$= \cancel{100z} + 100 + \cancel{10z} + \cancel{z} - 1 - \cancel{100z} + 100 - \cancel{10z} - \cancel{z} - 1$
$= 200 - 2 = 198$
b) größtmögliche Zahl: $(z + 1) \cdot 10 + z \cdot 1$
kleinstmögliche Zahl: $z \cdot 10 + (z + 1) \cdot 1$,
wobei z die kleinere Ziffer beschreibt.
Also: $(z + 1) \cdot 10 + z - [z \cdot 10 + (z + 1) \cdot 1]$
$= \cancel{10z} + 10 + \cancel{z} - \cancel{10z} - \cancel{z} - 1$
$= 10 - 1 = 9$
Das Ergebnis ist immer 9.
Für vier aufeinander folgende Ziffern sei z die
kleinste Ziffer.
größtmögliche Zahl:
$(z + 3) \cdot 1000 + (z + 2) \cdot 100 + (z + 1) \cdot 10 + z \cdot 1$
kleinstmögliche Zahl:
$(z \cdot 1000 + (z + 1) \cdot 100 + (z + 2) \cdot 10 + (z + 3)$
Also:
$(z + 3) \cdot 1000 + (z + 2) \cdot 100 + (z + 1) \cdot 10 + z \cdot 1$
$\quad - [z \cdot 1000 + (z + 1) \cdot 100 + (z + 2) \cdot 10 + (z + 3)]$
$= 1000z + 3000 + 100z + 200 + 10z + 10 + z$
$\quad - [1000z + 100z + 100 + 10z + 20 + z + 3]$
$= \cancel{1000z} + 3000 + \cancel{100z} + 200 + \cancel{10z} + 10 + \cancel{z}$
$\quad - \cancel{1000z} - \cancel{100z} - 100 - \cancel{10z} - 20 - \cancel{z} - 3$
$= 3000 + 200 + 10 - 100 - 20 - 3$
$= 3087$
Hier erhält man immer das Ergebnis 3087.

2 a) Sei r die Anzahl der Erbsen unter dem roten
Becher. Dann ist die Anzahl der Erbsen unter dem
blauen Becher $13 - r$.
Es gilt nach der folgenden Rechenvorschrift:
$6 \cdot r + 5 \cdot (13 - r)$. Durch Vereinfachen erhält
man: $6 \cdot r + 65 - 5r = r + 65$.
Das Ergebnis wird einem gesagt, etwa 67.
Dann ist $r + 65 = 67 \qquad | - 65$
$\qquad r = 2$.
Also 2 Erbsen unter dem roten Becher und 11
$(13 - 2 = 11)$ Erbsen unter dem blauen Becher.
Bei einem Ergebnis von etwa 75 wären
$r + 65 = 75$, also $r = 10$ und $13 - 10 = 3$.
b) „Ich habe 9 Münzen. Verteile sie in deinen Hän-
den. Multipliziere die Anzahl der Münzen in deiner
linken Hand mit 5 und die in der rechten Hand
mit 4. Addiere beide Ergebnisse und nenne mir das
Ergebnis." – „37."
mögliche Lösung:
Sei l die Anzahl der Münzen in der linken Hand:
$5 \cdot l + 4 \cdot (9 - l) = 5l + 36 - 4l = l + 36$
Mit $l + 36 = 37$ folgt $l = 1$.

Sie hat 1 Münze in der linken und 8 Münzen in der
rechten Hand.

3 a)

Zahl	Ereignis
2	8
4	16
5	20
7	28
10	40

b) Sei z die gedachte Zahl.
$(z + 5) \cdot 4 - 20 = 4 \cdot z + 20 - 20 = 4z$
Das Ergebnis muss man einfach durch 4 dividieren.
c) „Denke dir eine Zahl, addiere dann 7 und
multipliziere das Ergebnis mit 5. Subtrahiere nun
29 und füge die gedachte Zahl hinzu. Dividiere nun
durch 6."
$[(z + 7) \cdot 5 - 29 + z] : 6$
$= [5z + 35 - 29 + z] : 6 = [6z + 6] : 6 = z + 1$
Vom Ergebnis muss man nun 1 subtrahieren, um
die gedachte Zahl zu erhalten.

4 a) Sei z die gedachte Zahl.
Wenn man die Vorschrift übersetzt, ergibt sich folgender Term:
$[(z + 4) \cdot 2 + 5] \cdot 4 - 8z = [2z + 8 + 5] \cdot 4 - 8z$
$= 8z + 52 - 8z = 52$
Da das Ergebnis bei allen Zahlen 52 ist, stimmt es
mit der Zahl auf dem Zettel überein.
Text: „Der Term $[(z + 4) \cdot 2 + 5] \cdot 4 - 8z = 52$ erklärt
alles."
b) $[(z - 3) \cdot 3 + 14] \cdot 2 - 6z = 10$
„Denke dir eine Zahl und subtrahiere 3. Multipliziere das Ergebnis mit 3 und addiere 14. Multipliziere
nun mit 2 und subtrahiere das Sechsfache der
gedachten Zahl. Das Ergebnis steht schon auf dem
Zettel."
c) Man sollte diesen Trick mit jeder Rechenvorschrift
nur einmal durchführen, weil dies Ergebnis ansonsten immer dasselbe wäre, was sehr auffällig ist.

5 a) Nach der 2. Anweisung liegen im
linken Stapel 2,
mittleren Stapel 9 und
rechten Stapel 4 Hölzer. Damit nach der 3. Anweisung im mittleren Stapel 6 Hölzer liegen, müssen
noch 3 Hölzer aus dem mittleren Stapel beispielsweise auf den rechten Stapel verschoben werden. Es
fällt bei verschiedenen Anfangssituationen auf, dass
nach der 2. Anweisung im mittleren Stapel immer 9
Hölzer liegen.

b)

	linker Stapel	mittlerer Stapel	rechter Stapel
Anfangssituation	z	z	z
nach der 1. Anweisung	z – 3	z + 6	z – 3
nach der 2. Anweisung	z – 3	z + 6 – (z – 3)	z – 3 + (z – 3)
		= 9	= 2z – 6

z beschreibt die Anzahl der Hölzer in jedem Stapel in der Anfangssituation.

c) Da die Anzahl der Hölzer nach der 2. Anweisung im mittleren Stapel immer 9 ist, kann Kristine die dritte, vierte oder fünfte Anweisung so wählen, dass am Ende im mittleren Stapel so viele Hölzer liegen, wie von der Person genannt wurde.

V Beziehungen in Dreiecken

Lösungshinweise Kapitel V – Erkundungen

1. Dreiecke sortieren

Peters Einteilung:
Es werden nur zueinander kongruente Dreiecke zusammengefasst, d.h. Dreiecke, bei denen drei Winkel und drei Seiten übereinstimmen. Dies sind:
- (13) und (14)
- (12) und (20)
- (5) und (10)
- (3) und (6)
- (15) und (19)
- (8) und (16)
- (1) und (4)
- (9) und (11)

Zu den Dreiecken (2), (7), (17) und (18) ist jeweils kein anderes Dreieck kongruent.

Luises Einteilung:
Es wird in Dreiecksarten eingeteilt. Je nach Einteilung können Dreiecke in zwei Kategorien enthalten sein.
- (2), (7), (12), (13), (14) und (20) sind stumpfwinklige Dreiecke.
- (1), (4), (5), (10), (15) und (19) sind rechtwinklige Dreiecke.
- (3), (6), (8), (9), (11), (16), (17) und (18) sind spitzwinklige Dreiecke.
- (3), (6) und (17) sind gleichseitige Dreiecke.
- (1), (4), (5), (8), (9), (10), (11), (16) und (18) sind gleichschenklige, aber nicht gleichseitige Dreiecke.

Sinas Einteilung:
Es werden jeweils zueinander ähnliche Dreiecke in eine Kategorie gefasst, d.h. Dreiecke, bei denen die drei Winkel gleich groß sind. Das sind:
- (2), (7), (12) und (20)
- (1), (4), (5) und (10)
- (3), (6) und (17)
- (8) und (16)
- (9), (11) und (18)
- (13) und (14)
- (15) und (19)

2. Ein ganz besonderer Kreis

Die Erkundung soll einen Zugang zum Beweis des Satzes des Thales liefern (siehe Lerneinheit 7). Die Zeichnungen sind so gewählt, dass der Punkt C jeweils auf dem Thaleskreis über $\overline{AB}$ liegt.

3. Geometrie mit dem Computer – der Zugmodus

Forschungsauftrag 1:
Die Konstruktion der Mittelsenkrechten und eines Umkreises stellt für die meisten Schülerinnen und Schüler erfahrungsgemäß kein Problem dar. Die Konstruktion von Winkelhalbierenden und des Inkreises ist dagegen schon deutlich anspruchsvoller. Zur Konstruktion der Winkelhalbierenden müssen die Winkel bezeichnet werden, hierzu findet sich ein Hinweis auf der Randspalte. Zur Konstruktion des Inkreises muss ein Lot konstruiert werden. Gerade an dieser Stelle wird man viele Lösungen erhalten, die „fast richtig" aussehen. Mit dem Zugmodus lassen sich solche Lösungen jedoch schnell als falsch entlarven.

Forschungsauftrag 2:
Über die Entdeckung der Eigenschaften von Stufen- und Wechselwinkeln an Geraden werden die Schülerinnen und Schüler an den Winkelsummensatz für Dreiecke herangeführt. Mit dem Einzeichnen der Strecke $\overline{BC}$ erhält man eine vollständige Beweisfigur für den Winkelsummensatz. Vom Handling des Geometrieprogramms dürfte höchstens der Umgang mit den Winkeln (bezeichnen und messen) kleinere Schwierigkeiten machen.

Forschungsauftrag 3:
Hier entdecken die Schülerinnen und Schüler zunächst die Umkehrung des Satzes des Thales. Dazu muss eine Lotgerade eingezeichnet werden. Das Aufzeichnen der Ortlinie des Punktes C veranschaulicht den Sachverhalt sehr schön. Wenn dies technisch zu große Probleme bereitet, kann aber auch darauf verzichtet werden. Mit Fig. 3 wird dann nicht nur der eigentliche Satz des Thales entdeckt, sondern es werden bereits Hinweise für einen Beweis angedeutet. Am Ende wird in Fig. 4 noch der Satz vom Mittelpunktswinkel angerissen. Dabei soll insbesondere deutlich werden, dass es sich beim Satz des Thales um einen Spezialfall des Satzes vom Mittelpunktswinkel handelt, bei dem die Strecke $\overline{AB}$ gerade ein Durchmesser ist.

1 Dreiecke konstruieren

Seite 152

1 Mögliche Lösung:
1. Ich zeichne eine Planfigur, um mir einen Überblick darüber zu verschaffen, wo die Seiten a, b und c liegen
2. Ich zeichne die Seite a = 4 cm.
3. Ich zeichne einen Kreis mit dem Mittelpunkt B und dem Radius c = 7 cm.
4. Ich zeichne einen Kreis mit dem Mittelpunkt C und dem Radius b = 5 cm.
5. Ich kennzeichne die beiden Schnittpunkte der beiden Kreise.
6. Ich benenne einen der beiden Schnittpunkte der Kreise mit dem Buchstaben C. Ich achte darauf, dass der mathematische Drehsinn beim Bezeichnen der Punkte eingehalten wird.
7. Ich verbinde die Punkte A, B und C zu einem Dreieck.

2 a) Siehe Tabelle unten.

b)
1. Planfigur zeichnen und bekannte Größen markieren.
2. Die Seite a = 3 cm zeichnen und die Endpunkte mit B und C bezeichnen.

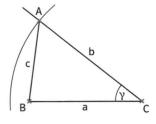

3. Den Winkel γ = 39° am Punkt C einzeichnen.
4. Mit dem Zirkel einen Kreis um C mit Radius b = 3,5 cm zeichnen.
5. Der Schnittpunkt des Kreises mit dem eingezeichneten Schenkel ist der Eckpunkt A.
6. Die Punkte A, B und C zu einem Dreieck verbinden.

3 Zu den Konstruktionen soll jedes Mal im Vorfeld eine Planfigur gezeichnet werden.
a)
1. Die Seite c = 4,9 cm einzeichnen und die Endpunkte mit A und B bezeichnen.
2. Einen Kreis mit Mittelpunkt A und Radius b = 3,9 cm zeichnen.

Lösung zu Aufgabe **2** a)

	Corinna	Louis
Beispiele für fehlende Informationen	– Es ist nicht klar, wo die Punkte A und C liegen müssen. Die Information „wo a anfängt und aufhört" ist nicht eindeutig. – Es ist nicht klar, wie der Winkel γ genau eingezeichnet wird. Es wird nicht erläutert, dass man den mathematischen Drehsinn berücksichtigen muss.	– Es ist nicht klar, wo B und C liegen müssen. Die Information „vorne und hinten" ist nicht eindeutig. – Es ist nicht klar, wo der Winkel eingezeichnet wird
Beispiele für überflüssige Informationen	– „Ich nehme das Lineal" – „ich mache einen kleinen Strich" – „ich steche mit dem Zirkel ein."	– „ich nehme mein Geodreieck" – „mit der anderen Seite des Geodreiecks"

	Formulierung in der Aufgabe	Fachsprache
Corinna	Ich nehme das Lineal und mache nach 3 cm einen kleinen Strich und bei 0 cm auch. Dann verbinde ich die kleinen Striche und schreibe an den längeren Strich a. Dort, wo a anfängt und aufhört, schreibe ich B und C dran.	Ich zeichne die Seite a = 3 cm.
	Da, wo ich C hingeschrieben habe ...	Am Punkt C ...
	Dann steche ich mit dem Zirkel da hinein, wo ich C hingeschrieben habe und zeichne einen Kreis, der 3,5 cm breit ist.	Ich zeichne einen Kreis mit Mittelpunkt C und Radius b = 3,5 cm.
	Da, wo sich Kreis und Winkel treffen, muss A sein.	Am Schnittpunkt des Kreises mit dem Schenkel des Winkels liegt A.
Louis	Ich zeichne eine 3 cm lange Linie und schreibe vorne und hinten B und C dran.	Ich zeichne die Seite a = 3 cm.
	Dann nehme ich mein Geodreieck und zeichne einen Winkel von 39.	Am Punkt C zeichne ich den Winkel γ ein.
	Ich achte dabei auf die Bezeichnung der Punkte, die nicht im Uhrzeigersinn verlaufen darf.	Ich achte darauf, dass die Bezeichnung der Punkte im mathematischen Drehsinn, d.h. gegen den Uhrzeigersinn verläuft.
	Mit der anderen Seite des Geodreiecks messe ich an dem Winkel ab, wo 3,5 cm ist. Dort liegt der fehlende Punkt A.	Ich messe vom Punkte C aus 3,5 cm auf dem Schenkel von γ ab.

Man könnte eine einfachere Konstruktionsbeschreibung angeben (vgl. b).

3. Einen Kreis mit Mittelpunkt B und Radius
   a = 2,9 cm zeichnen.
4. Der Punkt C ist einer der beiden Schnittpunkte
   der Kreise. Auf den mathematischen Drehsinn
   beim Bezeichnen der Punkte achten und den
   Punkt C einzeichnen.
5. Die Punkte A, B und C zu einem Dreieck
   verbinden.

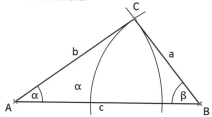

Der Zeichnung können nun die Winkelgrößen des
Dreiecks durch Messung entnommen werden:
$\alpha \approx 36,3°$; $\beta \approx 52,7°$; $\gamma \approx 91°$.

b)

1. Die Seite a = 6 cm zeichnen und die Endpunkte
   mit B und C bezeichnen.
2. Am Punkt B den Winkel β = 95° einzeichnen.
3. Am Punkt C den Winkel γ = 32° einzeichnen.
4. Den Schnittpunkt der Schenkel von β und γ mit
   A bezeichnen.
5. Die Punke A, B und C zu einem Dreieck
   verbinden.

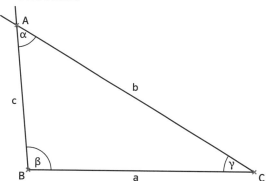

Der Zeichnung können die fehlenden Größen entnommen werden: α = 53°; b ≈ 7,48; c ≈ 3,98 cm.

c)

1. Die Seite a = 6 cm zeichnen und die Endpunkte
   mit B und C markieren.
2. Am Punkt C den Winkel γ = 120° einzeichnen.
3. Einen Kreis mit Mittelpunkt C und Radius
   b = 3 cm zeichnen.
4. Der Schnittpunkt des Kreises mit dem gezeichneten Schenkel ist der Punkt A.
5. Die Punkte A, B und C zu einem Dreieck verbinden.

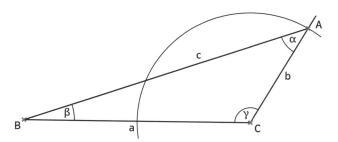

Der Zeichnung können die fehlenden Größen ent-
nommen werden: $\alpha \approx 40,9°$; $\beta \approx 19,1°$; c ≈ 7,94 cm.

d)

1. Die Seite c = 5,8 cm einzeichnen und die Endpunkte mit A und B bezeichne.
2. Einen Kreis mit Mittelpunkt A und Radius
   b = 10 cm zeichnen.
3. Einen Kreis mit Mittelpunkt B und Radius
   a = 4,8 cm zeichnen.
4. Der Punkt C ist einer der beiden Schnittpunkte
   der Kreise. Auf den mathematischen Drehsinn
   beim Bezeichnen der Punkte achten und den
   Punkt C einzeichnen.
5. Die Punkte A, B und C zu einem Dreieck verbinden.

Grafik auf 50 % verkleinert

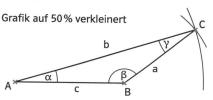

Der Zeichnung können die fehlenden Größen ent-
nommen werden: $\alpha \approx 17,55°$; $\beta \approx 141,08°$; $\gamma \approx 21,37°$.

e)

1. Die Seite c = 6 cm zeichnen und die Endpunkte
   mit A und B bezeichnen.
2. Am Punkt B den Winkel β = 91° einzeichnen.
3. Am Punkt A den Winkel α = 30° einzeichnen.
4. Den Schnittpunkt der Schenkel von α und β bezeichnen.
5. Die Punke A, B und C zu einem Dreieck verbinden.

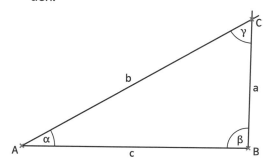

Der Zeichnung können die fehlenden Größen entnommen werden: γ = 59°; a ≈ 3,5 cm; b ≈ 7 cm.

f)
1. Planfigur zeichnen und bekannte Größen markieren.
2. Die Seite b = 6 cm zeichnen und die Endpunkte mit A und C markieren.
3. Am Punkt A den Winkel α = 44° einzeichnen.
4. Einen Kreis mit Mittelpunkt A und Radius c = 4 cm zeichnen.
5. Der Schnittpunkt des Kreises mit dem gezeichneten Schenkel ist der Punkt B.
6. Die Punkte A, B und C zu einem Dreieck verbinden.

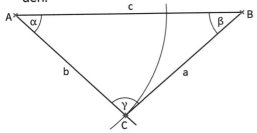

Der Zeichnung können die fehlenden Größen entnommen werden: β ≈ 94,3°; γ ≈ 41,7°; a ≈ 4,18 cm.

4 a)
1. Die Seite $\overline{AB}$ = 4 cm einzeichnen.
2. Einen Kreis mit Mittelpunkt A und Radius $\overline{AC}$ = 5 cm einzeichnen.
3. Einen Kreis mit Mittelpunkt B und Radius $\overline{BC}$ = 6 cm einzeichnen.
4. Die Kreise schneiden sich in zwei Punkten. Einen der Schnittpunkte mit C bezeichnen, sodass der mathematische Drehsinn bei der Bezeichnung der Eckpunkte beachtet wird.
5. Die Punkte A, B und C zu einem Dreieck verbinden.

b)
1. Die Seite $\overline{AB}$ = 3,3 cm einzeichnen und die Endpunkte mit A und B bezeichnen.
2. Am Punkt A den Winkel α = 45° einzeichnen.
3. Am Punkt B den Winkel β = 55° einzeichnen.
4. Der Schnittpunkt der in 3. und 4. gezeichneten Schenkel ist der Eckpunkt C
5. Die Punkte A, B und C zu einem Dreieck verbinden.

c)
1. Die Seite $\overline{AC}$ = 8 cm einzeichnen und die Endpunkte mit A und C bezeichnen.
2. Am Punkt A den Winkel α = 111° einzeichnen.
3. Am Punkt C den Winkel γ = 32° einzeichnen.
4. Der Schnittpunkt der in 3. und 4. gezeichneten Schenkel ist der Eckpunkt B.
5. Die Punkte A, B und C zu einem Dreieck verbinden.

d)
1. Die Seite $\overline{AB}$ = 7 cm einzeichnen und die Endpunkte mit A und B bezeichnen.
2. Am Punkt B den Winkel β = 40° einzeichnen.
3. Einen Kreis mit Mittelpunkt B und Radius $\overline{BC}$ = 4 cm zeichnen.
4. Den Schnittpunkt des in 2. gezeichneten Kreises mit dem in 3. gezeichneten Schenkel von γ mit C bezeichnen.
5. Die Punkte A, B und C zu einem Dreieck verbinden.

e)
1. Die Seite $\overline{AB}$ = 3,2 cm einzeichnen.
2. Einen Kreis mit Mittelpunkt A und Radius $\overline{AC}$ = 6,5 cm einzeichnen.
3. Einen Kreis mit Mittelpunkt B und Radius $\overline{BC}$ = 3,9 cm einzeichnen.
4. Die Kreise schneiden sich in zwei Punkten. Einen der Schnittpunkte mit C bezeichnen, sodass der mathematische Drehsinn bei der Bezeichnung der Eckpunkte beachtet wird.
5. Die Punke A, B und C zu einem Dreieck verbinden.

f)
1. Die Seite $\overline{BC}$ = 5,3 cm einzeichnen.
2. Am Punkt C den Winkel γ einzeichnen.
3. Einen Kreis mit Mittelpunkt C und Radius $\overline{AC}$ = 4,9 cm zeichnen.
4. Den Schnittpunkt des in 3. gezeichneten Kreises mit dem in 2. gezeichneten Schenkel von γ mit A bezeichnen.
5. Die Punke A, B und C zu einem Dreieck verbinden.

5 Individuelle Lösung.

6
1. Die Strecke $\overline{BC}$ im Maßstab 1 : 10 000 zeichnen, d. h. 7,6 cm lang.
2. Den Winkel am Punkt C wie in der Abbildung im Buch einzeichnen.
3. Einen Kreis mit Mittelpunkt C und Radius 4,7 cm um C zeichnen.
4. Den Schnittpunkt des Kreises aus 3. mit dem Schenkel des in 2. gezeichneten Winkels mit A bezeichnen.
5. Die Strecke $\overline{AB}$ in der Zeichnung messen. Sie ist etwa 8,43 cm lang, d. h. der Abstand von A zu B beträgt etwa 843 Meter. Der See ist demnach ungefähr 843 Meter lang.

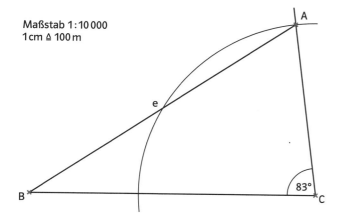

Maßstab 1:10 000
1 cm ≙ 100 m

7 Mögliche Lösung:
1. Einen geeigneten Maßstab wählen, z. B. 1 cm in der Zeichnung entspricht 100 m in der Wirklichkeit.
2. Die Seite c = 3,38 cm zeichnen und die Endpunkte mit A und B kennzeichnen. Die Entfernung zwischen den beiden Orten beträgt 338 m in der Wirklichkeit, also 3,38 cm in der Zeichnung (siehe Zeichnung unten).
3. Am Punkt A den Winkel α = 31° und am Punkt B den Winkel β = 129° einzeichnen wie in der Abbildung im Buch.
4. Den Schnittpunkt der beiden Schenkel mit C kennzeichnen. C entspricht der Position des Ballons.
5. Die Seite c verlängern und eine senkrechte Gerade zu c zeichnen, die durch C geht.
6. Der Zeichnung entnehmen, dass h ≈ 3,96 cm beträgt. Somit beträgt die Höhe in Wirklichkeit etwa 396 m. Der Ballon befindet sich also ungefähr 396 m über dem Boden.

Maßstab 1:10 000
1 cm ≙ 100 m

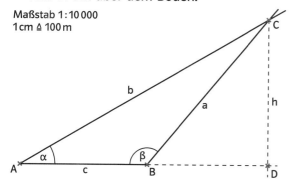

8
1. Einen geeigneten Maßstab wählen, z. B. 1 cm in der Zeichnung entspricht 20 m in der Wirklichkeit.
2. Die Entfernung zum Fuß des Doms einzeichnen. Sie entspricht der Strecke c in der Zeichnung und ist dort 4,25 cm lang.
4. Am Punkt A den Winkel α = 61° einzeichnen.
5. Den Schnittpunkt des Schenkels von α mit der zu c senkrechten Gerade bestimmen und mit C kennzeichnen (vgl. Fig.2).
6. Die Seite a entspricht der Höhe des Doms. Sie ist in der Zeichnung etwa 7,7 cm lang. Demnach müsste der Kölner Dom etwa 154 m hoch sein. In Wirklichkeit ist der Dom jedoch 157,38 m hoch.

Maßstab 1:2000
1 cm ≙ 20 m

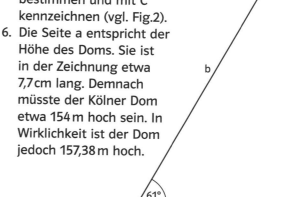

9 Individuelle Lösung.

10 a) c muss größer als 7 cm und kürzer als 15 cm lang sein. Begründung: Man kann das Dreieck wie folgt konstruieren:
1. Die Seite b = 11 cm zeichnen.
2. Einen Kreis um C mit Radius a = 4 cm zeichnen.
3. Einen Kreis um A mit Radius c zeichnen. Die Kreise aus 2. und 3. schneiden sich nur, wenn 7 cm < c < 15 cm.
b) Um ein Dreieck konstruieren zu können darf es keine Seite geben, die genauso lang oder länger ist als die Summe der anderen beiden Seiten.
Präsentation, Erklärung und Beispiele: Individuelle Lösung.

11 a) Der Punkt C hat ungefähr die Koordinaten
C(7,2 | 4,4).
$\alpha \approx 36,9°$; $\beta \approx 53,1°$; $\gamma \approx 90°$; $a = 3$; $b = 4$; $c \approx 5$

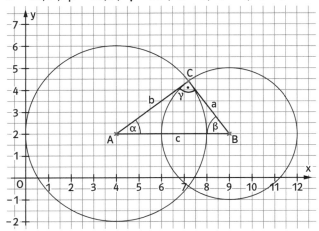

b) Der Punkt C hat ungefähr die Koordinaten
C(10 | 2,3).
$\alpha = 35°$; $\beta = 55°$; $\gamma = 90°$; $a \approx 3,63$; $b \approx 5,18$;
$c \approx 6,32$

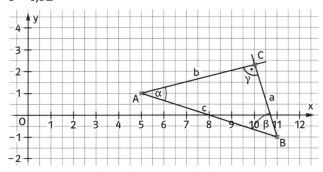

c) Das Dreieck ist nicht konstruierbar, denn die
Seite c ist ungefähr 8,9 Längeneinheiten lang, die
Summe der beiden anderen Seitenlängen beträgt
jedoch nur 3 + 5 = 8. Beim Versuch das Dreieck zu
konstruieren schneiden sich die Kreise um A mit
Radius b = 5 und um B mit Radius a = 3 nicht.

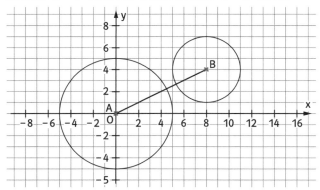

d) Der Punkt C hat ungefähr die Koordinaten
C(2,4 | -6,1).
$\alpha = 88°$; $\beta \approx 29,66°$; $\gamma \approx 62,34°$; $a \approx 16,16$; $b \approx 8$;
$c \approx 14,32$

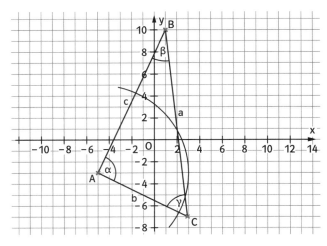

e) Der Punkt A hat ungefähr die Koordinaten
C(-2,1 | 3).
$\alpha \approx 89,56°$; $\beta \approx 24,44°$; $a \approx 12,08$; $c \approx 11,04$

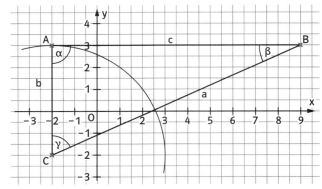

f) Das Dreieck ist nicht konstruierbar, denn die
Seite a ist ungefähr 12,2 Längeneinheiten lang, die
Summe der beiden anderen Seitenlängen beträgt
jedoch nur 6 + 5 = 11. Beim Versuch das Dreieck
zu konstruieren schneiden sich die Kreise um B mit
Radius c = 5 und um C mit Radius b = 6 nicht.

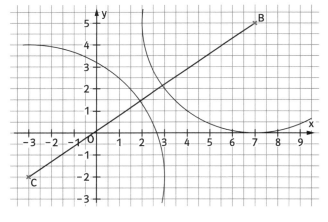

12 Individuelle Lösung.

13 Individuelle Lösung.

14 a) London – Zürich: 730 km
Amsterdam – Paris: 410 km
b) Individuelle Lösung (Ergebnisse s.o.).

c) Peter hat Recht. Bei der Bestimmung der Entfernung durch eine Dreieckskonstruktion wird nicht berücksichtigt, dass die Erde ungefähr die Form einer Kugel hat. Solange die Städte alle in Europa liegen, kann man dies vernachlässigen, ohne dass man (sehr) große Fehler macht. Wenn die Orte aber auf der anderen Seite der Erde liegen, macht man dabei möglicherweise sehr große Fehler.

15 Individuelle Lösung.

16 a) Das bisherige und das neue Spielfeld werden im Maßstab 1:1000 gezeichnet. Dann kommt der Streifen für die Zuschauer hinzu.

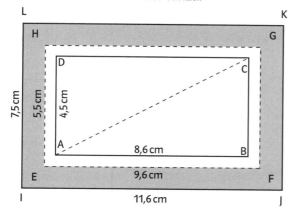

b) Man misst $\overline{AC}$ = 9,7 cm. Die bisherige Diagonale des Spielfeldes ist 97 m.
Man misst $\overline{EG}$ = 11,1 cm. Die neue Spielfeld-Diagonale ist 111 m.
c) Fläche des alten Spielfeldes $86 \cdot 45\,m^2 = 3870\,m^2$
Fläche des neuen Spielfeldes $96 \cdot 55\,m^2 = 5280\,m^2$
Prozentanteil des neuen Spielfeldes zum alten:
$\frac{5280}{3870} \approx 1,36 = 136\%$
Das neue Spielfeld ist 36% größer als das alte.
d) Flächenanteil der Zuschauer:
$2 \cdot (116 \cdot 10)\,m^2 + 2 \cdot (55 \cdot 10)\,m^2 = 3420\,m^2$
Gesamtfläche der Sportanlage $116 \cdot 75\,m^2 = 8700\,m^2$
Anteil des Zuschauerbereiches $\frac{3420}{8700} \approx 0,393 = 39,3\%$;
dies sind etwa $\frac{2}{5}$ der Gesamtfläche!

2 Kongruente Dreiecke

Seite 156

1 Die Dreiecke (1) und (5) sind nach dem Kongruenzsatz sws zueinander kongruent.
Die Dreiecke (3) und (4) sind nach dem Kongruenzsatz wsw zueinander kongruent.

2 a) Die Dreiecke sind nach dem Kongruenzsatz sss zueinander kongruent.
b) Die Dreiecke sind nach dem Kongruenzsatz sws zueinander kongruent.

c) Die Dreiecke sind nach dem Kongruenzsatz wsw zueinander kongruent.
d) Die Dreiecke sind nach dem Kongruenzsatz sws zueinander kongruent.
e) Die Dreiecke sind nach dem Kongruenzsatz wsw zueinander kongruent.
f) Die Dreiecke sind nach dem Kongruenzsatz wsw zueinander kongruent.
g) Individuelle Lösung.

3 Individuelle Lösung.

Seite 157

4 a) Das Dreieck ist nach dem Kongruenzsatz sss eindeutig konstruierbar, weil alle Seiten des Dreiecks bekannt sind.

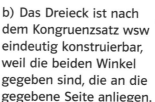

b) Das Dreieck ist nach dem Kongruenzsatz wsw eindeutig konstruierbar, weil die beiden Winkel gegeben sind, die an die gegebene Seite anliegen.

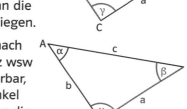

c) Das Dreieck ist nach dem Kongruenzsatz wsw eindeutig konstruierbar, weil die beiden Winkel gegeben sind, die an die gegebene Seite anliegen.

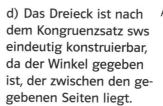

d) Das Dreieck ist nach dem Kongruenzsatz sws eindeutig konstruierbar, da der Winkel gegeben ist, der zwischen den gegebenen Seiten liegt.

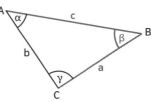

5 a) Individuelle Lösung.
b) Z. B. γ = 70° wsw oder c = 7 cm sws.

6 Durch die Angabe von drei Winkeln ist ein Dreieck nicht eindeutig konstruierbar. In den beiden Dreiecken unten sind zwar alle Winkel gleich groß, die Dreiecke sind aber nicht kongruent zueinander.

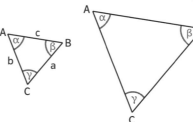

7 Mögliche Lösung:
Dreieck 1: α = 45°, b = 2,5 cm, γ = 82° konstruiert nach wsw
Dreieck 2: b = 2,5 cm, γ = 82°, β = 45°. Man kann ein solches Dreieck mit Zirkel und Lineal nur konstruieren, wenn man α berechnet. Man erhält aber eine Zeichnung mit den Werten, wenn man den 45°-Winkel am Geodreieck verwendet. Man verschiebe hierzu das Geodreieck entlang des Schenkels, der durch γ = 82° vorgegeben wird, bis man an diesem Schenkel eines 45°-Winkel einzeichnen kann, der durch A geht.

8 Die Position des Schatzes ist nicht eindeutig bestimmt.
Wenn man vom großen Baum aus einen Kreis mit Radius 40 m zeichnet, entstehen die Schnittpunke C_1 und C_2. Der Schatz kann an beiden Stellen sein.
Es gibt außerdem noch zwei weitere Stellen (die Punkte D_1 und D_2) auf der anderen Seite des Sonnenbaches, die ebenfalls 40 m vom großen Baum entfernt sind.

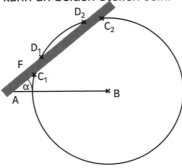

9 a) Individuelle Lösung.
b) Für b = 1 cm: Das Dreieck ist nicht konstruierbar.
Für b = 2 cm: Man kann genau ein Dreieck konstruieren. Der Kreis berührt den Schenkel des Winkels β genau in einem Punkt.
Für b = 3 cm: Man kann zwei zueinander nicht kongruente Dreiecke konstruieren.
Für b = 4 cm: Man kann genau ein Dreieck konstruieren. Der zweite Schnittpunkt des Kreises entspricht dem Punkt B.
Für b = 5 cm: Man kann genau ein Dreieck konstruieren.
Für b = 6 cm: Man kann genau ein Dreieck konstruieren.

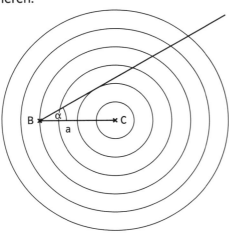

c) Wenn die Seite b länger als die Seite a ist, kann man das Dreieck eindeutig konstruieren.

10 a)
(1) Es gibt zwei Lösungen.

(2) Es gibt eine Lösung.

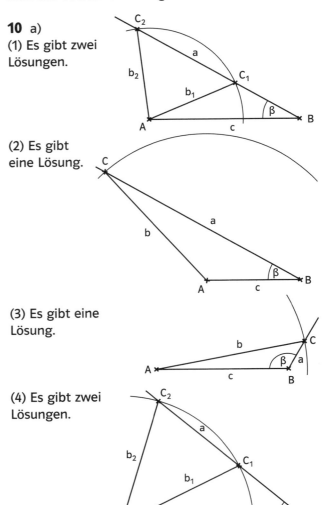

(3) Es gibt eine Lösung.

(4) Es gibt zwei Lösungen.

b) Bei (1) und (4) entstehen jeweils zwei Schnittpunkte des Kreises um B bzw. um A mit dem eingezeichneten Winkel, daher gibt es dort jeweils zwei Lösungen.
Bei (2) und (3) ist das Dreieck mit den Angaben eindeutig konstruierbar.
c) Wenn man zwei Seiten und den *Winkel* kennt, der gegenüber der *längeren* Seite liegt, so lässt sich das Dreieck mit diesen Angaben eindeutig konstruieren.

Seite 158

11

	a	b	c
1. Möglichkeit	2 cm	5 cm	5 cm
2. Möglichkeit	3 cm	4 cm	5 cm
3. Möglichkeit	4 cm	4 cm	4 cm

12 Erwin hat nicht Recht. Wenn man das Dreieck aus Fig. 2 um den Faktor 1,5 vergrößert, bleiben alle Winkel gleich groß. Die Seitenlängen betragen dann 6 cm, 9 cm und 13,5 cm. Die beiden Dreiecke stimmen also in drei Winkeln und zwei Seiten überein, sind aber nicht kongruent zueinander.

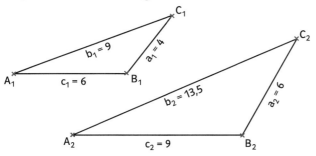

13 Erwin hat nicht Recht. Vier Angaben reichen bei einem Viereck nicht aus, damit es eindeutig konstruierbar ist. Unabhängig davon, welche vier Größen gegeben sind, kann man immer mehrere zueinander nicht kongruente Vierecke mit diesen Angaben zeichnen.

Seite 159

14 a) Das Dreieck in Fig. 1 ist rechtwinklig. Es gilt $\alpha + \beta = 90°$.
Das Dreieck in Fig. 2 ist gleichschenklig.
Es gilt $\alpha = \beta$ und $\gamma = 2 \cdot \delta$.
Das Dreieck in Fig. 3 ist rechtwinklig und gleichschenklig. Der Winkel α misst 45°.
Das Dreieck in Fig. 4 ist gleichseitig. Alle drei Winkel haben die Größe 60°.
b) Man erhält ein gleichseitiges Dreieck.

15 a) Ein Basiswinkel misst 51°; der Winkel an der Spitze misst 78°.

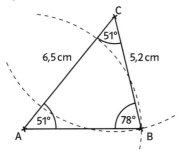

b) Ein Schenkel ist 6,1 cm groß. Der Winkel an der Spitze misst 110°.

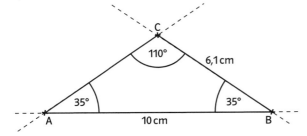

c) Die Basis ist 10,3 cm lang. Ein Basiswinkel misst 64,5°.

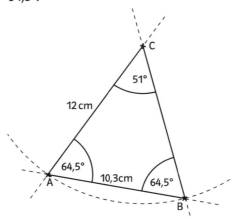

16 a)

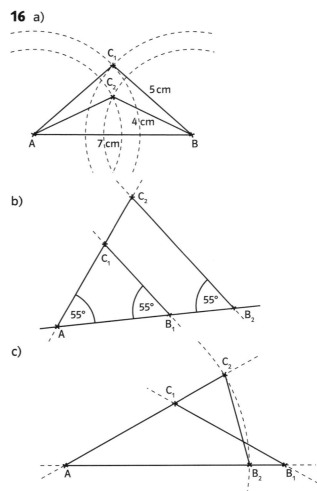

b)

c)

d) In jedem gleichschenkligen Dreieck sind zwei Winkel gleich groß. Daher sind z. B. die Lösungen zu a) – c) auch Lösungen dieser Teilaufgabe.

17 a) Beginnt man mit der längeren Strecke von 8 cm Länge, muss man um ihre Endpunkte jeweils Kreise mit Radius 3 cm zeichnen, um den dritten Eckpunkt des Dreiecks zu bekommen. Die beiden Kreise haben jedoch keinen Schnittpunkt. Deshalb gibt es kein Dreieck mit der geforderten Eigenschaft.

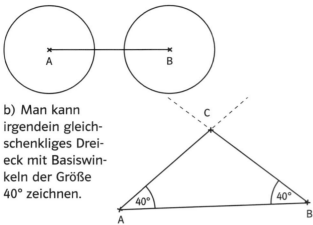

b) Man kann irgendein gleichschenkliges Dreieck mit Basiswinkeln der Größe 40° zeichnen.

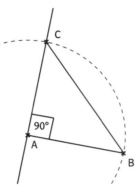

c) Man zeichnet ein gleichschenkliges Dreieck mit einem rechten Winkel an der Spitze. Der rechte Winkel kann kein Basiswinkel sein, denn dann wären die Schenkel zueinander parallel.

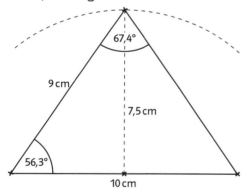

18 a) Im Maßstab 1:20 hat das Zelt eine Grundseite von 10 cm und eine Höhe von 7,5 cm. Aus den gemessenen Größen der maßstabsgetreuen Zeichnung kann man die Größen der Vorderfront berechnen: Die Basiswinkel des Zeltes messen 56,3°. Der Winkel an der Spitze ist 67,4° groß. Die Seitenteile sind 1,8 m lang.

b) Das Zelt besteht aus zwei Dreiecken mit 1,5 m² Flächeninhalt und zwei Rechtecken mit den Seitenlängen 1,8 m und ca. 2 m. Die Seitenlängen wurden aus a) entnommen bzw. mithilfe des Fotos geschätzt. Das Zelt hat somit insgesamt eine Oberfläche von ca. 10,2 m². Man benötigt daher ca. 11,73 m² Stoff für das ganze Zelt.

19 a) Falsch. Gegenbeispiel:

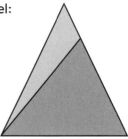

b) Wahr. Alle Höhen im gleichseitigen Dreieck sind gleich groß und die beiden Teildreiecke, die sich durch das Einzeichnen der Höhe ergeben, sind nach dem KGS wsw eindeutig konstruierbar.

c) Falsch. Gegenbeispiel:

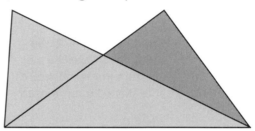

d) Falsch. Gegenbeispiel:

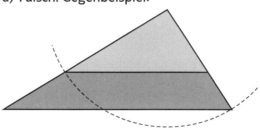

e) Wahr. Zeichnet man den Schenkel und einen Basiswinkel, so kann man von der Spitze aus die Höhe auf die Basis einzeichnen. Da diese Höhe eine Symmetrieachse des Dreiecks ist, gibt es nur eine Möglichkeit, die zweite Hälfte des Dreiecks symmetrisch zur bereits gezeichneten Hälfte zu konstruieren.

f) Individuelle Lösung.

20 (1) M ist der Mittelpunkt der Strecke $\overline{AB}$, somit sind $\overline{AM}$ und $\overline{MB}$ gleich groß. Die Seite $\overline{MC}$ ist in den Dreiecken AMC und MBC gleich groß und liegt gegenüber von dem bekannten Winkel. Wenn $\overline{MC}$ länger ist als $\overline{MB}$, so sind die Dreiecke nach dem Kongruenzsatz Ssw zueinander kongruent und folglich die Seiten a und b gleich lang.
(Der Fall $\overline{MC} < \overline{MB}$ kann an dieser Stelle – ohne Kenntnis des Innenwinkelsummensatzes – nicht bewiesen werden).

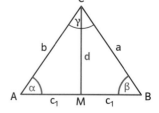

(2) Angenommen, die Seiten a und b seien gleich lang. Zeichne dann vom Mittelpunkt der Seite c die Strecke d zum Punkt C ein. Die Strecken $\overline{AM}$ und

$\overline{MB}$ sind jeweils gleich lang. Die Dreiecke AMC und MBC stimmen somit in allen Seitenlängen überein und sind nach dem Kongruenzsatz sss zueinander kongruent. Also stimmen auch die Winkel überein und die Basiswinkel sind im Dreieck ABC gleich groß.

3 Mittelsenkrechte und Winkelhalbierende

Seite 161

1 Individuelle Lösung.

2 a)

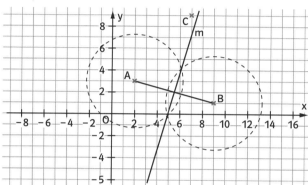

Der Punkt C liegt nicht auf der Mittelsenkrechten zu $\overline{AB}$.

b)

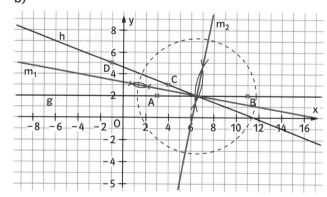

3 Zum Dreieck ABC konstruiert man die Mittelsenkrechten der drei Seiten und erhält die Mittelpunkte der Seiten. Dann verbindet man die Eckpunkte des Dreiecks mit den Mittelpunkten der gegenüberliegenden Seite. Wenn man die Winkelhalbierenden konstruiert, sieht man, dass diese nicht mit den zuvor konstruierten Verbindungslinien übereinstimmen.“

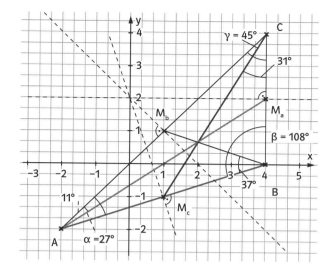

Seite 162

4 a) Wenn man das Blatt mit der Strecke $\overline{AB}$ so faltet, dass der Punkt A mit dem Punkt B zusammenfällt, dann ist die Faltlinie die Mittelsenkrechte der Strecke $\overline{AB}$, weil A und B dann punktsymmetrisch zu ihr sind.
b) Entsprechend a) erhält man die Winkelhalbierende zweier Geraden, wenn man so faltet, dass die Geraden aufeinander liegen. Dann geht die Faltlinie durch den Schnittpunkt und ist eine Winkelhalbierende. Wenn die beiden Geraden zueinander parallel sind, ist die Faltlinie die Mittelparallele.

5 Beide Ideen lösen das Problem.
In der Skizze ist die Winkelhalbierende an der Spitze des Pizzastücks auch die Mittelsenkrechte der Strecke $\overline{AB}$, da das Dreieck ABC gleichschenklig ist.

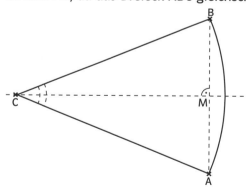

6 Aus den Angaben ergibt sich die untenstehende Zeichnung. Das Lot von Petra auf die „Hauptstraße" g misst 2,4 cm. Somit wohnt Petra 240 m von der Hauptstraße entfernt.

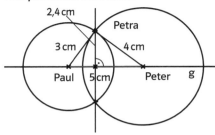

Maßstab 1:100

7 a) Für die Grenzen der Schuleinzugsgebiete wurden die „Mittelsenkrechten" zwischen den Verbindungsstrecken der Schulorte verwendet. Das Schuleinzugsgebiet innerhalb der roten Grenze besteht aus allen Orten, die den kürzesten Weg zu Schule 1 haben. Alle Schulwege zu anderen Schulen sind länger.

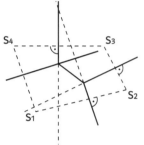

b)

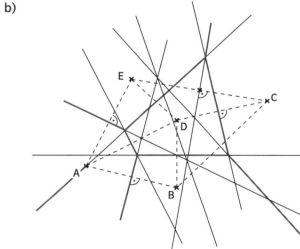

c) Es gibt unterschiedliche Lösungen.

8 a)
Planfigur:

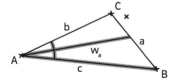

Konstruktionsbeschreibung:
1. Zeichne eine 6 cm lange Strecke $\overline{AB}$.

2. Trage in A den Winkel $\alpha = 70°$ ab.
3. Konstruiere die Winkelhalbierende von α.
4. Zeichne um A einen Kreis mit Radius 5 cm.
5. Beschrifte den Schnittpunkt des Kreises mit der Winkelhalbierenden mit W.
6. Die Gerade durch B und W schneidet den freien Schenkel von α im Punkt C. Das Dreieck ABC hat die geforderten Eigenschaften.

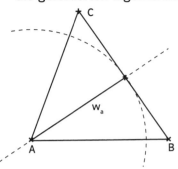

b) Zeichnung s. Fig. 1
Planfigur:

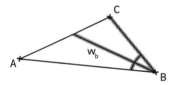

Konstruktionsbeschreibung:
1. Zeichne eine 7 cm lange Strecke $a = \overline{BC}$.
2. Trage in B den Winkel $\beta = 50°$ ab.
3. Konstruiere die Winkelhalbierende von β.
4. Zeichne um B einen Kreis mit Radius 4,5 cm.
5. Beschrifte den Schnittpunkt des Kreises mit der Winkelhalbierenden mit W.
6. Die Gerade durch C und W schneidet den freien Schenkel von β im Punkt A.
Das Dreieck ABC hat die geforderten Eigenschaften.

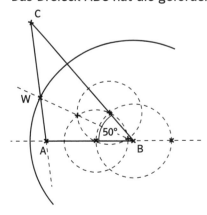

c) Planfigur: erstellen (siehe Fig. 1)
Konstruktionsbeschreibung:
1. Zeichne die 4 cm lange Strecke $c = \overline{AB}$.
2. Trage in A den Winkel $\alpha = 110°$ ab.
3. Zeichne um B einen Kreis mit Radius 5 cm.

4. Bezeichne den Schnittpunkt des Kreises mit der Halbgeraden, auf der die Seite b liegen muss, mit W.

5. Verdopple den Winkel den die Winkelhalbierende w_β mit c bildet, d.h.,

5. a) Zeichne einen Kreis um B mit einem beliebigen Radius kleiner als 4 cm und markiere die Schnittpunkte mit der Seite c und der Winkelhalbierenden w_β.

5. b) Zeichne einen Kreis mit Mittelpunkt im Schnittpunkt der Winkelhalbierenden mit dem Kreis aus 5. a), der durch den Schnittpunkt von c mit dem Kreis aus 5. a) verläuft.

5. c) Markiere den zweiten Schnittpunkt der beiden Kreise und zeichne eine Halbgerade von B aus, die durch diesen Punkt verläuft.

6. Der Schnittpunkt der Halbgeraden aus 5. c) mit der Halbgeraden aus 2. ist der Eckpunkt C.

Das Dreieck ABC löst die Aufgabe.

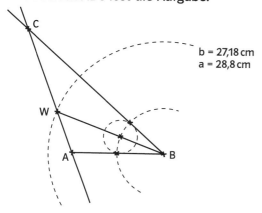

b = 27,18 cm
a = 28,8 cm

d) Planfigur: erstellen
Konstruktionsbeschreibung:

1. Zeichne die 6 cm lange Strecke a = $\overline{BC}$.
2. Trage in C den Winkel $\gamma = 82°$ ab.
3. Zeichne um C einen Kreis mit Radius 4 cm.
4. Beschrifte den Schnittpunkt des Kreises mit der Winkelhalbierenden von γ mit W.
5. Zeichne die Gerade BW.
6. Beschrifte den Schnittpunkt der Geraden BW mit dem freien Schenkel von γ mit A.

Das Dreieck ABC löst die Aufgabe.

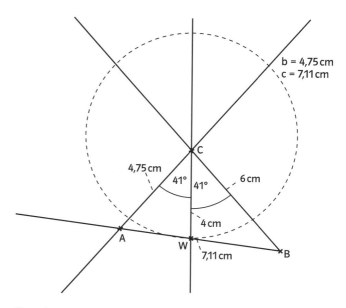

b = 4,75 cm
c = 7,11 cm

4,75 cm
41° 41°
6 cm
4 cm
A
W
7,11 cm
B

9 a)

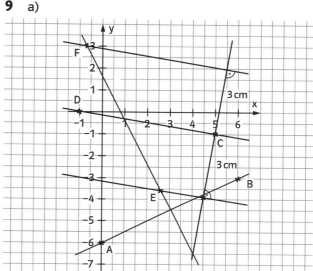

Die Punkte E und F ergeben sich aus den Schnittpunkten der Mittelsenkrechten der Strecke $\overline{AB}$ mit den beiden Parallelen zur Geraden durch C und D im Abstand 3 cm: Es gilt in etwa: E(2,6|−3,6); F(−0,7|3).

b)

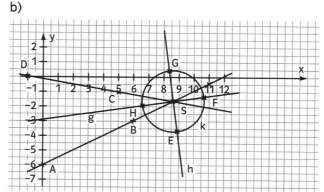

Die Punkte E, F, G und H ergeben sich als Schnittpunkte der Winkelhalbierenden g und h im Schnittpunkt S der Geraden AB und CD mit dem Kreis um S mit Radius 3 cm.

Es gilt in etwa: E(9|−3,6); F(10,7|−1,3);
G(8,5|0,4); H(6,8|−1,9).

10 Mögliche Lösungen:
(1) Einen Winkel kann man in vier gleich große Teile teilen, indem man zuerst eine Winkelhalbierende konstruiert und die dadurch entstandenen Winkel erneut durch eine Winkelhalbierende teilt. Dadurch wird der Winkel in vier Teile geteilt.
(2) Eine Strecke $\overline{AB}$ kann man in vier gleich große Teile teilen, indem man zuerst die Mittelsenkrechte zur Strecke $\overline{AB}$ konstruiert. Der Schnittpunkt S der Mittelsenkrechten mit der Strecke teilt die Strecke in zwei gleich große Teile. Wenn man nun die Mittelsenkrechte zu den Strecken $\overline{AS}$ und $\overline{SB}$ konstruiert, erhält man zwei weitere Schnittpunkte T und U. Die Punkte S, T und U teilen die Strecke $\overline{AB}$ in vier gleich große Teile.
(3) Auf Schülerbuchseite 157 wird im Beispiel dargestellt, wie man einen Winkel verdoppeln kann. Wenn man dieses Verfahren zweimal durchführt, wird ein Winkel vervierfacht.
(4) Zeichne eine beliebige Strecke $\overline{AB}$ und konstruiere die Mittelsenkrechte zu dieser Strecke. Am Schnittpunkt der Mittelsenkrechten mit der Strecke $\overline{AB}$ entsteht ein rechter Winkel.
Einen Winkel von 45° erhält man, indem man die Winkelhalbierende zu einem rechten Winkel konstruiert.
(5) Man zeichne einen Kreis um P, dessen Radius so groß ist, dass er die Gerade g schneidet. Die Schnittpunkte seien A und B. Nun konstruiere man die Mittelsenkrechte zur Strecke $\overline{AB}$. Diese Mittelsenkrechte geht durch P und ist senkrecht zu g. Somit entspricht sie dem Lot von P auf die Gerade g.

11 a) Die Vermutung von Alex ist falsch. Man muss dazu nur ein Dreieck so zeichnen, dass der Sachverhalt klar zu sehen ist. Dies ist z.B. im gezeichneten Dreieck in Fig. 3 der Fall.
b) Beispiel: „In einem Quadrat geht die Winkelhalbierende in einem Eckpunkt durch den gegenüberliegenden Eckpunkt."
Begründung: Da ein Quadrat symmetrisch zur Diagonalen ist, ist eine Diagonale im Quadrat auch die Winkelhalbierende für die Winkel in den zugehörigen Eckpunkten.

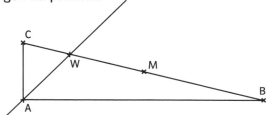

4 Umkreise und Inkreise

1 a) Der Umkreismittelpunkt ist der Mittelpunkt der Strecke $\overline{AC}$, weil β 90° misst.
b) Der Umkreismittelpunkt liegt auf der Winkelhalbierenden des Winkels γ und ist außerhalb des Dreiecks, weil das Dreieck gleichschenklig ist und bei der Spitze bei C einen stumpfen Winkel hat.
c) Der Umkreismittelpunkt ist der Mittelpunkt der Seite $\overline{AC}$, weil das Dreieck bei B einen rechten Winkel hat.
d) Der Umkreismittelpunkt liegt auf dem Schnittpunkt der Winkelhalbierenden, weil das Dreieck gleichseitig ist.

2 a) Konstruktionsbeschreibung:
1. Zeichne einen Kreis k um U mit Radius 4 cm.
2. Wähle auf dem Kreis k einen Punkt A.
3. Zeichne den Punkt C auf k mit $\overline{AC}$ = 3 cm.
4. Zeichne den Punkt B auf k mit $\overline{CB}$ = 5 cm.
Lösung: 2 Dreiecke ABC mit Umkreis k.

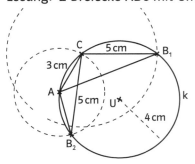

b) Konstruktionsbeschreibung (ohne Zeichnung):
1. Zeichne einen Kreis k um U mit Radius 6 cm.
2. Wähle auf k einen Punkt A.
3. Zeichne den Punkt B auf k mit c = $\overline{AB}$ = 8 cm.
4. Trage in A an c den Winkel α = 50° ab.
5. Der Schnittpunkt von α mit k wird mit C beschriftet.
Lösung: Dreieck ABC mit Umkreis k.
c) Konstruktionsbeschreibung:
1. Zeichne einen Kreis k um U mit Radius 5 cm.
2. Zeichne den Punkt B auf k mit c = $\overline{AB}$ = 5 cm.
3. Zeichne die Mittelsenkrechte m der Strecke $\overline{AB}$.
4. Ein Schnittpunkt m mit k wird mit C beschriftet.
Lösung: 2 Dreiecke ABC mit Umkreis k.

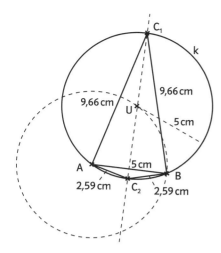

d) Konstruktionsbeschreibung (ohne Zeichnung):
1. Zeichne einen Winkel $\alpha = 50°$ mit Scheitel A.
2. Zeichne die Winkelhalbierende w zu α.
3. Zeichne auf w den Punkt U im Abstand 4,5 cm von A.
4. Zeichne den Kreis k um U durch den Punkt A.
5. Beschrifte die Schnittpunkte von α mit k mit B und C.
Lösung: Dreieck ABC mit Umkreis k.

3 (ohne Zeichnungen)
Zeichne zuerst das Dreieck aus den gegebenen Größen. Bestimme dann den Inkreismittelpunkt I als Schnittpunkt zweier Winkelhalbierenden. Der Radius des Inkreises wird durch das Lot von I auf eine Dreiecksseite bestimmt.
Besonderheiten: In b) und c) liegt der Inkreismittelpunkt auf einer Mittelsenkrechten, weil gleichschenklige Dreiecke vorliegen. In d) ist das Dreieck gleichseitig. Der Inkreismittelpunkt fällt mit dem Umkreismittelpunkt zusammen.

4 Peter kann drei Punkte A, B und C auf dem Umkreis wählen und dort mithilfe der zugehörigen Radien die Tangenten an den Kreis zeichnen. Die Schnittpunkte der Tangenten ergeben ein solches Dreieck. Paul kann drei Punkte des Inkreises durch Strecken verbinden. Paul hat es einfacher.

5 Aus einer maßstabsgetreuen Zeichnung ergibt sich ein 1,77 Meter großer Radius des Zifferblattes.

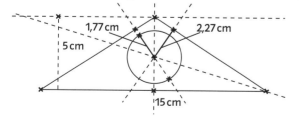

6 Die Koordinaten der Mittelpunkte lauten ungefähr $M_U(-1 | -0,69)$ und $M_I(-0,31 | 0,96)$.

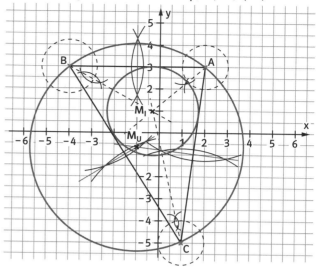

Seite 166

7 a) Individuelle Lösung.
b) Mögliche Lösung:
Wenn das Dreieck spitzwinklig ist, d.h. alle Winkel des Dreiecks kleiner als 90° sind, liegt der Mittelpunkt des Umkreises im Dreieck ABC.
Wenn das Dreieck rechtwinklig ist, liegt der Mittelpunkt des Umkreises auf der gegenüberliegenden Seite des rechten Winkels.
Wenn das Dreieck stumpfwinklig ist, d.h. ein Winkel größer als 90° ist, liegt der Mittelpunkt des Umkreises außerhalb des Dreiecks.

8 a) Individuelle Lösung.
b) Mögliche Lösungen:
(1) Das Dreieck ist gleichschenklig.
(2) Das Dreieck ist gleichschenklig.
(3) Das Dreieck ist gleichseitig.
(4) Der Mittelpunkt liegt innerhalb des Dreiecks: spitzwinkliges Dreieck.
Der Mittelpunkt liegt auf einer Seite des Dreiecks: rechtwinkliges Dreieck.
Der Mittelpunkt liegt außerhalb des Dreiecks: stumpfwinkliges Dreieck.

9 (1) Stimmt allgemein nicht, ist jedoch für gleichseitige Dreiecke richtig.
(2) Stimmt nicht.
(3) Stimmt nicht.
(4) Stimmt.
(5) Stimmt nicht. Man zeichne hierzu ein stumpfwinkliges Dreieck, dessen stumpfer Winkel fast 180° beträgt.

Seite 167

10

1. Konstruieren des Dreiecks im Maßstab 1:10, d.h. in der Zeichnung werden die Seiten mit a = 14 cm, b = 6 cm und c = 12 cm konstruiert.
2. Konstruieren des Mittelpunktes des Inkreises, indem man den Schnittpunkt zweier Winkelhalbierenden bestimmt.
3. Das Lot von M_I auf die Seite b fällen, d.h. eine zu b senkrechte Gerade zeichnen, die durch M_I geht.
4. Den Schnittpunkt des Lotes mit der Seite b mit E bezeichnen und einen Kreis mit Mittelpunkt E und Radius 1 cm zeichnen (entspricht 10 cm in der Wirklichkeit).
5. Den Schnittpunkt des Kreises mit dem Lot aus 3. mit S bezeichnen. Der Kreis der ausgefräst werden soll, hat den Mittelpunkt M_I und geht durch S. Der Radius beträgt ungefähr 1,24 cm in der Zeichnung, d.h. etwa 12,4 cm in der Wirklichkeit.

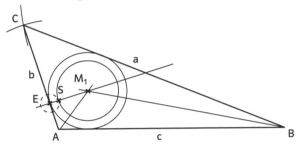

11 Idee: Die Ausgangsfiguren sind Rechtecke und Dreiecke mit gegebenen Abmessungen. Alle vorkommenden Kreise sind Inkreise von Teildreiecken in der jeweiligen Ausgangsfigur.

12 Eine maßstabsgetreue Konstruktion liefert einen Abstand von 5,7 cm − 1,9 cm = 3,8 cm.

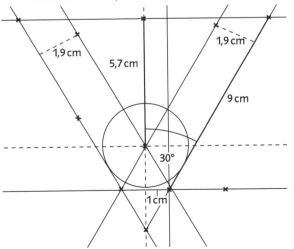

13 größter Inkreis: Ein gleichseitiges Dreieck, d.h. a = 6 cm, b = 6 cm und c = 6 cm
kleinster Inkreis: z. B. a = 8 cm, b = 2 cm, c = 8 cm
größter Umkreis: z. B. a = 5 cm, b = 5 cm, c = 8 cm
kleinster Umkreis: ein gleichseitiges Dreieck, d.h. a = 6 cm, b = 6 cm, c = 6 cm

14 a) Der Kreis k geht durch A, B und C, aber nicht durch D. Weil der Mittelpunkt des Umkreises eines Dreiecks eindeutig bestimmt ist, gibt es keinen anderen Kreis, der durch A, B und C geht. Demnach ist es nicht möglich einen Kreis durch A, B, C und D zu zeichnen.

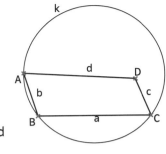

b) Bei Rechtecken ist der Mittelpunkt des Umkreises gleichzeitig der Schnittpunkt der Diagonalen.

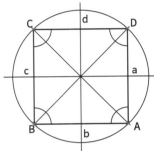

c) Zu Parallelogrammen und Rauten gibt es keinen Umkreis, es sei denn es sind Rechtecke bzw. Quadrate.
Bei Drachen gibt es einige Spezialfälle, in denen sich der Umkreis konstruieren lässt, es geht aber nicht immer.
Bei gleichschenkligen Trapezen kann man den Umkreis konstruieren.
d) Zum Viereck ABCD gibt es einen Umkreis. Zum Viereck EFGH gibt es keinen Umkreis.
2. Teil: Individuelle Lösung.

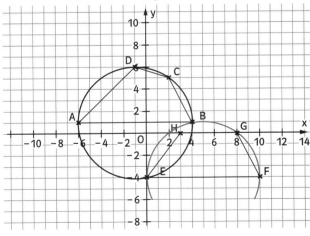

e) Individuelle Lösung.

5 Winkelbeziehungen erkunden

1 Individuelle Lösung.

2 A → Nebenwinkel
B, C, D, G, I, J, L, M, O, P, Q, R, S, U, V, W, Y
→ Keine besonderen Winkel
E → Stufenwinkel, Nebenwinkel
F → Stufenwinkel, Nebenwinkel
H → Wechselwinkel, Nebenwinkel
K → (Nebenwinkel, wenn man sich eine Linie „weg-
denkt")
N → Wechselwinkel
T → Nebenwinkel
X → Scheitelwinkel, Nebenwinkel
Z → Wechselwinkel

3 Mögliche Lösung:
a) γ und der gegebene Winkel sind Scheitelwinkel
und daher gleich groß. Also gilt: $\gamma = 35°$.
β und γ sind Nebenwinkel und ergänzen sich somit
zu 180°. Also gilt: $\beta = 180° − \gamma = 145°$.
α und β sind Scheitelwinkel und sind daher gleich
groß. Also gilt: $\alpha = 145°$.
b) α und der gegebene 80°-Winkel (links) sind
Scheitelwinkel. Daher gilt: $\alpha = 80°$.
β und α sind Nebenwinkel, also gilt
$\beta = 180 − \alpha = 100°$.
γ und β sind Scheitelwinkel. Daher gilt: $\gamma = \alpha = 100°$
β' und der gegebene 80°-Winkel (rechts) sind Scheitelwinkel. Daher gilt: $\beta' = 80°$.
α' und β' sind Nebenwinkel. Daher gilt:
$\alpha' = 180° − \beta' = 100°$.
γ' und α' sind Nebenwinkel, somit gilt: $\gamma' = \alpha' = 100°$
c) α und der gegebene 70°-Winkel sind Nebenwin-
kel. Also gilt: $\alpha = 180° − 70° = 110°$.
γ und α sind Scheitelwinkel. Also gilt: $\gamma = \alpha = 110°$
α, β und der gegebene 30°-Winkel ergänzen sich zu
180°. Somit gilt: $\beta = 180° − \alpha − 30° = 40°$.

4 Man kann die Eigenschaften der Scheitel- und
Nebenwinkeln anwenden. Da g und h parallel sind,
kann man auch noch die Eigenschaften von Wech-
sel- und Stufenwinkeln verwenden.
a) (Ohne Zeichnung) Es gibt nur zwei verschiedene
Winkelgrößen von 50° und 130°.
b) (Ohne Zeichnung) An den Schnittpunkten der
einen Geraden mit g und h gibt es nur Winkel von
78° und 102°. Entsprechend kommen bei der anderen Geraden nur die Winkelgrößen 120° und 60° vor.

c)

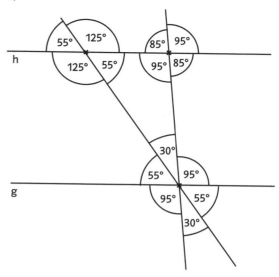

d) Individuelle Lösung.

5 a) Die Geraden g und h können nicht parallel
sein. Sonst müsste der Winkel von 109° die Größe
110° haben, weil die beiden weiteren Geraden gleiche Stufenwinkel mit g und h hätten und somit parallel wären. Deshalb sind weder g und h noch die
beiden anderen Geraden parallel.
b) Wenn die Geraden g und h parallel wären,
müssten die Winkel 57° und 56,4° gleich groß sein
(Wechselwinkel). Da dies nicht der Fall ist, sind g
und h nicht parallel.
c) Individuelle Lösung.

6 (ohne Kontrollzeichnungen)
a) Wenn zwei sich schneidende Geraden gleich große Scheitel- und Nebenwinkel haben, dann sind sie
zueinander senkrecht.
b) Lösungsvorschlag 1: Ein Winkel α und sein Nebenwinkel β ergeben zusammen 180°. Wenn der
Winkel α um 15° größer sein soll als β, muss α
gerade um 7,5° (die Hälfte von 15°) größer sein als
90° (denn hier wären α und β ja gerade wie in Teilaufgabe b) gleich groß). Also gilt $\alpha = 97,5°$ und
$\beta = 82,5°$.
Lösungsvorschlag 2 (Verwendung von
Gleichungen): Für α und β gilt $\alpha + \beta = 180°$ und
$\alpha = \beta + 15°$.
Daraus kann man die Beziehung $\beta + \beta + 15° = 180°$
ableiten. Folglich gilt $2\beta = 180° − 15°$.
Daraus ergibt sich β und α wie im Lösungsvorschlag 1.
c) Der Winkel α und sein Nebenwinkel β zusammen
ergeben 180°. Dies sind aber auch fünf Viertel des
Winkels α. Deshalb gilt $\alpha = (180° : 5) \cdot 4 = 144°$ und
$\beta = 36°$.

d) Der Scheitelwinkel α hat 1 Anteil am gestreckten Winkel und der Nebenwinkel β hat 3 Anteile davon. Deshalb gilt α = 180° : 4 = 45°; der Nebenwinkel misst 135°.

7 a) Diese Aussage gilt nicht. Die beiden roten Geraden verlaufen nicht parallel. Daher kann man hier mit den bekannten Winkelbeziehungen keine Aussagen treffen.
b) Die Aussage ist falsch. δ und γ sind Nebenwinkel. Folglich gilt δ = 180° – γ.
c) Richtig, da α und β Nebenwinkel sind.
d) Die Aussage ist nicht richtig. ε und μ sind keine Scheitelwinkel.
e) Stimmt nicht. Es gilt ε + η + λ = 180°; aber γ ist nicht gleich λ.
f) Stimmt. Die Winkel ε + η und γ sind Stufenwinkel.

8 a)

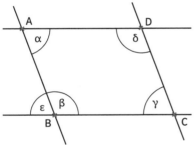

α und ε sind Wechselwinkel an zueinander parallelen Geraden und daher gleich groß.
ε und γ sind Stufenwinkel an zueinander parallelen Geraden und daher auch gleich groß.
Somit müssen auch α und γ gleich groß sein.
Ebenso kann man zeigen, dass β und δ gleich groß sind. Leonies Behauptung stimmt daher.
b) (1) Das erste Viereck ist kein Parallelogramm. Wenn man die untere Seite des Vierecks nach links verlängert, entsteht dort der Winkel
ε = 180° – 114° = 66°.
Die Wechselwinkel in der Figur sind nicht gleich groß und somit sind die obere und die untere Gerade nicht parallel zueinander.
(2) Das Viereck ist ein Parallelogramm.
(3) Das Viereck ist kein Parallelogramm. Da die Stufenwinkel nicht gleich groß sind, verlaufen die linke und rechte Seite des Vierecks nicht parallel zueinander.
(4) Das Viereck ist ein Parallelogramm.

9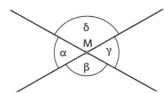

Voraussetzung: Es gilt 180° – α = β und 180° – γ = β
Daher muss 180° – α = 180° – γ gelten und somit α = γ.

10 Nebenwinkel α und β: α + β = 180°
Nebenwinkel: $\frac{α}{2}$ + γ – α = 90°
Daraus folgt: α = 36°, β = 144°

11 a) Die Aussage ist richtig, denn die Winkelhalbierende des Winkels α ist auch die Winkelhalbierende des zugehörigen Scheitelwinkels von α.
b) Die Aussage ist falsch, denn die Winkelhalbierenden der beiden Nebenwinkel von α fallen zusammen.
c) Die Aussage ist richtig. Der Winkel α bildet mit seinem Nebenwinkel β zusammen einen 180°-Winkel. Die zugehörigen Winkelhalbierenden halbieren jeweils die Winkelgröße von α und β. Deshalb bilden die Winkelhalbierenden zueinander einen Winkel von 90°.

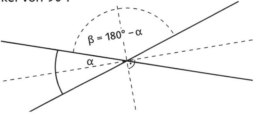

12 a) Es wird angenommen, dass die Angel einen Drehpunkt A hat. Ergebnisse aus unten stehender Zeichnung.
b) Verwendet man, wie im Tipp angegeben, die beiden parallelen Geraden g und h zur Wasserlinie, dann müssen die jeweils gleich großen Wechselwinkel zum 30°- und 50°-Winkel an g bzw. h zusammen mit dem gesuchten Winkel β jeweils 90° ergeben. Damit erhält man β = 60° und β' = 40°.

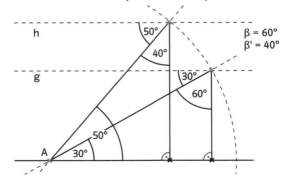

13 Mögliche Lösung:
Gegeben sind der Grundwert $G = 19\,930\,€$ und der Prozentwert $W = 15\,990\,€$.
Der Prozentwert p kann wie folgt berechnet werden: $p = \frac{W}{G} = \frac{15\,990\,€}{19\,930\,€} \approx 0,8023 = 80,23\,\%$
Der neue Preis beträgt nur noch ca. 80,23 % des alten Preis. Der Preis wurde demnach um etwa 19,77 % heruntergesetzt.

14 a) Herr Rauck hat das Ziel nach 2:58:50 h erreicht.
b) $s \rightarrow t$ mit $t = 180 + 250\,s$

15 a) Man bringt die Brüche auf den gemeinsamen Nenner 21 und addiert dann die Zähler.
$\frac{2}{3} + \frac{8}{7} = \frac{14}{21} + \frac{24}{21} = \frac{38}{21}$

b) 1,35 kg

6 Regeln für Winkelsummen entdecken

Seite 173

1 a) Durch Experimentieren kann man zur Vermutung kommen, dass die Winkelsumme der drei Winkel immer 180° ist. Man kann auch vermuten, dass in einem Dreieck bei einer größeren Seite der gegenüberliegende Winkel größer ist als der Winkel, der einer kleineren Seite gegenüberliegt.
b) Mit Beispielen zu Sonderfällen kann man z. B. zu folgenden Vermutungen kommen: Bei den gleichschenkligen Dreiecken ist die Basis kleiner als ein Schenkel, solange der Winkel an der Spitze kleiner als 60° ist. Für einen Winkel an der Spitze von 60° ergibt sich ein gleichseitiges Dreieck. Für alle Winkel an der Spitze, die größer als 60° sind, ist die Länge der Basis größer als die der Schenkel. Bei einem rechtwinkligen Dreieck geht eine Seite durch den Mittelpunkt des Kreises. Es gibt ein gleichschenkliges Dreieck, das einen rechten Winkel an der Spitze hat.

2 Man kann den Winkelsummensatz im Dreieck benutzen:
a) $\gamma = 89°$

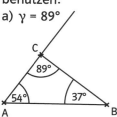

b) $\alpha = 80°$

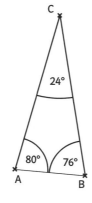

c) $\beta = 147°$

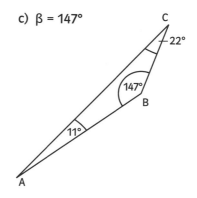

d) $\gamma = 90°$

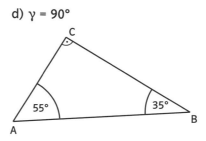

3 Mögliche Lösung:
Dreieck 1: Winkel: $\alpha = 90°$; $\beta = 24°$; $\gamma = 66°$
Dreieck 2: $\alpha = 30°$; $\beta = 106°$; $\gamma = 44°$
Dreieck 3: $\alpha = 60°$; $\beta = 36°$; $\gamma = 84°$

4 a) $\gamma = 180° - 20° - 99° = 61°$

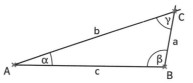

b) $\alpha = 180° - 75° - 44° = 61°$

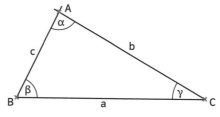

c) $\beta = 180° - 96° - 31° = 53°$

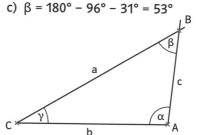

5 Alle gegebenen Dreiecke sind gleichschenklig:
a) Mit $\alpha = 46°$ und $\beta = \gamma$ folgt aus dem Winkelsummensatz $\alpha + \beta + \gamma = 180°$ die Beziehung $46° + \beta + \beta = 180°$. Daraus ergibt sich $2\beta = 134°$ und somit gilt $\beta = \gamma = 67°$.

b) Mit α = 90° kann es keinen weiteren Winkel dieser Größe geben. Deshalb müssen die beiden anderen Winkel zusammen 90° ergeben (Winkelsummensatz) und gleich groß sein (Basiswinkelsatz). Deshalb gilt β = γ = 45°.

c) Da α und β gleich groß sind, ist der Winkel an der Spitze: γ = 180° − 70° = 110°.

d) Wegen des Winkelsummensatzes ist: β = 70°. Also gilt α = β. γ ist an der Spitze.

e) α = 60°; β = 60°; γ = 60°

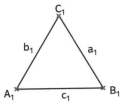

f) α = 110°; β = 35°; γ = 35°

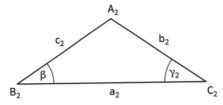

g) Es reicht in b) und f) die Angabe eines Winkels, denn der Winkel ist mindestens 90° groß. Es kann also keinen zweiten Winkel in dem Dreieck geben, der ebenso groß ist. Folglich sind die beiden anderen Winkel die Basiswinkel des gleichschenkligen Dreiecks. Man kann sie berechnen, indem man den gegebenen Winkel von 180° abzieht und das Ergebnis durch 2 teilt.

6 Konstruktionsbeschreibung:
1. Zeichne die Strecke c = $\overline{AB}$ der Länge 6 cm.
2. Trage an c in A den Winkel α = 90° an und in B den Winkel β = 45°.
3. Der Schnittpunkt der beiden freien Schenkel ist C.

Das Dreieck ABC löst die Aufgabe.
Für γ gilt: γ = 180° − (90° + 45°) = 45° (Winkelsummensatz). Deshalb ist das Dreieck ABC gleichschenklig.

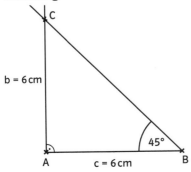

b) Konstruktionsbeschreibung:
1. Zeichne den Winkel γ der Größe 50° mit dem Scheitel C.
2. Trage auf den Schenkeln von γ die Strecken a = $\overline{BC}$ und b = $\overline{AC}$ mit gleicher Länge 5 cm ab.

Das Dreieck ABC löst die Aufgabe.
Das Dreieck ABC hat zwei gleich lange Seiten a und b. Deshalb ist γ der Winkel an der Spitze. Aus dem Winkelsummensatz folgt α + β = (180° − γ) = 130°. Da α und β gleich groß sind, gilt α = β = 65°.

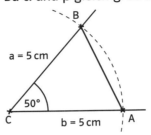

c) Alle drei Winkel sind gleich groß. Deshalb misst jeder 60°.

Konstruktionsbeschreibung:
1. Zeichne die Strecke a = $\overline{BC}$ mit der Länge 5 cm.
2. Trage in B und C die 60°-Winkel β und γ an.
3. Beschrifte den Schnittpunkt der freien Schenkel mit A.

Das Dreieck ABC löst die Aufgabe.

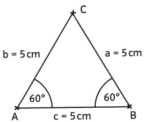

d) Konstruktionsbeschreibung:
1. Zeichne die Strecke c = $\overline{AB}$ mit der Länge 6 cm.
2. Trage in B den Winkel β = 50° ab.
3. Zeichne um A den Kreis mit Radius 6 cm.
4. Der Kreis hat mit dem freien Schenkel von β die Schnittpunkte B und C.

Das Dreieck ABC löst die Aufgabe.
Weil die Strecken c und d gleich lang sind, ist das Dreieck ABC gleichschenklig. Der Punkt A ist die Spitze des Dreiecks. Deshalb gilt β = γ = 50° und α = 80°.

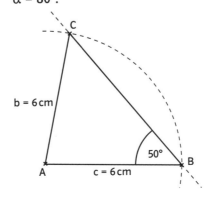

7 a) $\gamma = 71°$; gleichschenklig, Spitze A

b) $\alpha = 90°$ (rechtwinkliges Dreieck)

c) $\beta = 10°$

d) Es gilt $\alpha + \gamma = 185°$. Die Summe zweier Winkel muss kleiner als 180° sein. Ein Dreieck mit diesen Angaben gibt es nicht.

e) $\gamma = 120°$. Das Dreieck ist gleichschenklig und stumpfwinklig.

f) $\alpha = \beta = 45°$. Das Dreieck ist rechtwinklig und gleichschenklig.

g) Aus $\alpha = \beta = \gamma$ ergibt sich nach dem Winkelsummensatz, dass alle Winkel gleich groß sind. Dann kann α nicht 58° messen. Ein Dreieck mit diesen Eigenschaften ist nicht möglich.

h) Es gilt $\alpha + \gamma = 180°$. Deshalb müsste $\beta = 0°$ sein. Damit ist kein Dreieck möglich.

8 a) Das Dreieck hat einen nicht beschrifteten Winkel. Dieser ist ein Scheitelwinkel zum 69°-Winkel und deshalb genauso groß wie dieser. Nach dem Winkelsummensatz gilt

$\gamma = 180° + 30° - 69° = 81°$.

Der Winkel α ist ein Wechselwinkel zum 30°-Winkel, weil a∥b ist; deshalb gilt $\alpha = 30°$.

Der Winkel β bildet zusammen mit α und dem Winkel der Größe 69° einen gestreckten Winkel. Deshalb gilt $\beta = 180° - (30° + 69°) = 81°$ (β ist auch noch ein Stufenwinkel zu γ).

b) β ist ein Wechselwinkel zum Winkel der Größe 77°; somit gilt $\beta = 77°$. Daraus lässt sich der nicht beschriftete Winkel im Dreieck links zu 77° berechnen (Scheitelwinkel). Aus der Winkelsumme im Dreieck ergibt sich $\alpha = 49°$. Das äußere Dreieck ist gleichschenklig. Der Winkel γ ist der Winkel an der Spitze. Daraus ergibt sich $\gamma = 72°$.

c) Man erhält die in der Zeichnung angegebenen Winkel.

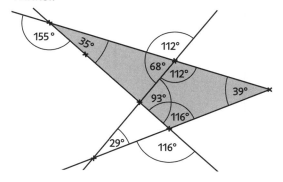

9 α_2 und 95° sind Nebenwinkel, also gilt:

$\alpha_2 = 180° - 95° = 85°$.

α_1 und 140° sind Nebenwinkel, also gilt:

$\alpha_1 = 180° - 140° = 40°$.

Der Winkel α kann nun mit dem Innenwinkelsummensatz berechnet werden:

$\alpha = 180° - \alpha_1 - \alpha_2 = 180° - 40° - 85° = 55°$.

β_2 und 138° sind Nebenwinkel, also gilt:

$\beta_2 = 180° - 138° = 42°$.

β_1 und 109° sind Nebenwinkel, also gilt:

$\beta_1 = 180° - 109° = 71°$.

Der Winkel β kann nun mit dem Innenwinkelsummensatz berechnet werden:

$\beta = 180° - \beta_1 - \beta_2 = 180° - 42° - 71° = 67°$.

Den Winkel γ kann man nun mit dem Innenwinkelsummensatz für das große Dreieck ausrechnen:

$\gamma = 180° - \alpha - \beta = 180° - 55° - 67° = 58°$.

Der Winkel an der abgerissenen Ecke betrug 58°.

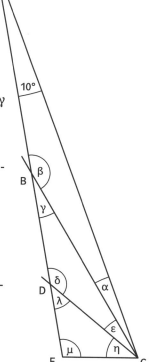

10 $\alpha = 10°$, da das Dreieck ABC gleichschenklig ist.

Nach dem Innenwinkelsummensatz für Dreiecke gilt:

$\beta = 180° - 10° - 10° = 160°$.

$\gamma = 180° - 160° = 20°$, weil γ und β Nebenwinkel sind.

$\varepsilon = 20°$, weil das Dreieck CDB gleichschenklig ist.

Nach dem Innenwinkelsummensatz für Dreiecke gilt:

$\delta = 180° - 20° - 20° = 140°$.

$\lambda = 180° - 140° = 40°$, weil δ und λ Nebenwinkel sind.

$\eta = 40°$, weil das Dreieck EDC gleichschenklig ist.

Nach dem Innenwinkelsummensatz für Dreiecke gilt:

$\mu = 180° - 40° - 40° = 100°$.

Der Gesamtwinkel am Punkt C setzt sich aus den Winkeln α, ε und η zusammen, somit beträgt er $40° + 20° + 10° = 70°$.

11 a) ε ist der Winkel zwischen dem Lot von C auf AB und der Winkelhalbierenden von γ. Bei C ist ein rechter Winkel, deshalb gilt ⦠ACW = 45°. Nach dem Winkelsummensatz im Dreieck AWC gilt ⦠CWA = 97°. Der zugehörige Nebenwinkel ⦠HWC misst dann 83°. Nach dem Winkelsummensatz im Dreieck WHC misst ε dann 7°.

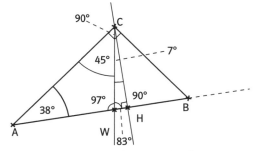

b) Mit den Beschriftungen in der unten stehenden Abbildung kann man folgendermaßen argumentieren:
Im Dreieck EDC ist der Winkel bei D nach dem Winkelsummensatz 47° groß. Dann hat jedoch der Winkel ε die Größe 43°, denn er ergänzt sich zusammen mit dem 47°-Winkel zu 90°. Dabei ist es egal ob a und b gleich lang sind oder nicht.

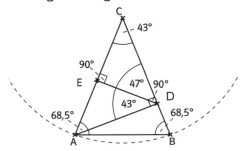

c) Die gestrichelte Linie ist die Winkelhalbierende von α. Da a = b gilt, ist das Dreieck gleichschenklig und α ist ein Basiswinkel. Weil der Winkel an der Spitze 40° misst, gilt α = 70°. Die Winkelhalbierende hat dann mit b einen Winkel der Größe 35°. Mit dem Winkelsummensatz ergibt sich
ε = 180° − 35° − 40° = 105°.

12 Aus den Angaben folgt, dass $\overline{MA} = \overline{MC} = \overline{MB}$ gilt. Deshalb sind die Dreiecke AMC und CMB gleichschenklig, jeweils mit der Spitze bei M. Verwendet man den Winkelsummensatz und die Eigenschaften des gleichschenkligen Dreiecks, so gilt:
⦠BCM = 68,5° und
⦠CMB = 180° − (68,5° + 68,5°) = 43°.
Der zugehörige Nebenwinkel ⦠AMC misst dann 137° und die Winkel ⦠MAC und ⦠ACM sind gleich große Basiswinkel der Größe
(180° − 137°) : 2 = 21,5°. Deshalb hat der Winkel bei C die Größe 68,5° + 21,5° = 90°.
Also: α = 21,5°; α = 68,5° und γ = 90°.

13 Mögliche Lösung:
1. Ricarda zeichnet zuerst die Höhe des Dreiecks ein (rote Linie), d.h. eine zur Grundseite senkrechte Strecke mit der Spitze des Dreiecks als Anfangspunkt s.
2. Sie faltet das Dreieck entlang der Mittelsenkrechten zu der Höhe. Es entstehen drei Dreiecke. Das linke und das rechte sind jeweils gleichschenklig.
3. Sie faltet die gleichschenkligen Dreiecke entlang der Symmetrieachse.
Die Winkel des ursprünglichen Dreiecks treffen sich im Fußpunkt der Höhe. Sie ergänzen sich zu 180°, weil sie gemeinsam einen gestreckten Winkel auf der Grundseite des ursprünglichen Dreiecks bilden. Ricarda hat Recht. Bei rechtwinkligen und stumpfwinkligen Dreiecken muss man jedoch so falten, dass die längste Seite die Grundseite ist.

Seite 175

14 a) α₁ = 180° − α; da α₁ und α Nebenwinkel sind.
$\beta_1 = 180° − \beta$; da β₁ und β Nebenwinkel sind.
$\gamma_1 = 180° − \gamma$; da γ₁ und γ Nebenwinkel sind.
$\alpha_1 + \beta_1 + \gamma_1 = 180° − \alpha + 180° − \beta + 180° − \gamma$
$= 540° − \alpha − \beta − \gamma = 540° − (\alpha + \beta + \gamma)$
$= 540° − 180° = 360°$
Als Lösung kann hier auch das Messen der Winkelgrößen zugelassen werden.
$\alpha \approx 44°$ $\alpha_1 = 180° − \alpha \approx 136°$
$\beta \approx 43°$ $\beta_1 = 180° − \beta \approx 137°$
$\gamma \approx 93°$ $\gamma_1 = 180° − \gamma \approx 87°$
$\alpha_1 + \beta_1 + \gamma_1 = 360°$
b) Zeichnungen: Individuelle Lösung.
Beweis: siehe oben

15 Die Tatsache, dass man sich nach einem „Kreislauf" im Dreieck um 360° gedreht hat, erklärt zunächst, dass die Summe der Außenwinkel im Dreieck 360° sein muss, denn die Außenwinkel entsprechen an jeder Ecke der Drehung, die man macht, wenn man auf dem Dreieck läuft.

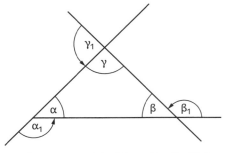

Da die Innenwinkel jeweils die Nebenwinkel der Außenwinkel sind, gilt:
α = 180° − α₁; da α₁ und α Nebenwinkel sind.
β = 180° − β₂; da β₁ und β Nebenwinkel sind.
γ = 180° − γ₃; da γ₁ und γ Nebenwinkel sind.

Für die Summe der Innenwinkel gilt demnach:

$\alpha + \beta + \gamma = 180° - \alpha_1 + 180° - \beta_1 + 180° - \gamma_1$

$= 540° - \alpha_1 - \beta_1 - \gamma_1$

$= 540° - (\alpha_1 - \beta_1 - \gamma_1)$

$= 540° - 360° = 180°$

Mithilfe der Summe für Außenwinkel kann man also den Innenwinkelsummensatz für Dreiecke beweisen.

16 a) Der Mittelpunktswinkel α misst $360° : 5 = 72°$.
b) Der Innenwinkel β misst 108°.
c) Konstruktionsbeschreibung:
1. Zeichne ein gleichschenkliges Dreieck mit der Basis 5 cm und den Basiswinkeln 54°.
2. Zeichne einen Kreis um die Spitze durch die Endpunkte der Basis.
3. Trage dann den Winkel an der Spitze noch viermal wiederholt an.

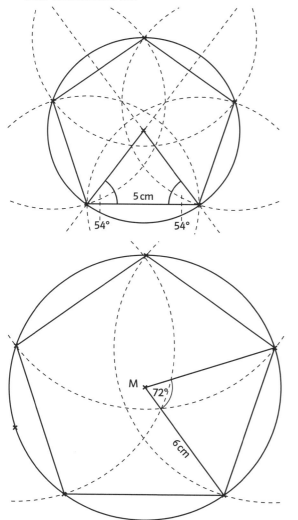

d) Konstruktionsbeschreibung:
1. Zeichne einen Kreis mit Radius 6 cm und Mittelpunkt M.
2. Zeichne im Punkt M einen Winkel der Größe 72° und bestimme die Schnittpunkte der Schenkel mit dem Kreis. Trage die Basis des Dreiecks noch viermal auf dem Kreis ab.

17 a) Ein Sechseck hat den Mittelpunktswinkel $\alpha = 60°$.
Ein Achteck hat den Mittelpunktswinkel $\alpha = 45°$.
Ein 12-Eck hat den Mittelpunktswinkel $\alpha = 30°$.
Die Zeichnung erstellt man wie in Aufgabe 16 d).
b) Mittelpunktswinkel beim n-Eck: $\alpha = 360° : n$
Innenwinkel $\beta = 2 \cdot (180° - \alpha) : 2$ oder
$\beta = 180° - \alpha = 180° - \frac{360°}{n}$

18 Bei einem Sechseck ist der Radius des zugehörigen Umkreises so groß wie eine Seitenlänge des Sechsecks. Da man gleichseitige Dreiecke nur mit dem Zirkel und Lineal zeichnen kann, hat Frank Recht.

Seite 176

19 a) Im Rechteck ist die Winkelsumme 360°, weil an jeder Ecke ein 90°-Winkel ist.
In dem Parallelogramm sind die beiden Winkel an einer Seite zusammen 180° groß, weil der eine Winkel jeweils der Nebenwinkel zu einem Stufenwinkel des anderen ist. Die vier Winkel paralleler Seiten ergeben somit 360°.
b) In Fig. 2 und Fig. 3 teilt die gestrichelte Linie das Viereck in zwei Dreiecke. In jedem Dreieck ist die Winkelsumme 180°. Zusammen ergibt das 360°.
c) Jedes Viereck hat entweder eine Form wie in Fig. 2 oder wie in Fig. 3. Deshalb ist in allen Vierecken die Summe der Winkel 360°.

20 a) Ein Fünfeck kann man mit zwei Verbindungsstrecken von einem Punkt aus in drei Dreiecke unterteilen. Deshalb ist die Winkelsumme im 5-Eck 3-mal 180°, also 540° groß. Mit den gleichen Überlegungen erhält man im Sechseck die Winkelsumme 4-mal 180° = 720°.
b) In dem Term $180° \cdot (n - 2)$ bedeutet n die Anzahl der Ecken eines Vielecks.
c) Zieht man von einer Ecke eines n-Ecks die Verbindungsstrecken zu den anderen Punkten, so entstehen insgesamt $n - 2$ Dreiecke, die das Vieleck zusammensetzen.

21 a) Individuelle Lösung. Die Summe der Außenwinkel muss stets 360° betragen.
b) Individuelle Lösung. Bei n-Ecken gilt die gleiche Überlegung wie bei Dreiecken. Wenn man entlang eines n-Ecks läuft, entspricht dies einer Drehung um 360° (vgl. Aufgabe 15). Also ergibt die Außenwinkelsumme von Vielecken immer 360°.
Mit der Formel für die Innenwinkelsumme in n-Ecken aus Aufgabe 20 kann dieses auch bewiesen werden:
Beim Fünfeck gilt für die Außenwinkel in der Figur aus dem Lehrbuch:

11 a) ε ist der Winkel zwischen dem Lot von C auf AB und der Winkelhalbierenden von γ. Bei C ist ein rechter Winkel, deshalb gilt ∢ ACW = 45°. Nach dem Winkelsummensatz im Dreieck AWC gilt ∢ CWA = 97°. Der zugehörige Nebenwinkel ∢ HWC misst dann 83°. Nach dem Winkelsummensatz im Dreieck WHC misst ε dann 7°.

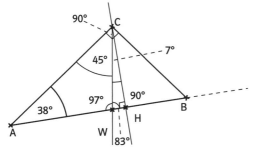

b) Mit den Beschriftungen in der unten stehenden Abbildung kann man folgendermaßen argumentieren:
Im Dreieck EDC ist der Winkel bei D nach dem Winkelsummensatz 47° groß. Dann hat jedoch der Winkel ε die Größe 43°, denn er ergänzt sich zusammen mit dem 47°-Winkel zu 90°. Dabei ist es egal ob a und b gleich lang sind oder nicht.

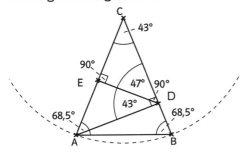

c) Die gestrichelte Linie ist die Winkelhalbierende von α. Da a = b gilt, ist das Dreieck gleichschenklig und α ist ein Basiswinkel. Weil der Winkel an der Spitze 40° misst, gilt α = 70°. Die Winkelhalbierende hat dann mit b einen Winkel der Größe 35°. Mit dem Winkelsummensatz ergibt sich
ε = 180° − 35° − 40° = 105°.

12 Aus den Angaben folgt, dass $\overline{MA} = \overline{MC} = \overline{MB}$ gilt. Deshalb sind die Dreiecke AMC und CMB gleichschenklig, jeweils mit der Spitze bei M. Verwendet man den Winkelsummensatz und die Eigenschaften des gleichschenkligen Dreiecks, so gilt:
∢ BCM = 68,5° und
∢ CMB = 180° − (68,5° + 68,5°) = 43°.
Der zugehörige Nebenwinkel ∢ AMC misst dann 137° und die Winkel ∢ MAC und ∢ ACM sind gleich große Basiswinkel der Größe
(180° − 137°) : 2 = 21,5°. Deshalb hat der Winkel bei C die Größe 68,5° + 21,5° = 90°.
Also: α = 21,5°; β = 68,5° und γ = 90°.

13 Mögliche Lösung:
1. Ricarda zeichnet zuerst die Höhe des Dreiecks ein (rote Linie), d.h. eine zur Grundseite senkrechte Strecke mit der Spitze des Dreiecks als Anfangspunkt s.
2. Sie faltet das Dreieck entlang der Mittelsenkrechten zu der Höhe. Es entstehen drei Dreiecke. Das linke und das rechte sind jeweils gleichschenklig.
3. Sie faltet die gleichschenkligen Dreiecke entlang der Symmetrieachse.
Die Winkel des ursprünglichen Dreiecks treffen sich im Fußpunkt der Höhe. Sie ergänzen sich zu 180°, weil sie gemeinsam einen gestreckten Winkel auf der Grundseite des ursprünglichen Dreiecks bilden. Ricarda hat Recht. Bei rechtwinkligen und stumpfwinkligen Dreiecken muss man jedoch so falten, dass die längste Seite die Grundseite ist.

Seite 175

14 a) $\alpha_1 = 180° − \alpha$; da α_1 und α Nebenwinkel sind.
$\beta_1 = 180° − \beta$; da β_1 und β Nebenwinkel sind.
$\gamma_1 = 180° − \gamma$; da γ_1 und γ Nebenwinkel sind.
$\alpha_1 + \beta_1 + \gamma_1 = 180° − \alpha + 180° − \beta + 180° − \gamma$
$= 540° − \alpha − \beta − \gamma = 540° − (\alpha + \beta + \gamma)$
$= 540° − 180° = 360°$
Als Lösung kann hier auch das Messen der Winkelgrößen zugelassen werden.
α ≈ 44° $\alpha_1 = 180° − \alpha ≈ 136°$
β ≈ 43° $\beta_1 = 180° − \beta ≈ 137°$
γ ≈ 93° $\gamma_1 = 180° − \gamma ≈ 87°$
$\alpha_1 + \beta_1 + \gamma_1 = 360°$
b) Zeichnungen: Individuelle Lösung.
Beweis: siehe oben

15 Die Tatsache, dass man sich nach einem „Kreislauf" im Dreieck um 360° gedreht hat, erklärt zunächst, dass die Summe der Außenwinkel im Dreieck 360° sein muss, denn die Außenwinkel entsprechen an jeder Ecke der Drehung, die man macht, wenn man auf dem Dreieck läuft.

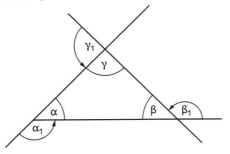

Da die Innenwinkel jeweils die Nebenwinkel der Außenwinkel sind, gilt:
α = 180° − α_1; da α_1 und α Nebenwinkel sind.
β = 180° − β_2; da β_1 und β Nebenwinkel sind.
γ = 180° − γ_3; da γ_1 und γ Nebenwinkel sind.

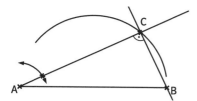

4 a) Konstruktionsbeschreibung mit Thaleskreis:
1. Zeichne die Strecke c = $\overline{AB}$ der Länge 6 cm.
2. Zeichne den Thaleskreis zur Strecke AB.
3. Trage an c in A den Winkel α = 50° ab.
4. Beschrifte den Schnittpunkt des freien Schenkels von α mit dem Thaleskreis mit C.
Lösung: Dreieck ABC.

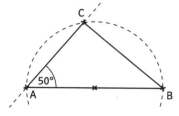

b) Konstruktionsbeschreibung mit Thaleskreis (ohne Zeichnung):
1. Zeichne die Strecke b = $\overline{CA}$ der Länge 7 cm.
2. Zeichne den Thaleskreis zur Strecke $\overline{CA}$.
3. Trage an b in A den Winkel α = 50° ab.
4. Beschrifte den Schnittpunkt des freien Schenkels von α mit dem Thaleskreis mit B.
Lösung: Dreieck ABC.

c) Kontruktion mit Thaleskreis:
Da α + γ = 90° muss β ein rechter Winkel sein.
1. Zeichne die Strecke β = $\overline{CA}$ der Länge 5 cm.
2. Zeichne den Thaleskreis zu b.
3. Trage an b in C den Winkel γ = 50° ab.
4. Beschrifte den Schnittpunkt des freien Schenkels von γ mit dem Thaleskreis mit B.
Lösung: Dreieck ABC.

d) Da α und β gleich groß sind, muss γ der rechte Winkel sein; α und β messen dann jeweils 45°. Da die Grundseite c zu γ = 90° gegeben ist, kann man den Satz des Thales nutzen.
Konstruktionsbeschreibung mit Thaleskreis (ohne Zeichnung):
1. Zeichne die Strecke c = $\overline{AB}$ der Länge 8 cm.
2. Zeichne den Thaleskreis zu c.
2. Trage an c in A den Winkel α = 45° ab.
4. Beschrifte den Schnittpunkt des freien Schenkels von α mit dem Thaleskreis mit C.
Lösung: Dreieck ABC.

5 (ohne Planfigur)
Das Dreieck hat einen rechten Winkel bei C. Deshalb liegt der Punkt C auf dem Thaleskreis der Strecke c.
a) Konstruktionsbeschreibung (Zeichnung Fig. 1):
1. Zeichne die Strecke c = $\overline{AB}$ der Länge 6 cm.
2. Zeichne den Thaleskreis zur Strecke $\overline{AB}$.

3. Zeichne eine parallele Gerade g zu c im Abstand 2 cm.
4. Beschrifte die Schnittpunkte von g mit dem Thaleskreis mit C_1 und C_2.
Die Dreiecke ABC_1 und ABC_2 sind deckungsgleiche Lösungen.

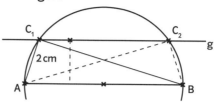

b) Da α ein rechter Winkel ist, gilt h_c = b.
Konstruktionsbeschreibung:
1. Zeichne die Strecke a = $\overline{BC}$ der Länge 5 cm.
2. Zeichne den Thaleskreis zur Strecke $\overline{BC}$.
3. Zeichne einen Kreis um C mit Radius 1,5 cm.
4. Beschrifte einen Schnittpunkt des Kreises mit dem Thaleskreis mit A.
Lösung: Dreieck ABC; der andere Schnittpunkt liefert ein deckungsgleiches Dreieck.

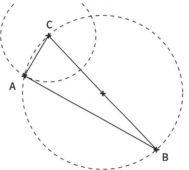

c) Im Punkt B hat das Dreieck einen rechten Winkel. Deshalb liegt B auf dem Thaleskreis zur Strecke b.
Konstruktionsbeschreibung:
1. Zeichne die Strecke b = $\overline{AC}$ der Länge 7,8 cm.
2. Zeichne den Thaleskreis zur Strecke $\overline{AC}$.
3. Zeichne eine parallele Gerade g zu b im Abstand 3,2 cm.
4. Beschrifte die Schnittpunkte von g mit dem Thaleskreis mit B_1 und B_2.
Die Dreiecke AB_1C und AB_2C sind deckungsgleiche Lösungen.

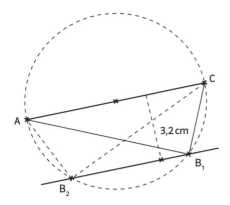

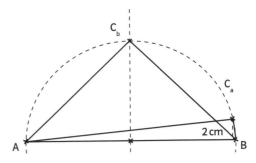

d) Der Punkt C liegt auf dem Thaleskreis zu c, weil γ 90° misst.

Konstruktionsbeschreibung:
1. Zeichne die Strecke c = $\overline{AB}$ der Länge 5,4 cm.
2. Zeichne den Thaleskreis zur Strecke $\overline{AB}$.
3. Trage in B an c den Winkel β = 35° an.
4. Beschrifte den Schnittpunkt des freien Schenkels von β mit dem Thaleskreis mit C.

Das Dreieck ABC löst die Aufgabe.

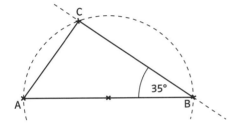

6 a) Verwende die Flächeninhaltsformel für Dreiecke $A = \frac{g \cdot h}{2}$. Ist c = 6 cm die Grundseite und soll der Flächeninhalt 6 cm² betragen, so lässt sich die zugehörige Höhe hc berechnen:

$h_c = 2 \cdot \frac{A}{c} = 2 \cdot \frac{6 \, cm^2}{6 \, cm} = 2 \, cm$.

Konstruktionsbeschreibung:
1. Zeichne die Strecke c der Länge 6 cm.
2. Zeichne den Thaleskreis zu c.
3. Zeichne eine parallele Gerade g zu c mit dem Abstand 2 cm.
4. Beschrifte einen der Schnittpunkte von g und dem Thaleskreis mit C.

Lösung: Dreieck ABC

b) Bei dem gesuchten Dreieck muss der Punkt C auf dem Thaleskreis über der Strecke $\overline{AB}$ liegen. Aus der Zeichnung erkennt man, dass ein solches Dreieck die größtmögliche Höhe hat, wenn der Punkt C_b auf der Mittelsenkrechten der Strecke $\overline{AB}$ liegt (s. Punkt C_b in der Zeichnung unten).

Größtmöglicher Flächeninhalt: (6·3 cm²) : 2 = 9 cm²

7 (ohne Zeichnung)
a) Wenn in einem rechtwinkligen Dreieck ein weiterer Winkel 45° misst, muss auch der dritte Winkel 45° messen (Winkelsumme). Das gesuchte Dreieck ist dann rechtwinklig und gleichschenklig. Konstruktion: Man beginnt mit einer Strecke $\overline{AB}$ und dem zugehörigen Thaleskreis. Dann konstruiert man die Mittelsenkrechte zur Strecke $\overline{AB}$. Ein Schnittpunkt C mit dem Thaleskreis ergibt das gesuche Dreieck ABC.
b) Wenn in einem rechtwinkligen Dreieck ein weiterer Winkel 30° misst, muss der dritte Winkel 60° messen (Winkelsumme). Das gesuchte Dreieck ist dann ein halbes gleichseitiges Dreieck.
Konstruktion: Man konstruiert ein gleichseitiges Dreieck ABC mit der Mittelsenkrechten einer Seite. Dabei entstehen zwei kongruente Dreiecke mit der gesuchten Eigenschaft.

Seite 179

8 (Lösungsvorschläge ohne Zeichnung)
Vorschlag 1: Man zeichnet die Diagonale $\overline{AC}$ der Länge 6 cm mit dem zugehörigen Thaleskreis. Dann zeichnet man einen Kreis um A mit dem Radius 5 cm und erhält beim Schnittpunkt mit dem Thaleskreis die Ecke B des Rechtecks. Auf die gleiche Art kann man mit einem gleich großen Kreis um den Punkt C den noch fehlenden Eckpunkt D konstruieren.
Vorschlag 2: Man beginnt wie bei Vorschlag 1 und erhält die Eckpunkte A, B und C. Dann spiegelt man den Punkt B am Mittelpunkt der Diagonalen $\overline{AC}$ und erhält den Eckpunkt D.
Vorschlag 3: Man beginnt mit einem Kreis mit dem Radius 3 cm um den (späteren) Mittelpunkt M des Rechtecks. Dann bestimmt man zwei Punkte A und B auf dem Kreis mit dem Abstand 5 cm. Die zu den Punkten gehörenden Durchmesser des Kreises sind die Diagonalen des gesuchten Rechtecks.

9 Aus den Angaben kann man ablesen:
Das Dreieck ABC ist gleichschenklig, der Kreis ist der Thaleskreis zu $\overline{AB}$:
Der Winkelsummensatz im Dreieck ABC liefert
α + β = 180° − 48° = 132°.

Da die Basiswinkel α und β gleich groß sind, gilt
α = β = 66°.
Der Winkelsummensatz im oberen Teildreieck liefert
$α_2$ = 42°.
Damit erhält man $α_1$ = α − $α_2$ = 66° − 42° = 24°.

10 Die Zuschauer der ersten Reihe sehen die
Durchmesser der kreisförmigen Bühne unter einem
Blickwinkel von 90°.

11 Uta hat für die Strecke $\overline{AB}$ nicht den Durchmesser des Kreises verwendet.

Seite 180

12 Zur Konstruktion verwendet man einen Thaleskreis über der Strecke $\overline{PM}$. Die Schnittpunkte
des Thaleskreis mit dem Kreis um M sind die
Berührpunkte der Tangenten. Die Berührpunkte der
Tangenten haben die Koordinaten B_1 (4,5 | 2) und
B_2 (0,6 | 4,6).

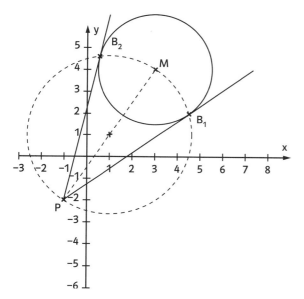

13 Maßstäbliche Zeichnung mithilfe eines Koordi-
natensystems:

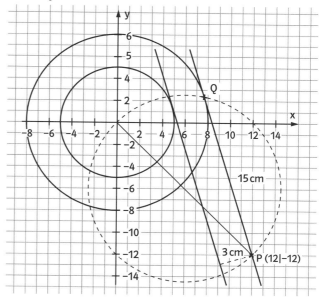

14 Die Geraden werden mit g_1 bis g_5 in der aufgeführten Reihenfolge bezeichnet. Alle Geraden
gehen entweder durch den Punkt O (0 | 0) oder den
Punkt P (6 | 0).
Zeichnet man den Thaleskreis zur Strecke $\overline{OP}$, so
erkennt man, dass sich g_1 und g_2 sowie g_4 und g_5
rechtwinklig schneiden, weil ihre Schnittpunkte auf
dem genannten Thaleskreis liegen.

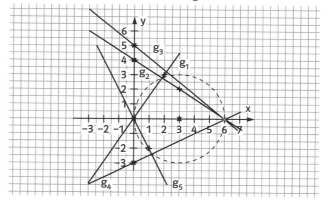

15 Der Winkel oberhalb von δ ist so groß wie α,
denn er ist ein Stufenwinkel zu α. Zusammen mit
dem Winkel δ ergibt er einen rechten Winkel, weil
der Scheitel von δ auf dem gezeichneten Thaleskreis liegt. Deshalb hat δ die Größe 60°, wenn α die
Größe 30° hat. Allgemein: δ = 90° − α.

Wiederholen – Vertiefen – Vernetzen

1 (1) Die Aussage gilt für jedes Dreieck. Die Mittelsenkrechten schneiden sich im Mittelpunkt des Umkreises.
(2) Ein solches Dreieck gibt es nicht. Wenn zwei Winkel gleich groß sind, dann ist es gleichschenklig. Nach dem Basiswinkelsatz gilt dann, dass auch die Schenkel gleich groß sein müssen.
(3) Die Aussage gilt für kein Dreieck. Wenn alle drei Winkel gleich groß sind, dann müssen auch alle Seitenlängen gleich groß sein.
(4) Die Aussage gilt für kein Dreieck. Wenn ein Dreieck zwei Symmetrieachsen hat, ist es gleichseitig und hat somit drei Symmetrieachsen.
(5) Die Aussage gilt für Fig. 2, Fig. 3 und Fig. 4, da diese Dreiecke gleichschenklig oder sogar gleichseitig sind. Bei gleichschenkligen Dreiecken stimmt die Mittelsenkrechte der Basis mit der Winkelhalbierenden der Spitze überein. Da sich die drei Mittelsenkrechten stets in einem Punkt schneiden, liegt dieser dann auch auf der Winkelhalbierenden des Winkels an der Spitze.

2 Aus den Sätzen über Winkel an parallelen Geraden und den Winkelsätzen im Dreieck erhält man die Winkel $\delta = 30°$, $\gamma = 90°$ und $\varepsilon = 120°$.

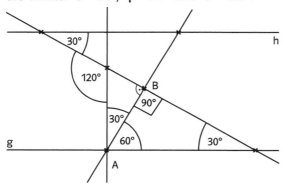

3 Aus der Übereinstimmung der Winkel γ und δ an zwei Stellen kann man erkennen, dass die beiden Dreiecke mit den Winkeln 30°, γ, γ und γ, δ, δ gleichschenklig sind.
Deshalb gilt $\gamma = (180° - 30°) : 2 = 75°$ und
$\delta = (180° - \gamma) : 2 = 52,5°$.
In dem noch nicht genannten Dreieck ist ein Winkel Nebenwinkel zu δ; er hat deshalb die Größe 127,5°.
Aus der Winkelsumme in diesem Dreieck ergibt sich $\alpha = 180° - 30° - 127,5° = 22,5°$.

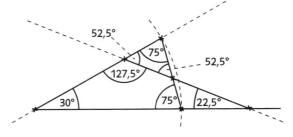

4 Das Dreieck wird in der üblichen Weise mit ABC bezeichnet.
Konstruktionsbeschreibung:
1. Zeichne eine Strecke $\overline{AB}$ der Länge 4 cm.
2. Trage in A an $\overline{AB}$ den Winkel 90° ab.
3. Trage in B an $\overline{AB}$ den Winkel 24° ab.
4. Beschrifte den Schnittpunkt der Winkel α und β mit C.
5. Zeichne die Winkelhalbierende w zum Winkel γ.
6. Zeichne das Lot h von A auf die Seite $\overline{BC}$.
7. Beschrifte den Schnittpunkt von w mit h mit P.
Berechnung der fehlenden Winkel:
In C ist $\gamma = 66°$; der Nebenwinkel zu α in P hat die Größe $90° - 33° = 57°$. Deshalb gilt $\alpha = 123°$.

5 Der Mittelpunkt eines Kreises hat den gleichen Abstand zu den Punkten auf der Kreislinie. Deshalb liegt der Mittelpunkt eines Kreises auf der Mittelsenkrechten zu jeder Sehne. Der Schnittpunkt der Mittelsenkrechten zweier Sehnen ist dann der gesuchte Mittelpunkt des Kreises. Man benötigt dazu mindestens drei verschiedene Punkte eines Kreises.

6 Die Abbildung in Fig. 8 zeigt ein gleichschenkliges Dreieck ABC und einen Thaleskreis über der Strecke $\overline{AB}$. Die Gerade h geht durch B und den Schnittpunkt des Thaleskreises mit der Strecke $\overline{AC}$, der nun mit T bezeichnet wird.
Mit dem Winkelsummensatz berechnet sich α im rechtwinkligen Dreieck ABT zu 62°.
Weil im gleichschenkligen Dreieck ABC der Winkel im Punkt B so groß ist wie α, muss β_1 die Größe 34° haben. Außerdem gilt $\gamma = 56°$.
Der Winkel δ ist der Nebenwinkel zum Winkel der Größe 146°. Deshalb gilt $\delta = 34°$. Weil nun δ und β_1 gleich groß sind, sind die Geraden g und h parallel.

7 Wenn man zwei Winkel und eine Seite des Dreiecks kennt, kann man mit dem Innenwinkelsummensatz den dritten Winkel berechnen.
Daher gilt der Kongruenzsatz wsw sobald man zwei Winkel und eine Seite kennt.

8 a) Konstruktion der beiden Tangenten mithilfe des Thaleskreises der Strecke $\overline{PM}$.
b) $\alpha = 49,2°$. Wenn P näher bei M liegt, wird der Winkel α immer größer und die beiden Berührpunkte rücken näher zusammen.

9 Es ist a = 64 cm. Wenn sich das Netz um den Ball legt, bildet sein Querschnitt Tangenten an einen Kreis. Mit einer Zeichnung im Maßstab 1:10 ergibt sich für b die Strecke 4,8 cm. Deshalb ist b 48 cm lang.

Seite 182

10 Die Spitze der Tanne bewegt sich auf einem Kreis um die „Knickstelle" mit dem Radius 36 m − 8 m = 28 m. Aus einer maßstabsgetreuen Zeichnung liest man ab, dass die Spitze dann ca. 27 Meter vom Stamm entfernt den Boden trifft. Mit 5 m Sicherheitsabstand muss Förster Heinrich eine kreisförmige Absperrung mit ca. 32 m Radius anbringen.

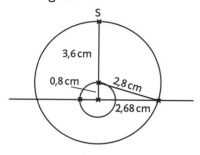

11 Der Ingenieur hat im Plan den Punkt C so gelegt, dass die Verbindungsstrecke $\overline{CB}$ so groß ist wie die Strecke $\overline{CB'}$. Dazu hat er den Punkt B an der Geraden (Hochspannungsleitung) gespiegelt. Da die Verbindungsstrecke von A zu B' die kürzestmögliche Entfernung von A zu B' ist, sind auch die beiden Strecken $\overline{AC}$ und $\overline{CB}$ die besten Verbindungen der Punkte A und B.

12 Die untenstehende Abbildung zeigt die folgende Strategie:
Man spiegelt A an der blauen Wand und erhält A_1. Man spiegelt B an der roten Wand und erhält B_1. Man verbindet A_1 und B_1 und erhält so die Abklatschpunkte auf den Wänden. Wären die Wände Spiegelflächen, so würde man einfach in die Richtung laufen, in der man B sieht. (Mit den Überlegungen aus Aufgabe 11 ergibt sich der dargestellte Weg.)

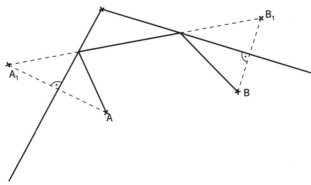

13 a) In diesem Fall bilden die Geraden ein Dreieck. Der Schnittpunkt P der drei Winkelhalbierenden ist dann der einzige Punkt, der von allen drei Geraden den gleichen Abstand hat.

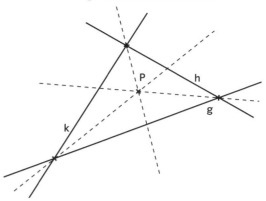

b) Alle Punkte, die von den parallelen Geraden g und h den gleichen Abstand haben, liegen auf der Mittelparallelen m. Die Gerade k schneidet m in S. Zeichnet man noch zwei parallele Geraden zu k im gleichen Abstand wie derjenige von m zu g, so erhält man genau zwei Punkte P und Q, die von allen drei Geraden g, h und k den gleichen Abstand haben.

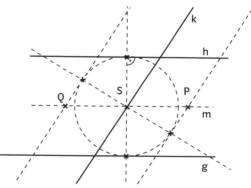

c) Wenn sich die drei Geraden in einem Punkt S schneiden, gibt es nur den Punkt S, der von allen drei Geraden den Abstand 0 hat.

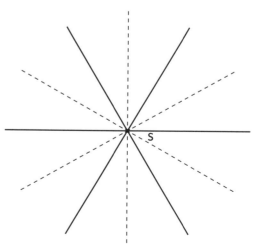

d) Ja, zeichnet man drei nicht identische parallele Geraden, so gibt es keinen Punkt, dessen Abstände zu den drei Geraden gleich groß sind.

14 a) 31,2 %
b) 2881 m, wenn das Seil nicht durchhängen würde, tatsächlich etwas mehr.

Seite 183

15 a) γ = 12°, α = 90°, β = 78°
b) α = 80°, β = 10°, γ = 90°
c) Wegen β = 100° kann es keinen Winkel der Größe 90° geben.
d) α = γ = 45°, β = 90°
e) Lösung 1: β = 90°, γ = α = 45° oder Lösung 2: α = 90°, β = 60°, γ = 30°
f) γ = 90°, α = β = 45°
g) γ = 90°, α = 20°, β = 70°
h) Da γ doppelt so groß sein muss wie α und β zusammen, kann höchstens γ die Größe 90° haben. Dann müssten α und β zusammen 45° ergeben. Dann wäre jedoch die Winkelsumme nur 135° groß. Es gibt demnach kein rechtwinkliges Dreieck mit der gewünschten Eigenschaft.

16 a) Die Dreiecke AB'A', BC'B', CD'C' und DA'D' sind nach dem Kongruenzsatz sws zueinander kongruent.
Was folgt aus der Kongruenz dieser Figuren?
– Die Strecken $\overline{A'B'}$, $\overline{B'C'}$, $\overline{C'D'}$ und $\overline{D'A'}$ sind gleich lang, weil in zueinander kongruenten Dreiecken einander entsprechende Seiten gleich lang sind.
– Der gestreckte Winkel an den Punkten A', B', C' bzw. D' setzt sich jeweils zusammen aus den beiden spitzen Winkeln der Dreiecke (rot und gelb in Fig. 1) und dem unbekannten Innenwinkel des Vierecks (blau). Nach dem Winkelsummensatz ist der blaue Winkel dann 90° groß.
Damit ist das Viereck A'B'C'D' ein Quadrat.
b)

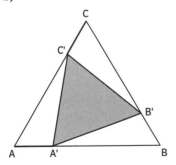

Mit diesen Bezeichnungen gilt:
Die Dreiecke A'BB', B'CC' und C'AA' sind nach dem KGS sws zueinander kongruent.
Damit sind auch die Strecken $\overline{A'B'}$, $\overline{B'C'}$ und $\overline{C'A'}$ gleich lang und das Dreieck A'B'C' somit gleichseitig.

c)

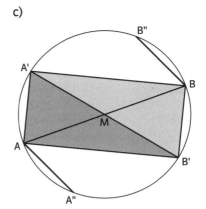

Die Dreiecke A'B'B und AB'A' sind nach dem Satz des Thales rechtwinklig und damit nach dem KGS Ssw zueinander kongruent. Damit sind alle vier Winkel im Viereck AB'BA' rechte und das Viereck ist ein Rechteck und in einem Rechteck sind gegenüberliegende Seiten parallel.

17 Individuelle Lösung.

Seite 184

18 Der Sender liefert für alle drei Gemeinden eine gleich gute Qualität, wenn er von den Ortschaften gleich weit entfernt ist. Deshalb zeichnet man den Umkreismittelpunkt des Dreiecks, das die drei Gemeinden bilden. Mit einer maßstabsgetreuen Zeichnung kann man ermitteln, dass dann die Anschlussleitung zur Stromleitung bei gerader Verlegung 1,1 km lang ist.

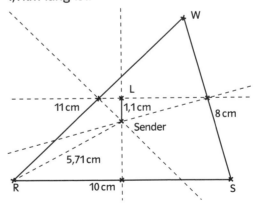

19 a) Ein solcher Schnitt teilt mindestens drei Kanten. Er kann jedoch bis zu sechs Kanten teilen. Deshalb gibt es Dreiecke, Vierecke, Fünfecke und Sechsecke als Schnittflächen.
b) Wenn der Schnitt durch drei Ecken des Würfels geht, entstehen entweder Rechtecke (links) oder gleichseitige Dreiecke (rechts).

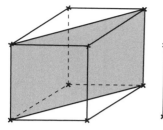
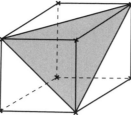

c) Wenn der Schnitt durch drei Mittelpunkte von Kanten geht, können alle oben genannten Figuren entstehen.

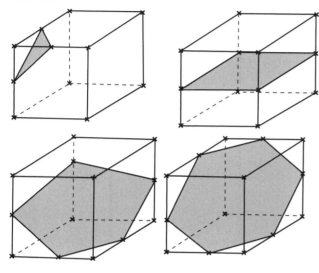

20 a) Die gesuchte Höhe entspricht der Strecke $\overline{MS}$ in Fig. 1. Sie ist z. B. im Dreieck AMS enthalten. Wählt man den Maßstab 1 : 2000, so entsprechen 230 m 11,5 cm und 219 m 10,95 cm. Zunächst bestimmt man die Strecke $\overline{AM}$, indem man die Grundfläche maßstabsgetreu konstruiert (Fig. 2). Damit konstruiert man das Dreieck AMS (Fig. 3) und erhält für die Strecke $\overline{MS}$ 7,4 cm; das entspricht 148 m. Die Cheopspyramide ist etwa 148 m hoch.

b) ⊰ MM₁S in Fig. 1 bezeichnet man als Neigungswinkel. Er beträgt 51,3°. Wählt man ⊰ MAS als Neigungwinkel erhält man 41,4°. Die Kantenlänge ist 217 m.

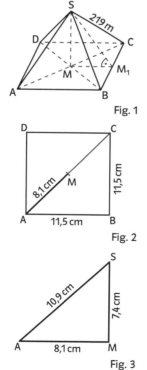

21 a) α und ε sind Wechselwinkel an zueinander parallelen Geraden, daher ist ε = 45°.
Der Winkel η = 45°, weil die Figur symmetrisch ist und α und η Basiswinkel sind.
η und δ ergänzen sich zu 90°, somit ist δ = 45°.
Da η und δ Wechselwinkel an zueinander parallelen Geraden sind, sind sie gleich groß und λ = 45°.
Der Winkel γ kann nun mit dem Innenwinkelsummensatz für Dreiecke berechnet werden. Es gilt:
γ = 180° − 45° − 45° = 90°

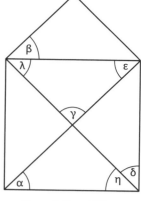

b) α und ε sind Wechselwinkel an zueinander parallelen Geraden, daher ist ε = 50°.
Der Winkel η = 50°, weil die Figur symmetrisch ist und α und η Basiswinkel sind.
η und δ ergänzen sich zu 90°, somit ist δ = 40°.
Da η und λ Wechselwinkel an zueinander parallelen Geraden sind, sind sie gleich groß und ε = 50°.
Der Winkel γ kann nun mit dem Innenwinkelsummensatz für Dreiecke berechnet werden. Es gilt:
γ = 180° − 50° − 50° = 80°

c) Mögliches Vorgehen:
1. Zeichne die Strecke $\overline{AB}$ = 5 cm.
2. Zeichne am Punkt A den Winkel α = 50° ein.
3. Da der untere Teil der Figur achsensymmetrisch ist, ist β = α = 50°.
   Zeichne am Punkt B den Winkel β = 50° ein.
4. Zeichne eine zu a senkrechte Gerade durch A und eine zu a senkrechte Gerade durch B.
5. Bestimme die Schnittpunkte C und D der Geraden aus 4. mit den in 2. und 3. gezeichneten Schenkeln der Winkel α und β.
6. Verbinde die Punkte C und D. Es entsteht eine zu a parallele Seite.
7. Zeichne am Punkt D den Winkel β = 30° ein.
8. Bestimme den Mittelpunkt M der Strecke $\overline{CD}$ als Schnittpunkt der Mittelsenkrechten von $\overline{CD}$ mit der Strecke $\overline{CD}$.
9. Zeichne den Thaleskreis zur Strecke $\overline{CD}$, d. h. den den Kreis mit Mittelpunkt M, der durch C und D geht.
10. Bezeichne den Schnittpunkt des Thaleskreises mit dem in 7. gezeichneten Schenkel mit E. Der Satz des Thales besagt, dass am Punkt E im Dreieck DEC ein rechter Winkel entsteht.

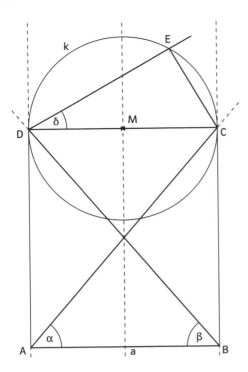

d) Ohne Zeichnung.
Die Sonnenuhr muss am Punkt M liegen, da M
von den Punkten C, D und E den gleichen Abstand
hat. Man kann den Punkt M auch bestimmen, indem man die Mittelsenkrechten zu den Seiten im
Dreieck CDE konstruiert und ihren Schnittpunkt bestimmt. Dieser muss mit M übereinstimmen.
e) Thales hat Recht, denn es gilt auch die Umkehrung des Satz des Thales, d. h., dass der Punkt E
auf dem Thaleskreis liegen muss, wenn dort ein
rechter Winkel entsteht. Somit ist der Mittelpunkt
des Thaleskreises in allen Häusern die Position der
Sonnenuhr.

VI Systeme linearer Gleichungen

Lösungshinweise Kapitel VI – Erkundungen

1. Was gehört zusammen?

Es ergeben sich folgende Kombinationen:
S1-G2-R4-GR3
S2-G3-R2-GR1
S3-G4-R1-GR4
S4-G1-R3-GR2

Aufgabe S1
Sieben Flaschen Orangenlimonade und acht Flaschen Zitronenlimonade kosten 8,20 €. Sieben Flaschen Zitronenlimonade und acht Flaschen Orangenlimonade kosten 8,30 €. Wie viel kostet eine Flasche Zitronenlimonade, wie viel eine Flasche Orangenlimonade?
Lösung: Orangenlimonade 60 Cent, Zitronenlimonade 50 Cent

Aufgabe S2
In einer Geldbörse befinden sich 24 € in 20- und 50-Cent-Stücken. Gib vier verschiedene Möglichkeiten an, wie viele 20- und wie viele 50-Cent-Stücke in der Geldbörse sein können.
Lösung:

20 Cent	0	20	40	60
50 Cent	48	40	32	24

Aufgabe S3
Es gibt kleine Postkarten zu 1,50 € je Stück und große Postkarten zu 2 € je Stück. Wie viele Postkarten kann man für 18 € kaufen? Gib verschiedene Möglichkeiten an.
Lösung:

kleine	0	4	8
große	9	6	3

Aufgabe S4
9 Lkw mit insgesamt 24 t verließen gestern die Hauptstadt. Sie haben 2 bzw. 4 t geladen. Wie viele Lkw haben 4 t geladen, wie viele 2 t?
Lösung: 3 Lkw mit 4 t und 6 Lkw mit 2 t.

2. Knackt die Box

Forschungsauftrag 1:
Boxen knacken
a) Blau: 3, Rot: 2
b) Blau: 4, Rot: 1
c) Blau: 3, Rot: 2

Forschungsauftrag 2:
Boxengleichungen zusammenwerfen
Rot: 2, Blau: 2
Im ersten Schritt hat man Boxen und Hölzer auf den linken und rechten Seiten jeweils zusammengefasst.
Im zweiten Schritt hat man auf beiden Seiten die drei blauen Boxen entfernt.
Im dritten Schritt hat man noch auf beiden Seiten zwei rote Boxen weggenommen.
Übersetzung der Boxengleichungen:
a) $x + 3 = 3y$ und $2x = 3y$
b) $x = 4y$ und $x + 4y = 5$
c) $3x + 2y = x + 5y$ und $x + 3 = 3y$

1 Lineare Gleichungen mit zwei Variablen

1 a) ja b) nein c) nein
d) ja e) nein f) ja

2

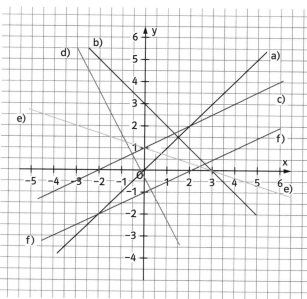

Beispiellösungen:

a) (1|1); (2|2); (3|3); (4|4)

b) (1|2); (2|1); (3|0); (4|−1)

c) (1|1,5); (2|2); (3|2,5); (4|3)

d) $\left(1\,|-2\tfrac{1}{3}\right)$; $\left(2\,|-4\tfrac{1}{3}\right)$; $\left(3\,|-6\tfrac{1}{3}\right)$; $\left(4\,|-8\tfrac{1}{3}\right)$

e) $\left(1\,|\tfrac{2}{3}\right)$; $\left(2\,|\tfrac{1}{3}\right)$; (3|0); $\left(4\,|-\tfrac{1}{3}\right)$

f) (1|−0,5); (2|0); (3|0,5); (4|1)

3 Der Graph gehört zu den Gleichungen b), c) und e)

a) z.B. (1,5|1) und (−0,5|2)

d) z.B. (4|0) und (3|1)

f) z.B. (0|2) und (1|3)

Lösungen für b), c) und e) jeweils z.B. (0|2) und (2|3)

4 Gleichungen der Geraden:

a) $y = -x + 3$ b) $y = -\tfrac{2}{3}x - \tfrac{2}{15}$

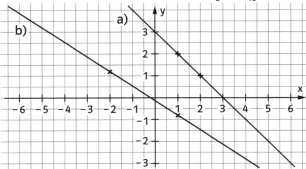

Seite 194

5 Beispiellösung:

a) $1\cdot x + 0\cdot y = 3$ bzw. $x = 3$

  $1\cdot x + 0\cdot y = -4,7$ bzw. $x = -4,7$

b) $0\cdot x + 1\cdot y = 2$ bzw. $y = 2$

  $0\cdot x + 1\cdot y = -3,3$ bzw. $y = -3,3$

c) $1\cdot x - 2\cdot y = 0$ bzw. $x - 2y = 0$

6 Nein, denn $y = x$ und $y = 2 \neq 4 = x$.

7 a)

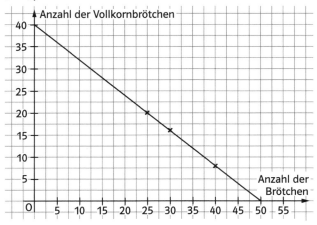

Drei Lösungen: (25|20), (30|16), (40|8)

b) mögliche Lösung:

Brötchen	40 ct	35 ct	30 ct
Vollkornbrötchen	40 ct	45 ct	50 ct

c) Beide Brötchensorten kosten 40 Cent.

8 Ist x die Wassermenge in Liter und y die Sirupmenge in Liter, so hat die gesuchte Gerade die Gleichung $x + 1,125\cdot y = 0,3$. Die Lösungen liegen auf der Verbindungsstrecke von (0|0,267) und (0,3|0).

9 Ist x die Anzahl der 2-Cent-Stücke und ist y die Anzahl der 5-Cent-Stücke, so gilt:

$3x + 4y = 630 - 150$, also $3x + 4y = 480$ und somit $y = 120 - 0,75x$.

Tobias kann nicht sicher sein, dass das Geld reicht, denn (40|90) ist eine Lösung der obigen Gleichungen und $40\cdot 2$ Cent + $90\cdot 5$ Cent = 530 Cent.

Falls das Geld reicht, kann er nicht so bezahlen, dass er kein Wechselgeld zurück erhält, dies verdeutlicht die Tabelle:

x	4	8	12	0
$y = 120 - 0,75x$	117	114	111	120
Gesamtbetrag in Cent $x\cdot 2 + y\cdot 5$	593	586	579	600

10 Individuelle Lösung.

2 Lineare Gleichungssysteme – grafisches Lösen

Seite 196

1 a) (2|6)

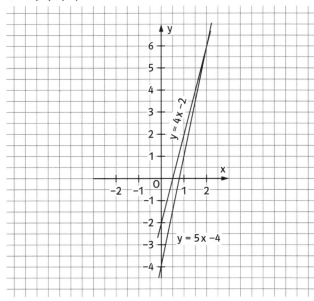

b) (10|3)

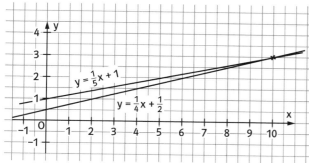

c) (4|1)

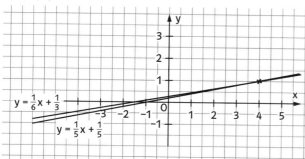

d) (−2|−3)

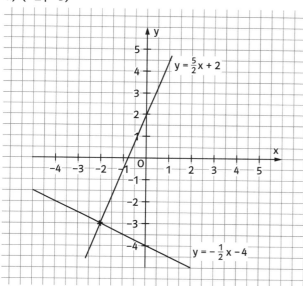

2 I: x + 2y = 5   II: 6x + y = 8; (1|2)
I: 4x + 3y = 17   II: −2x + y = −1; (2|3)
I: 6x + y = 0   II: 4x − 3y = 11; (0,5|−3)
I: x + y = 10   II: x − y = 9; (9,5|0,5)

3 Zweite Zahl: x; erste Zahl: y
Gleichungssystem: I: y = 1,5x; II: y = 5 − x
Lösung: Die erste Zahl ist 3, die zweite 2.

4 Mögliche Lösung:
a) 2x + y = 11
$\frac{1}{2}$x + 2y = 15
c) 2x − 3y = −1,7
   4x + $\frac{1}{2}$y = 7,65

b) 3x + y = 12
   2x − 2y = 16
d) 2x − 3y = 1,7
   3x + 2y = −8,5

---

e) y = $\frac{3}{8}$x
$\frac{4}{7}$x − y = 0

f) 2x + $\frac{1}{2}$y = −5
10x − 3y = −58

5 a) (3|1)   b) keine Lösung
c) unendl. viele Lösungen   d) (−1,5|−4)

6 Mögliche Lösung:
a) I: x + y = 1   II: x + y = 2
b) I: x + y = 1   II: 2x + 2y = 2
c) I: 3x − y = −10   II: −3x + y = 10
d) I: 0x + y = 5   II: 0x + 2y = 10
Das System der Aufgaben c) und d) muss unendlich
viele Lösungen haben.

3 Einsetzungsverfahren und Gleichsetzungs- verfahren

Seite 198

1 a) (−13|−45)   b) keine Lösung
c) (7|0)   d) (−15|−1)
e) (16|0)   f) $\left(-\frac{1}{3}\middle|2\right)$
g) $\left(\frac{21}{5}\middle|\frac{6}{5}\right)$ h) $\left(-\frac{31}{44}\middle|-\frac{9}{22}\right)$

Seite 199

2 a) (1|11)   b) (1|1,5)
c) (4|−2)   d) $\left(\frac{10}{3}\middle|8\right)$
e) $\left(-\frac{61}{297}\middle|\frac{21}{22}\right)$ f) $\left(\frac{1}{15}\middle|\frac{7}{75}\right)$
g) $\left(\frac{41}{9}\middle|\frac{11}{9}\right)$ h) $\left(\frac{1}{3}\middle|-\frac{2}{9}\right)$

3 a) Blau: 3, Rot: 4   b) Blau: 4, Rot: 11
c) Blau: 8, Rot: 6   d) Blau: 1, Rot: 1
e) Blau: 3, Rot: 4
f) In der blauen Box muss ein Holz mehr sein als in
der roten.

4 a) (−10|−23)   b) keine Lösung
c) (0|4)   d) (−1|0)
e) $\left(\frac{44}{27}\middle|0\right)$ f) keine Lösung
g) $\left(\frac{533}{64}\middle|\frac{147}{8}\right)$ h) (0,5|20)

5 Individuelle Lösung.

6 Individuelle Lösung.

Seite 200

7 Individuelle Lösung.

8 a) Blau: $y = 3x + 3$; Rot: $y = -3x + 6$;
Lösung: $(0,5 \mid 4,5)$
b) Blau: $y = -2x - 2$; Rot: $y = 2x + 4$;
Lösung: $(-1,5 \mid 1)$
c) Blau: $y = 2x - 2$; Rot: $y = x + 4$; Lösung: $(6 \mid 10)$
d) Blau: $y = 2x - 1$; Rot: $y = -2x + 4$;
Lösung: $(1,25 \mid 1,5)$

9 a) keine Lösung
b) keine Lösung
c) $(0 \mid 0)$
d) unendlich viele Lösungen, zum Beispiel
$\left(\frac{3}{7} \mid 0\right)$; $\left(0 \mid \frac{3}{7}\right)$; $\left(\frac{2}{7} \mid \frac{1}{7}\right)$
e) keine Lösung
f) $(-61 \mid 44)$
g) $\left(\frac{1}{12} \mid -\frac{5}{21}\right)$
h) unendlich viele Lösungen, zum Beispiel $(0 \mid -2,5)$;
$(1 \mid 0)$; $(2 \mid 2,5)$

10 a) $(5 \mid -1)$ b) $(-2 \mid -9)$ c) $\left(\frac{1}{7} \mid -2\right)$
d) keine Lösung   e) $\left(\frac{1}{2} \mid \frac{53}{112}\right)$ f) $\left(\frac{44}{27} \mid 0\right)$
g) keine Lösung   h) $(9 \mid 8)$

11 a) $\left(-\frac{29}{7} \mid -\frac{22}{7}\right)$ b) keine Lösung   c) $\left(-\frac{1}{5} \mid \frac{6}{5}\right)$

12 Einsetzungsverfahren:
I: $2,7x + 3,2y = 2,5$ I: $x = 5y - \frac{2}{5}$
II: $2,7x = y + 0,4$ II: $5y = 2x + \frac{1}{3}$
Lösung: $\left(\frac{1}{3} \mid \frac{1}{2}\right)$ Lösung: $\left(\frac{1}{15} \mid \frac{7}{75}\right)$

Gleichsetzungsverfahren:
I: $y = x - 16$ I: $x + 11 = 11y$
II: $y = 16 - x$ II: $x + 22 = 33y$
Lösung: $(16 \mid 0)$ Lösung: $\left(-\frac{11}{2} \mid \frac{1}{2}\right)$

4 Additionsverfahren

Seite 202

1 a) $(-2 \mid 8)$ b) unendlich viele Lösungen
c) $(1,375 \mid 2,25)$ d) keine Lösungen
e) $(0 \mid 1)$ f) unendlich viele Lösungen
g) unendlich viele Lösungen
h) keine Lösungen
i) $(-1 \mid 1)$ j) keine Lösung
k) $\left(\frac{4}{5} \mid -\frac{2}{5}\right)$ l) keine Lösung

2 Lara: $20x + 100y = 20,8$
Katharina: $40x + 70y = 16,9$
SMS: 9 ct, Minute: 19 ct

Seite 203

3 a) Blau: 2, Rot: 2   b) Blau: 0, Rot: 1
c) Blau: 2, Rot: 4   d) Blau: 3, Rot: 1

4 I: $x + y = 7$ I: $2x + 5y = 3$
II: $x - y = 3$ II: $x - 5y = 9$
Lösung: $(5 \mid 2)$ Lösung: $(4 \mid -1)$
I: $6x + 2y = 7$ I: $y - 2x = 1$
II: $-6x + 7y = 11$ II: $y + 2x = 5$
Lösung: $(0,5 \mid 2)$ Lösung: $(1 \mid 3)$

5 a) (doppelter) Vorzeichenfehler in Gleichung IIa:
IIa: $-6x - 14y = 10$
Vorzeichenfehler beim Addieren der Gleichungen:
$23y = 38$
b) Vorzeichenfehler beim Abziehen der
Gleichungen: $10y = 1$
Fehler beim Einsetzen in Gleichung II: statt $6 \cdot \left(-\frac{1}{2}\right)$
wurde $6 - \frac{1}{2}$ gerechnet.
Hannah hätte ihre Fehler bemerken können, wenn
sie eine Probe gemacht hätte.

Seite 204

6 a) Blau: $y = 2x - 1$, Rot: $y = x + 2$, Lösung: $(3 \mid 5)$
b) Blau: $y = -0,5x + 2$, Rot: $y = 0,5x + 1$,
Lösung: $(1 \mid 1,5)$
c) Blau: $y = -2x - 2$, Rot: $y = x$, Lösung: $\left(-\frac{2}{3} \mid -\frac{2}{3}\right)$
d) Blau: $y = -0,5x + 1$, Rot: $y = 4x + 4$,
Lösung: $\left(-\frac{2}{3} \mid \frac{4}{3}\right)$

7 Individuelle Lösung.

8 Die Gruppen treffen sich um 10.40 Uhr. Sie sind
zu diesem Zeitpunkt $13\frac{1}{3}$ km vom See entfernt.

9 Das Flugzeug käme bei Windstille 725 km weit.
Die Windgeschwindigkeit beträgt $35 \frac{km}{h}$.

Seite 205

10 a) Das Schiff hat relativ zum Wasser die Geschwindigkeit $20,9 \frac{km}{h}$.
b) Die Fließgeschwindigkeit des Wassers beträgt
$1,6 \frac{m}{h}$.

11 Individuelle Lösung; Ergebnisse:
a) $(-1 \mid 2)$ b) $\left(4 \mid \frac{4}{3}\right)$
c) $(0 \mid 4)$ d) $(0 \mid 4)$

12 Die Lösung findet man im Online-Link „Additionsverfahren", 734431-2052.

13 a) $11\frac{1}{5}$ und $\frac{1}{5}$

b) $7x + 4y = 1$

$\quad 6x - 8y = -2$

Erste Zahl: 0; zweite Zahl: $\frac{1}{4}$

Seite 206

14 a) Addiert man zum Dreifachen der ersten Zahl das Vierfache der zweiten Zahl, so erhält man 2. Subtrahiert man vom Doppelten der zweiten Zahl die erste Zahl, so erhält man 8.

Erste Zahl: $-\frac{14}{5}$, zweite Zahl: $\frac{13}{5}$

b) Addiert man zum Doppelten der ersten Zahl das Dreifache der zweiten Zahl, so erhält man −5. Wenn man von der zweiten Zahl die erst abzieht, erhält man 8.

Erste Zahl: $-\frac{29}{5}$, zweite Zahl: $\frac{11}{5}$

c) Addiert man zum Fünffachen der ersten Zahl das Siebenfache der zweiten Zahl, so erhält man -9. Subtrahiert man von der ersten Zahl das Doppelte der zweiten Zahl, dann erhält man 0.

Erste Zahl: $-\frac{18}{17}$, zweite Zahl: $-\frac{9}{17}$

15 Eine Rose kostet 1,50 Euro, eine Lilie 2,50 Euro. Der Vater bezahlt 25,50 Euro.

16 a) x: Colafläschchen, y: Schlumpf

$3x + 3y = 24$

$5x + 2y = 25$

Colafläschchen: 3 ct, Schlumpf: 5 ct

b) Mögliche Beispiele:

(1) Martin zahlt für 10 Minuten Telefongespräche und 5 SMS 3,95 €. Michael zahlt für 8 Minuten und 7 SMS 4,03 €. Wie viel kostet eine Gesprächsminute, wie viel eine SMS?

Lösung: Gesprächsminute: 25 ct, SMS: 29 ct

(2) Kauft man 5 kg Äpfel und 2 kg Birnen, so zahlt man 16 €, kauft man dagegen 2 kg Äpfel und 5 kg Birnen, so zahlt man 19 €.

Lösung. 1 kg Äpfel kostet 2 €, 1 kg Birnen 3 €.

(3) Jan hat 3 Minuten telefoniert und zahlt pauschal 5 € für beliebig viele SMS. Er muss 5,57 € zahlen. Jana hat 5 Minuten telefoniert und 10 SMS versandt und muss dafür 3,85 € zahlen. Wie viel kostet eine Gesprächsminute, wie viel eine SMS?

Minute: 19 ct, SMS: 29 ct

(4) Zwei Erwachsene und zwei Kinder kosten zusammen 70 €. Ein Erwachsener und vier Kinder kosten 80 €. Wie viel kostet ein Erwachsener, wie viel ein Kind?

Lösung: Erwachsener: 20 €, Kind: 15 €.

17

1. Zeichne zwei parallele Geraden g und h im Abstand 4 cm.
2. Wähle auf g einen Punkt A.
4. Trage in A an g den Winkel 50° an.
5. Beschrifte den Schnittpunkt des Schenkels von α mit h mit C.

18 $\alpha = \left(\frac{1080}{11}\right)^° \approx 98{,}18°$

$\beta = \left(\frac{540}{11}\right)^° \approx 49{,}09°$

$\gamma = \left(\frac{360°}{11}\right)^° \approx 32{,}73°$

Wiederholen – Vertiefen – Vernetzen

Seite 207

1 a) $\frac{2}{3}$ und eine beliebige Zahl

b) Die Zahlen sind 4 und 2.

2 a) 24   b) 72

3 Die Zahl heißt 72.

4 Individuelle Lösung.

5 In den Geldbörsen waren 12 Euro und 18 Euro.

6 a) Der Vater ist heute 42 Jahre alt, sein Sohn 12 Jahre.

b) Charlotte ist jetzt 7 Jahre alt, Jens ist jetzt 4 Jahre alt.

7 Die Mutter ist heute 30 Jahre alt, ihr Sohn ist heute 6 Jahre alt.

8 Die Stäbe sind 12 cm und 5 cm lang. Sie wiegen 112 g und 108 g.

Seite 208

9

a) Ia: $\quad 8x + 12y = 36$

$\underline{\text{IIa: } -8x - 6y = -30}$

$\qquad\qquad\quad 6y = 6$

b) I: $\quad\quad 2x + 3y = 9$

$\underline{\text{IIb: } -4x - 3y = -15}$

$\qquad\qquad -2x = -6$

c) In (1) sind die Geraden eingezeichnet, die zu den beiden Ausgangsgleichungen I und II gehören.

In (2) ist die Gerade eingezeichnet, die sich nach Addition von Ia und IIa (Aufgabenteil a)) ergibt und die zu Gleichung I gehörende Gerade.

In (3) ist die Gerade eingezeichnet, die sich aus b) ergibt (I + IIb) und die zur Gleichung II gehörende Gerade.

d) In (2) und (3) ist jeweils eine Gerade parallel zu einer Koordinatenachse (weil x bzw. y weggefallen ist). In allen drei Schaubildern ist der Schnittpunkt gleich geblieben. Die Koordinaten des Schnittpunktes entsprechen der Lösung des Gleichungssystems.

10 Der Esel trägt 5 Maß, das Maultier 7 Maß.

11 Die Leute haben $19\frac{1}{3}$ und $14\frac{1}{2}$ Rubel.

12 Acht Hähne, 11 Hennen und 81 Küken kosten zusammen 154 Sapeks.

13 Die gesuchten einstelligen Zahlen sind x, y und z mit
I: $x < y < z$ und
II: $x + y + z = 15$.
Es ist $100x + 10y + z + 396 = 100z + 10y + x$
hieraus folgt: $z - x = 4$
möglich wäre deshalb: $z = 9$ und $x = 5$ (915); $z = 8$ und $x = 4$ (834); $z = 7$ und $x = 3$ (753); $z = 6$ und $x = 2$ (672); $z = 5$ und $x = 1$ (591).
Wegen I und II ist die gesuchte Zahl 753.

Seite 209

14 Die Messungen wurden um 9 Uhr begonnen. Zu diesem Zeitpunkt betrug der Wasserstand in Behälter A bereits 30 cm. Behälter B war leer. Das Wasser in Behälter B steigt schneller. Er ist also schmäler als Behälter A. Kurz vor halb zehn steht das Wasser in beiden Behältern gleich hoch (Schnittpunkt). Um 9.37 Uhr bzw. 9.40 Uhr wurde das Wasser entweder abgestellt oder der jeweilige Behälter ist zu diesem Zeitpunkt bis zum oberen Rand gefüllt.

15 a) Die Bewegungen von Kai werden durch den Graphen B, die von Johanna von A beschrieben.
b) Individuelle Lösung.

16 Die Klasse 7b hat 28 Schülerinnen und Schüler.
2 essen Hamburger für 1,70 €.
8 essen Hamburger mit Mayo-extra für 2 €.
12 essen Turbo-Hamburger für 2,20 €.
6 essen Turbo-Hamburger mit Mayo-extra für 2,50 €.

Seite 210

17 Die meisten Systeme werden genau eine Lösung besitzen. Keine oder unendlich viele Lösungen bedeutet, dass man Gleichungen würfelt, die zu parallelen Geraden gehören. Die Wahrscheinlichkeit hierfür ist eher niedrig.

18 Die Ziffer auf Karte A ist 1, die auf Karte B ist 2.

19 Man muss $\frac{2}{3}$ Liter der 35%igen Säure mit $4\frac{1}{3}$ Liter der 20%igen Säure mischen.

20 Diese Aufgabe ist geeignet, formale Parameter zu verwenden.
Sind y_1 die verbleibende Brenndauer von Kerze 1 und l_1 ihre Anfangslänge, y_2 die verbleibende Brenndauer von Kerze 2 und l_2 ihre Anfangslänge sowie x die Brenndauer, dann gilt
für Kerze 1: $y_1 = l_1 - \frac{1}{3,5} \cdot l_1 \cdot x$
für Kerze 2: $y_2 = l_2 - \frac{1}{5} \cdot l_2 \cdot x$
Da nach zwei Stunden beide Kerzen gleich lang sind gilt:
$l_1 - \frac{1}{3,5} \cdot l_1 \cdot 2 = l_2 - \frac{1}{5} \cdot l_2 \cdot 2$
hieraus folgt
$l_1 = \frac{7}{5} l_2$
Die Länge der ersten Kerze betrug also 140% der Länge der zweiten Kerze.

21 Wenn man Gleichungen aufstellt für die Höhe der Kerzen in Abhängigkeit von der Brenndauer t und diese gleichsetzt, so stellt man fest, dass die Kerzen nach $t \approx 11$ h die gleiche Höhe besitzen. Da die Kerzen aber bereits vorher abgebrannt sind, besitzen sie gleiche Höhe sobald beide Kerzen abgebrannt sind (nach 10 Stunden).

Seite 211

22 a)

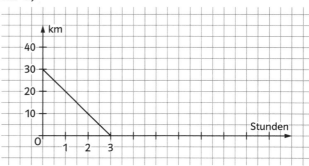

b) Irene muss mit der gleichmäßigen Geschwindigkeit $12 \frac{km}{h}$ fahren.

c)

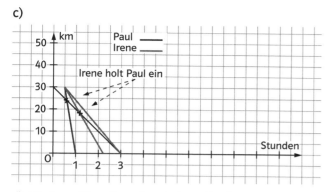

d) Die jeweilige Gerade wird „steiler".
e) Die jeweilige Gerade wird nach rechts verschoben.

23 a) Ausgaben:
Band: 300 €, Mineralwasser: 30 €, Saft: 32 €.
Insgesamt: 362 €
Also müssen 562 € über den Getränkeverkauf eingenommen werden.
Die Lösungen werden durch den Graphen mit der Gleichung $y = -0,5x + 281$ dargestellt. (x Anzahl der Mineralwasser, y Anzahl der Cocktails)
Mögliche Lösungen: (562|0); (200|181); (300|131).
b) Bloody Mary: 0,1 l Mineralwasser, 0,25 l Kirschsaft, 0,05 l Orangensaft
Tropical Sunshine: 0,1 l Mineralwasser, 0,2 l Orangensaft, 0,1 l Kirschsaft
Beide Cocktails kosten die SV je knapp 28 ct, das sind 14 % des Verkaufspreises.
c) Wenn x die Anzahl der Bloody Marys ist und y die Anzahl der Tropical Sunshine-Cocktails, so ergeben sich folgende Gleichungen:
I: $0,25x + 0,1y = 20$ (für den Kirschsaft)
II: $0,05x + 0,2y = 20$ (für den Orangensaft)
Zeichnet man die zugehörigen Geraden in ein Koordinatensystem, so erhält man den Schnittpunkt S(44,4|88,9) Durch Einsetzen in die Gleichung stellt man fest:
Wenn man 44 Bloody Mary und 89 Tropical Sunshine mixt, bleiben, 0,1 l Kirschsaft kein Orangensaft und 70,7 l Mineralwasser übrig. Neben den 133 Cocktails kann die SV dann noch 176 0,4-l-Gläser Mineralwasser verkaufen. Also ergeben sich Einnahmen in Höhe von 442 € und nach Abzug der Ausgaben ein Gewinn von 80 €.
d) Mit der Gleichung $x + 2y = 100$ kann man alle Möglichkeiten berechnen (x: 1-€-Stücke, y: 2-€-Stücke). Insgesamt sollte man eher mehr 1-€-Münzen nehmen, weil man damit flexibler ist.
e) $\frac{1}{15}$ l ≈ 0,067 l
f) Im Blut befänden sich 3,33 Promille Alkohol.

Exkursion: Drei Gleichungen, drei Variablen – das geht gut

Seite 212

oben (blauer Kasten):
Gleichungssystem: I: $3x + y + 3z = 23$
                         II: $2y + 3z = 13$
                         III: $z = 3$
Lösung: $x = 4$; $y = 2$; $z = 3$ also (4|2|3)

1   Weil man mit der dritten Gleichung beginnend „nur noch einsetzen muss".

Seite 213

2   a) (2|3|4)   b) (5|3|1)
c) $\left(\frac{943}{173} \mid \frac{465}{173} \mid \frac{-166}{173}\right) = \left(5\frac{78}{173} \mid 2\frac{119}{173} \mid \frac{-166}{173}\right)$
   ≈ (5,45|2,69|−0,96)
d) (0,3|−0,4|0,5)

3   a) $a + b = 10$; $a + c = 11$; $b + c = 12$;
        $\left(4\frac{1}{2} \mid 5\frac{1}{2} \mid 6\frac{1}{2}\right)$
b) $\frac{x + y}{2} = 10$; $\frac{x + z}{2} = 10$; $\frac{y + z}{2} = 10$; liefert (10|10|10)
$\frac{x + y}{2} = m$; $\frac{x + z}{2} = m$; $\frac{y + z}{2} = m$; liefert (m|m|m)
also kann sich bei verschiedenen Zahlen x, y und z nicht der gleiche Mittelwert ergeben.

4   a) $a + b - c = 12$; $b + c - a = 14$; $a + c - b = 16$
Lösung: (14|13|15)
b) $3a - (b + c) = 13$; $3b - (c + a) = 25$;
$3c - (a + b) = 37$
Lösung: (22|25|28)

5 $5s + 3l + 2k = 10,6$; $3s + 2l + 4k = 9,70$;
$4s + 4l + k = 9,90$
Hieraus folgen die Preise für
Landschoko (s):   0,90 Euro
Lomo-Limo (l):   1,30 Euro
Kika-Kekse (k):   1,10 Euro.

6   a) 1. Schritt:
I: $3x + 9y - 3z = 15$
II: $-8x - 19y + 3z = 6$ |+ I
III: $2x + y + 3z = 0$ |+ I
2. Schritt:
I: $3x + 9y - 3z = 15$
IIa: $-5x - 10y = 21$
IIIa: $5x + 10y = 15$ |+ IIa
3. Schritt:
I: $3x + 9y - 3z = 15$
IIa: $-5x - 10y = 21$
IIIb: $0x + 0y = 36$

Die Gleichung III b wird von keiner Zahl erfüllt.
Das Gleichungssystem besitzt keine Lösung.
b)
1. Schritt:
I: $3x + 9y - 3z = 15$
II: $-8x - 19y + 3z = -30$ | + I
III: $2x + y + 3z = 0$ | + I
2. Schritt:
I: $3x + 9y - 3z = 15$
II a: $-5x - 10y = -15$
III a: $5x + 10y = 15$ | + II a
3. Schritt:
I: $3x + 9y - 3z = 15$
II a: $-5x - 10y = -15$
III b: $0x + 0y = 0$
Die Gleichung III b wird von allen
Zahlenpaaren erfüllt.
Aus II a folgt: $x = -2y + 3$
Aus I folgt: $z = x + 3y - 5$
Aus I und II a folgt:
$z = (-2y + 3) + 3y - 5$; $z = y - 2$
Das Gleichungssystem besitzt unendlich
viele Lösungen.
y ist frei wählbar. x berechnet sich dann zu
$x = -2y + 3$; z berechnet sich dann zu $z = y - 2$.

Sachthema: Fahrradurlaub in Frankreich

1   1 Zoll = 2,54 cm

2   Die Zollangabe gibt den Durchmesser des Laufrades an.
28-Zoll-Laufrad: d = 2,54 · 28 = 71,12 cm
Den Umfang eines Kreises berechnet man mit der Formel U = 2 · 3,14 · r, wobei r der Radius des Laufrades ist.
Treckingrad:
d = 71,12 cm, also r = 35,56 cm ⇒
U = 2 · 3,14 · 35,56 = 223,32. Der Umfang beträgt
223,32 cm = 2,23 m.
Tourenrad:
26 Zoll = 66,04 cm ⇒ r = 33,02 cm
⇒ U = 2 · 3,14 · 33,02 = 207,37
Der Umfang beträgt beim 26-Zoll-Fahrrad
207,37 cm = 2,07 m und beim 28-Zoll-Fahrrad
223,32 cm = 2,23 m (s.o.).

3   Neben 26- und 28-Zoll-Fahrrädern gibt es auch noch 24-Zoll- und 20-Zoll-Fahrräder.
24 Zoll = 60,96 cm ⇒ r = 30,48 cm
⇒ U = 2 · 3,14 · 30,48 = 191,41
20 Zoll = 50,8 cm ⇒ r = 25,4 cm
⇒ U = 2 · 3,14 · 25,4 = 159,512
Der Umfang beim 24-Zoll-Fahrrad beträgt
191,41 cm = 1,91 m und beim 20-Zoll-Fahrrad
159,51 cm = 1,60 m.

4   „Ritzel": Zahnrad am Hinterrad
„Kettenblatt": Zahnrad bei den Pedalen

1   Das Verhältnis aus der Zähnezahl am Kettenblatt und der Zähnezahl am Ritzel gibt an, wie häufig sich das Hinterrad (beim Ritzel) dreht, wenn sich das Kettenblatt einmal voll gedreht hat. Beträgt die Übersetzung 2, bedeutet dies, dass sich das Hinterrad bei einer vollen Umdrehung des Kettenblattes 2-mal gedreht hat.

2   Die Werte in der Tabelle sind teilweise gerundet auf zwei Nachkommastellen.
Beispiel: 32 : 21 = 1,5238095... ≈ 1,52. Gleiche bzw. annähernd gleiche Übersetzungen ergeben sich bei folgenden Schaltpositionen:
Zähne Kettenblatt/Zähne Ritzel:
22/16 ≈ 32/24
22/14 ≈ 32/21 ≈ 42/28
22/12 = 32/18 = 42/24

22/11 = 32/16 = 42/21
32/14 = 42/18
32/12 ≈ 42/16
32/11 = 42/14
Dort, wo die Übersetzung gleich bzw. annähernd gleich ist, ist es gleich „anstrengend" beim Fahren.

3   Rechnerisch hat der Verkäufer Unrecht, weil es in der Tabelle mehr als 13 verschiedene Übersetzungen gibt. Aber da die annähernd gleichen Übersetzungen beim „realen Treten in die Pedale" keinen registrierbaren Unterschied machen, reduziert sich die Anzahl der wahrnehmbaren verschiedenen Übersetzungen, also Gänge, auf ca. 13:
0,8; 0,9; 1,05; 1,22; 1,33; 1,52; 1,8; 2; 2,3; 2,62; 3; 3,5; 3,8

4   Die angegebenen Schaltungen sind sinnvoll, weil die Kette dann gerade läuft. Eine schräg laufende Kette nutzt sich schneller ab und läuft schlechter. Zum Beispiel: bei 42/21 läuft sie schräg, bei 32/16 gerade.
Die angegebene Schaltung ist sinnvoll, weil es von Gang zu Gang eine leichte Übersetzungsänderung gibt. Wenn man beispielsweise im Gang
22/21 = 1,05 in den Gang 32/28 = 1,14 schalten würde, wäre der nächste Gang 32/24 = 1,33 eine relativ hohe Übersetzungsänderung
(1,33 − 1,14 = 0,19). In diesem Sinne kann man weitere Übergänge begründen.

5   Mögliche Lösungen:
„Aus ökologischen Gründen würde ich mit der Bahn fahren, wenn der Preisunterschied zum Auto nicht sehr groß wäre."
oder
„Aus praktischen Gründen würde ich mit dem Auto fahren, weil wir immer so viel Gepäck haben."
oder
„Ich würde gerne fliegen, weil die Reisezeit dadurch sehr gering wäre."

1   Der Darstellung aus der Zeitschrift Umwelt entnimmt man: Lkw 0,4 % und Pkw 1,7 % – der Anteil des Straßenverkehrs beträgt somit 2,1 %.

2   In dem Graphen sind zwei Zusammenhänge dargestellt: Zum einen wird die Entwicklung der Fahrleistung in Mrd. km pro Jahr in den Jahren 1970 bis 2020 grafisch beschrieben und zum anderen wird der Kraftstoffverbrauch in kt pro Jahr für den

gleichen Zeitraum dargelegt. Man kann erkennen, dass der Kraftstoffverbrauch trotz stetig steigender Fahrleistung ab dem Jahr 1990 kontinuierlich fällt. 1980 betrug die Fahrleistung ca. 300 Mrd. km bei einem Kraftstoffverbrauch von ca. 38 000 kt. 2000 ist die Fahrleistung schon 700 Mrd. km, wobei der Kraftstoffverbrauch „nur" auf ca. 48 000 kt ansteigt.
1980: 26 Mio. Fahrzeuge fahren 325 Mrd. km:
$\Rightarrow$ 12 500 km pro Fahrzeug und Jahr
2000: 45 Mio. Fahrzeuge fahren 650 Mrd. km:
$\Rightarrow$ 14 400 km pro Fahrzeug und Jahr

3 Für die An- und Abreise mit dem Auto muss man mehrere Kosten kalkulieren:
a) Benzinkosten: 968 km · 2 = 1936 km
1936 : 100 · 6,9 = 133,584 Liter Benzin
133,584 · 1,03 ≈ 137,59 €
Der Benzinverbrauch kostet ca. 137,59 €.
(Bei anderen Treibstoffen entsprechend.)
b) Wertverlust: 1936 · 0,22 = 425,92 €
c) Mautgebühren: mautpflichtig sind 729 km, also insgesamt 1458 km (Hin- & Rückfahrt), die durchschnittlichen Kosten betragen 13 € pro 200 km
also 13 · (1458 : 200) = 94,77 €
d) Gesamtkosten: 137,59 € + 425,92 € + 94,77 € = 658,28 €. Wenn man mit Benzin fährt, muss man für die An- und Abreise ca. 658,28 € kalkulieren.

4 Zu Fazit 1: 3,5 · 40 = 140 – die erste Aussage stimmt, die anderen beiden Aussagen kann man anhand des Materials nicht überprüfen.
zu Fazit 2: zuerst wird die Zunahme des erschlossenen Rohöls bestimmt:
140 Mrd. t ≙ 101,2 %
1,66 Mrd. t ≙ 1,2 % (Zunahme)
als Nächstes bestimmt man die Verbrauchszunahme
3,5 Mrd. t ≙ 100,9 %
≈ 0,0312 Mrd. t ≙ 0,9 % (Zunahme)
also ist die Erschließungszunahme um den Faktor (≈) 53,17 höher als die Verbrauchszunahme.
Das Fazit 2 ist damit ungefähr korrekt.

5 Die Bahnkosten setzen sich aus dem Sparangebot sowie den Reservierungen zusammen:
513,60 €   Sparpreis
+ 10,40 €   (2-mal Reservierungen in Deutschland)
+ 40 €   (2-mal Reservierungen in Frankreich, 4 Personen)
oder + 224 € für die Frankreichreservierung
also zahlt man insgesamt je nach Tag der Fahrt zwischen 564 € und 748 €.
Hinzukommen die Kosten für die Fahrräder: 8 · 10 € für die Hin- und Rückfahrt für 4 Personen, also ergeben sich insgesamt 644 € bis 828 € Reisekosten.

6 Bei den Berechnungen ergibt sich, dass das Bahnfahren günstiger ist, wenn man den Wertverlust des Autos (425,92 €) mit berücksichtigt. Auch aus ökologischen Gründen ist die Bahn das bessere Verkehrsmittel.

7 Zunächst einmal werden alle Wortmöglichkeiten, die man mit den 4 Buchstaben hat, aufgeschrieben:
BAHN; BANH; BHAN; BHNA; BNAH; BNHA;
ABHN; ABNH; AHBN; AHNB; ANBH; ANHB;
HBAN; HBNA; HABN; HANB; HNAB; HNAB;
NBAH; NBHA; NABH; NAHB; NHAB; NHAB.
Dies sind insgesamt 24 Möglichkeiten. Da BAHN eine dieser 24 Möglichkeiten ist, beträgt die Wahrscheinlichkeit, das Wort „Bahn" zu ziehen, auch $\frac{1}{24}$, also ca. 4,17 %
Damit hat die Mutter Recht.

8 Nun ist der erste Buchstabe bereits gezogen, damit erhöht sich die Wahrscheinlichkeit, das Wort „BAHN" zu ziehen, weil nur noch 3 Buchstaben fehlen. Hierfür gibt es folgende Möglichkeiten:
AHN; ANH; HAN; HNA; NAH; HNA.
Dies sind nun 6 Möglichkeiten und AHN ist eine dieser Möglichkeiten. Die Wahrscheinlichkeit, nun das Wort „BAHN" zu ziehen beträgt demnach $\frac{1}{6}$ also ca. 16,67 %. Sie ist also viermal so hoch wie zuvor (siehe Aufgabe 7).

Seite 220

1 Tipps müssen selbst abgegeben werden.

2
– Aus der Gesamtlänge des Staus kann man die Anzahl der darin stehenden Autos berechnen, wenn man die durchschnittliche Länge eines Autos, die durchschnittliche Spurenzahl sowie den durchschnittlichen Abstand zweier Autos und die Personenzahl pro Auto kennt.
– Es kann nur ein Schätzwert ermittelt werden, weil es sich bei den Daten um Durchschnittswerte handelt.

3 a) Staulänge · Anzahl der Spuren
$\Rightarrow$ hiermit wird die Gesamtlänge der Strecke berechnet, auf der die Autos hintereinander stehen.
b) Länge eines Autos + Abstand zwischen zwei Autos
$\Rightarrow$ hiermit wird die Strecke ermittelt, die ein Auto auf der Autobahn im Stau beansprucht.
c) (Staulänge · Anzahl der Spuren) : (Länge eines Autos + Abstand zwischen zwei Autos)
$\Rightarrow$ hiermit wird die Anzahl der Autos berechnet, die in dem Stau stehen.

d) das Ergebnis aus c)·Anzahl der Personen pro Auto

⇒ nun ergibt sich die Personenzahl im gesamten Stau.

Die Vereinfachung liegt in den durchschnittlichen Angaben, die der Vater vermutet.

anderer Rechenweg:

Man könnte die Schritte a)–d) nacheinander berechnen.

Die Berechnung mit den Daten des Vaters ergibt:

$$\frac{44\,km \cdot 2 \cdot 3\ Personen}{0,004\,km + 0,002\,km} = 44\,000\ Personen$$

Bei 2 Personen pro Auto ergeben sich ca. 29 333 Personen und bei 4 Personen sogar ca. 58 667 Personen. Demnach hat Valerie am besten getippt, obwohl ihr Ergebnis vom „richtigen" Ergebnis trotzdem noch stark abweicht.

4 Praktische Durchführung:
- möglich sind Messungen auf dem Parkplatz der Schule.
- es könnte ein Stau nachgestellt werden.

5 Die Anzahl der Personen würde stark reduziert werden, weil zum einen die Autolänge pro Lkw wesentlich größer ist, demnach in der einen Spur viel weniger Autos stehen würden und zum anderen pro Lkw meistens nur eine Person fährt.

6 Die Berechnung einer Staulänge ist relativ unabhängig von der Jahreszeit und der Autobahn, allerdings könnte die Anzahl der Personen pro Auto in Urlaubszeiten höher sein als in Zeiten ohne Urlaubsverkehr.

Seite 221

1
- Alle drei Gruppen könnten auf direktem Wege zu ihren Zielorten fahren, dann würden sie als Gruppe aber gar nicht zusammen fahren.
- Alle könnten gemeinsam in Richtung Dol-de-Bretagne fahren und sich bei der ersten Kreuzung trennen; so würden sie zwar länger zusammen fahren, der Weg der einzelnen Gruppen wäre aber länger.

2
- Bei direkten Wegen:
  Justus und Mutter: 1,4 cm ≙ 1,4·600 000:100 = 8400 m
  Valerie: 3,8 cm ≙ 3,8·600 000:100 = 22 800 m
  Vater: 2,6 cm ≙ 2,6·600 000:100 = 15 600 m

3

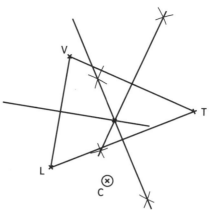

Mit C, L, V und T sind die einzelnen Orte gekennzeichnet. Um zeichnerisch den fairsten Kompromiss zu ermitteln, muss man den Umkreismittelpunkt des Dreiecks LTV ermitteln. Bis zu diesem Punkt (unterhalb von Dol-de-Bretagne) müsste die Familie zusammen fahren, damit sie danach gleiche Entfernungen zu den Endzielen hätte. Dieses Ergebnis ist aber relativ unsinnig, weil alle außer Valerie so einen großen Umweg fahren müssten.

4 „Um 8.45 Uhr startete meine Reise. Die ersten 45 Minuten erhöhte ich langsam meine Geschwindigkeit bis auf 33 km/h. Dann kam ein Anstieg, weshalb ich immer langsamer wurde und um 10 Uhr auf der Anstiegshöhe eine kleine 10-minütige Pause machte. Dieses Hin und Her wiederholte sich mehrfach – zwischendurch erreichte ich bei einer kleinen Abfahrt meine Spitzengeschwindigkeit von 45 km/h. Zwischen 12.20 Uhr und 13.10 Uhr habe ich etwas gegessen – bin also nicht gefahren und zwischen 13.50 Uhr und 15.45 Uhr habe ich mir den Landwochenmarkt angeschaut. Danach bin ich mit verschiedenen Steigungen zu unserem Treffpunkt gekommen (18.10 Uhr)."

Seite 222

1 Justus: 21 km pro h, also 21 000 m pro h, also 21 000 : 3600 = 5,83 m pro Sekunde
Valerie: 18 km pro h, also 18 000 m pro h, also 18 000 : 3600 = 5 m pro Sekunde

2 a) Zeichnerische Lösung:

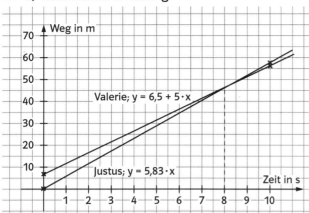

Nach ca. 8 Sekunden schneiden sich die beiden Graphen, hier sind Valerie und Justus auf gleicher Höhe.
b) rechnerische Lösung:
- Justus fährt pro Sekunde $5,8\overline{3} - 5 = 0,8\overline{3}\,\text{m}$ mehr
  als Valerie
- insgesamt muss Justus 6,5 m fahren,
  bis er Valerie eingeholt hat also: $6,5 : 0,83 \approx 7,8$
$\Rightarrow$ Er benötigt demnach 7,8 Sekunden.

3 Nach 7,8 Sekunden ist Valerie $5,8\overline{3} \cdot 7,8 = 45,5\,\text{m}$
gefahren.
Die Kurve kommt zwar „erst" in einer Entfernung
von 50 m, aber da der Überholvorgang nach den
45,5 m ja nicht abgeschlossen ist, sind die Beden-
ken des Vaters berechtigt.

4 b: Bremsweg in m/v = Geschwindigkeit in
km/h, also: $b = \left(\frac{v}{10}\right)^2$
durch Messen erhält man den Bremsweg:
$6,2\,\text{cm} : 1,8\,\text{cm} = 3,\overline{4}$; also $3,\overline{4} \cdot 5 = 17,\overline{2}\,\text{m}$
$\Rightarrow 17,\overline{2} = \left(\frac{v}{10}\right)^2 = \frac{v^2}{100}$, also $1722,\overline{2} = v^2$
$\Rightarrow$ durch Ausprobieren: $v \approx 41\,\frac{\text{km}}{\text{h}}$ $\left(\text{oder } 42\,\frac{\text{km}}{\text{h}}\right)$
Demnach ist der Franzose ca. $41\,\frac{\text{km}}{\text{h}}$ gefahren.

5 r: Reaktionsweg in m/v: Geschwindigkeit in $\frac{\text{km}}{\text{h}}$
also: $r = \frac{v}{10} \cdot 3$
$r = \frac{41}{10} \cdot 3 = 12,3$ (12,6 m)
Der Reaktionsweg betrug ca. 12,3 m und der Bremsweg ca. 17,2 m. Insgesamt ergibt sich ein Anhalte-
weg von ca. 29,5 m (29,8 m).

Seite 221

1 Die Gesamtbevölkerung von Deutschland betrug 2002 ca. 80 Mio. Also entsprechen 476 413 Verletzte 476 413 : 80 000 000 = 0,00596 ≈ 0,596 %.

2 Über 42 500 verletzte Kinder im Straßenverkehr.
Neue Statistik von 2001.

Wiesbaden Im Jahre 2001 gab es in Deutschland
insgesamt 494 775 Verletzte. Davon haben sich 14 %
beim Fahrradfahren und über 61 % beim Autofahren
verletzt. Am wenigsten Unfälle gab es bei den Bus-
sen (1 %).
Im Vergleich zum Vorjahr ist die Anzahl der Verletzten unter 15 Jahren um 5,7 % zurückgegangen. Das
ist eine erfreuliche Veränderung. Die Rückläufe sind
bei allen Altersgruppen außer der über 65-Jährigen
zu erkennen.

3
- „41 047 Kinder sind 6 % weniger als 2001"
  42 574 − 41 047 = 1527 Kinder weniger
  42 574 ≙ 100 %
  1527 ≙ 3,6 %
  $\Rightarrow$ Diese Aussage wurde falsch berechnet;
  es müsste „3,6 % weniger" heißen.
- 71 079 − 70 163 = 916 Fahrräderbenutzer
  71 079 ≙ 100 %
  916 ≙ 1,2 %
  $\Rightarrow$ Diese Aussage wurde richtig berechnet
  (70 000 Kinder (−1 %)).
- 37 101 − 36 343 = 758 Fußgänger
  37 101 ≙ 100 %
  758 ≙ 2 %
  $\Rightarrow$ Diese Aussage wurde richtig berechnet
  (36 000 Fußgänger (−2 %)).

4 Beispiel für eine Frage:
Um wie viel Prozent hat die Verletztenzahl der un-
ter 15-Jährigen von 2000 auf 2001 abgenommen?
Antwort: Die Abnahme betrug
$\frac{45\,141 - 42\,574}{45\,141} \cdot 100 \approx 5,7\,\%$

5 Die Anzahl der Verletzten beim Fahrrad fahren
hat um 1,3 % abgenommen − beim Bus fahren sind
dies 4 %. Danach hat Justus Unrecht.
Anders betrachtet gab es bei den Fahrradunfällen
insgesamt 916 weniger Verletzte − beim Bus fahren
gab es lediglich 202 weniger Verletzte. Hiernach hat
Justus Recht.